工业和信息化部“十四五”规划教材

高等学校规划教材·电子、通信与自动控制技术

数字信号处理原理与应用

（第2版）

主编 李 勇 程 伟

编者 李 勇 程 伟 李 辉

西北工业大学出版社

西 安

【内容简介】 本书系统地介绍了数字信号处理的基本原理、概念以及离散时间信号和系统的分析与设计方法，同时面向工程领域简要介绍了数字信号处理技术的应用。

全书共分8章，主要内容包括：绪论，离散时间信号和系统，离散时间傅里叶变换和 z 变换，离散傅里叶变换及其应用，快速傅里叶变换，无限冲激响应(IIR)数字滤波器设计，有限冲激响应(FIR)数字滤波器设计以及数字信号处理技术的应用。本书在每章后面附有本章小结和知识要点，方便读者抓住重点；并附有思考题和习题，方便读者牢固掌握相关知识和提高实际应用能力。另外，作者编写印刷了本书习题解答讲义，便于读者自学，需要的读者可联系作者：ruikel@nwpu. edu. cn。

本书可用作普通高等学校电子信息类等相关专业本科生和硕士研究生的专业课程教材和参考书，也可作为科研人员和工程技术人员的参考资料。

图书在版编目(CIP)数据

数字信号处理原理与应用 / 李勇，程伟主编. — 2版. — 西安 ：西北工业大学出版社，2023.7

ISBN 978-7-5612-8843-6

Ⅰ. ①数… Ⅱ. ①李… ②程… Ⅲ. ①数字信号处理-高等学校-教材 Ⅳ. ①TN911.72

中国版本图书馆 CIP 数据核字(2023)第 131888 号

SHUZI XINHAO CHULI YUANLI YU YINGYONG

数 字 信 号 处 理 原 理 与 应 用

李勇　程伟　主编

责任编辑：孙　倩　　**策划编辑：**何格夫

责任校对：张　潼　　**装帧设计：**李　飞

出版发行：西北工业大学出版社

通信地址：西安市友谊西路 127 号　　邮编：710072

电　　话：(029)88491757，88493844

网　　址：www. nwpup. com

印 刷 者：陕西博文印务有限责任公司

开　　本：787 mm×1 092 mm　　1/16

印　　张：17.375

字　　数：456 千字

版　　次：2016 年 4 月第 1 版　2023 年 7 月第 2 版　2023 年 7 月第 1 次印刷

书　　号：ISBN 978-7-5612-8843-6

定　　价：70.00 元

如有印装问题请与出版社联系调换

第2版前言

《数字信号处理与应用》第1版和第2版分别入选工业和信息化部“十二五”和“十四五”规划教材，是根据普通高等教育本科生教学大纲的要求精心进行选材与编写的。本书系统地介绍了数字信号处理的基本概念、原理以及离散时间信号和系统的分析与设计方法，同时面向工程领域简要介绍了数字信号处理技术的应用。

本书着力表现出对数字信号处理技术原理和概念的清晰描述，特别强调对基本理论所蕴涵物理概念的透彻理解，同时通过介绍数字信号处理在工程实际中的应用，使读者能够把所学的理论与实际应用联系起来，能更直观地理解物理概念。

本书内容涵盖了数字信号处理课程经典的基本内容，并补充了简单的工程应用素材。本书基于笔者多年从事数字信号处理课程教学和科研工作的经验，博采众长，吸取了国内外优秀教材和专著的优点，在阐述中特别注重对数学原理和物理概念的透彻分析，针对工科类学生学习的需求和不同要求，融入世界著名大学同类经典教材的编写理念和内容体系，体现出内容的经典、细腻、明晰、严谨、实用和易学、易懂等特色。本书从起笔时就确立了强调物理概念理解的思路，因此在编写时尽量减少生涩、枯燥和冗长的数学描述和推导。本书定位为理工科的本科生教材，部分内容也可供研究生课程教学使用。

与第1版相比，本书第2版重点做了以下修改：

(1)删除了一些较为陈旧的内容。例如，系统结构的方框图等内容较为陈旧，未保留。

(2)重点对离散时间傅里叶变换(DTFT)、离散傅里叶变换(DFT)、有限冲激响应(FIR)数字滤波器设计进行了内容补充，以便读者更好地理解和牢固掌握相关知识。

(3)第7章补充了滤波器设计工具FDATool的介绍，以帮助读者掌握实用的滤波器设计工具，提高设计能力。

(4)第8章补充了数字信号处理新的应用素材，使读者开阔视野，更好地理解数字信号处理理论的应用背景和物理意义。

(5)每章新增了本章小结，该部分总结凝练了本章主要内容。

(6)每章新增了思考题，对基本概念加强考核，并对全部习题重新组织。

(7)更正了本书第1版中的印刷错误。

另外，笔者编写了习题解答讲义，方便读者自学掌握习题解答的方法和思路，需要的读者可联系笔者：ruikel@nwpu.edu.cn。

本书的先修课程主要是“高等数学”“工程数学”和“信号与系统”，部分内容可能涉及“数字电路”和“微机原理”等课程。

本书的参考学时为64学时，第8章涉及较多的应用背景，若不讲授，教学学时可以减少为56学时。对非电子信息类专业或大专学生，可以只讲授第1～7章的主要内容，参考学时为40～48学时。

本书第1、2、7、8章(部分)由李勇编写，第3、6、8章(部分)由程伟编写，第4、5章由李辉编写，全部内容由李勇统稿。全书附录、习题和插图由李勇和程伟组织编写与绘制，研究生安南、龚杰、侯佳萍、郭晨毓和谭玉梅等人完成了习题解答和相关计算机仿真，在此一并致谢。

在编写本书的过程中，依托了西北工业大学“数字信号处理”国家一流课程建设和陕西省优秀教学团队建设，并得到了西北工业大学教务处和电子信息学院的关心和帮助，在此表示衷心感谢！

限于水平，本书难免存在不妥之处，恳切希望广大读者给予批评指正。

编　者

于西北工业大学

2023年3月

第1版前言

本书作为工业和信息化部“十二五”规划教材，根据普通高等教育本科生教学大纲的要求精心进行选材与编写。本书系统地介绍了数字信号处理的基本概念、理论和分析与设计方法，同时面向工程简要介绍了数字信号处理技术的应用。

本书着力表现出对数字信号处理技术原理和概念进行清晰叙述，更侧重于对基本理论所蕴涵物理概念的透彻理解，同时通过介绍数字信号处理技术在工程实际中的应用，使读者能够把所学的基础理论与实际应用联系起来，能更加直观地理解物理概念。

本书内容涵盖了数字信号处理课程经典的基本内容，并补充了简单的应用素材。本书基于笔者多年从事数字信号处理课程教学和科研工作的经验，博采众长，吸取了国内外优秀教材和专著的优点，在阐述中特别注重对数学原理和物理概念的透彻讲解，针对工科类学生学习的需求和不同要求，融入世界著名大学同类经典教材的编写理念和内容体系，体现出内容的经典、细腻、明晰、严谨、实用和易学、易懂等特色和优点。本书从起笔时就确立了强调物理概念理解的思路，因此在编写时尽量减少生涩、枯燥和冗长的数学描述和推导。本书定位为理工科的本科生教材，部分内容也可供研究生课程教学使用。

本书配套的数字信号处理实验指导书，可以帮助读者完成相应的实验课学习和训练。

本书的先修课程主要是“高等数学”“工程数学”和“信号与系统”，部分内容可能涉及“数字电路”和“微机原理”等课程。

本书的参考学时为64学时，第8章可能涉及较多的应用背景，若不讲授，教学学时可以减少为56学时。对非电子信息类专业或大专学生，可以只讲授第1～7章的主要内容，参考学时为40～48学时。

本书第1,2,8章由李勇编写，第3,6,7章由赵健编写，第4,5章由程伟编写，全书由李勇统稿。全书附录、习题和插图由程伟和赵健编写与绘制，研究生阮丽华、董理濛、杨军华、于莹洁、施歌等完成了相关计算机仿真。

在编写本书的过程中，结合了“数字信号处理”陕西省优秀教学团队和陕西省优质资源共享课的建设任务，并得到了西北工业大学教务处的关心和帮助，在此向他们表示衷心的感谢！

编写本书曾参阅了相关文献资料，在此，向其作者一并致谢。

限于水平，本书难免存在不妥甚至错误之处，恳切希望广大读者给予批评指正。

编　者

于西北工业大学

2016年2月

目　　录

第1章 绪 论

1.1 数字信号处理的基本概念

数字信号处理(Digital Signal Processing,DSP),是电子信息学科一项重要的专业基础技术,近几十年来得到了广泛的关注和推广应用,显示了其巨大的生命力和应用潜力。自20世纪60年代以来,计算机科学、半导体器件和信息科学的迅猛发展和取得的巨大进步,有力促进了数字信号处理技术的发展,数字信号处理在很多领域得到了广泛应用,逐步形成了一门独立的学科体系。

我们引用参考文献[1]对DSP的一段描述:数字信号处理是功能最为强大的专业技术之一,它必将在21世纪影响众多科学和工程领域。实际上,革命性的变化已经在下列领域发生:通信,医学成像,雷达和声呐,高保真音乐重建,石油勘探,等等。DSP在这些领域的应用已形成了各自特殊的算法和专业技术。DSP起源于20世纪60年代和70年代的数字计算机的发明和使用,在那个时候,计算机是昂贵的,因而DSP的应用范围受到限制。开拓性的工作主要集中在四个领域:雷达和声呐,涉及国家安全;石油勘探,涉及巨大的经济利益;空间探索,得到的数据是宝贵的和无法替代的;医学成像,涉及拯救生命。20世纪80—90年代个人计算机(PC)的普及推动了DSP进入许多新的应用领域。DSP不仅仅是为了满足军事和政府需求,而且商业市场的需求也极大地刺激了DSP的应用。DSP在如下商业产品获得应用:移动电话、CD播放机和电子语音邮件等。目前,数字信号处理器,也称DSP(Digital Signal Processor),其所形成的DSP系统技术以及相应的应用,已经形成一个巨大的产业和市场。

DSP教育主要包含两个任务:一是在总体方面学习DSP的基本的和通用的理论、概念和应用;二是掌握专业的DSP技术应用于专业的领域。20世纪80年代,DSP课程是为电子工程专业的研究生开设的,10年以后,已经成为大学本科生的标准课程设置,21世纪的今天DSP技术已经成为科学家和工程师的基本技能之一。DSP可以与早期的电子学进行类比,对于电子工程师,基本电路设计是必要的技能之一,若不具备这项技能,就会掉队。今天,DSP具有同样的含义。近年来,学习和使用DSP更是成为人们提高能力的需求,而不再是好奇。目前,国内外几乎所有的工科院校都开设了数字信号处理课程,并将其做为一门重要的技术基础课。在一些高校,还建立了数字信号处理技术的研究机构和平台,把教学、科研和人才培养紧密结合起来,在DSP的理论和实际应用方面取得了丰硕成果。

什么是数字信号处理的内涵?它研究的基本内容有哪些?它有哪些应用?

信号一般是指实际中获得的观测数据,所谓信号处理就是对这些数据进行所需要的变换,或按照预定的规则进行简单或复杂的数学运算,使之便于分析、识别和利用。信号处理一般包括变换、滤波、检测、频谱分析、调制解调和编码解码等,其中滤波的物理概念最为读者所熟悉和理解。

信号处理按信号的表示和处理形式分为“模拟信号处理”和“数字信号处理”。模拟信号处理也叫连续信号处理，是传统的信号处理手段，它是针对模拟信号进行处理。模拟信号是物理世界中的原始信号，模拟处理的模型是基于模拟系统而言的。模拟信号处理的优点是它的实时性和简易性，但由于模拟系统的局限性，系统性能不能达到很高，也不能进行复杂的信号处理任务。数字信号处理是利用专用或通用数字系统（包括计算机）以二进制计算的方式对数字信号进行处理。数字信号处理的信号既可以是模拟信号，也可以是数字信号，应用较为方便。数字信号处理系统具有很多优点，它可以完成复杂的处理任务，在很多场合正逐步取代传统的模拟信号处理。

图 1.1 说明了一个 DSP 系统处理模拟信号的基本过程。

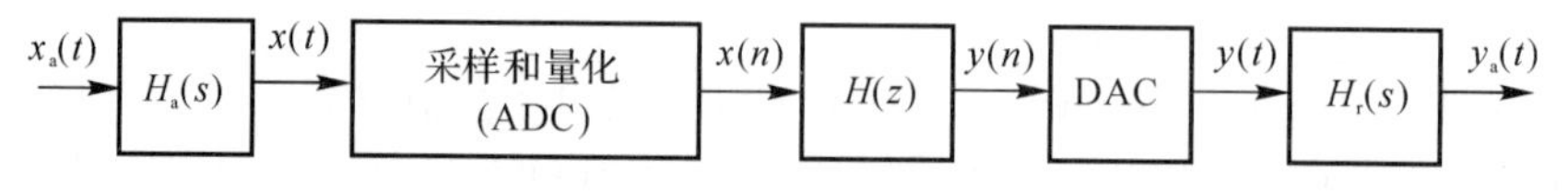

图 1.1　用 DSP 方法处理模拟信号的过程示意图

在图 1.1 所示处理过程中，$H_a(s)$ 称作前置模拟低通滤波器，它的作用是对模拟信号 $x_a(t)$ 进行预处理，改善信号的带限性能，有利于后续的采样，具有抗混叠作用，也称抗混叠滤波器；采样和量化的作用是对滤波后的模拟信号 $x(t)$ 进行离散化和量化编码，T 为均匀采样间隔，它就是工程中的模数转换器(ADC)，使模拟信号转换成离散的二进制数据 $x(n)$；$H(z)$ 表示一个数字信号处理系统，它包含具体的数字信号处理算法，完成对 $x(n)$ 的处理；数模转换器(DAC) 的作用是把处理后的数字信号 $y(n)$ 转换成模拟信号 $y(t)$，若系统不要求输出是模拟信号，这一环节可以省去；$H_r(s)$ 表示一个模拟低通滤波器，它的作用是平滑 DAC 的输出，滤除 DAC 引起的高频噪声。在这个典型的处理系统中，$H(z)$ 是核心环节，数字信号处理研究的主要任务是在理论上建立一套描述 $x(n)$，$y(n)$ 和 $H(z)$ 特性的方法和算法，并研究在工程上如何实现这一系统，这是数字信号处理一个最基本的问题。

数字信号处理技术是从 20 世纪 60 年代中期开始迅速发展起来的，但就其学科本身而言，历史却很久远，经典的数值分析方法（如内插、数值积分、微分等）可以看成早期的数字处理技术。简单地看，数字信号处理就是将一些信号分析和信号处理的理论方法变成一种能够实际应用的算法，并采用与之相关的硬件和软件技术加以实现，因此数字信号处理有很强的应用背景以及与其他学科的紧密相关性。DSP 是一门交叉性很强的学科，它强烈地依赖于许多临近学科的技术发展，图 1.2 说明了 DSP 和其他学科的关系，它们的边界不是截然分开的，而是模糊和相互重叠的。如果读者想成为一位 DSP 专家，需要了解和学习这些相关学科的知识。

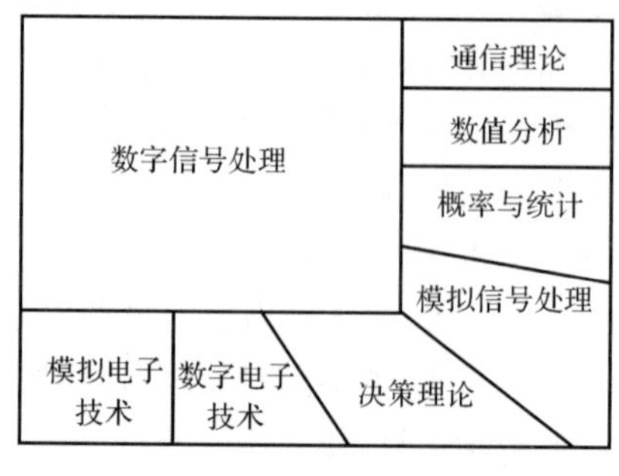

图 1.2　DSP 与其他学科的关系

对信号的分析和处理，人们实际上很早就进行了研究，例如傅里叶变换，被广泛用于信号的频域分析，但由于过去的技术水平的限制，傅里叶变换的实现非常困难，所以信号处理的水平停留在一些只能进行简单信号处理的模拟方法上，而且性能也不能达到很高。数字计算机发明后，数字处理方法得到了发展，但因为实时性和经济性还不能满足大多数应用领域的需求，所以数字信号处理方法并没有真正得到应用，因而20世纪60年代之前，数字信号处理技术发展得极其缓慢。大规模集成电路（芯片）技术的发展和快速算法的出现，才使得数字信号处理进入了广泛应用和实用阶段。其主要表现是数字信号处理在实时性和经济性方面有了较大改进，特别是著名的快速傅里叶变换（Fast Fourier Transform，FFT）的发明，使数字信号处理进入了一个崭新的高速发展阶段。

从数字信号处理的发展过程来看，它是紧紧围绕着“理论”“实现”“应用”三个方面展开的，以众多学科为理论基础，其成果也渗透到众多学科，理论和实践并重，成为一门在高新技术领域占有重要地位的新兴学科。与模拟信号处理相比，数字信号处理的突出优点主要体现在以下方面。

（1）精度高。DSP系统的精度主要取决于数字器件的精度，具体就是字长，字长越长，精度越高。众所周知，计算机的高精度是依靠超字长的结构来保证的。在很多精密的处理和测量系统中，必须采用数字信号处理技术，否则就无法达到所需的精度和性能要求。另外，有些性能DSP系统很容易实现，而模拟系统实现却相当困难，例如，FIR数字滤波器可以实现准确的线性相位特性，这种特性用模拟系统实现就比较复杂。

（2）灵活性好。用DSP系统完成一个信号处理功能时，可以通过软件方便地调整和改变系统的参数，可以充分体现系统的可编程性。另外，可以在实验室对系统的参数进行硬件和软件仿真模拟，以估计整个系统的质量。

（3）抗干扰能力强。DSP系统大多由CPU（中央处理器）、存储器和I/O（输入/输出）接口器件等数字集成电路器件构成，受环境因素的影响要小得多，可编程系统还可以采用数字抗干扰方法，可以大大提高系统的可靠性。

（4）体积小，便于大规模集成。DSP系统主要由数字集成电路等器件构成，便于大规模集成和生产，可大大降低生产成本，体积、重量不受影响，比模拟系统要优越许多。

（5）复用性强。利用一套DSP系统可以同时处理多路数字信号，因为数字信号的各采样点之间有一定大小的采样间隔，在这个间隔内可以同时处理几路信号。另外，在级联DSP系统中，为节省成本，可以使用一个低阶环节分时执行，再完成总系统的任务。这都属于一种时分复用的结构，图1.3所示是一个DSP系统时分复用示意图。

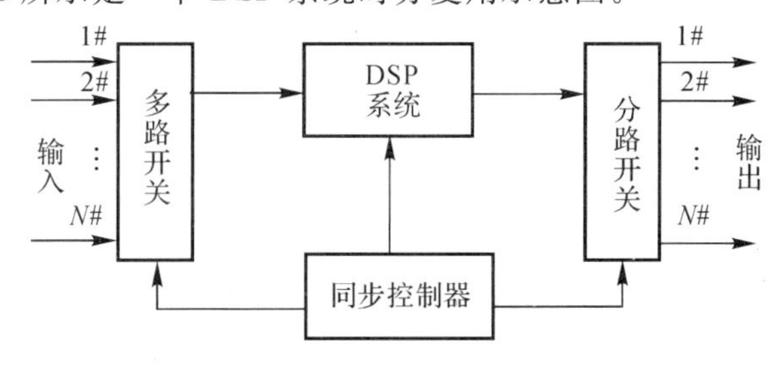

图1.3　DSP系统时分复用示意图

同步控制器通过多路开关控制各路信号，在时间上前后错开（利用采样间隔），依次进入DSP系统，DSP在处理完第一路的某时刻值后，再处理第二路，处理完第二路后，再处理第三路……依此类推；同步控制器通过分路开关将处理结果分别送到各路输出，然后进行下一时刻的处理，在各路输入信号输入下一个值之前，DSP系统已将当前时刻的各路信号处理完一次，并将结果送到各路输出，对每路信号来讲，都好像单独使用DSP系统一样。实现这种功能要依靠DSP系统中处理器的运算速度来保证，即在一个采样间隔里，DSP系统必须完成每一路信号在当前时刻的处理任务。另外，还有一种频分复用系统，是利用信号在频谱上的差别来区分系统，它与前面的时分复用概念不同。

（6）多维处理。DSP系统可以配备大容量的外部存储器，将多帧图像或多路传感器信号存储起来，实现对二维或多维信号的处理。例如，激光影碟机，医用CT（Computed Tomography，计算机断层扫描）等图像处理设备就是依靠DSP系统来完成复杂图像编码、压缩和解码以及扫描成像等处理任务的。

1.2 信号的基本概念

信号几乎出现在科学和工程的每个领域，例如，天文学、声学、生物学、通信、地震学、遥感遥测和经济学等。信号一般通过物理过程自然产生或者人为产生。日常生活中遇到最常见的信号有语音、图像、视频、无线电信号、电压、电流等。

天文信号、地震信号、生物信号、语音信号等都是物理世界中自然产生的信号，天文信号由称为超新星的宇宙大爆炸或快速旋转的中子星产生，而地震信号则来源于地震或即将爆发的火山。生物信号来自生物体自身，例如大脑或心脏。海豚或鲸使用声音信号与同伴交流，蝙蝠发出声音是为导航或捕捉猎物。另外，很多人工产生的信号也出现在技术类系统中，例如计算机、电话、雷达或互联网，甚至交易所也是各种重要信号的来源地，例如，股票交易中的商品价格或者道琼斯工业平均指数。

自然界的物理信号吸引了人们的兴趣，天文学家可以从来自其他星球的光信号中获得重要信息，例如星球的化学成分。通过分析，科学家们能够破译超新星爆炸的性质，或者根据接收到信号的周期性来确定中子星的大小。地震学家可以通过地震信号确定地震的中心和强度，而火山学家经常能预测一座火山是否即将喷发。心脏病医生可以通过在心电图中寻找特定的心电信号模式或畸变来诊断各种心脏病。

人工信号也吸引了人们的兴趣，人们可以进行远距离语音通信，通过互联网进行海量信息传送，实现计算机不同部件的相互作用，指挥机器人快速执行复杂的任务，帮助飞行员驾驶飞机在极端天气和低能见度条件下进行着陆，或者向飞行员发出告警信号以避免飞机间隔太近发生碰撞。

从数学角度来看，信号可以是一个或几个自变量的函数。函数表述了物理量属性，物理世界中时间是最常见的自变量，例如，人们讲话时语音、电压和电流的变化等，这种信号称为时间信号。但是也有不是时间含义的自变量，例如，一幅图像的像素位置，它是空间位置或平面位置，由于这类信号的自变量数目不是一个，因而称为二维或多维信号。例如，图像或者X光照片可以看成是二维信号，光强取决于(x,y)的坐标位置。又例如，一幅电视图像可以看成是三维信号，三个自变量是位置(x,y)和时间t。除非另有说明，本书讨论的信号一般假设为自变量是时间t的一维信号形式。

信号可以分为连续时间信号和离散时间信号。连续时间信号定义在从起始到结束的每一个瞬时点上。例如，来自遥远星系的电磁波或海豚产生的声波，以及语音信号，都属于连续时间信号。离散时间信号定义在离散的时间点，每一个毫秒、秒、或者天。这类信号例子包括某一特定商品在证券交易所的收盘价，或者作为时间函数的日降水量，都是离散时间信号。

自然世界中的信号绝大部分是连续时间信号，但也有例外，例如，在量子物理领域中，电子获得或损失能量的数量和时刻都是离散值。另外，所有生物的脱氧核糖核酸(Deoxyribo Noucleic Acid, DNA)的结构都是一个阶梯状，阶梯由四个基本不同的有机分子组成。假若给这些基本分子分配不同的离散值，并把梯形结构的长度作为时间，任何生物的基因组都可以表示为离散时间信号。人工信号包括连续时间信号和离散时间信号，取决于产生信号的系统是模拟系统还是数字系统。

信号可以用传感器记录下来进行存储、显示、分析、变换等处理，以时间为自变量描述信号值大小变化以及进行相关测量的方法称为信号的时域分析。图 1.1 和图 1.2 分别是一段语音信号和心电信号的时域波形图。

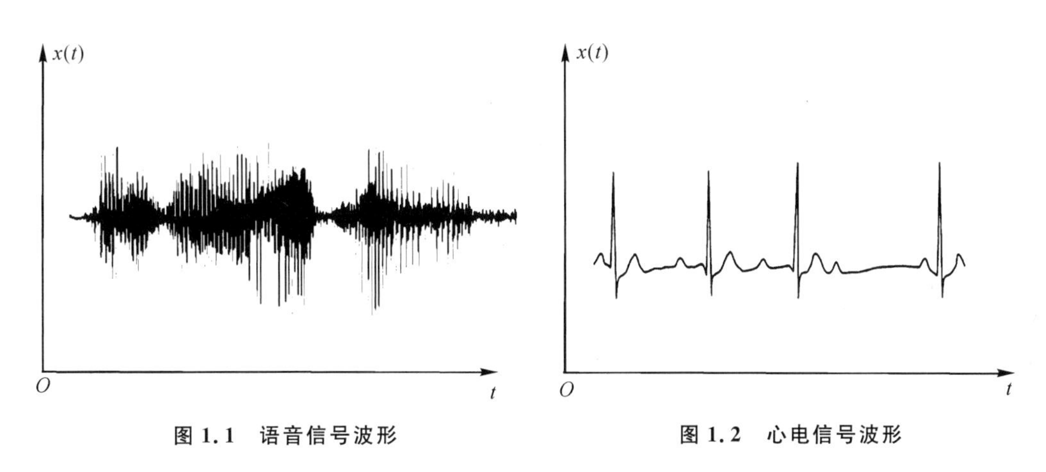

图 1.1 语音信号波形 **图 1.2 心电信号波形**

1.3 数字信号处理的应用

数字信号处理技术巨大的应用潜力吸引了众多学科的研究者，数字信号处理在众多领域的成功应用也极大地促进了这门学科的发展，它已经成为应用最快、成效最为显著的学科之一。数字信号处理广泛用于通信、雷达、声呐、语言和图像处理、生物医学工程、仪器仪表、机械振动和控制等众多领域。近年来，随着 DSP 芯片技术的发展，DSP 在通信，特别是个人通信(Personal Communication, PC)、网络、家电和外设控制等方面显示出了强劲的应用势头。

一些文献将数字信号处理的应用归纳为 11 个大类的 100 多个方面，下面仅列出一些典型的应用。①通用 DSP：数字滤波、卷积、相关、希尔伯特变换、快速傅里叶变换(FFT)、信号发生器等。②语音：语音通信，语音编码、识别、合成、增强，文字-语音自动翻译，等等。③图像图形：机器人视觉，图像传输/压缩，图像识别、增强和恢复，断层扫描成像，等等。④ 控制：磁盘控制器、机器人控制、激光打印机控制、电机控制、卡尔曼滤波等。⑤军事：雷达、保密通信、声呐、导航、导弹制导、传感器融合等。⑥电信/通信：回声对消、调制解调器、蜂窝电话、个人通信、视频会议、自适应均衡、编码/译码、GPS（全球定位系统）等。⑦汽车：自动驾驶控制、故障分析、导航、汽车音箱等。⑧消费：数字音响/电视、多媒体播放器、数码相机、音乐综合器等。

数字信号处理技术的应用，目前正以惊人的速度向前发展，毫无停滞的迹象。随着数字器件成本的降低、体积的缩小以及运算速度的提高，特别是高速 A/D（模/数）器件和高速 DSP 芯片的广泛使用，它的应用前景将更加广阔。目前，已经有多种专用数字滤波器芯片和 FFT 芯片可供选用，几乎所有的语音宽带压缩系统都采用了全数字化。数字信号处理机已成为现代化雷达和声呐系统不可缺少的组成部分。DSP 的应用和开发成本越来越低，开发手段越来越先进和方便，因此，应用领域也越来越广阔。

下面通过一个简单的信号滤波例子来说明 DSP 的应用概念。采集一个信号 $s(t)$，但由于存在噪声 $n(t)$，实际采集到的信号为 $x(t)$，它等于信号 $s(t)$ 加上噪声 $n(t)$，即

$$x(t)=s(t)+n(t)$$

采集的信号 $x(t)$ 的质量取决于信号功率和噪声功率之比，一般简称为信噪比（SNR，Signal to Noise Ratio），单位是 dB（分贝）。设信号 $s(t)$ 是一个正弦波，噪声 $n(t)$ 为高斯分布的白噪声，图 1.3(a)是 SNR=7 dB 时的 $x(t)$ 的波形图，从图中可以看出，噪声对信号的影响较大，波形出现了较大失真。采用信号滤波的处理方法，设计一个带通滤波器，滤除通带之外的噪声分量，保留信号分量。图 1.3(b)是用滤波器对 $x(t)$ 进行滤波后的波形图，从图中可以看出，信号质量得到了明显改善。图 1.4(a)是信号滤波处理的框图，图 1.4(b)是带通滤波器频率响应示意图。

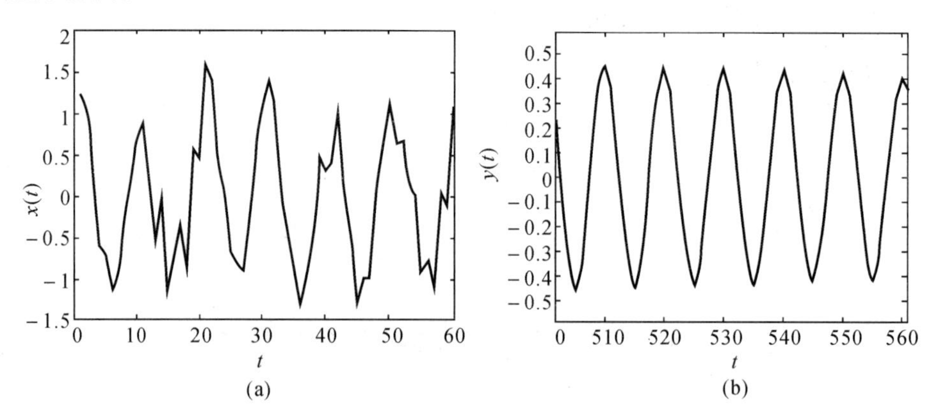

图 1.3　信号滤波处理（SNR=7 dB）

(a)滤波前信号 $x(t)$ 波形图；(b)滤波后信号 $y(t)$ 波形图

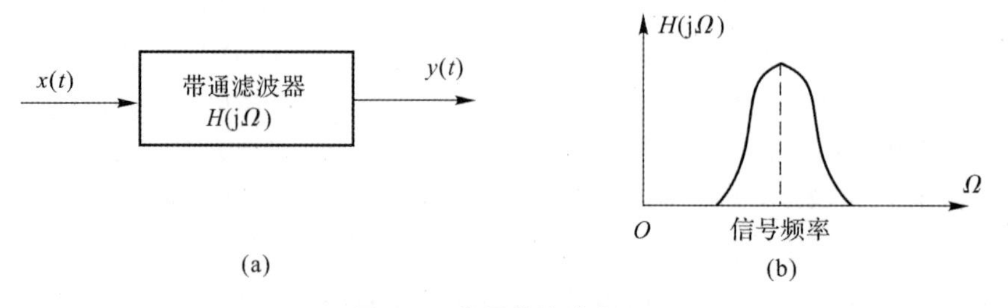

图 1.4　信号的滤波处理

(a)信号滤波处理框图；(b)带通滤波器频率响应图

1.4　数字信号处理的研究内容

数字信号处理的研究内容在理论和应用上涉及的范围极其广泛。数学中的微积分、随机过程、数值分析、矩阵和复变函数等都是它的基本工具;线性系统理论、信号与系统等都是它的理论基础;同时,它和最优控制、通信理论以及人工智能、模式识别、神经网络等新兴学科也有关联,在算法实现和 DSP 系统开发和应用中,还要涉及模拟电路、计算机及许多新兴集成电路芯片技术。

20 世纪 60 年代中期,随着快速傅里叶变换的诞生,数字信号处理在理论和应用方面得到了极大发展和丰富。数字信号处理的研究内容一般分为三大类:①一维 DSP,主要研究一维离散时间信号和系统,是数字信号处理最重要、最基本的研究内容,也是本书所讨论的主要内容;②多维 DSP,主要研究二维图像、阵列传感器离散信号和系统,属较深的研究内容;③DSP 系统实现,主要研究上面两类理论中的算法及系统(数字滤波器)的软件和硬件实现,包括系统结构、方案制订、芯片选择、软硬件开发等,主要面向 DSP 的应用领域。前两类研究内容属理论、方法和算法,第三类研究内容属 DSP 系统设计和软硬件开发,一般需要专门的课程学习并需要实验训练。

DSP 的理论内容主要包括:

(1)模拟信号的采样(A/D 变换、采样理论、量化噪声分析等);

(2)离散信号分析(时域和频域分析、傅里叶变换、z 变换、希尔伯特变换等);

(3)离散系统分析与综合(离散系统描述、因果及稳定性、线性非移变系统、卷积、系统频率响应、系统函数、数字滤波器设计等);

(4)信号处理的快速算法(FFT、快速卷积与相关);

(5)信号处理的特殊算法(抽取、插值、奇异值分解、反卷积、投影与重建等)。

数字信号处理研究的信号包括确定性信号、平稳和非平稳随机信号、时变和非时变信号、一维和多维信号、单通道和多通道信号。所研究的系统包括线性和非线性系统、时变和非时变系统、二维和多通道系统。对于每一类信号和系统,上述理论又有所不同。

DSP 系统实现方法一般分为以下几种。

(1)在通用计算机上用软件实现。软件采用高级语言编写,也可利用商品化的各种 DSP 软件(MATLAB、SystemView 等)。这种实现方法简单、灵活,但实时性较差,很少用于实时系统,主要用于教学或科研的前期研制阶段。

(2)用单片微控制器(MCU)实现。单片机技术发展很快,功能越来越强,可以用来做一些简单的信号处理,但不能用于复杂的信号处理,可用于比较简单的控制场合,如小型嵌入系统等。

(3)用高速通用 DSP 芯片实现。DSP 芯片有 MCU 无法比拟的突出优点:内部硬件乘法器、流水线和多总线结构、专用 DSP 处理指令,具有很高的处理速度和复杂灵活的处理功能。

(4)用专用 DSP 芯片实现。市场上推出的一些有特殊用途的 DSP 芯片可专门用于 FFT、FIR(有限冲激响应)滤波、卷积和相关等处理,其软件算法已固化在芯片内部,使用非常方便。这种实现方式比通用 DSP 速度更高,但功能比较单一,灵活性不如通用 DSP 好。

目前国际上生产 DSP 芯片的主要厂家有 TI 公司(TMS320 系列)、ADI 公司(Tiger Sharc 系列)等。从目前的市场前景看,DSP 技术已经成为今后电子产业的一个主要市场。除了原有的军事应用领域外,它的一个新的主要推动力来自移动通信、互联网、硬盘和家电控制器(数码相机和机顶盒)等。

1.5 数字信号处理的学习方法

DSP 既是一门古老的学科,又是一项蓬勃发展的技术,在多种专业领域被广泛而深入地应用,对于学生或技术人员来讲,要在短时间内全面掌握 DSP 几乎是不可能的。DSP 知识的学习应该是循序渐进的,从理论、方法、算法,再到实验和应用。DSP 知识的学习既是有趣的,又是枯燥无味的。例如,当遇到了一个 DSP 问题时,在 DSP 教科书和资料中寻找答案,可能会遇到一页一页的数学公式、晦涩的数学符号和生僻的术语。事实上,大部分 DSP 文献对某个领域的专家来说也会觉得枯燥无味和难以理解。但实际上,DSP 和工程应用又密切相关,每一个抽象枯燥的数学公式都有着具体和清晰的物理背景,例如,卷积公式的背后是一个具体的线性时不变系统,线性差分方程则代表了一个具体系统的实现结构和实现方案,傅里叶变换就是频谱分析的数学原理,数字滤波器设计就是按照物理指标确定系统的参数的过程,设计结果就是表示系统的一组线性差分方程。

数字信号处理的学习要注意以系统的概念为中心,要正确建立 DSP 的系统概念。一个算法、一个数学表达式、一个流图,表面上看,是一个抽象的公式、图形、符号等概念,但实际上就是一个具体的 DSP 系统,可以是一个滤波器,也可以是一个编码器或其他功能的系统。这些算法或数学表达式包含了 DSP 系统最基本的三种处理单元——加法、数乘和延时(存储),因此,这些抽象的数学式子表示的是一个具体系统中的处理过程。在 DSP 系统里,简单的“数学运算”所代表的就是真实系统的“信号处理”,例如,离散卷积的运算实际上普遍表示了线性非时变离散系统对输入离散信号的真实处理过程。因此,在数字信号处理中,很多抽象的数学式子与一个系统有直接的关联,或者说,算法或数学表达式包含着明确的物理概念。因此,学习数字信号处理的一个最大难点就是如何把抽象的数学公式和清晰的物理概念联系起来。需要特别强调的是,数字信号处理的研究内容和理论体系有其自身的特点和规律,因此应按照它本身的规律来学习和研究,而不应当把它看成是模拟信号处理的一种近似。

本书在内容的安排上,尽量避免将模拟信号处理的结论生硬地搬到数字信号处理中。虽然在数字信号处理中有很多概念和结论确实与模拟信号分析与处理中的概念和结论相对应,例如单位取样信号、单位阶跃信号、卷积、傅里叶变换、频率响应,但数字信号处理的概念和结论是按照自身的基本定义和数学方法推导出来的,两者之间并没有直接的关联,而且存在着一些明显而重要的区别。因此,以前学到的有关模拟信号分析和处理的理论知识,虽然常常在数字信号处理中是有用的,但还是要提醒读者,不要让原有的模拟信号分析与处理的概念,妨碍了对数字信号处理中许多概念的正确理解。

学习 DSP 知识除了掌握好学习方法外,认真态度、刻苦精神和坚韧毅力同样很重要。DSP 课程如同其他专业课一样,虽然很有应用前景,但学习过程还是很枯燥。可以将整个学习过程比喻为体育运动的长跑或者登山运动。课程学习开始时每位学生热情都很高,就像长跑开始时体力最好。随着学习的深入，学生会感到内容开始变得有些枯燥，专业知识的学习难度在加大，这时若不能保持信心和毅力，就可能会失去学习的兴趣和动力。就如同进入长跑的途中，或者登山爬到了半山腰，人会感到特别吃力。这时要咬紧牙关，坚定信念，鼓足勇气，这样才能不掉队、不落后。到了课程学习的最后阶段，已经看到不远处的目标，学习的积极性和主动性更足，就如同长跑的冲刺阶段，冲劲更大。

DSP知识具有广泛的应用前景，特别是在国防和民用核心技术领域，DSP扮演着重要角色。国防科技领域中的雷达、武器制导、导航、军用通信和电子对抗，民用核心技术领域中的移动通信、仪器仪表、自动驾驶、音视频编解码、医疗电子等，都会应用到DSP的知识。学生在学习中要树立远大的理想和报效祖国的志向，坚定理想信念，以强大的精神追求为支柱，培养自身刻苦钻研的毅力，通过科学有效的学习方法，掌握DSP的核心知识，为将来的应用打下扎实的理论基础，以顺利完成课程学习的长跑，取得优异的学习成绩和满满的收获。

第2章　离散时间信号和系统

2.1　信号的基本概念

信号在数学上定义为一个函数，这个函数表示一种信息，通常是有关一个物理量的状态或特性。信号表示为一个或几个独立变量的函数，为进一步进行信号的分析、系统描述和设计建立了有效的数学途径。关于一个独立变量的信号称为一维信号，关于多个独立变量的信号称为多维信号。

多数情况下，独立变量都是有明确物理意义的，例如，语音信号是关于时间的一维信号，静止图像是关于平面位置的二维信号。我们还可以举出许多具体的信号实例，如温度、压力、流量、电压、电流等物理信号。本书主要讨论一维信号 $x(t)$，多数情况下，t 表示时间变量，一般情况下，都将 $x(t)$ 称为随时间变化的信号，或简称为"时间信号"或"时域信号"。

若 t 是定义在时间上的连续变量，称 $x(t)$ 为连续时间信号，也就是模拟信号；若 t 仅在时间的离散点上取值，称 $x(t)$ 为离散时间信号或时域离散信号。实际物理世界中大多数信号都是连续时间信号，如无线电信号、语音信号、心电信号、随时间变化的电压和电流信号等。离散时间信号在实际中很少见到，更多的是一种数学模型。可以按照对连续时间信号的采样获得离散时间信号，这是获得离散时间信号模型的主要手段。工程中，采用一种模数转换器来获得数字信号，数字信号是一种工程信号模型，它和离散时间信号模型有细微的差别。

将 $t=nT$ 代入 $x(t)$，可得 $x(nT)$，T 表示的是采样点之间的时间间隔，通常称为采样间隔，n 是一个整数，$x(nT)$ 表示离散时间信号，它的自变量用 nT 或 n 表示。但也有一些离散时间信号本身就是离散的，例如，某地区的年降雨量或年平均增长率等信号，这类信号的时间变量意义为年，而且只能取整数的时间值，不在整数时间点的信号没有定义(意义)，如某年某月的年降雨量是没有意义的。因此，这类信号的自变量本身只能定义为整数值，但其本身具有明确的物理含义。离散时间信号可以表示成下列形式：

$$\{x(nT)\},\quad n=0,\pm 1,\pm 2,\pm 3,\cdots \tag{2.1}$$

在很多场合下，$x(nT)$ 的值完全可以由 n 来确定，T 可以省去，或将 T 取为 1，在实际的 DSP 系统中，$x(nT)$ 的存放是按 n 来放置的，不同的 $x(nT)$ 只要靠 n 就可区别，因此，将 $x(nT)$ 进一步简化表示为 $x(n)$，$x(n)$ 是一种更简单的数学抽象表达形式，在表示方式和数学推导上更加方便，而且有利于应用成熟的数学工具来建立离散时间信号和系统的理论、算法和模型。但这种表示也有缺陷，它忽略了信号变量本身的物理意义，容易将读者的思路限于对数学符号的理解。后面对信号频域的表示，也是采用了这种抽象的方式，而忽略了对频率物理意义的理解。

2.2　离散时间信号(序列)

2.2.1　离散时间信号(序列)的定义

一个离散时间信号,还可以成为序列,定义为

$$\{x(n)\},\quad n=0,\pm 1,\pm 2,\pm 3,\cdots \tag{2.2}$$

上式中符号$\{x\}$表示一种信号的集合,集合中的一个元素$x(n)$表示第n时刻的离散时间信号$\{x(n)\}$的值,$\{x(n)\}$定义在n等于整数点上,在n不等于整数点上,$\{x(n)\}$没有定义,但并不表示信号值为零。

为书写方便,上面的定义式(2.2)常常简化为用$x(n)$表示$\{x(n)\}$,虽然严格地说,$x(n)$表示$\{x(n)\}$中第n个信号值,但一般的理解,n是变量,所以在不引起混淆的情况下,仍采用$x(n)$表示整个离散时间信号。

从数学级数的角度看,式(2.2)的集合表示一个级数或序列,因此,也把离散时间信号称作离散时间序列,简称序列,后面说的序列就是指离散时间信号。

序列除了用数学表达式外,还常常采用图形方式来表示,如图 2.1 所示。虽然横坐标画成一条连续的直线,但$x(n)$仅仅对于整数的n值才有意义。

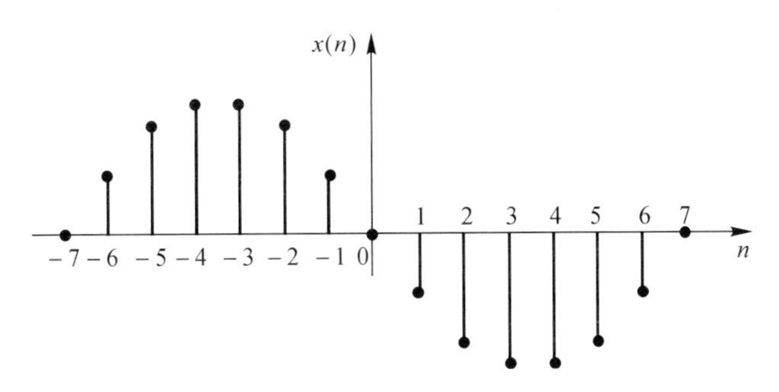

图 2.1　离散时间信号的图形表示

离散时间信号在幅度上定义成连续的,它和前面提到的数字信号并不是完全相等。数字信号是指将离散时间信号的幅度进行均匀量化后的信号,也就是在时间和幅度上都取离散值的信号。在工程实际中,数字信号就是模数转换器的输出信号。因此,离散时间信号并不等于数字信号,但由于数字信号是幅度量化的,在数学表示和推导中不如离散时间信号的形式方便和容易,而且两者之间的差别仅仅是幅度量化误差,一般也不大,因此在课程学习时一般都采用离散时间信号来讨论数字信号处理的理论和算法,得到的结论可以简单推广到数字信号,仅仅需要考虑幅度量化带来的有限字长效应。这是研究数字信号处理采用的普遍方法,所以在本书中,除非特别说明,讨论的都是离散时间信号,也就是序列。

2.2.2 常用的基本序列

1.单位取样序列

$$\delta(n)=\begin{cases}1, & n=0\\0, & n\neq 0\end{cases} \tag{2.3}$$

式中,$\delta(n)$ 称为单位取样序列,它的图形如图 2.2(a) 所示。$\delta(n)$ 看起来和连续时间信号中的单位冲激信号 $\delta(t)$ 相似,它所起的作用和 $\delta(t)$ 也很相似,有时称 $\delta(n)$ 为离散冲激信号,$\delta(t)$ 的信号如图 2.2(b) 所示。但要注意两者有着明显的区别。$\delta(n)$ 的定义简单而精确,是一个真实的物理信号,而 $\delta(t)$ 采用的是极限定义,是一种纯粹的数学抽象表示法,实际中不存在这种冲激信号。

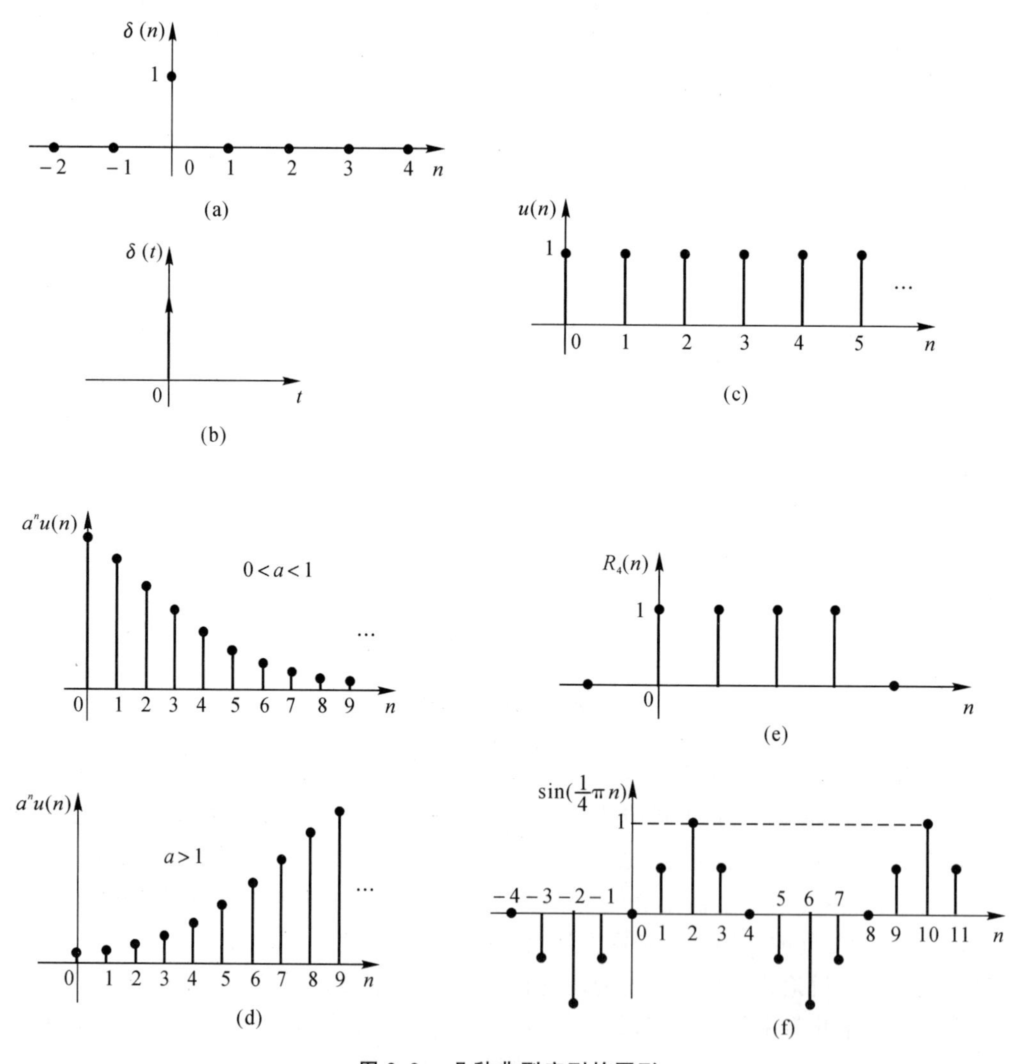

图 2.2 几种典型序列的图形

(a) 单位取样序列; (b) 单位冲激信号; (c) 单位阶跃序列; (d) 实指数序列; (e) 矩形窗序列; (f) 正弦序列

2. 单位阶跃序列

定义

$$u(n)=\begin{cases}1, & n\geqslant 0\\ 0, & n<0\end{cases} \tag{2.4}$$

式中，$u(n)$ 称为单位阶跃序列，它的图形表示如图 2.2(c) 所示。$u(n)$ 可以表示成很多移位的 $\delta(n)$ 序列之和，即

$$u(n)=\sum_{k=0}^{\infty}\delta(n-k) \tag{2.5}$$

类似地，$u(n)$ 和它的移位序列 $u(n-1)$ 也可以用来表示 $\delta(n)$，即

$$\delta(n)=u(n)-u(n-1) \tag{2.6}$$

3. 实指数序列

$$x(n)=a^n,\quad -\infty<n<\infty \tag{2.7}$$

其中，a 为实常数，实指数序列的图形表示如图 2.2(d) 所示。

4. 矩形序列

定义

$$R_N(n)=\begin{cases}1, & 0\leqslant n\leqslant N-1\\ 0, & n\ \text{为其他}\end{cases} \tag{2.8}$$

该序列称为矩形序列，也称作“矩形窗”，其中 N 称为窗的宽度，图形如图 2.2(e) 所示。$R_N(n)$ 可以用来得到一个有限长(宽) 序列。例如，通过式(2.9) 运算把一个无限长或很长的序列 $x(n)$ 变成长度为 N 点的序列 $x_1(n)$：

$$x_1(n)=x(n)R_N(n),\quad 0\leqslant n\leqslant N-1 \tag{2.9}$$

例如，设 $x(n)$ 是一个实数指数序列 $a^n u(n)$，$a<1$，设 $N=4$，则 $x_1(n)$ 的图形如图 2.3 所示。

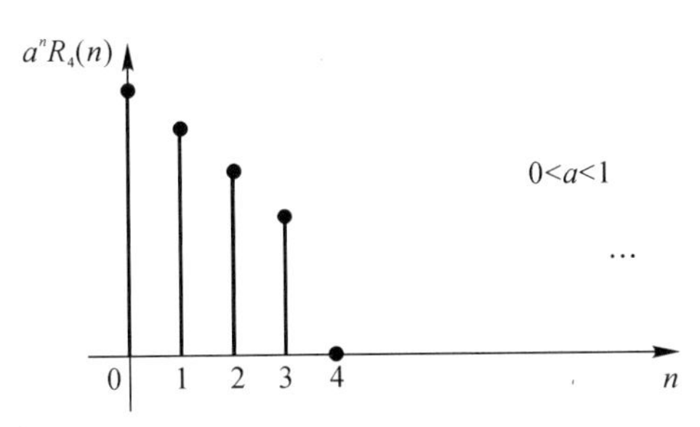

图 2.3　$x_1(n)$ 的图形($N=4$)

5. 正弦和余弦序列

正弦序列定义为

$$x(n)=A\sin(\omega n),\quad -\infty\leqslant n\leqslant\infty \tag{2.10}$$

余弦序列定义为

$$x(n)=A\cos(\omega n),\quad -\infty<n<\infty \tag{2.11}$$

其中，A 为信号的幅度；ω 称为信号的数字频率(或数字角频率)。它是一个非常重要的概念，

在序列的频域分析、离散时间系统的频率响应以及数字滤波器设计中都起着重要的作用。图 2.2(f) 所示是一个正弦序列的图形表示。

下面讨论周期序列的概念。

当满足下列条件

$$x(n)=x(n+lN) \tag{2.12}$$

其中,l 是整数；N 为正整数。称 $x(n)$ 是一个周期为 N 点的周期序列。这个周期对应的数字频率为 $\omega=2\pi/N$。下面以余弦序列为例来说明数字频率和周期的关系。

假设余弦序列可以写成

$$\cos(\omega n)=\cos[\omega(n+p)]=\cos(\omega n+\omega p) \tag{2.13}$$

显然,只有当 $\omega p=2\pi q$ 时,其中 p,q 均是正整数,上式才成立,即该余弦序列是一个周期序列,周期等于 p;否则,该余弦序列不是一个周期序列。

分析 $\omega p=2\pi q$ 这一条件,可以写成

$$\frac{2\pi}{\omega}=\frac{p}{q} \tag{2.14}$$

式(2.14) 的意义是:当 $2\pi/\omega$ 等于整数值($q=1$) 或有理数时,式(2.13) 成立,余弦序列才是周期序列,周期等于常数 p。若 $2\pi/\omega$ 等于无理数,式(2.13) 不成立,序列就不是周期序列。因此,即使序列有频率的定义,也不表示它一定是一个周期序列,需要进一步判断,这是离散时间信号与连续时间信号在周期特性上的一个显著区别。

当式(2.14) 为整数或有理数时,余弦序列是周期序列;若为无理数,即不能表示为整数 p 除以整数 q,序列就不是周期序列。

因此,判断一个正弦序列或余弦序列是否是周期序列的方法,是用 2π 除以它的数字频率 ω,若得出的是整数或有理数,则该序列是周期序列;若得出的是无理数,则该序列就不是周期序列。

例如,设一个序列 $\cos(0.25\pi n)$,它的数字频率 $\omega=0.25\pi$,$2\pi/0.25\pi=8$,整数 8 就是序列的周期,或者说序列的周期是 8 点。设另一个序列 $\cos(0.22\pi n)$,数字频率 $\omega=0.22\pi$,$2\pi/0.22\pi=100/11$,即 $p=100$,$q=11$,则序列的周期是 $p=100$。设序列 $\cos(\sqrt{3}\pi n)$,它的数字频率为$\sqrt{3}\pi$,$2\pi/(\sqrt{3}\pi)=2/\sqrt{3}$,它是一个无理数,则该序列不是周期序列。但无论序列是否为周期序列,仍把 ω 称作序列的数字频率。

下面通过对一个连续时间余弦信号的采样得到一个离散余弦序列的过程来说明模拟频率和数字频率之间的关系,以进一步理解数字频率的概念。

设模拟余弦信号为

$$x(t)=\cos(\Omega t)=\cos(2\pi ft) \tag{2.15}$$

对该 $x(t)$ 以 T 为采样间隔进行采样离散,得

$$x(nT)\big|_{t=nT}=\cos(\Omega nT)=\cos(\Omega Tn)=\cos(2\pi fTn) \tag{2.16}$$

将离散后的信号表示成离散余弦序列,即

$$x(n)=\cos(\omega n)=\cos(\Omega Tn)=\cos(2\pi fTn) \tag{2.17}$$

从上面的关系式,可以发现

$$\omega=\Omega T=2\pi fT \tag{2.18}$$

或

$$\omega = \Omega / f_s = 2\pi f / f_s \tag{2.19}$$

其中，$f_s = 1/T$，称为采样频率。该式为数字频率 ω 和模拟频率 Ω 及 f 之间的关系式，它们是依靠采样间隔 T 或采样频率 f_s 进行关联的。

式(2.19) 特别重要，它是建立采样后的离散时间信号和模拟信号的频率之间的重要关系式。

可以得到

$$2\pi / (\Omega T) = p / q \tag{2.20}$$

整理后可得

$$pT = q(1/f) \tag{2.21}$$

上式的意义是 p 倍采样周期等于 q 倍信号周期，当 p，q 均为整数时，序列的周期是 p。

由上可以发现数字频率的如下特点：

(1)ω 是一个连续取值的量。

(2)ω 的量纲为一种角度的量纲单位：弧度(rad)。它是一种相对频率的概念，因而没有通常意义上频率量纲，它表示序列在采样间隔 T 内正弦或余弦信号变化的角度大小，表示信号相对变化的快慢程度，有一定的频率意义和概念。

(3) 序列对于 ω 是以 2π 为周期的，或者说，ω 的独立取值范围为$[0,2\pi)$或$[-\pi,\pi)$。

$$\cos(\omega n) = \cos[(\omega + 2k\pi)n] \tag{2.22}$$

式(2.22) 说明序列采用数字频率 ω 表示的频带范围是有限的。这一点与模拟频率 Ω 有很大区别，这也是理解数字频率的一个难点。关于 ω 的这一特点在后文介绍采样理论时还要详细加以阐述。

6. 复指数序列

复指数序列也称作复正弦序列，由余弦序列作实部，正弦序列作虚部构成，即

$$x(n) = e^{j\omega n} = \cos(\omega n) + j\sin(\omega n) \tag{2.23}$$

式中，ω 称为复指数序列的数字频率。复指数序列在实际中不存在，它是为了数学上的表示和分析方便而引入的，它的特性和正弦或余弦序列的特性基本一致。

2.2.3　序列的基本运算

序列的运算是数字信号处理的主要操作，其中，序列相加、序列数乘和序列移位(存储) 是最核心的三种基本运算。此外，还有翻转、抽取、插值等运算形式。

1. 序列的三种基本运算

(1) 序列相加：

$$z(n) = x(n) + y(n) \tag{2.24}$$

序列相加主要靠加法器完成，需要耗费一定的时钟周期完成加法操作。

(2) 序列数乘：

$$y(n) = ax(n) \tag{2.25}$$

其中，a 是实常数。

序列数乘主要依靠乘法器完成，乘法操作是 DSP 系统中耗费运算时间较多的操作，乘法

器的运算速度和数量是 DSP 系统重要的硬件资源。

(3) 序列移位：

$$y(n)=x(n-k) \tag{2.26}$$

其中，k 为整数。

在 DSP 系统中，序列移位被看成是一种运算操作，它需要耗费一定时钟周期完成，在实际实现中移位操作是用存储器或寄存器来实现的，需要进行存储器的“读”或“写”，所以移位操作除了消耗时间，还要消耗存储器单元。

以上三种核心运算是最普遍、最基本的运算形式，它们可以构成 DSP 系统中很多复杂的处理。在 DSP 系统中通常是三种基本运算的组合形式出现，例如，下式是一个典型 DSP 算法的运算方程实例：

$$y(n)=x(n)+1.6x(n-1)-0.9y(n-1) \tag{2.27}$$

DSP 的操作由下列操作组成：

1) 存储和读取：$x(n-1)$，$y(n-1)$。

2) 数乘：$1.6x(n-1)$，$-0.9y(n-1)$。

3) 加法：$y(n)=x(n)+1.6x(n-1)-0.9y(n-1)$。

式(2.27)实际上表示了 DSP 系统中的典型组合运算：“数乘-累加”运算，它是构成复杂信号处理算法的普遍形式，它反映了数字信号处理的“数值运算”特征。

2. 序列的其他运算

(1) 序列相乘：

$$z(n)=x(n)y(n) \tag{2.28}$$

(2) 序列反转：

$$y(n)=x(-n) \tag{2.29}$$

(3) 序列加窗：

$$y(n)=x(n)R_N(n),\quad n=0,1,2,\cdots,N-1 \tag{2.30}$$

3. 系统的卷积运算

$$y(n)=\sum_{k=-\infty}^{\infty}x(k)h(n-k) \tag{2.31}$$

4. 序列的任意表示形式

$\delta(n)$ 序列是一种最基本的序列，通过上面三种基本运算，任何一个序列可以由 $\delta(n)$ 序列来构造。具体而言，任何一个序列 $x(n)$ 都可以表示成单位采样序列 $\delta(n)$ 的移位加权和，如下式所示：

$$x(n)=\cdots+x(-2)\delta(n+2)+x(-1)\delta(n+1)+x(0)\delta(n)+x(1)\delta(n-1)+ x(2)\delta(n-2)+\cdots=\sum_{k=-\infty}^{\infty}x(k)\delta(n-k) \tag{2.32}$$

式(2.32)表达式具有普遍意义，是序列在时域的一种简单而有效的展开表达式，在分析线性时不变系统中起着重要作用。这种表示的意义也可以从图 2.4 中得到，图中

$$x(n)=-2\delta(n+2)+0.5\delta(n+1)+2\delta(n)+\delta(n-1)+ 1.5\delta(n-2)-\delta(n-4)+2\delta(n-5)+\delta(n-6) \tag{2.33}$$

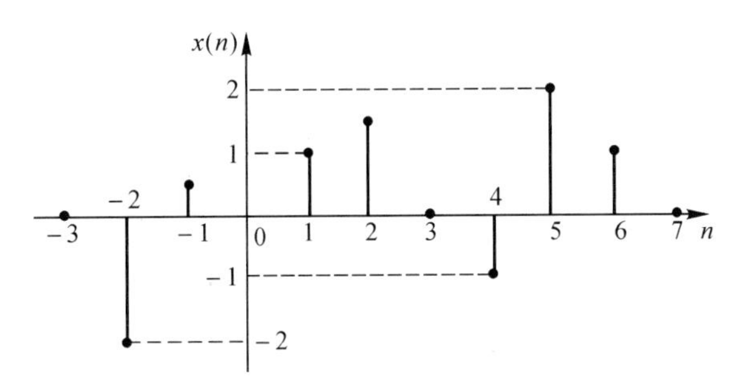

图 2.4　用单位采样序列移位加权和表示序列

2.3　离散时间系统

数字信号处理是依靠系统来完成的，所以系统是数字信号处理的核心。系统一般包括系统硬件和系统所完成的处理算法。

2.3.1　系统定义

系统在数学上定义为将输入序列 $x(n)$ 映射成输出序列 $y(n)$ 的唯一线性变换或运算。这种映射是广义的，实际上表示的是一种具体的处理，或是变换，或是滤波，或是其他处理方式，记为

$$y(n)=T[x(n)] \tag{2.34}$$

其中，符号 $T[\quad]$ 表示系统的映射或处理，可以把符号 $T[\quad]$ 简称为系统。

系统通常可以用图形表示，如图 2.5 所示，输入 $x(n)$ 称为系统的激励，输出 $y(n)$ 称为系统的响应。由于它们均为离散时间信号，将系统 $T[\quad]$ 称为离散时间系统或时域离散系统。

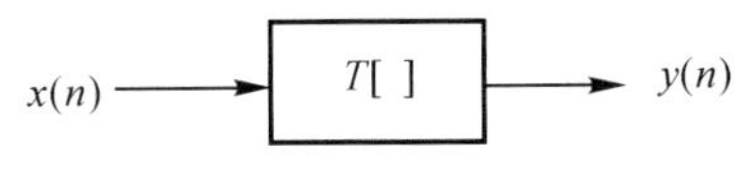

图 2.5　系统的图形表示

给系统 $T[\ ]$ 加上各种具体的约束条件后，就可以定义各种具体的离散时间系统，例如线性、时不变、因果和稳定系统。由于线性时不变系统在数学上比较容易表征，容易进行分析、设计和实现，而且符合实际中的大多数系统模型，因此本书将重点讨论线性时不变(非时变)系统。

2.3.2　线性离散时间系统

线性系统是指满足叠加原理的系统，或满足齐次性和可加性的系统。

设 $y_1(n)=T[x_1(n)], \quad y_2(n)=T[x_2(n)]$

对任意常数 a,b,若有

$$T[ax_1(n)+bx_2(n)]=aT[x_1(n)]+bT[x_2(n)]=ay_1(n)+by_2(n) \tag{2.35}$$

则称系统 $T[\ ]$ 为线性离散时间系统。

推广到一般情况,设

$$y_k(n)=T[x_k(n)], \quad k=1,2,\cdots,N$$

线性系统满足:

$$T[\sum_{k=1}^{N}a_k x_k(n)]=\sum_{k=1}^{N}a_k T[x_k(n)]=\sum_{k=1}^{N}a_k y_k(n), \quad 1\leqslant k\leqslant N \tag{2.36}$$

线性系统的特点是多个输入的线性组合的系统输出,等于各输入单独作用的输出的线性组合。

2.3.3 非时变离散时间系统

若满足下列条件,则系统称为时不变(移不变)系统,或非时变(非移变)系统。

设 $y(n)=T[x(n)]$

对任意整数 k,有

$$y(n-k)=T[x(n-k)] \tag{2.37}$$

即系统的映射 $T[\ ]$ 不随时间变化,只要输入 $x(n)$ 是相同的序列,无论何时进行激励,输出 $y(n)$ 总是相同的,这正是系统时不变性的特征。图 2.6 形象说明了系统时不变性的概念。

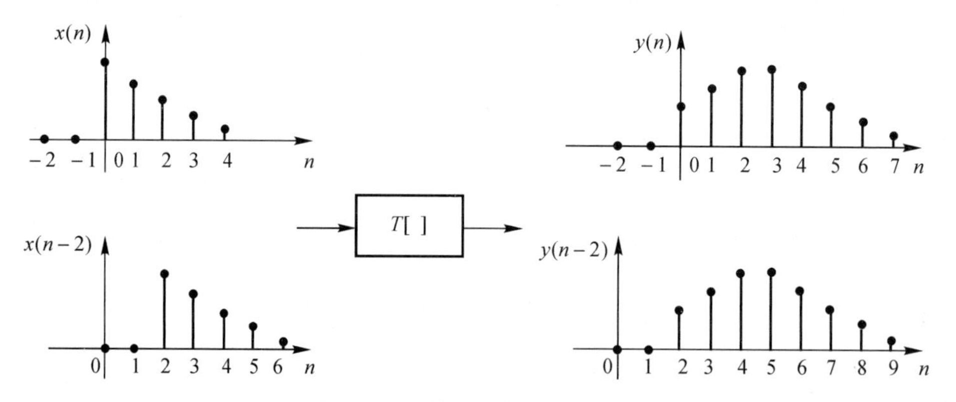

图 2.6 系统时不变性的示意图

【例 2-1】 设系统的映射 $y(n)=T[x(n)]=nx(n)$,判断系统的线性和时不变性。

解 设 $y_1(n)=nx_1(n), \quad y_2(n)=nx_2(n)$

$$a_1x_1(n)+a_2x_2(n)=x(n)$$

则

$$T[x(n)]=nx(n)=na_1x_1(n)+na_2x_2(n)=a_1y_1(n)+a_2y_2(n)$$

所以,系统为线性系统。

设

$$x_1(n)=x(n-k)$$

$$y_1(n)=nx_1(n)=nx(n-k)$$

而

$$y(n-k)=(n-k)x(n-k)$$

显然

$$y(n-k)\neq y_1(n)$$

所以，系统为时变系统。

2.3.4 线性时不变离散系统

同时具备线性和时不变性的离散系统称作线性非时变系统，或线性时不变(Linear Time Invariment, LTI)系统，或线性移不变(Linear Shift Invariant, LSI)系统，简称 LTI 或 LSI 系统。这种系统是应用最广泛的系统，它的重要意义在于，系统的处理过程可以统一采用系统的单位取样响应来描述，系统以一种相同的运算规则(卷积)进行统一表示。这种系统还有许多优良的性能，在本书中，除非特别说明，系统一般指的是线性非时变系统。

下面通过求 LSI 系统对任意输入的响应来推导出描述 LSI 系统输入输出关系式，它是描述 LTI 系统一个非常重要的数学关系式，读者要特别注意在推导中线性和时不变性的作用。

如前所述，任何一个信号可以表示成单位取样序列的线性组合，即

$$x(n)=\sum_{k=-\infty}^{\infty}x(k)\delta(n-k) \tag{2.38}$$

设 $x(n)$ 是一个线性时不变系统 $T[\;]$ 的输入，系统的输出为 $y(n)$，即

$$y(n)=T[x(n)]$$

依据系统的线性，系统输出 $y(n)$ 可以表示为

$$y(n)=T[x(n)]=T\left[\sum_{k=-\infty}^{\infty}x(k)\delta(n-k)\right]=\sum_{k=-\infty}^{\infty}x(k)T[\delta(n-k)] \tag{2.39}$$

其中，$T[\delta(n-k)]$ 是系统对输入 $x(n)=\delta(n-k)$ 的响应，它是系统对单位取样序列 $\delta(n)$ 移位序列的响应。

设系统对单位取样序列 $\delta(n)$ 的响应为 $h(n)$，即

$$h(n)=T[\delta(n)] \tag{2.40}$$

$h(n)$ 称为系统的单位取样响应，它是从时域描述系统一个非常重要的信号。

根据 LTI 系统的时不变性，有

$$h(n-k)=T[\delta(n-k)] \tag{2.41}$$

则系统输出 $y(n)$ 可表示为

$$y(n)=\sum_{k=-\infty}^{\infty}x(k)h(n-k) \tag{2.42}$$

式(2.42) 的结论非常重要，它清楚地表明：当线性非时变系统的单位取样响应 $h(n)$ 确定时，系统对任何一个输入 $x(n)$ 的响应 $y(n)$ 可以由式(2.42) 确定，或者说，$y(n)$ 可以表示成 $x(n)$ 和 $h(n)$ 之间的一种简单的运算形式，即式(2.42) 所表示的运算形式。在上面的推导中，没有对系统的映射 $T[x(n)]$ 作任何具体的规定，仅仅限定了是线性非时变系统，因此，式(2.42) 对线性非时变系统具有普遍性意义，换句话说，该式可以正确描述线性非时变系统的输入和输出

的一般关系。

将式(2.42)的运算方式称作“离散卷积”或“卷积和”，简称“卷积”，采用符号“ * ”表示，即

$$y(n)=x(n)*h(n) \tag{2.43}$$

很容易证明，式(2.42)还可以写成下列形式

$$y(n)=\sum_{k=-\infty}^{\infty}h(k)x(n-k)=x(n)*h(n) \tag{2.44}$$

式(2.42)和式(2.44)是卷积的两种形式，结果是等效的，其中，整数 k 称为卷积变量，也可以写成其他任意的下标符号，例如 m、p 等。卷积运算虽然是一种数学运算形式，但具有明确的物理意义，它在一般意义上表示了线性非时变系统对输入序列的处理方式或处理规则。

线性非时变系统对任何一个有意义的输入，都可以用卷积的运算方式来求解输出。这里得出的结论与模拟线性非时变系统的结论非常相似，但这里的推导完全是按照离散时间信号和系统的运算规则严格导出的，没有任何意义上的近似。离散卷积概念除了具有理论上的意义之外，更重要的是，离散卷积是简单的乘加运算，因此，可以实现系统，具有明显的实用性。因此，理解卷积的意义并熟练掌握卷积的计算是很重要的。

2.3.5 离散卷积的计算

卷积是数字信号处理算法中最常用的运算之一，例如在离散系统中，卷积是求线性时不变系统零状态响应的主要时域方法，它实际上是几种基本运算的综合。

下面说明进行卷积运算的序列长度和卷积结果的序列长度之间的关系。设两个序列分别是 $x_1(n)$ 和 $x_2(n)$，设序列 $x_1(n)$ 的长度是 L 点，序列 $x_2(n)$ 的长度是 P 点，两个序列进行卷积运算后，卷积结果记为 $x_3(n)$，它们的卷积运算为

$$x_3(n)=\sum_{m=-\infty}^{\infty}x_1(m)x_2(n-m) \tag{2.45}$$

图 2.7(a) 是序列 $x_1(m)$ 的图形，图 2.7(b) 是序列 $x_2(n-m)$ 图形。显然，当 $n<0$ 和 $n>L+P-2$ 时，乘积 $x_1(m)x_2(n-m)$ 对所有的 m 均为零；当 $0\leqslant n\leqslant L+P-2$ 时，$x_3(n)$ 不全为 0。因此，$L+P-1$ 是序列 $x_3(n)$ 的最大长度，或者说，卷积结果序列的长度等于卷积运算两个序列的长度之和减一，如图 2.8 所示。

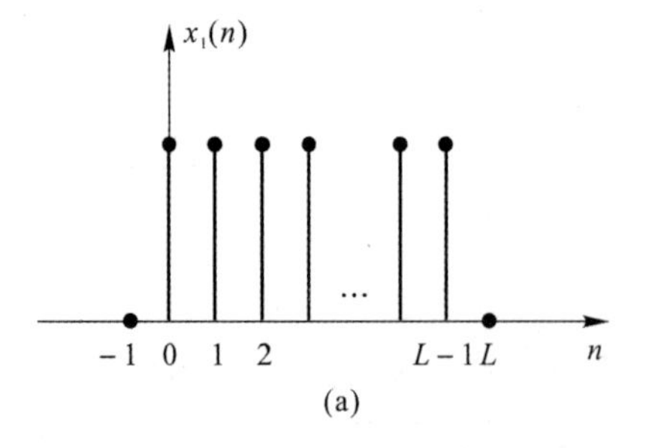

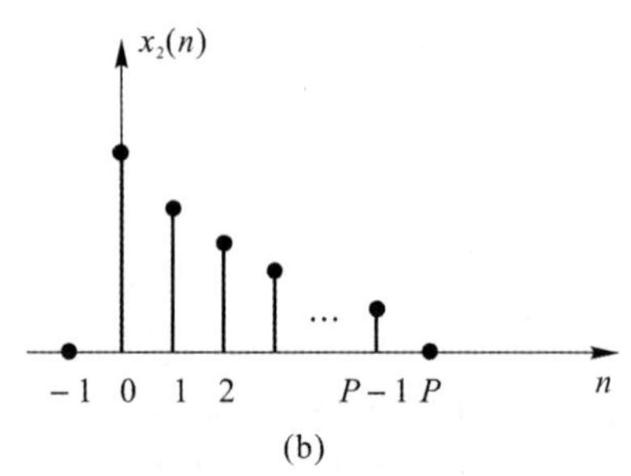

图 2.7 信号 $x_1(n)$ 和 $x_2(n)$ 的图形

(a)$x_1(n)$ 图形(长度 $=L$)； (b)$x_2(n)$ 图形(长度 $=P$)

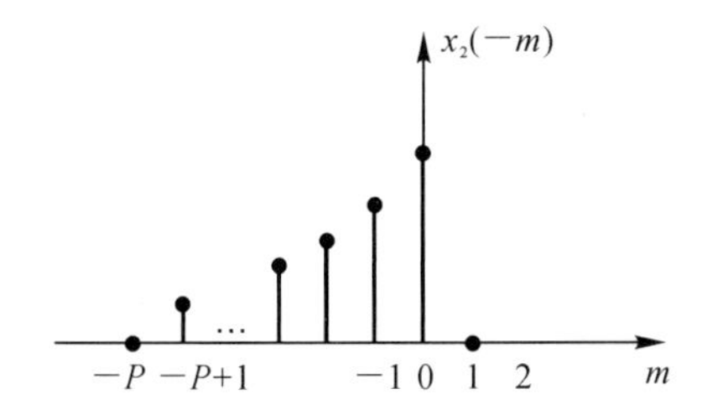

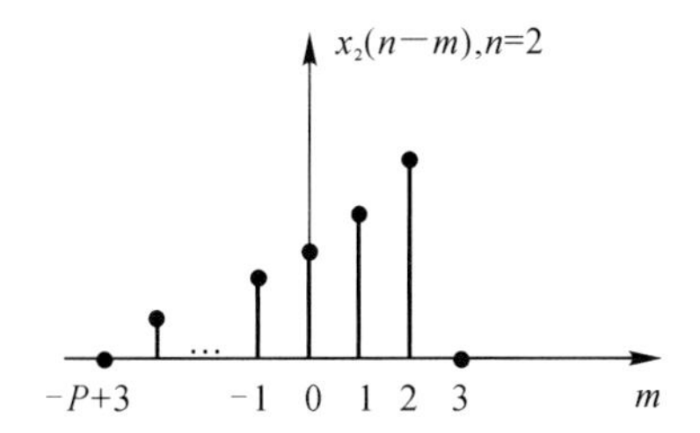

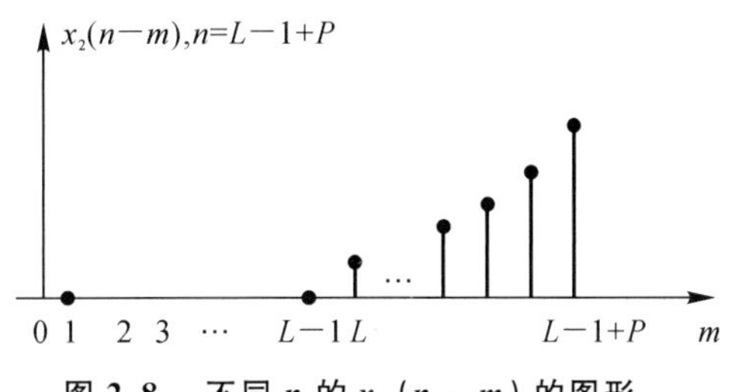

图 2.8　不同 n 的 $x_2(n-m)$ 的图形

实际中卷积的计算一般采用解析法和图解法，或是两种方法的结合。图解法有以下几个步骤：

(1) 按照式 $y(n)=x(n)*h(n)=\sum_{m=-\infty}^{\infty}x(m)h(n-m)$，卷积运算主要是对变量 m 的序列乘加运算，公式中的 n 作参变量。首先将 $x(n)$，$h(n)$ 的 n 变成 m，然后取任意一个序列，例如，将 $h(m)$ 进行翻转，形成 $h(-m)$。此时相当于 $n=0$。

(2) 令 $n=1$，将 $h(-m)$ 移位 1，得到 $h(1-m)$。

(3) 将 $x(m)$ 和 $h(1-m)$ 对应项相乘，再相加，得到 $y(1)$。

(4) 再令 $n=2$，重复(2)(3) 步得到 $y(2)$；然后 $n=3,4,\cdots$，直到对所有的 n 都计算完为止。

下面通过举例分别说明。

【例 2-2】　设线性时不变系统的单位采样响应 $h(n)$ 和输入序列 $x(n)$ 如图 2.9 所示，计算卷积输出 $y(n)$，并画出它的波形。

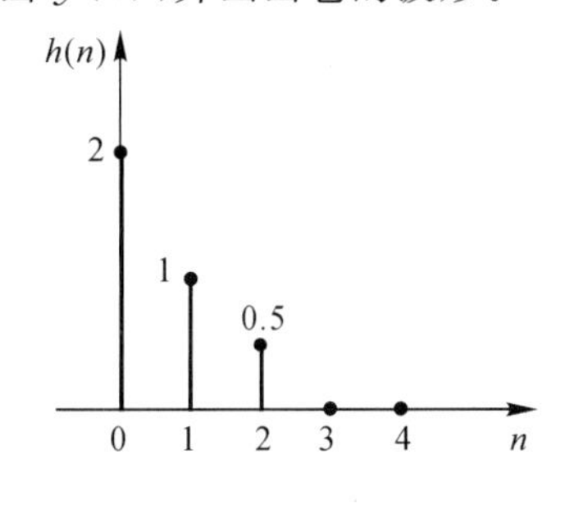

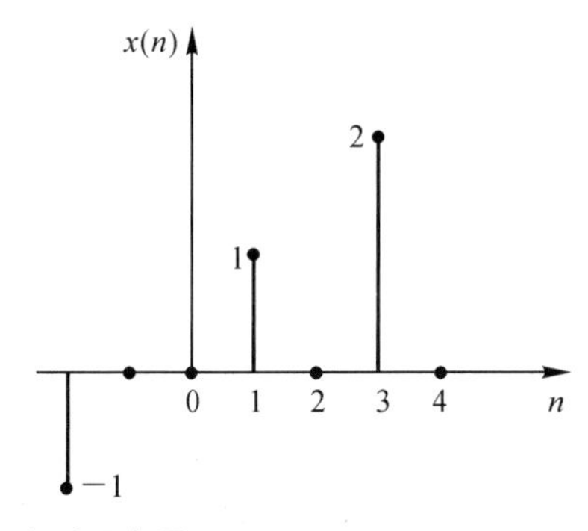

图 2.9　例 2-2 序列示意图

解　先写出卷积计算式

$$y(n)=x(n)*h(n)=\sum_{m=-\infty}^{\infty}x(m)h(n-m)$$

图解法的过程如图 2.10 所示。

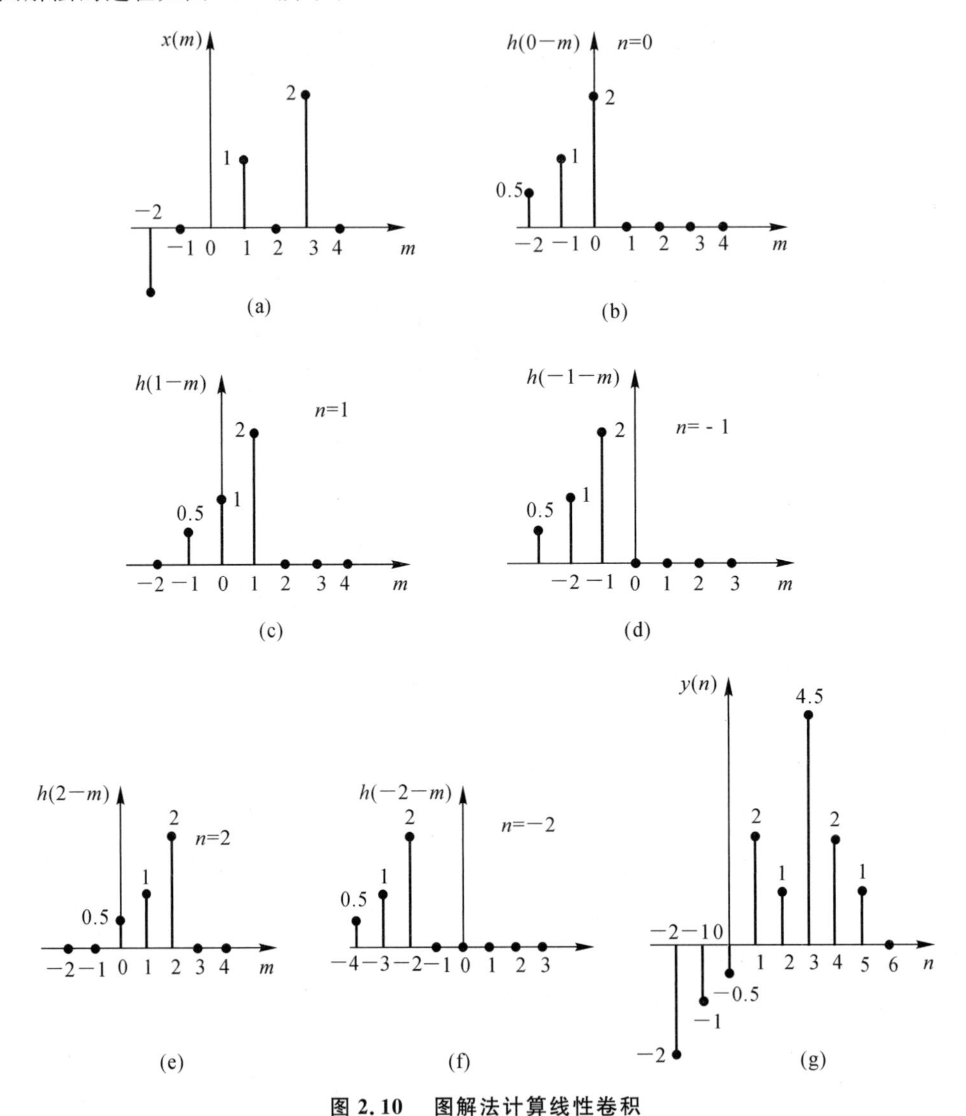

图 2.10　图解法计算线性卷积

(a) $x(m)$ 图形；(b) $h(-m)$ 图形；(c) $h(1-m)$ 图形；(d) $h(-1-m)$ 图形；(e) $h(2-m)$ 图形；(f) $h(-2-m)$ 图形；(g) $y(n)$ 图形

分析过程如下：

(1) 将 $h(m)$ 进行翻转，得到并画出 $h(-m)$，对应 $n=0$。将 $x(m)$ 和 $h(-m)$ 两波形重叠的序列值对应相乘，再相加，得到 $y(0)$。

(2) 令 $n=1$，画出 $h(1-m)$，将 $x(m)$ 和 $h(1-m)$ 两波形重叠的序列值对应相乘，再相加，得到 $y(l)$。

(3) 令 $n=2$，画出 $h(2-m)$，即将 $h(-m)$ 图右移二位，将 $x(m)$ 和 $h(2-m)$ 两波形重叠

的序列值对应相乘，再相加，得到 $y(2)$。

(4) 令 $n=3,4,\cdots$，重复上面的做法，可得到对应的 $y(n)$，最后画出 $y(n)$ 的波形。

上述图形法的求解过程中，可以分析求解每一个输出 $y(n)$ 的值，具体结果如下：

$y(n)=0,\quad n<-2$

$y(-2)=-2,\quad y(-1)=-1,\quad y(0)=-0.5\quad y(1)=2,\quad y(2)=1,\quad y(3)=4.5$

$y(4)=2,\quad y(5)=1$

$y(n)=0,\quad n>5$

可以将 $y(n)$ 结果写成下列单位取样序列的形式，也是一种解析表达方式，即

$$y(n)=-2\delta(n+2)-\delta(n+1)-0.5\delta(n)+2\delta(n-1)+\delta(n-2)+ 4.5\delta(n-3)+2\delta(n-4)+\delta(n-5)$$

图解法的优点是直观性好，容易理解，不易出错，适用于简单信号的形式，但一般不容易得出卷积结果的解析表达式，对于复杂信号波形难以应用。下面介绍的解析法可以应用于信号为解析形式的卷积求解，卷积结果的形式可以用解析表达式进行表示。

用解析法求解卷积运算的一个主要环节是确定卷积公式中求和运算的上下限。卷积计算式如下：

$$y(n)=x(n)*h(n)=\sum_{m=-\infty}^{\infty}x(m)h(n-m)$$

其中，假设 $x(m)$ 的非零区间为 $0\leqslant m\leqslant L_1$，$h(n-m)$ 的非零区间为 $0\leqslant n-m\leqslant L_2$，或者写成 $n-L_2\leqslant m\leqslant n$。这样 $y(n)$ 的非零区间要求 m 同时满足下面两个不等式

$$\left.\begin{aligned}0\leqslant m\leqslant L_1\\ n-L_2\leqslant m\leqslant n\end{aligned}\right\}\tag{2.46}$$

式(2.46)表明使得卷积计算中相乘累加的结果不为零的 m 取值范围，它还和 n 的取值有关。为了简单清楚一些，一般可将 n 分成几段分别进行计算。

当 n 变化时，m 应该按下式取值

$$\max\{0,n-L_2\}\leqslant m\leqslant\min\{L_1,n\}$$

假设 $L_2\leqslant L_1$，当 $0\leqslant n\leqslant L_2$ 时，m 的下限应该是 0，上限应该是 n；当 $L_2\leqslant n\leqslant L_1+L_2$ 时，m 的下限是 $n-L_2$，上限是 L_1；当 $n\leqslant 0$，或者 $n\geqslant L_1+L_2$ 时，上式不成立，因此 $y(n)=0$。这样就将 n 分成 3 种情况计算如下：

(1) $0\leqslant n\leqslant L_2$ 时，$y(n)=\sum\limits_{m=0}^{n}x(m)h(n-m)$

(2) $L_2\leqslant n\leqslant L_1+L_2$ 时，$y(n)=\sum\limits_{m=n-L_2}^{L_1}x(m)h(n-m)$

(3) $n<0$，或者 $n>L_1+L_2$ 时，$y(n)=0$

下面通过举例说明解析法求解过程。

【例 2-3】 设 $x(n)=R_4(n)$，$h(n)=R_4(n)$，用解析法求 $y(n)=x(n)*h(n)$。

解　卷积表达式如下：

$$y(n)=\sum_{m=-\infty}^{\infty}x(m)h(n-m)=\sum_{m=-\infty}^{\infty}R_4(m)R_4(n-m)\tag{2.47}$$

式(2.47)中，矩形序列的幅度值为 1，长度为 4。求解式(2.47)主要根据矩形序列的非零

值区间确定求和号的上、下限，$R_4(m)$ 的非零区间为 $0\leqslant m\leqslant 3$，$R_4(n-m)$ 的非零区间为 $0\leqslant n-m\leqslant 3$，或者写成：$n-3\leqslant m\leqslant n$。这样 $y(n)$ 的非零区间要求 m 同时满足下面两个不等式

$$\left.\begin{array}{l} 0\leqslant m\leqslant 3 \\ n-3\leqslant m\leqslant n \end{array}\right\} \tag{2.48}$$

本例中，$L_1=L_2=3$，实际上可以从式(2.46)直接写出式(2.48)，也可以写出下式

$$\max\{0,n-3\}\leqslant m\leqslant \min\{3,n\}$$

按照前面的分析，将 n 分成三种情况计算如下：

(1)$n<0$ 或 $n>6$ 时，$y(n)=0$；

(2)$0\leqslant n\leqslant 3$ 时，$y(n)=\sum\limits_{m=0}^{n}1=n+1$；

(3)$4\leqslant n\leqslant 6$ 时，$y(n)=\sum\limits_{m=n-3}^{3}1=7-n$。

将 $y(n)$ 写成一个表达式，如下

$$y(n)=\begin{cases} n+1, & 0\leqslant n\leqslant 3 \\ 7-n, & 4\leqslant n\leqslant 6 \\ 0, & \text{其他} \end{cases}$$

【例 2-4】 设 $x(n)=a^n u(n)$，$h(n)=R_4(n)$，求两者的卷积输出 $y(n)=x(n)*h(n)$。

解 采用解析法求解。

$$y(n)=x(n)*h(n)=\sum_{m=-\infty}^{\infty}h(m)x(n-m)=$$

$$\sum_{m=-\infty}^{\infty}R_4(m)a^{n-m}u(n-m)=a^n\sum_{m=0}^{3}R_4(m)a^{-m}u(n-m)$$

当 $n<0$ 时，$y(n)=0$。

当 $n<4$ 时，$0<m<n$，则

$$y(n)=a^n\sum_{m=0}^{n}R_4(m)a^{-m}u(n-m)=a^n\sum_{m=0}^{n}a^{-m}=a^n\ \frac{1-(1/a)^{n+1}}{1-1/a}=\frac{a^{n+1}-1}{a-1}$$

当 $n>3$ 时，$0<m<4$，则

$$y(n)=a^n\sum_{m=0}^{3}R_4(m)a^{-m}u(n-m)=a^n\sum_{m=0}^{3}a^{-m}=a^n\ \frac{1-(1/a)^4}{1-1/a}=\frac{a^{n+1}-a^{n-3}}{a-1}$$

综合得到

$$y(n)=\begin{cases} \dfrac{a^{n+1}-1}{a-1}, & 0\leqslant n\leqslant 3 \\ \dfrac{a^{n+1}-a^{n-3}}{a-1}, & 4\leqslant n \\ 0, & n<0 \end{cases}$$

实际计算练习中，还可以采用一种列表法，更加直观方便，下面通过举例说明。

【例 2-5】 设 $x(n)=R_4(n)$，$h(n)=R_4(n)$，求卷积输出 $y(n)$。

解 列表法按表 2.1 的过程进行求解。

表 2.1　列表法计算卷积的过程

$x(m)$				1	1	1	1				
$h(m)$				1	1	1	1				$y(n)$
$h(-m)$	1	1	1	1							$y(0)=1$
$h(1-m)$		1	1	1	1						$y(1)=2$
$h(2-m)$			1	1	1	1					$y(2)=3$
$h(3-m)$				1	1	1	1				$y(3)=4$
$h(4-m)$					1	1	1	1			$y(4)=3$
$h(5-m)$						1	1	1	1		$y(4)=2$
$h(6-m)$							1	1	1	1	$y(5)=1$

【例 2-6】　证明下面两公式成立：

(1)$x(n)=x(n)*\delta(n)$；

(2)$x(n)*\delta(n-n_0)=x(n-n_0)$。

证明　(1)
$$x(n)*\delta(n)=\sum_{m=-\infty}^{\infty}x(m)\delta(n-m)$$
式中，只有当 $m=n$ 时，$\delta(n-m)=1$，其他 m 都为零，此时求和才取非零值。因此，求和只留下 $m=n$ 代入上式，得到
$$x(n)*\delta(n)=x(n)$$
证明完毕。

(2)
$$x(n)*\delta(n-n_0)=\sum_{m=-\infty}^{\infty}x(m)\delta(n-n_0-m)$$
同样理由，上式中，只有当 $m=n-n_0$ 时，求和才取非零值。将 $m=n-n_0$ 代入上式，得到
$$x(n)*\delta(n-n_0)=x(n-n_0)$$
证明完毕。

上面两个公式在求解卷积中非常有用，第一个公式说明任何一个序列卷积单位取样序列等于序列本身，第二个公式说明任何一个序列卷积一个移位 n_0 的单位取样序列，等于将该序列移位 n_0。

若采用解析法求解卷积，可结合上面两个公式，简化解析法求解过程，快速得到卷积结果。例如，对图 2.9 所示的序列，可分别将 $x(n)$ 和 $h(n)$ 写成单位取样序列的表达式：
$$x(n)=-2\delta(n+2)+\delta(n-1)+2\delta(n-3)$$
$$h(n)=2\delta(n)+\delta(n-1)+\frac{1}{2}\delta(n-2)$$

因为
$$x(n)*\delta(n)=x(n)$$
$$x(n)*A\delta(n-k)=Ax(n-k)$$
所以
$$y(n)=x(n)*\left[2\delta(n)+\delta(n-1)+\frac{1}{2}\delta(n-2)\right]=$$

$$2x(n)+x(n-1)+\frac{1}{2}x(n-2)$$

将 $x(n)$ 的表达式代入上式，可得到

$$y(n)=-2\delta(n+2)-\delta(n+1)-0.5\delta(n)+2\delta(n-1)+\delta(n-2)+4.5\delta(n-3)+2\delta(n-4)+\delta(n-5)$$

上式与前面的图解法求解结果完全一致。

由于卷积运算表示的是 LSI 系统的一种时域模型，因此，卷积的运算规律表示了系统构成的规律，可以通过卷积的不同运算规律表示线性时不变系统的级联和并联结构。

假设有两个 LSI 系统，其单位采样响应分别用 $h_1(n)$ 和 $h_2(n)$ 表示。将这两个系统进行级联，也称串联。第一个系统 $h_1(n)$ 的输出用 $y_1(n)$ 表示，同时，$y_1(n)$ 是第二个系统 $h_2(n)$ 的输入，第二个系统的输出用 $y(n)$ 表示，它也是总系统的输出。那么根据线性时不变系统输出和输入之间的计算关系，可得到

$$y_1(n)=x(n)*h_1(n) \tag{2.49}$$

$$y(n)=y_1(n)*h_2(n) \tag{2.50}$$

$$y(n)=x(n)*h_1(n)*h_2(n) \tag{2.51}$$

根据卷积计算规律，$h_1(n)$ 和 $h_2(n)$ 可以交换先后顺序，可得到

$$y(n)=x(n)*h_2(n)*h_1(n) \tag{2.52}$$

这种级联系统的结构很常见，将总系统分为几个子系统的级联，是一种较好的系统实现方案。系统级联结构的组成如图 2.11 所示。

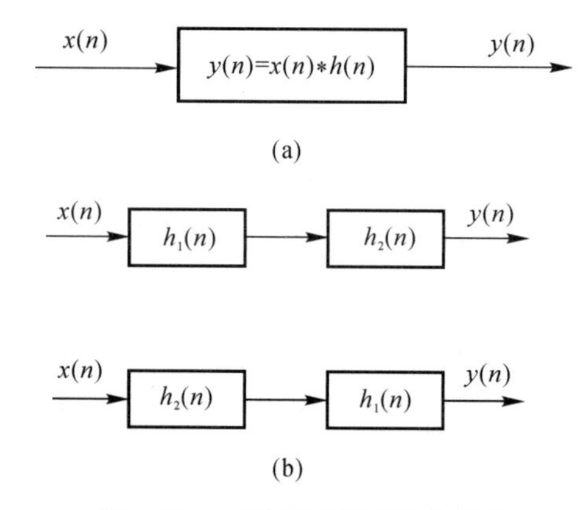

图 2.11　系统级联结构等效框图

(a)LSI 系统的卷积关系；（b)LSI 系统的两种等效级联结构

按照式(2.51)、式(2.52) 和图 2.11，级联系统的输出均为 $y(n)$，可以将两个级联的系统交换位置，此时输出不改变。如果令

$$h(n)=h_1(n)*h_2(n) \tag{2.53}$$

那么有

$$y(n)=x(n)*h(n) \tag{2.54}$$

式(2.53) 中，$h(n)$ 是系统总的单位取样响应，$h_1(n)$ 和 $h_2(n)$ 是级联子系统的单位取样响应。总系统的单位取样响应等于两个级联子系统的单位取样响应的卷积。以此类推，如果有 N 个系统级联，那么总系统的单位取样响应等于 N 个子系统单位取样响应的卷积，如图

2.12 所示。

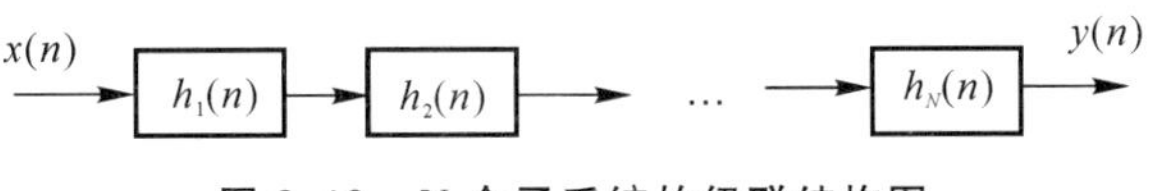

图 2.12　N 个子系统的级联结构图

总系统的单位取样响应为

$$h(n)=h_1(n)*h_2(n)*\cdots*h_N(n) \tag{2.55}$$

假设有两个系统，其单位采样响应分别用 $h_1(n)$ 和 $h_2(n)$ 表示，将这两个系统进行并联，并联结构如图 2.13 所示。

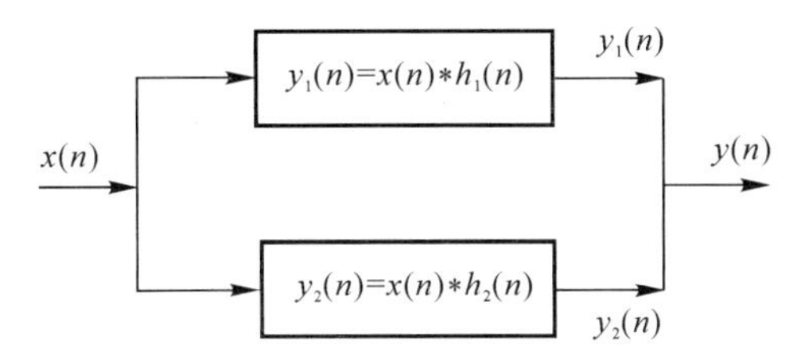

图 2.13　并联系统结构图

根据图 2.12，可以分别写出两个并联子系统的输出为

$$y_1(n)=x(n)*h_1(n)$$

$$y_2(n)=x(n)*h_2(n)$$

系统总输出为

$$y(n)=y_1(n)+y_2(n)=x(n)*h_1(n)+x(n)*h_2(n)$$

可以进一步写成

$$y(n)=x(n)*[h_1(n)+h_2(n)] \tag{2.56}$$

令

$$h(n)=h_1(n)+h_2(n) \tag{2.57}$$

那么

$$y(n)=x(n)*h(n)$$

即系统的单位取样响应 $h(n)$ 等于两个并联子系统的单位取样响应之和。

以此类推，如果有 N 个子系统并联，那么总系统的单位取样响应等于 N 个子系统单位取样响应之和，如图 2.14 所示。

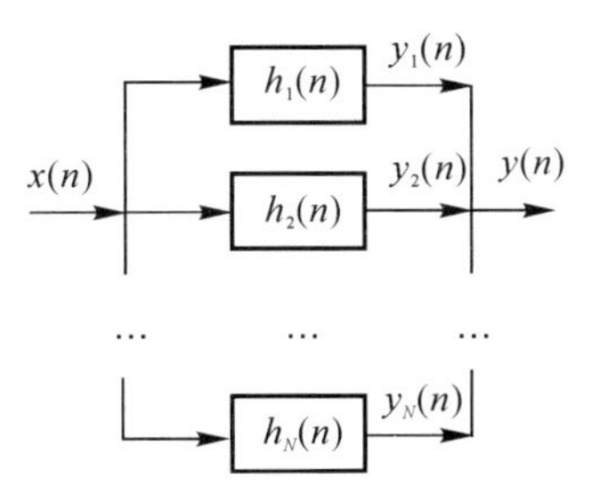

图 2.14　N 个并联子系统结构图

总系统的单位取样响应为

$$h(n)=h_1(n)+h_2(n)+\cdots+h_N(n) \tag{2.58}$$

2.3.6 离散卷积的运算规律

离散卷积存在一些固有的数学规律，因为卷积表示系统处理的概念，所以这些规律实际上反映了系统的不同结构的特性。正如上一节讨论的级联和并联结构表示了卷积运算的结合律和分配律。在卷积运算中最基本的运算是翻转、移位、相乘和相加。其中移位指的是左右平移，这就是称它为线性卷积的原因。下面介绍卷积运算的几个性质。

1. 交换率

$$h(n)*x(n)=x(n)*h(n) \tag{2.59}$$

它的意义可以解释为，在对两个信号进行卷积时，可选其中任意一个信号进行翻转和平移操作，其选择不影响这两个信号的卷积结果。同样，如果互换系统的单位采样响应 $h(n)$ 和输入 $x(n)$，系统的输出保持不变。图 2.15 是它的图形说明。

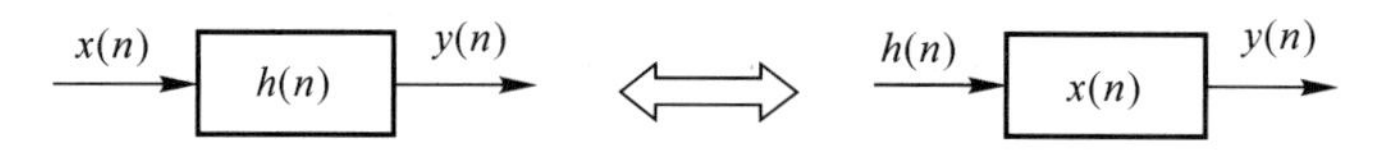

图 2.15 卷积运算的交换律示意图

2. 结合率

$$x(n)*h_1(n)*h_2(n)=x(n)*h_2(n)*h_1(n)=x(n)*[h_2(n)*h_1(n)] \tag{2.60}$$

它的意义可以解释为一种级联系统结构，级联顺序可以交换，或系统级联可以等效为一个系统，输出保持不变。上一节已对它进行了详细说明。

3. 分配率

$$x(n)*h_1(n)+x(n)*h_2(n)=x(n)*[h_1(n)+h_2(n)] \tag{2.61}$$

它的意义可以解释为一个并联系统结构，或并联系统可以等效为一个系统，输出保持不变。上一节已对它进行了详细说明。

4. 与 $\boldsymbol{\delta(n)}$ 卷积的不变性

$$x(n)*\delta(n)=x(n) \tag{2.62}$$

式(2.62) 中的 $\delta(n)$ 可以看成是一个系统的单位取样响应 $h(n)$，它是一个理想的全通系统，信号 $x(n)$ 可以全部无损通过系统。式(2.62) 的意义可以解释为输入信号通过一个零相位的全通系统。

5. 与 $\boldsymbol{\delta(n-k)}$ 卷积的移位性

$$x(n)*\delta(n-k)=x(n-k) \tag{2.63}$$

式(2.63) 中的 $\delta(n-k)$ 可以看成是一个系统的单位取样响应，它是一个有相移的全通系统，信号 $x(n)$ 可以全部无损通过系统，但存在一个大小为 k 的位移，式(2.63) 的意义可以解释为输入通过一个线性相位的全通系统。

2.4　系统的稳定性和因果性

2.4.1　稳定性

对一般系统，稳定性的定义为：若对于每一个有界输入产生一个有界输出，则称系统为稳定系统。

对于任意 n，总存在数 N，M，使得当 $|x(n)|<M$，有 $|y(n)|<N$ 存在，则系统是稳定系统。

对线性时不变系统，稳定性的充要条件可以由系统的单位取样响应表示为

$$S=\sum_{n=-\infty}^{\infty}|h(n)|<\infty \tag{2.64}$$

式(2.64) 的意义是系统的单位采样响应 $h(n)$ 是绝对可和的。

注意：式(2.64) 的系统稳定性条件仅对线性非时变系统成立，而"有界输入产生有界输出"的稳定性条件可以应用于一般的离散时间系统，包括线性非时变系统。

先证明充分性。

设式(2.64) 的条件成立，且 $|x(n)|$ 有界，即 $S<\infty$，$|x(n)|<M$，则

$$|y(n)|=\left|\sum_{k=-\infty}^{\infty}h(k)x(n-k)\right|\leqslant\sum_{k=-\infty}^{\infty}|h(k)||x(n-k)|\leqslant M\sum_{k=-\infty}^{\infty}|h(k)|=MS<\infty$$

即 $y(n)$ 是有界的，充分性得证。

必要性用反证法证明。

设式(2.64) 条件不成立，即 $S\to\infty$，可以找到一个有界输入，能使系统产生一个无界输出。

设输入为

$$x(n)=\begin{cases}\dfrac{h^*(-n)}{|h(-n)|}, & h(-n)\neq 0\\ 0, & h(-n)=0\end{cases}$$

式中，$h^*(-n)$ 是 $h(-n)$ 的复共轭序列；$h(-n)$ 是 $h(n)$ 的翻转序列。

显然，$|x(n)|\leqslant 1$，即 $x(n)$ 有界，求 $n=0$ 时刻的输出 $y(0)$，即

$$y(0)=\sum_{k=-\infty}^{\infty}x(0-k)h(k)=\sum_{k=-\infty}^{\infty}\frac{h^*(k)}{|h(k)|}h(k)=$$

$$\sum_{k=-\infty}^{\infty}\frac{|h(k)|^2}{|h(k)|}=\sum_{k=-\infty}^{\infty}|h(k)|=S\to\infty$$

上式表明，有界输入 $x(n)$，产生了一个无限大输出 $y(0)$，必要性得证。

判断一个系统是否稳定时，若为线性时不变系统，用式(2-64) 的条件判断，也可以用稳定性的一般定义判断；若不是线性时不变系统，要用稳定性的一般定义判别。

【例 2-7】　判断下列离散时间系统的稳定性。

$$y(n)=[x(n)+x(n-1)+x(n-2)]/3$$

解 根据稳定系统一般性的定义，设$x(n)$有界，即对所有的n，$|x(n)|<M$，M是一个有限数。根据以上方程，有

$$|y(n)|<[|x(n)|+|x(n-1)|+|x(n-2)|]/3<\infty$$

所以，有界输入产生有界输出，系统是稳定的。

若系统假定为线性非时变系统，可以用系统单位取样响应$h(n)$的绝对可和条件来判断稳定性。

设输入$x(n)=\delta(n)$，则

$$h(n)=y(n)=[\delta(n)+\delta(n-1)+\delta(n-2)]/3$$

因此

$$\sum_{n=-\infty}^{\infty}|h(n)|=3\times\frac{1}{3}=1$$

满足绝对可和条件，所以系统是稳定系统。

2.4.2 因果性

对一般系统，因果性的定义为：一个系统在任意时刻的输出，只取决于该时刻或该时刻之前的输入，而与该时刻之后的输入无关，称系统为因果系统。或者说，因果系统在某个时刻的输出只能是该时刻或之前的输入加入到系统之后才能产生。反之，则是非因果系统。

因果系统称为"物理可实现系统"，非因果系统称为"物理不可实现系统"。

因此，因果系统表示了该系统可以进行物理实现，而非因果系统在物理上不可实现。但读者需要注意，与模拟系统不同的是，离散时间系统的部分非因果系统可以进行非实时实现。

对线性时不变系统，因果性的充要条件可由系统的单位取样响应进行确定，即

$$h(n)=0,\quad n<0 \tag{2.65}$$

或

$$h(n-n_0)=0,\quad n<n_0 \tag{2.66}$$

下面对式(2.65)进行证明。根据线性非时变系统的卷积关系，$n=n_0$时刻的输出为

$$y(n_0)=\sum_{k=-\infty}^{\infty}h(k)x(n_0-k)=\sum_{k=-\infty}^{-1}h(k)x(n_0-k)+\sum_{k=0}^{\infty}h(k)x(n_0-k)$$

上式中第1项输出部分取决于n_0时刻之后的输入$x(n)$，即$x(n_0+1)$，$x(n_0+2)$，…，是非因果项，上式中第2项输出部分取决于n_0时刻和n_0之前的输入$x(n)$，即$x(n_0)$，$x(n_0-1)$，…，属于因果项。很显然，因果系统的输出只取决于第2项，第1项必须为零，因此，若$n<0$时，$h(n)=0$，则第1项为零，系统因果性可得到保证，充分性得证。必要性证明可用反证法，若$n<0$时，$h(n)\neq 0$，则系统输出与第1项的输入相关，系统不具有因果性，必要性得证。

为了方便起见，有时将$n<0$，$x(n)=0$的序列称为因果序列，反之，称为非因果序列。显然，线性非时变因果系统的$h(n)$是一个因果序列。

对于实际应用的离散时间系统，一般都设计为因果系统。对于某些特殊的非实时应用场合，可以将系统设计成非因果系统，获得系统其他性能的提升。但非因果系统输出会有较大的延时，非因果性越强，延时越大。关于这一点已超出本书范畴，此处不再赘述。

【例 2-8】 设一个线性非时变离散时间系统的描述方程为

$$y(n)=T[x(n)]=3x(n-2)+3x(n+2)$$

判断系统的因果性。

解　任意选一个 n，例如，$n=2$，输出 $y(2)=2x(0)+3x(4)$。

按照因果性的定义，对于 $n=2$ 时刻，其输出取决于 $x(0)$ 和 $x(4)$，显然 $x(4)$ 不符合因果性，因此，系统是非因果系统。

当然，通过方程中 $y(n)$ 取决于 $x(n-2)$ 和 $x(n+2)$，其中，$x(n+2)$ 对于 n 而言是未来的输入，因此是非因果项，也可以判断系统是非因果的。

若假设系统是线性非时变系统，可求出系统的单位取样响应 $h(n)$，然后用 $h(n)$ 来判断系统的因果性。

令 $x(n)=\delta(n)$，则 $h(n)=y(n)=3\delta(n-2)+3\delta(n+2)$。

显然，$h(-2)=3\delta(0)=3\neq 0$，是非因果序列，所以系统是非因果的。

2.5　连续时间信号的采样

本节主要讨论对连续时间信号进行均匀采样过程以及采样引起信号的频谱特征变化、采样频率的选择、采样定理以及信号恢复等问题。

2.5.1　采样的基本概念

从原理上说，采样器就是一个开关，通过控制开关的接通和断开来实现信号的采样，它的概念如图 2.16 所示。

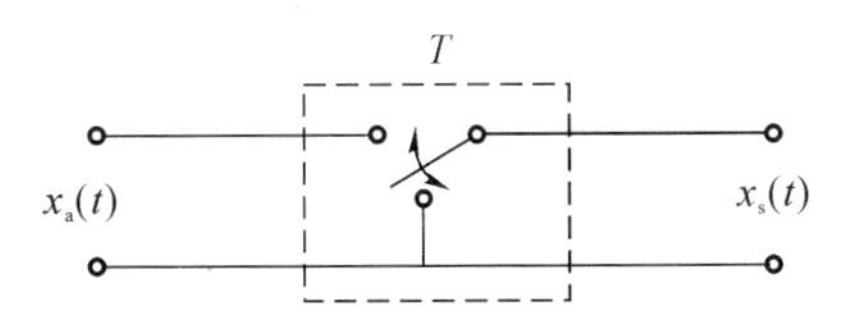

图 2.16　采样过程等效开关示意图（T 是开关转换时间，可等效采样间隔）

图 2.16 中，$x_a(t)$ 是连续时间信号，$x_s(t)$ 是采样后的信号，实际上它是离散形式的信号，为了数学推导方便，自变量表示为连续变量 t 的形式。工程实际中，实现对模拟信号 $x_a(t)$ 的采样的主要技术手段是模数转换器，模数转换器工作时输入端连接模拟信号，输出离散二进制数据信号，工作时还需要专用电源和时钟信号。模拟信号用模数转换器进行采样的示意图如图 2.17 所示。

模数转换器将模拟信号转换为离散二进制数码信号，它被称为数字信号，数字信号和离散时间信号的特点是自变量都是离散的，但数字信号的幅度是量化的信号，而离散时间信号幅度是连续取值的。

从时域分析一个模拟信号的采样过程比较简单，正如图 2.17 所示。仅仅从采样后信号的时域很难确定采样的离散时间信号是否失真，因此，若要深入分析采样对信号的本质影响，需要分析采样过程中信号的频域变化，通过分析信号在采样前后的频谱变化，可以正确理解采样过程以及对信号的影响。

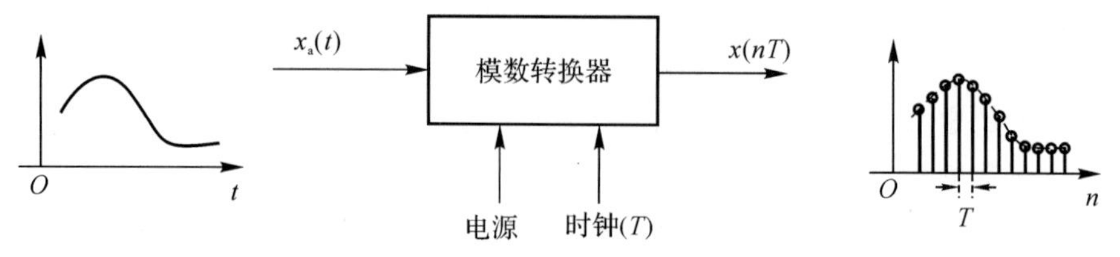

图 2.17　模数转换器采样示意图

采样过程是一种开关操作，在数学上可以等效为乘法运算，即

$$x_s(t)=x_a(t)s(t) \tag{2.67}$$

式中，$s(t)$ 是一个开关函数；$x_a(t)$ 是原信号；$x_s(t)$ 是采样后的信号，为了数学推导方便，仍将其写成连续时间信号的形式。假定是理想采样情况下，$s(t)$ 是无限多项单位冲激信号 $\delta(t)$ 等间隔构成的一个单位冲激串信号，即

$$s(t)=\delta_T(t)=\sum_{n=-\infty}^{\infty}\delta(t-nT) \tag{2.68}$$

式中 T 是采样间隔，信号的波形如图 2.18(a) 所示，式(2.67) 则可表示为

$$x_s(t)=x_a(t)\delta_T(t)=x_a(t)\sum_{n=-\infty}^{\infty}\delta(t-nT)=\sum_{n=-\infty}^{\infty}x_a(nT)\delta(t-nT) \tag{2.69}$$

式(2.69) 中，$\delta_T(t-nT)$ 在 $t=nT$ 不为零，抽象为一个单位冲激信号，因而 $x_s(t)$ 只在 $t=nT$ 才有定义的值，也是一个冲激信号，冲激强度为 $x_a(nT)$，如图 2.18(b) 所示。这是一种理想采样的信号模型，采用冲激信号 $\delta(t)$ 表示采样过程中信号的优点是可以简化数学表示和推导，并获得清晰的结果。

由图 2.18 可见，采样结果是使原来的模拟信号变成为在 $t=0, \pm T, \pm 2T, \cdots$ 点上的离散冲激信号，这就是采样的简单原理，在本书中对采样的讨论都是基于这种理想的均匀采样。

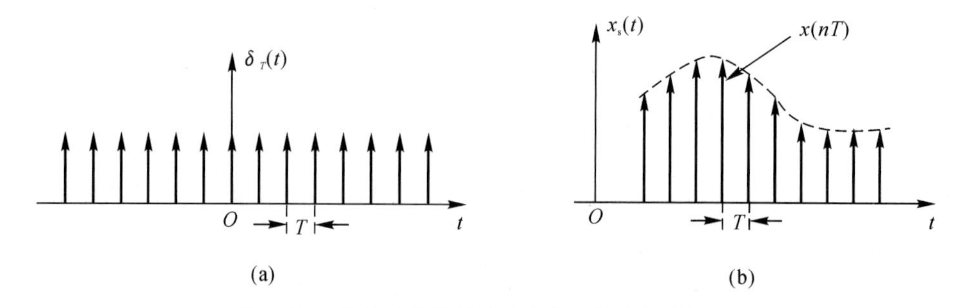

图 2.18　单位冲激信号串和理想采样的信号图形

(a) 单位冲激信号串 $\delta_T(t)$ 图形；(b) 理想采样后信号 $x_s(t)$ 图形

2.5.2　采样过程中频谱的变化

连续时间信号被采样后，它的频谱要发生显著变化，通过对这种变化的分析以及得到的结

论，可以建立模拟信号采样不失真的条件，并且对深入理解采样后信号的本质变化及其傅里叶变换和序列的数字频率有较大帮助。

单位冲激信号串 $\delta_T(t)$ 是周期信号，周期为 T，可以进行傅里叶级数展开，如下式

$$\delta_T(t)=\sum_{k=-\infty}^{\infty}A_k\mathrm{e}^{\mathrm{j}k\frac{2\pi}{T}t} \tag{2.70}$$

式中，周期 T 对应 $\delta_T(t)$ 中的基频分量，也是采样间隔；A_k 是展开系数，表示第 k 次谐波分量在信号中能量大小，可以求解出 A_k 如下

$$A_k=\frac{1}{T}\int_{-T/2}^{T/2}\delta_T(t)\mathrm{e}^{-\mathrm{j}k2\pi f_s t}\mathrm{d}t \tag{2.71}$$

式(2.71)中，$f_s=1/T$，是 $\delta_T(t)$ 的基波频率，同时也是采样频率。令 $\Omega_s=2\pi f_s=2\pi/T$，可求得 A_k 为

$$A_k=\frac{1}{T}\int_{-T/2}^{T/2}\delta(t)\mathrm{e}^{-\mathrm{j}k\Omega_s t}\mathrm{d}t\,\Big|_{t=0}=\frac{1}{T}\int_{-T/2}^{T/2}\delta(t)\mathrm{d}t=\frac{1}{T} \tag{2.72}$$

因此，$\delta_T(t)$ 等效为

$$\delta_T(t)=\frac{1}{T}\sum_{k=-\infty}^{\infty}\mathrm{e}^{\mathrm{j}k\Omega_s t} \tag{2.73}$$

式(2.73)实际上是 $\delta_T(t)$ 的傅里叶级数展开表达式，它表示了周期信号 $\delta_T(t)$ 的频域，如图 2.19 所示。图中 $P_{\delta_T}(\mathrm{j}\Omega)$ 表示 $\delta_T(t)$ 的傅里叶变换（傅里叶级数），它在频域是一个以 Ω_s 为周期的周期信号。

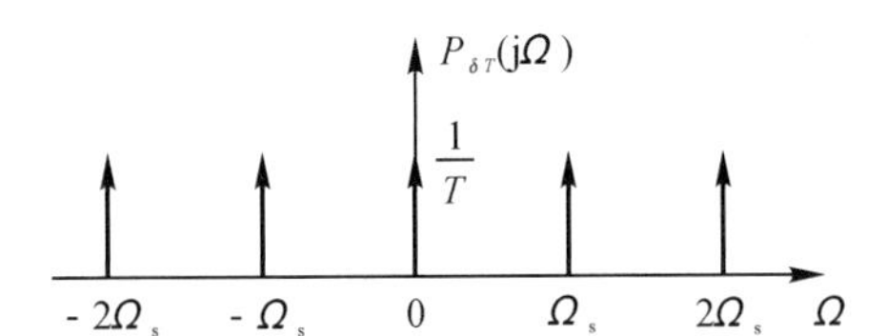

图 2.19　$\delta_T(t)$ 的傅里叶变换（傅里叶级数）

可将采样后信号 $x_s(t)$ 写成

$$x_s(t)=x_a(t)\frac{1}{T}\sum_{k=-\infty}^{\infty}\mathrm{e}^{\mathrm{j}k\Omega_s t} \tag{2.74}$$

式(2.74)表示 $x_s(t)$ 可以表示为无限多个载波 $\frac{1}{T}\mathrm{e}^{\mathrm{j}k\Omega_s t}$ 分量之和乘以 $x_a(t)$。根据信号时域相乘、频域卷积的性质，从频域变化看，$x_a(t)$ 的傅里叶变换，记为 $X_a(\mathrm{j}\Omega)$，被搬移到频率点 $\Omega=k\Omega_s$，$k=0,\pm1,\pm2,\cdots$，所以 $x_s(t)$ 的傅里叶变换是周期函数，周期等于 Ω_s，下面进行详细数学推导。

$x_s(t)$ 的傅里叶变换为

$$X_s(\mathrm{j}\Omega)=\int_{-\infty}^{\infty}x_s(t)\mathrm{e}^{-\mathrm{j}\Omega t}\mathrm{d}t=\int_{-\infty}^{\infty}x_a(t)\frac{1}{T}\sum_{k=-\infty}^{\infty}\mathrm{e}^{\mathrm{j}k\Omega_s t}\mathrm{e}^{-\mathrm{j}\Omega t}\mathrm{d}t=$$

$$\frac{1}{T}\sum_{k=-\infty}^{\infty}\int_{-\infty}^{\infty}x_a(t)\mathrm{e}^{-\mathrm{j}(\Omega-k\Omega_s)t}\mathrm{d}t=\frac{1}{T}\sum_{k=-\infty}^{\infty}X_a(\mathrm{j}\Omega-\mathrm{j}k\Omega_s)=$$

$$\frac{1}{T}\sum_{k=-\infty}^{\infty}X_a\left(\mathrm{j}\Omega-\mathrm{j}k\frac{2\pi}{T}\right)$$

以上得到的结论非常重要，它是模拟信号 $x_a(t)$ 的频域函数(傅里叶变换)和采样后离散时间信号 $x_s(t)$ 频域函数的固有关系式，重写如下

$$X_s(j\Omega)=\frac{1}{T}\sum_{k=-\infty}^{\infty}X_a\left(j\Omega-jk\,\frac{2\pi}{T}\right) \tag{2.75}$$

式(2.75)表明了信号采样前后的傅里叶变换的关系，清楚地揭示了频谱在采样过程中发生的变化，是一个非常重要的结论。读者要特别注意它们的差别：与 $x_a(t)$ 相比，$x_s(t)$ 的傅里叶变换(频谱)主要的变化是：频谱变成了周期的，即 $X_s(j\Omega)$ 是周期函数，周期为 Ω_s。具体说，离散时间信号 $x_s(t)$ 的频谱是连续时间信号 $x_a(t)$ 的频谱以采样(角)频率 Ω_s 为周期，进行无限项周期延拓的结果，这是信号采样带来的信号本质上最重要的变化。另一点变化是频谱幅度为变为原来幅度的 $1/T$。图 2.20 表示了这种频谱的变化。

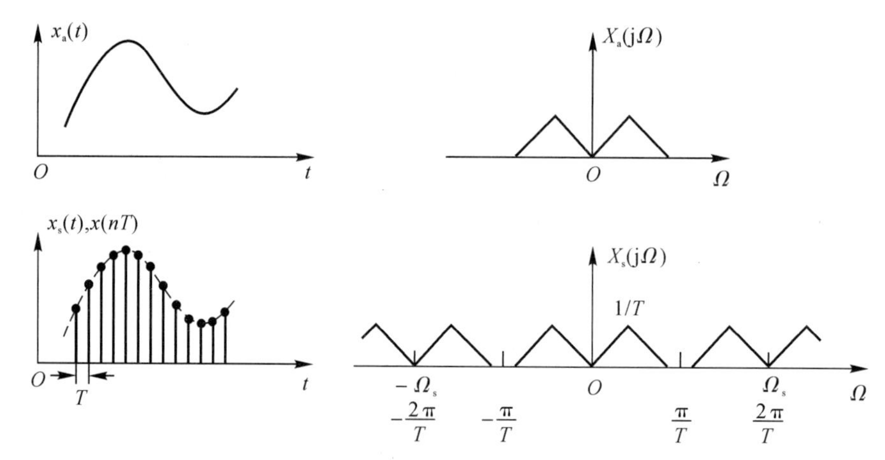

图 2.20　信号采样过程中频谱的变化图

这里采用 $x_s(t)$ 表示采样以后的离散时间信号，实际上与前面定义的信号 $x(nT)$ 和序列 $x(n)$ 在本质上是一样的，只是表示的方式上有所不同。因此，可以从采样过程的频谱变化理解数字频率和离散时间信号频谱的周期性。另外，从频谱之间的变化关系可以分析采样失真，以及如何正确选择采样频率等重要问题。

2.5.3　低通信号采样定理

设 $x_a(t)$ 表示一个低通模拟信号，它的傅里叶变换 $X_a(j\Omega)$ 如图 2.21 所示，信号频谱的最高频率分量为 Ω_c，这类信号通常称为低通带限信号。

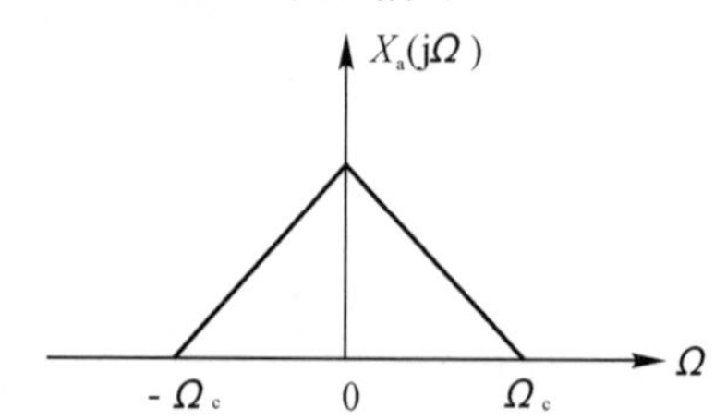

图 2.21　带限低通模拟信号频谱示意图

对该信号以采样频率 f_s 进行采样，根据上节的讨论，采样后的离散时间信号的频谱 $X_s(j\Omega)$ 变成了 $X_a(j\Omega)$ 以 $\Omega_s=2\pi f_s$ 为周期进行周期延拓的频谱，假设 $\Omega_s>2\Omega_c$，或 $f_s>2f_c$，周期延拓后的频谱如图 2.22 所示。

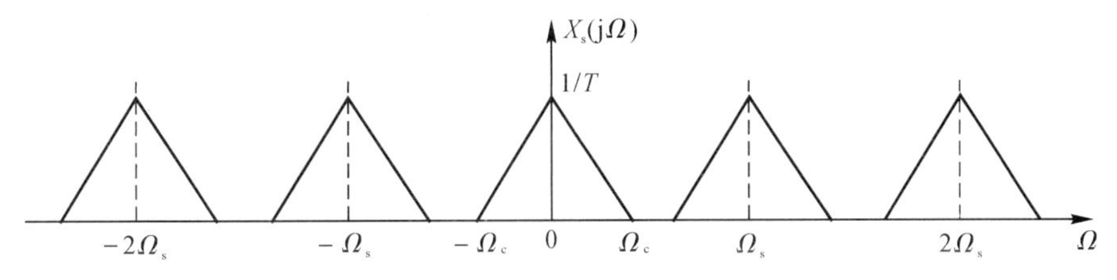

图 2.22　采样后离散时间信号的周期频谱($\Omega_s>2\Omega_c$)

图 2.22 是式(2.75)的直观显示，显然，在 $f_s>2f_c$ 情况下，$X_s(j\Omega)$ 和 $X_a(j\Omega)$ 包含的信息是相同的，或者说，采样后离散时间信号能完全表示原来的模拟信号，采样过程没有任何信息损失。

从图 2.22 中可以看出，采样后离散时间信号的周期频谱能否完整包含原来模拟信号的频谱，完全取决于采样频率 f_s 或 Ω_s 和模拟信号最高频率 f_c 或 Ω_c 的关系。若 $f_s>2f_c$，采样结果如上所述，采样后离散时间信号能完全表示模拟信号；若 $f_s<2f_c$，由于采样频率不够大，致使延拓周期在频域会发生混叠，采样后离散时间信号的周期频谱如图 2.23 所示。

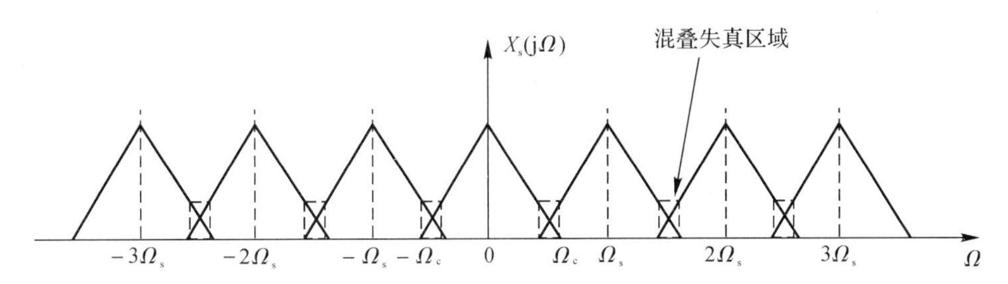

图 2.23　采样后离散时间信号的周期频谱($\Omega_s<2\Omega_c$)

图 2.23 中离散时间信号频谱的各周期出现了混叠，造成周期频谱的每一个周期均不等于原信号的频谱，也就是说，采样以后，离散时间信号出现了失真。造成这种失真的原因是采样频率 $f_s<2f_c$，或 $\Omega_s<2\Omega_c$。

采样失真大小可以通过折叠频率来描述，折叠频率定义为采样频率的一半，即 $f_s/2$。

从图 2.23 的失真部分可以发现，超过折叠频率的信号可以看成混叠到低于折叠频率的部分中。因此，原信号中超过折叠频率的信号频率成分不仅会失真，而且还会对低于折叠频率的信号频率成分带来混叠，除非超过折叠频率的信号频率能量为零，这时不存在混叠失真。因而，离散信号所能正确表示模拟信号的最高频率不会超过折叠频率。很显然，当信号是理想带限信号时，采样频率是决定是否发生失真及失真大小的一个重要参数。下面的采样定理给出了采样时关于采样频率选择的重要条件。

【采样定理】对一个低通带限信号进行理想采样，如果采样频率 f_s 大于等于信号最高频率 f_c 的两倍，采样后的离散信号不失真，并可以精确重建原低通模拟信号。

采样频率 f_s 的这个条件可以表示为

$$f_s\geqslant 2f_c \tag{2.76}$$

或

$$T \leqslant 1/2f_c \tag{2.77}$$

式中，$T=1/f_s$，称为采样间隔。

当$f_s=2f_c$时的采样频率为临界采样频率，称为“奈奎斯特频率”，此时采样失真情况不确定，可能失真，也可能不失真。

采样定理是由科学家香农和奈奎斯特分别独立提出的，采样定理不是解决信号是如何重构的，而是为工程实际中正确选择采样频率在理论上提供选择的依据。理论上讲，对于低通带限信号，无论信号的最高频率多高，只要满足采样定理，采样就不会带来失真。但实际上，采样频率不能选得太高，一方面是由于采样器件(ADC)的限制；另一方面实际中信号都不是理想带限的，无论选多高的采样频率都会有混叠失真。实际信号中有用成分的频率可能并不高，频率很高的成分可能是噪声或无用信号，采样频率没有必要按这些频率来选取。为了避免折叠频率以上的信号产生的采样失真，采样前进行一个模拟低通滤波处理，它的作用是滤除折叠频率以上的频率成分，使信号的带限性能变好，尽量减小后续采样带来的混叠失真，所以，这个模拟低通滤波器一般称为“抗混叠滤波器”，如图 2.24 所示。

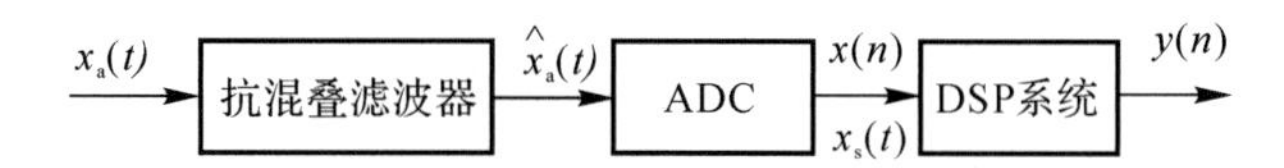

图 2.24　模拟信号的数字信号处理

模拟信号$x_a(t)$经过抗混叠滤波器处理后变成带限性较好的信号$\hat{x}_a(t)$，它的最高频率小于或等于采样频率的一半(折叠频率)，这样后续进行采样就不会产生混叠失真，$x_a(t)$、$\hat{x}_a(t)$和离散时间信号的傅里叶变换如图 2.25 所示。

抗混叠滤波器的目的是滤除高于折叠频率以上的信号分量，以避免采样带来的混叠失真，尽管损失了高于折叠频率的一些频率分量，但这种抗混叠滤波可以避免采样的混叠失真，仍是工程实际中采用的较好方案。

这里介绍的采样定理是关于低通信号的采样，对于带通信号，采样频率的选择有所不同，后面内容将给予介绍。

2.5.4　信号的重构与恢复

本节将简单讨论离散时间信号如何重构，包括如何恢复连续时间信号的原理和过程。

当满足采样定理的条件时，可以推导出从离散时间信号恢复原来的模拟信号的内插公式。先从频域分析入手，已知采样后的信号的频谱在一个周期里可以表示为

$$X_s(\mathrm{j}\Omega)=\frac{1}{T}X_a(\mathrm{j}\Omega),\quad |\Omega|<\pi/T \tag{2.78}$$

因此，只要设计一个截止频率为π/T的理想低通滤波器$H(\mathrm{j}\Omega)$，对离散时间信号进行低通滤波$X_a(t)$，就可以恢复原信号。如图 2.26 所示。

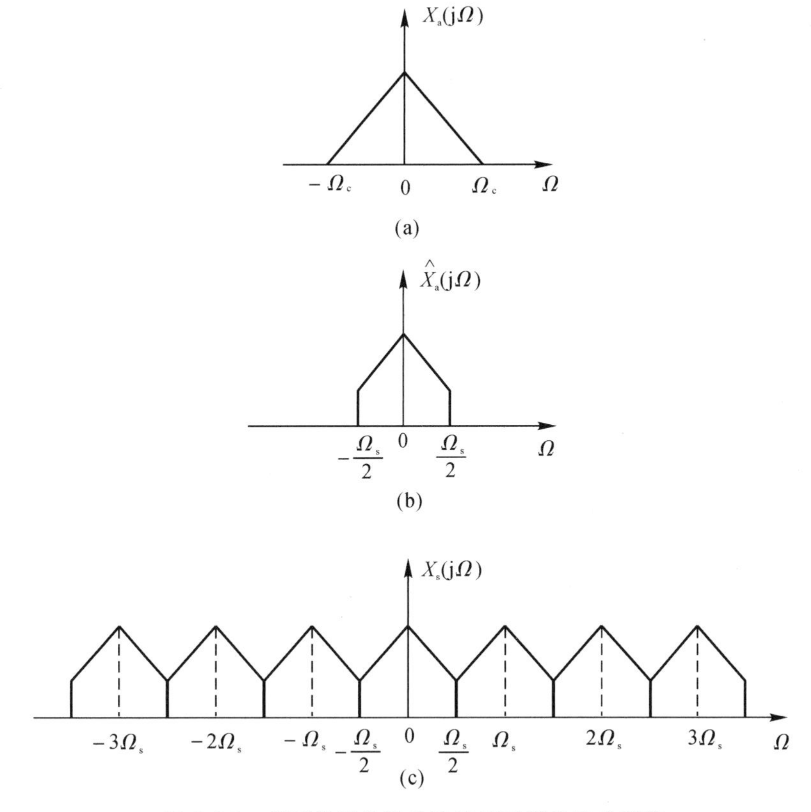

图 2.25　模拟信号抗混叠滤波后采样的信号频谱

(a) 模拟信号的傅里叶变换；(b) 抗混叠滤波信号的傅里叶变换；(c) 抗混叠滤波信号采样的傅里叶变换

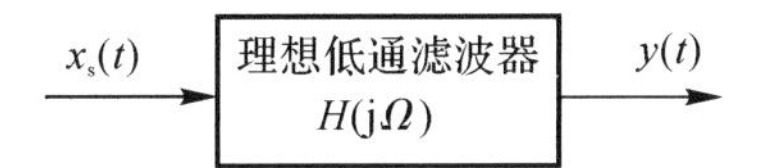

图 2.26　理想滤波器重构模拟信号

设理想低通滤波器的频率响应为

$$H(j\Omega)=\begin{cases}T, & |\Omega|\leqslant \pi/T\\ 0, & |\Omega|>\pi/T\end{cases} \tag{2.79}$$

根据模拟系统的频域描述分析理论，有

$$Y(j\Omega)=X_s(j\Omega)H(j\Omega) \tag{2.80}$$

将式(2.78)和式(2.79)代入上式，可得

$$Y(j\Omega)=X_s(j\Omega)H(j\Omega)=\frac{1}{T}X_a(j\Omega)\times T=X_a(j\Omega),\quad |\Omega|\leqslant\frac{\pi}{T}$$

滤波器的输出信号 $y(t)$ 等于模拟信号 $x_a(t)$，连续时间信号得到了理想的重构和恢复，因此，从频域滤波的概念容易理解信号的重构问题。下面进行进一步的数学分析。

设理想滤波器的单位冲激响应为 $h(t)$，则有

$$h(t)=\frac{1}{2\pi}\int_{-\infty}^{\infty}H(\mathrm{j}\Omega)\mathrm{e}^{\mathrm{j}\Omega t}\mathrm{d}\Omega=\frac{T}{2\pi}\int_{-\frac{\Omega_s}{2}}^{\frac{\Omega_s}{2}}\mathrm{e}^{\mathrm{j}\Omega t}\mathrm{d}\Omega=\frac{T}{2\pi}\int_{-\frac{\pi}{T}}^{\frac{\pi}{T}}\mathrm{e}^{\mathrm{j}\Omega t}\mathrm{d}\Omega=\frac{\sin\left(\frac{\pi}{T}t\right)}{\frac{\pi}{T}t} \tag{2.81}$$

滤波器的输出为

$$y(t)=h(t)*x_s(t)=\frac{\sin\left(\frac{\pi}{T}t\right)}{\frac{\pi}{T}t}*\sum_{k=-\infty}^{\infty}x_a(kT)\delta(t-kT)=$$

$$\sum_{k=-\infty}^{\infty}x_a(kT)\frac{\sin\left(\frac{\pi}{T}t\right)}{\frac{\pi}{T}t}*\delta(t-kT)=$$

$$\sum_{k=-\infty}^{\infty}x_a(kT)\frac{\sin\left[\frac{\pi}{T}(t-kT)\right]}{\frac{\pi}{T}(t-kT)}$$

即可以将 $y(t)$ 写为

$$y(t)=\sum_{k=-\infty}^{\infty}x_a(kT)\varphi_k(t) \tag{2.82}$$

式(2.82) 中，$\varphi_k(t)$ 称为内插函数，它是理想滤波器单位冲激响应的无限多个移位函数，$\varphi_k(t)$ 为

$$\varphi_k(t)=\frac{\sin\left[\frac{\pi}{T}(t-kT)\right]}{\frac{\pi}{T}(t-kT)} \tag{2.83}$$

它是一个关于 t 的连续函数，是关于 k 的离散函数，式(2.82) 称为信号重构的内插公式。$\varphi_k(t)$ 示意图如图 2.27 所示。

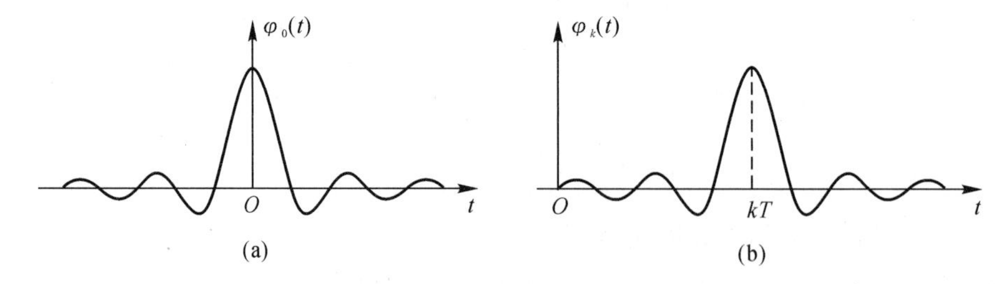

图 2.27　内插函数 $\varphi_k(t)$ 波形图

(a)$\varphi_0(t)$ 的图形；(b)$\varphi_k(t)$ 的图形($k=5$)

从图 2.27 可以看出，不同 k 的 $\varphi_k(t)$ 都是 $\varphi_0(t)$ 的移位，它们有一个重要的特点：在离散点 $t=kT$ 上，$\varphi_k(t)$ 取得最大值 1，在其他离散 k 值点，$\varphi_k(t)=0$。因此，内插的结果在 $t=kT$ 离散采样点，$y(t)$ 和 $x_a(nT)$ 完全相等；在 $t\neq kT$ 的离散采样点之间，$y(t)$ 由无限多个 $\varphi_k(t)$ 被相应的采样值 $x_a(kT)$ 作加权系数进行累加，图 2.28 是这种内插过程的示意图。

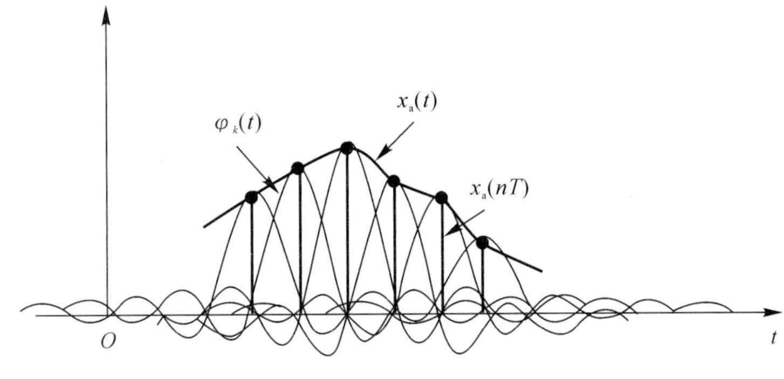

图 2.28　内插过程示意图

当 $x_a(t)$ 是低通带限信号，且采样频率满足采样定理的条件，用内插函数 $\varphi_k(t)$ 重构的信号 $y(t)$ 理想情况下精确等于 $x_a(t)$。

但是，由于理想重构所要求的理想低通滤波器无法实现，实际中也就无法完全精确恢复原信号，实际中采用的数模转换器(DAC) 是一个非理想低通滤波器，它恢复的模拟信号是近似的。

2.5.5　带通信号的采样

这里所说的带通信号是指窄带信号，它是一种调制信号的模型，被调制的基带信号带宽远远小于载波信号的频率。窄带信号是通信、雷达等无线系统中用的最多的信号模型。

设窄带信号的数学模型为

$$x(t)=a(t)\cos\left[2\pi f_0 t+\varphi(t)\right] \tag{2.84}$$

式中，$a(t)$，$\varphi(t)$ 分别是幅度和相位信号，是低频信号，其最高频率远远小于载波频率 f_0，它们通常携带有信息，分别被调制在频率为 f_0 的载波的幅度和相位上。可以将 $x(t)$ 进一步写成

$$\begin{aligned}x(t)=&a(t)\cos(2\pi f_0 t)\cos\varphi(t)-a(t)\sin(2\pi f_0 t)\sin\varphi(t)=\\&a_c(t)\cos(2\pi f_0 t)-a_s(t)\sin(2\pi f_0 t)\end{aligned} \tag{2.85}$$

其中

$$a_c(t)=a(t)\cos\varphi(t)$$

$$a_s(t)=a(t)\sin\varphi(t)$$

窄带信号的典型频谱如图 2.29 所示。图 2.29 中的 f_0 为窄带信号的中心频率，f_B 为窄带信号的带宽，一般有 $f_0\gg f_B$。

若对窄带信号进行采样，按照低通信号采样定理，采样频率应大于等于信号最高频率的 2 倍。上述窄带信号的最高频率等于 $f_0+f_B/2$，因此，采样频率 f_s 必须满足 $f_s\geqslant 2(f_0+f_B/2)$，才能保证采样后信号不失真。但由于载波频率 f_0 较大，因此 f_s 也较大，工程上难以实现。实际上，仔细分析窄带信号的频谱，它的有用信号集中在 $f_0-f_B/2\sim f_0+f_B/2$ 的频段内，而在相当大的一段频率域 $f=0\sim f_0-f_B/2$ 范围内没有任何信号信息。如果以一个较低的采样频率采样(不满足低通采样定理)，采样后信号频谱的各个周期必然发生混叠，但由于大部分频谱为零，有用信号频谱发生混叠的可能性较小，只要采样频率选得合适，可以避免有用信号频谱的混叠失真，因而能够大大降低采样频率。下面来讨论窄带信号的采样定理。

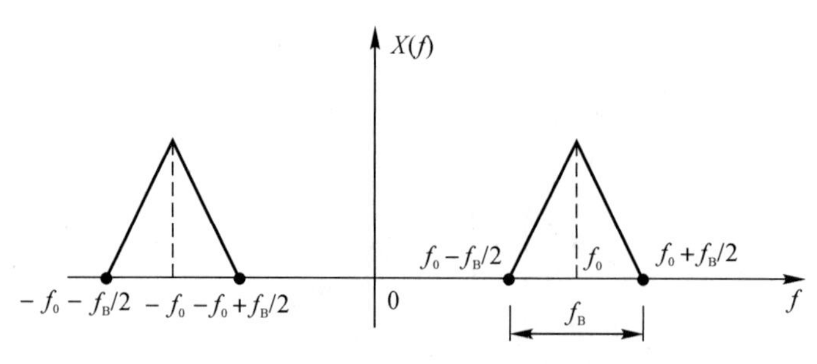

图 2.29　窄带信号频谱

设信号 $x_a(t)$ 的最高频率是带宽的整数倍，即

$$f_0 + f_B/2 = kf_B,\quad k \text{ 为正整数} \tag{2.86}$$

令 $f_s = 2f_B$，即选采样频率等于带宽的 2 倍。用此采样频率对窄带信号进行抽样，根据式(2.85)可得

$$x(nT) = a_c(nT)\cos\left[\frac{n\pi(2k-1)}{2}\right] - a_s(nT)\sin\left[\frac{n\pi(2k-1)}{2}\right] \tag{2.87}$$

其中，$f_s = 1/T$。当 n 为偶数时，即 $n = 2m$，上式为

$$x(2mT) = a_c(2mT)\cos(2k-1)m\pi = (-1)^m a_c(2mT) \tag{2.88}$$

当 n 为奇数时，即 $n = 2m-1$，可得

$$x(2mT-T) = a_s(2mT-T)(-1)^{m+k+1} \tag{2.89}$$

这样，对 $x(t)$ 抽样后的偶序号部分对应 $a_c(t)$ 的抽样，奇序号部分对应 $a_s(t)$ 的抽样，它们都属于窄带信号中的低通信号。

令 $T' = 2T_s = \dfrac{1}{f_B}$，$T'$ 为对应低通信号 $a_c(t)$ 和 $a_s(t)$ 的采样间隔，式(2.88)和式(2.89)可写成

$$x(mT') = (-1)^m a_c(mT') \tag{2.90}$$

$$x(mT' - T'_1/2) = (-1)^{m+k+1} a_s(mT'_1 - T'_1/2) \tag{2.91}$$

依据低通信号采样理论的信号重构公式，采样值 $a_c(mT'_1)$ 和 $a_s(mT'_1 - T'_1/2)$ 可以分别被用来首先重建低通信号 $a_c(t)$ 和 $a_s(t)$，即有

$$a_c(t) = \sum_{m=-\infty}^{\infty} a_c(mT'_1)\,\frac{\sin\,[\pi(t-mT'_1)/T'_1]}{\pi(t-mT'_1)/T'_1}$$

$$a_s(t) = \sum_{m=-\infty}^{\infty} a_s(mT'_1 - T'_1/2)\,\frac{\sin\,[\pi(t-mT'_1+T'_1/2)/T'_1]}{\pi(t-mT'_1+T'_1/2)/T'_1}$$

$a_c(t)$ 和 $a_s(t)$ 可以表示为 $x(t)$，即

$$x(t) = a_c(t)\cos\,(2\pi f_0 t) - a_s(t)\sin\,(2\pi f_0 t) =$$

$$\sum_{m=-\infty}^{\infty} a_c(mT'_1)\,\frac{\sin\,[\pi(t-mT'_1)/T'_1]}{\pi(t-mT'_1)/T'_1}\cos\,(2\pi f_0 t) -$$

$$\sum_{m=-\infty}^{\infty} a_s(mT'_1 - T'_1/2)\,\frac{\sin\,[\pi(t-mT'_1+T'_1/2)/T'_1]}{\pi(t-mT'_1+T'_1/2)/T'_1}\sin\,(2\pi f_0 t)$$

将 $a_c(mT'_1)$，$a_s(mT'_1 - T'_1/2)$ 换成 $x(mT'_1)$ 及 $x(mT'_1 - T'_1/2)$，再将 T'_1 换成 $2T_s$，得

$$x(t)=\sum_{m=-\infty}^{\infty}\{(-1)^m x(2mT_s)\frac{\sin[\pi(t-2mT_s)/2T_s]}{\pi(t-2mT_s)/2T_s}\cos(2\pi f_0 t)+$$

$$(-1)^{m+k}x(2mT_s-T_s)\frac{\sin[\pi(t-2mT_s+T_s)/2T_s]}{\pi(t-mT_s+T_s)/2T_s}\sin(2\pi f_0 t)\}$$

因为
$$(-1)^m\cos(2\pi f_0 t)=\cos 2\pi f_0(t-2mT_s)$$
$$(-1)^{m+k}\sin(2\pi f_0 t)=\cos 2\pi f_0(t-2mT_s+T_s)$$

将偶序号和奇序号的 m 合在一起,可得

$$x(t)=\sum_{m=-\infty}^{\infty}x(mT_s)\frac{\sin[\pi(t-mT_s)/2T_s]}{\pi(t-mT_s)/2T_s}\cos[2\pi f_0(t-mT_s)] \tag{2.92}$$

式中,$T_s=1/f_s=1/2f_B$,该式正是所希望的结果。它表明,对窄带信号 $x(t)$,当它的最高频率正好是带宽正整数倍时,采样频率 f_s 可以选择等于带宽 f_B 的二倍率,采用后的离散时间信号仍可以保留原信号的低频成分,并且可以由离散时间信号 $x(nT)$ 重建 $x(t)$。

对一般情况,即 $f_0+f_B/2$ 不等于信号带宽 f_B 的整数倍时,令

$$r'=(f_0+f_B/2)/f_B \tag{2.93}$$

此时,r' 不是整数,在这种情况下,可以考虑在保持最高频率值 $f_0+f_B/2$ 不变的情况下,适当增加带宽 f_B,记为 f_{B_1}。此时 $f_{B_1}>f_B$,使得

$$r=(f_0+f_B/2)/f_{B_1} \tag{2.94}$$

成为一个整数,即 r 为整数,显然,$r<r'$,r 是小于 r' 的一个最大整数。这时,相对于新带宽 f_{B_1} 的中心频率变为

$$f_{01}=f_0+f_B/2-f_{B_1}/2 \tag{2.95}$$

显然,$f_{01}<f_0$,$f_{B_1}>f_B$。用 f_{01} 代替 f_0,用 $T_{s_1}=1/2f_{B_1}$ 代替 T_s,则有

$$x(t)=\sum_{m=-\infty}^{\infty}x(mT_{s_1})\frac{\sin[\pi(t-mT_{s_1})/2T_{s_1}]}{\pi(t-mT_{s_1})/2T_{s_1}}\cos[2\pi f_{01}(t-mT_{s_1})] \tag{2.96}$$

因为
$$\frac{f_{s_1}}{f_s}=\frac{2f_{B_1}}{2f_B}=\frac{(f_0+f_B/2)/r}{(f_0+f_B/2)/r'}$$

所以
$$f_{s1}=f_s\frac{r'}{r}=mf_s \tag{2.97}$$

其中
$$m=\frac{r'}{r}$$

上面的讨论表明,若 $f_0+f_B/2$ 不是 f_B 的整数倍,若想由 $x(nT_s)$ 重建 $x(t)$,应增加采样频率为 f_{s_1},f_{s_1} 是原 f_s 的 m 倍。如式(2.94)所示。下面分析一下 m 的取值范围。

设 f_0 最小应等于 $f_B/2$,此时,$r'=r=1$,即

$$f_{B_1}=f_B,\quad f_{s_1}=f_s=2f_B \tag{2.98}$$

即采样频率选带宽的两倍,就可保证采样不失真。

当 $f_0=3f_B/2$ 时,$r'=r=2$,$f_{B_1}=f_B$,仍有

$$f_{s_1}=f_s=2f_B$$

但是,当 f_0 在 $f_B/2\sim 3f_B/2$ 之间变化时,$1<r'<2$,此时,r 仍等于 1,而 $m=\dfrac{r'}{r}=1\sim 2$,则有

$$\max(f_{s_1})=\max(mf_s)=2f_s=4f_B$$

即当 $f_B/2<f_0<3f_B/2$ 时，有

$$f_s<f_{s_1}<2f_s$$

当 $f_0=\dfrac{f_B}{2}$ 或 $f_0=3\dfrac{f_B}{2}$ 时，有

$$f_{s_1}=f_s=2f_B$$

同理，考察 f_0 在其他范围的情况，可以得出窄带信号的采样定理如下。

【带通信号采样定理】设信号 $x(t)$ 为窄带信号，中心频率为 f_0，带宽为 f_B，且 $f_0>\dfrac{f_B}{2}$，若保证采样频率 f_s 为

$$2f_B\leqslant f_s\leqslant 4f_B \tag{2.99}$$

或

$$f_s=2f_B\left(\frac{r'}{r}\right)$$

则可由采样信号 $x(nT_s)$ 重建出 $x(t)$。其中

$$r=(f_0+f_B/2)/f_{B_1},\quad r'=(f_0+f_B/2)/f_B$$

r 是小于 r' 的最大整数。

f_s 的下限对应 $f_0+f_B/2$ 等于 f_B 的整数倍情况；f_s 的上限对应 $f_0+f_B/2$ 不等于 f_B 的整数倍且是最坏的情况，即 r 接近于 2 的情况。图 2.30 表示了 f_{s_1}，f_s 和 f_0 三者之间的变化关系。

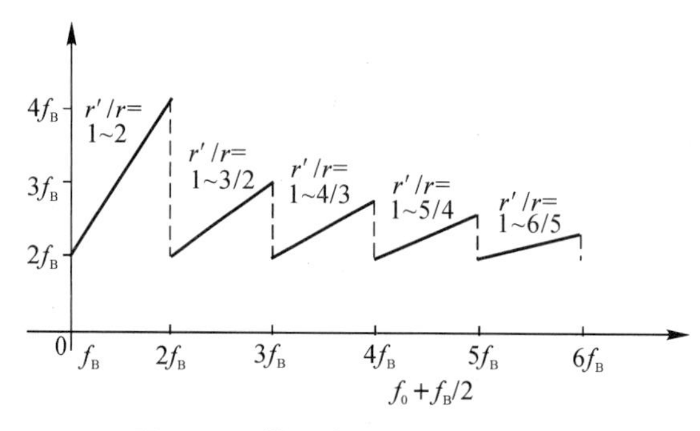

图 2.30　带通信号采样频率的选择

从图 2.30 可看出，随着信号频带位置逐步增大，$f_0+f_B/2$ 值越来越大，r'/r 越来越接近 1，也就是说，当信号为窄带信号时，或者对于信号最高频率远远大于信号带宽的带通信号进行采样时，可以选择采样频率等于信号带宽的 2 倍，即 $f_s=2f_B$。

本章小结和知识要点

本章内容是全书的基础知识，非常重要。本章从离散时间信号的定义入手，为读者建立了基本的离散信号概念，通过单位取样序列等简单信号模型，读者可以认识常见的基本序列。序列常见的三种计算——加法、数乘、移位，以及特殊的反转、加窗和卷积，涵盖了 DSP 系统的运

算形式。在离散时间系统的框架下，介绍了线性系统、非时变（非移变）系统的基本概念，以线性和非时变性以及序列表示为单位取样序列为基础，推导了线性非时变系统最重要的时域描述关系 —— 卷积，详细说明了卷积的物理意义和计算过程。推导了离散时间系统的因果性和稳定性定义，并解释了相应的物理意义。详细讲解了采样技术的原理和过程，推导了采样过程前后模拟信号频谱和离散时间信号频谱之间的数学关系式，从而引出了采样定理中采样频率的信号不失真条件，介绍了经典的香农采样定理。对离散信号重构模拟信号的数学原理和工程器件 DAC 进行了简单介绍。最后简略介绍了带通信号的采样频率选择条件。

本章知识要点：

(1) 离散时间信号（序列）的基本概念，基本序列的组成，序列的典型运算；

(2) 离散时间系统概念；

(3) 线性非时变系统描述和卷积的物理意义；

(4) 卷积的计算；

(5) 因果和稳定系统概念；

(6) 连续时间信号的采样，采样定理，信号的重构与恢复；

(7) 带通信号的采样。

思　考　题

(1) 模拟信号、离散时间信号和数字信号三者的特点分别是什么？

(2) 数字信号和离散时间信号的区别是什么？

(3) 离散时间信号 $x(n)$ 的 n 下标如何表示时间？

(4)DSP 系统中常见的三种基本运算是什么？

(5)DSP 的延时是怎么实现的？

(6) 非时变系统的特点是什么？

(7) 系统一般因果性的概念是什么？

(8) 系统一般稳定性的概念是什么？

(9) 线性非时变系统（LTI 或 LSI）输入和输出的时域关系是什么？

(10) 系统的单位冲激响应 $h(n)$，如何表述它的因果性和稳定性？

(11) 非因果系统能实现吗？为什么？

(12)LTI 系统卷积的物理意义是什么？

(13) 对一个模拟低通带限信号进行采样时，理论上不失真的最低采样频率等于什么？

(14) 模拟信号被采样以后，它的频域将怎样变化？

(15) 实际中采样模拟信号用什么器件实现？它的输出是离散时间信号还是数字信号？

(16) 一个模拟信号的频率 f 和它采样后序列频率 ω 的关系是什么？

(17)DAC 能实现数字信号到模拟信号的理想重构吗？为什么？

(18) 理论上离散时间信号重构模拟信号的最佳内插函数是哪一个函数？

习　　题

2.1　给定信号 $x(n)=\begin{cases}2n+10, & -4\leqslant n\leqslant -1\\ 6, & 0\leqslant n\leqslant 4\\ 0, & 其他\end{cases}$

(1) 画出 $x(n)$ 的图形，标上各点的值。

(2) 试用 $\delta(n)$ 及其相应的延迟表示 $x(n)$。

(3) 令 $y_1(n)=2x(n-1)$，试画出 $y_1(n)$ 的图形。

(4) 令 $y_2(n)=3x(n+2)$，试画出 $y_2(n)$ 的图形。

2.2　设信号 $x(n)=n+1, n=0,1,2,3$，解答以下问题：

(1) 画出 $x(-n)$ 的图形。

(2) 计算 $x_e(n)=\frac{1}{2}[x(n)+x(-n)]$，并画出 $x_e(n)$ 的图形。

(3) 计算 $x_o(n)=\frac{1}{2}[x(n)-x(-n)]$，并画出 $x_o(n)$ 的图形。

2.3　设 $x_a(t)=\sin\pi t$，$x(n)=x_a(nT_s)=\sin\pi nT_s$，其中，$T_s$ 为采样周期，解答以下问题：

(1) $x_a(t)$ 的模拟频率 Ω 是多少？

(2) 当 $T_s=0.25$ s 时，$x(n)$ 的数字频率 ω 是多少？周期是多少？

(3) 画出 $x(n)$ 一个周期的波形示意图。

2.4　设一个正弦和余弦序列 $x(n)$ 为下列形式，分别求它们的周期。

(1) $x(n)=\cos(0.125\pi n)$；

(2) $x(n)=10\sin(0.295\pi n+0.2\pi)$；

(3) $x(n)=\cos(0.35n-0.1\pi)$。

2.5　讨论一个单位取样响应为 $h(n)$ 的线性时不变系统，如果输入 $x(n)$ 是周期为 N 的周期序列，即 $x(n)=x(n+N)$，证明，输出 $y(n)$ 也是周期为 N 的周期序列。

2.6　设 $x(n)$ 与 $y(n)$ 分别表示系统输入和输出，判断下列系统是否是具有线性和非时变性。

(1) $y(n)=x(n)+2x(n-1)+3x(n-2)$；

(2) $y(n)=x(n-n_0)$，n_0 为整数；

(3) $y(n)=x(n)\sum\limits_{k=0}^{\infty}\delta(n-k)$；

(4) $y(n)=\sum\limits_{m=0}^{n}x(m)$。

2.7　判断下列系统的因果性和稳定性。

(1) $y(n)=[x(n)+x(n-1)+x(n+1)]/3$；

(2) $h(n)=2^nR_4(-n)+0.9^nu(n)$；

(3) $h(n)=2u(n+5)-u(n)-u(n-5)$（设系统为 LTI 系统）；

(4) $h(n)=\left(\frac{3}{4}\right)^{|n|}\cos(0.25\pi n+0.25\pi)$（设系统为 LTI 系统）；

(5) $y(n)=e^{x(n-1)}$；

(6) $y(n)=\frac{1}{x(n)-1}$。

2.8　一个 LTI 系统具有如下单位采样响应：

$$h(n)=-\frac{1}{4}\delta(n+1)+\frac{1}{2}\delta(n)-\frac{1}{4}\delta(n-1)$$

试判断系统的稳定性和因果性。

2.9　设一个线性时不变系统的单位取样响应 $h(n)$ 和输入序列 $x(n)$ 如题 2.9 图所示，要求计算输出序列 $y(n)$，并画出其波形示意图。

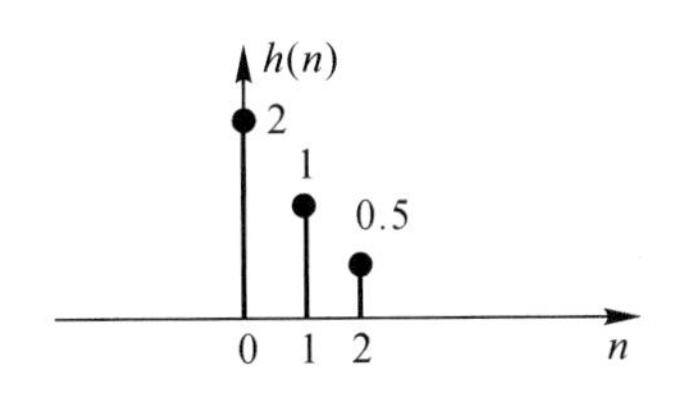

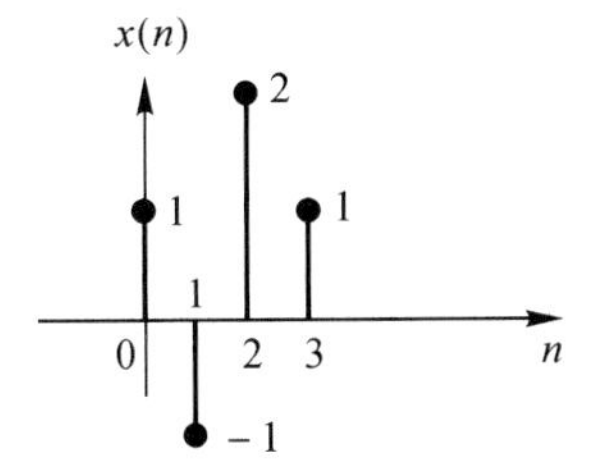

题 2.9 图

2.10　设线性时不变（LTI 或 LSI）系统的单位取样响应 $h(n)$ 和输入 $x(n)$ 分别有以下三种情况，分别求输出 $y(n)$，并画出输出序列的示意图。

(1) $h(n)=2R_4(n)$，$x(n)=\delta(n)-\delta(n-2)$；

(2) $h(n)=2^nR_4(-n)$，$x(n)=0.5^nR_3(n)$；

(3) $h(n)=0.5^nu(n)$，$x(n)=R_5(n)$。

2.11　一阶后向差分是一种常用的运算，定义为 $y(n)=x(n)-x(n-1)$，解答下列问题：

(1) 证明该系统是线性和时不变的；

(2) 求该系统的单位取样响应 $h(n)$。

2.12　设一个离散时间系统的输入和输出满足关系式：$y(n)-ay(n-1)=x(n)$，且有 $y(0)=1$。

(1) 判断该系统是否是线性和时不变的；

(2) 若设 $y(0)=0$，判断该系统的线性和非时变性。

2.13　已知一个模拟余弦信号为 $x_a(t)=10\cos(1\,000\pi t)$，以采样频率 $f_s=2\,000$ Hz 对该信号进行采样，可得到离散时间信号的余弦序列 $x(n)$，写出序列 $x(n)$ 的表达式，并画出序列的波形示意图；若采样频率为 $f_s=200$ Hz，写出序列 $x(n)$ 的表达式，并画出序列的波形示意图；说明两次采样结果的序列失真情况。

2.14　设连续时间信号为 $x_a(t)=\cos(4\,000\pi t)$，用采样间隔 T 对其采样，得到离散时间信号为 $x(n)=\cos(\pi n/3)$，解答下列问题：

(1) 确定上述的采样间隔 T；

(2) 在(1)中所选取的 T 是唯一的吗？若是，解释为什么。若不是请给出另一种选择的

T，使得获得的离散时间信号一致。

2.15　设一个连续时间信号 $x_a(t)$，其傅里叶变换为 $X_a(\mathrm{j}\Omega)$，如题 2.13 图(a) 所示。

对 $x_a(t)$ 进行采样，设采样间隔为 T_1，得到一个离散时间信号，记为 $x_s(t)$，如题 2.13 图(b) 所示，可写为下式：

$$x_s(t) = \sum_{n=-\infty}^{\infty} x_a(nT_1)\delta(t - nT_1)$$

让 $x_s(t)$ 通过一个频率响应为 $H_r(\mathrm{j}\Omega)$ 的低通滤波器，$H_r(\mathrm{j}\Omega)$ 如题 2.13 图(c) 所示，确定 T_1 的取值范围，使得 $x_r(t) = x_s(t)$。

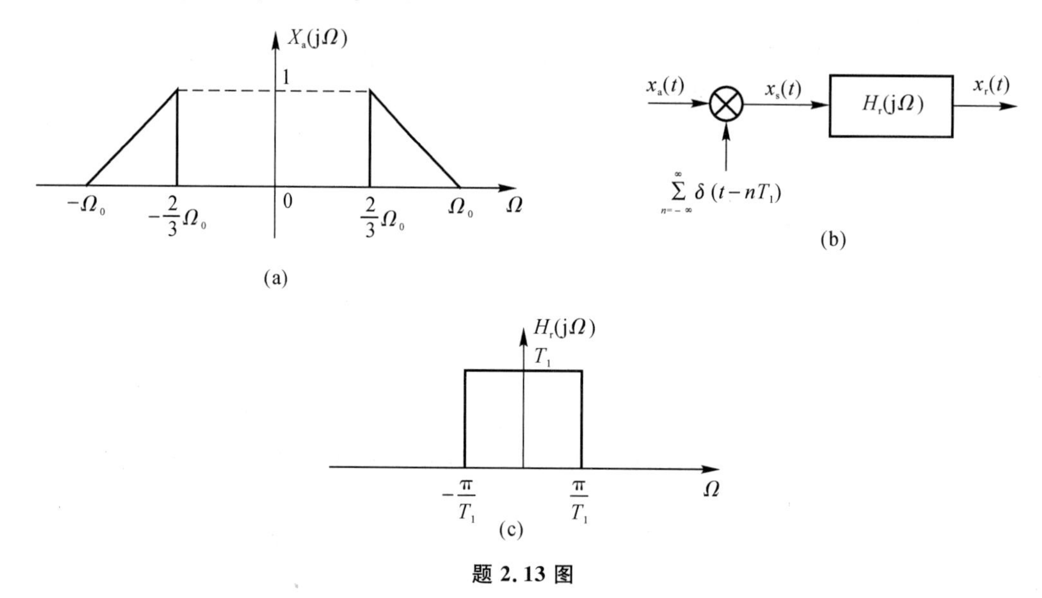

题 2.13 图

第3章 离散时间傅里叶变换和 z 变换

前一章从时域讨论了离散时间信号和离散时间系统的最基本和非常重要的基础内容，和研究连续时间信号和系统的基本方法类似，需要进一步研究离散时间信号和系统的频域特性。一般来说，从频域来理解信号和系统的一些重要特性，物理意义更加清晰。本章首先研究线性非时变系统对复指数序列或正/余弦序列的稳态响应，从中引出系统频率响应的重要概念，进一步推广得到对离散时间信号具有普遍意义的第一种理论上的频域分析工具——离散时间傅里叶变换。在此基础上，建立关于离散时间系统频域的数学描述关系式。

3.1 线性非时变系统对正弦信号激励的响应

设输入 $x(n)=Ae^{j\omega n}$，$h(n)$ 是一个 LTI 系统的单位取样响应，求系统输出 $y(n)$。按 LTI 系统的卷积方程，可得

$$y(n)=x(n)*h(n)=\sum_{k=-\infty}^{\infty}h(k)x(n-k)=\sum_{k=-\infty}^{\infty}h(k)Ae^{j\omega(n-k)}=A\sum_{k=-\infty}^{\infty}h(k)e^{j\omega(n-k)}=$$

$$[Ae^{j\omega n}]\sum_{k=-\infty}^{\infty}h(k)e^{-j\omega k}=x(n)\sum_{k=-\infty}^{\infty}h(k)e^{-j\omega k}=x(n)H(e^{j\omega}) \tag{3.1}$$

式中

$$H(e^{j\omega})=\sum_{k=-\infty}^{\infty}h(k)e^{-j\omega k} \tag{3.2}$$

这是一个关于 ω 的复函数，它可以完全决定系统对复指数序列的输出响应，如式(3.1) 所示。该式表明，线性非时变系统对复指数序列的响应是一个与输入序列具有相同频率的复指数序列，但输出复指数序列的幅度和相位与输入序列不同，输出信号幅度等于输入幅度乘以 $H(e^{j\omega})$ 的幅度 $|H(e^{jw})|$，输出信号的相位等于输入相位加上 $H(e^{j\omega})$ 的相位 $\arg[H(e^{jw})]$，可以表达为下式

$$y(n)=H(e^{j\omega})Ae^{j\omega n}=|H(e^{j\omega})|Ae^{j(\omega n+\arg[H(e^{j\omega})])} \tag{3.3}$$

式(3.3) 中，符号 arg [ ] 表示求相位。因此，当一个复指数序列作用到线性非时变系统时，输出的特征完全由 $H(e^{j\omega})$ 的值决定。式(3.2) 定义的复数函数 $H(e^{j\omega})$ 非常重要，它反映了系统对复指数序列响应的完整描述，这正是系统频率响应函数的内涵。式(3.2) 也反映了 $H(e^{j\omega})$ 和系统的单位取样响应 $h(n)$ 的数学关系，因此，它是 $H(e^{j\omega})$ 的定义式，表达了对时域信号求解频域傅里叶分析的方法。下一节将该式推广到一般的离散时间信号，从而引出离散时间信号的傅里叶变换的重要内容。

式(3.1) 实际上也是求解 LTI 系统对复指数序列这类输入的稳态响应的一种实用而简单的方法。对于正弦序列和余弦序列的响应，也有相似的结论和表达式，读者可以作为练习进行推导。

3.2 离散时间傅里叶变换(DTFT)

3.2.1 DTFT 的定义

上文引出的 LTI 系统频率响应概念实质上反映了系统频域的描述思想，式(3.2) 定义的频率响应是频率变量的连续函数，它实质上是一种傅里叶变换的表达式，可以证明它是频率 ω 的周期函数，如下

$$H(e^{j\omega+jl2\pi})=\sum_{k=-\infty}^{\infty}h(k)e^{-j(\omega+l2\pi)k}=\sum_{k=-\infty}^{\infty}h(k)e^{-j\omega k}e^{-jl2\pi k}=\sum_{k=-\infty}^{\infty}h(k)e^{-j\omega k}=H(e^{j\omega})$$

因此，式(3.2) 可以看成是周期函数的级数展开，展开系数为 $h(n)$。根据级数理论，可以求得 $h(n)$ 为

$$h(n)=\frac{1}{2\pi}\int_{-\pi}^{\pi}H(e^{j\omega})e^{j\omega n}d\omega \tag{3.4}$$

式(3.4) 和式(3.2) 构成了一对描述 $h(n)$ 和 $H(e^{j\omega})$ 关系的傅里叶工具，把这组公式和概念推广到一般的离散时间信号，就可以建立对离散时间信号的傅里叶分析的一组公式，即

$$X(e^{j\omega})=\sum_{n=-\infty}^{\infty}x(n)e^{-j\omega n} \tag{3.5a}$$

$$x(n)=\frac{1}{2\pi}\int_{-\pi}^{\pi}X(e^{j\omega})e^{j\omega n}d\omega \tag{3.5b}$$

式(3.5) 称为“离散时间傅里叶变换”(Discrete Time Fourier Transform，DTFT)，离散时间傅里叶变换可以简称为“序列傅里叶变换”，它具有傅里叶变换的一般物理意义。

式(3.5a) 称作分析式，$X(e^{j\omega})$ 表示了序列 $x(n)$ 中不同频率的正弦信号所占比例的相对大小，具有分析作用，也称作傅里叶正变换；式(3.5b) 表示序列 $x(n)$ 是由不同频率的正弦信号线性叠加构成，具有综合作用，也称作傅里叶反变换，或傅里叶逆变换。

根据级数理论，序列傅里叶变换存在，也就是级数求和收敛的充要条件为

$$\sum_{n=-\infty}^{\infty}|x(n)|<\infty \tag{3.6}$$

即序列是绝对可和的。对系统而言，当它是稳定系统时，系统频率响应是存在的，条件为

$$\sum_{n=-\infty}^{\infty}|h(n)|<\infty \tag{3.7}$$

如上式所示，单位取样响应序列 $h(n)$ 绝对可和是 LSI 系统稳定性的充要条件。

3.2.2 序列傅里叶变换的性质

序列傅里叶变换有很多重要的性质，很多性质和连续时间信号的傅里叶变换很相似，其中，对称性质在实际中有时很有用。

1. 线性性质

设 $x_1(n)$ 和 $x_2(n)$ 的序列傅里叶变换分别为 $X_1(e^{j\omega})$ 和 $X_2(e^{j\omega})$，分别用以下符号表示

$$x_1(n) \Leftrightarrow X_1(e^{j\omega})$$

$$x_2(n) \Leftrightarrow X_2(e^{j\omega})$$

令

$$x(n) = ax_1(n) + bx_2(n) \tag{3.8}$$

则有

$$X(e^{j\omega}) = aX_1(e^{j\omega}) + bX_2(e^{j\omega}) \tag{3.9}$$

线性性质有两层含义：

(1) 齐次性。它表明，若序列 $x(n)$ 乘以常数 α（即序列增大 α 倍），则其频谱函数也乘以相同的常数 α（即其频谱函数也增大 α 倍）。即

若

$$x_1(n) = ax(n)$$

则

$$X_1(e^{j\omega}) = aX(e^{j\omega})$$

(2) 可加性。它表明，几个序列之和的频谱等于各个序列的频谱函数之和。

若

$$x_3(n) = x_1(n) + x_2(n)$$

则

$$X_3(e^{j\omega}) = X_1(e^{j\omega}) + X_2(e^{j\omega})$$

2. 时移性

时移特性也称为延时特性，表示为

$$x(n - n_0) \Leftrightarrow X(e^{j\omega})e^{-j\omega n_0} \tag{3.10}$$

式中，n_0 为常数。式(3.10) 表示，在时域中序列沿时间轴右移，即延时 n_0，在频域中所有频域分量相应滞后相位 ωn_0，而其幅度保持不变。

3. 频移性

频移特性也称为调制特性，表示为

$$e^{j\omega_0 n}x(n) \Leftrightarrow X(e^{j(\omega-\omega_0)}) \tag{3.11}$$

式中，ω_0 为常数。 式(3.11) 表示，将序列 $x(n)$ 乘以因子 $e^{j\omega_0 n}$，对应于将频谱函数沿 ω 轴右移 ω_0；类似地，若将序列 $x(n)$ 乘以因子 $e^{-j\omega_0 n}$，对应于将频谱函数沿 ω 轴左移 ω_0。

4. 对称性

离散时间傅里叶变换的对称性包含了较多内容，首先定义共轭对称序列 $x_e(n)$ 为

$$x_e(n) = x_e^*(-n) \tag{3.12}$$

若 $x_e(n)$ 为实序列，则 $x_e(n)$ 是偶对称序列。

共轭反对称序列 $x_o(n)$ 定义为

$$x_o(n) = -x_o^*(-n) \tag{3.13}$$

若 $x_o(n)$ 为实序列，则 $x_o(n)$ 是奇对称序列。

任何一个序列 $x(n)$ 都可以分解成 $x_e(n)$ 和 $x_o(n)$ 之和，即

$$x(n)=x_e(n)+x_o(n) \tag{3.14}$$

其中

$$x_e(n)=[x(n)+x^*(-n)]/2 \tag{3.15}$$

$$x_o(n)=[x(n)-x^*(-n)]/2 \tag{3.16}$$

同理可以定义序列傅里叶变换的共轭对称函数，即

$$X(e^{j\omega})=X_e(e^{j\omega})+X_o(e^{j\omega}) \tag{3.17}$$

其中

$$X_e(e^{j\omega})=\frac{X(e^{j\omega})+X^*(e^{-j\omega})}{2}$$

$$X_o(e^{j\omega})=\frac{X(e^{j\omega})-X^*(e^{-j\omega})}{2}$$

分别称为共轭对称函数和共轭反对称函数

序列 $x(n)$ 和 $X(e^{j\omega})$ 有以下重要对称性质：

若

$$x(n)\Leftrightarrow X(e^{j\omega})$$

则

$$x^*(n)\Leftrightarrow X^*(e^{-j\omega}) \tag{3.18a}$$

$$\mathrm{Re}[x(n)]\Leftrightarrow X_e(e^{j\omega}) \tag{3.18b}$$

$$\mathrm{jIm}[x(n)]\Leftrightarrow X_o(e^{j\omega}) \tag{3.18c}$$

$$x_e(n)\Leftrightarrow \mathrm{Re}[X(e^{j\omega})] \tag{3.18d}$$

$$x_o(n)\Leftrightarrow \mathrm{jIm}[X(e^{j\omega})] \tag{3.18e}$$

若 $x(n)=x^*(n)$，即 $x(n)$ 为实序列，则有

$$X(e^{j\omega})=X^*(e^{-j\omega})$$

即 $X(e^{j\omega})$ 是共轭偶对称函数，它等效为 $X(e^{j\omega})$ 的幅度是偶函数，相位是奇函数；$X(e^{j\omega})$ 的实部是偶函数，虚部是奇函数，即

$$|X(e^{j\omega})|=|X(e^{-j\omega})|$$

$$\arg[X(e^{j\omega})]=-\arg[X(e^{-j\omega})]$$

或

$$\mathrm{Re}[X(e^{j\omega})]=\mathrm{Re}[X(e^{-j\omega})]$$

$$\mathrm{Im}[X(e^{j\omega})]=-\mathrm{Im}[X(e^{-j\omega})]$$

5. 频域微分

频域微分特性可表示为

$$nx(n)\Leftrightarrow \mathrm{j}\frac{\mathrm{d}X(e^{j\omega})}{\mathrm{d}\omega} \tag{3.19}$$

频域微分结果可用频域卷积定理来证明。

6. 卷积定理

(1) 时域卷积定理。时域卷积定理可表示为

$$x(n) * h(n) \Leftrightarrow X(e^{j\omega}) H(e^{j\omega}) \tag{3.20}$$

上述表明序列的卷积在频域对应的是序列频谱的乘积。

(2) 频域卷积定理。频域卷积定理可表示为

$$x(n)h(n) \Leftrightarrow X(e^{j\omega}) * H(e^{j\omega}) \tag{3.21}$$

其中

$$X(e^{j\omega}) * H(e^{j\omega}) = \frac{1}{2\pi}\int_0^{2\pi} X(e^{j\theta}) H(e^{j(\omega-\theta)}) d\theta$$

上式表明两序列的乘积在频域对应的是其频谱的卷积积分。

7. 帕斯瓦尔(Parseval)定理

帕斯瓦尔定理表示为

$$\sum_{n=-\infty}^{\infty} x(n) y^*(n) = \frac{1}{2\pi}\int_0^{2\pi} X(e^{j\omega}) Y^*(e^{j\omega}) d\omega \tag{3.22}$$

式(3.22)一个重要应用就是可以用来计算序列的能量，设 $x(n)=y(n)$，则式(3.22)为

$$\sum_{n=-\infty}^{\infty} |x(n)|^2 = \frac{1}{2\pi}\int_0^{2\pi} |X(e^{j\omega})|^2 d\omega \tag{3.23}$$

式(3.23)表明，序列的时域能量和频域能量相等，也表明序列傅里叶变换是一种能量守恒变换。

序列傅里叶变换的性质归纳在表 3.1 中。

表 3.1　序列傅里叶变换的性质和定理

序列	傅里叶变换
$x(n)$	$X(e^{j\omega})$
$y(n)$	$Y(e^{j\omega})$
$ax(n)+by(n)$	$aX(e^{j\omega})+bY(e^{j\omega})$
$x(n\pm n_0)$	$e^{\pm j\omega n_0} X(e^{j\omega})$
$x^*(n)$	$X^*(e^{-j\omega})$
$x(-n)$	$X(e^{-j\omega})$
$x(n) * y(n)$	$X(e^{j\omega}) Y(e^{j\omega})$
$x(n)y(n)$	$\frac{1}{2\pi}\int_0^{2\pi} X(e^{j\theta}) Y(e^{j(\omega-\theta)}) d\theta$
$nx(n)$	$j\frac{dX(e^{j\omega})}{d\omega}$
$\mathrm{Re}[x(n)]$	$X_e(e^{j\omega})$
$j\mathrm{Im}[x(n)]$	$X_o(e^{j\omega})$
$x_e(n)$	$\mathrm{Re}[X(e^{j\omega})]$
$x_o(n)$	$j\mathrm{Im}[X(e^{j\omega})]$
$\sum_{n=-\infty}^{\infty} \|x(n)\|^2 = \frac{1}{2\pi}\int_{-\pi}^{\pi} \|X(e^{j\omega})\|^2 d\omega$	

3.2.3 离散时间傅里叶变换的物理概念和计算

离散时间信号(序列)的 DTFT 定义了序列在频域的分析结果,它的地位和角色同连续时间信号的傅里叶变换相同,DTFT的计算结果称为序列的“频谱”,因此,在本质上DTFT仍然具有傅里叶变换的特征和属性。DTFT的物理概念是DTFT表示了序列所包含的不同频率正弦序列的幅度和相位分布,具有傅里叶分析的特性。从另一方面看,序列 $x(n)$ 可以分解为不同频率的正弦信号的线性组合,这都表示了傅里叶变换的内涵,也是 DTFT 的物理意义所在。

DTFT 的正变换是定义式(3.5a),也称为分析式,它分析了序列中不同频率正弦信号分量的分布情况,它是序列的频谱表示,通过频谱可以了解序列分解为正弦信号的各频率分量的具体情况。

DTFT 的反变换是定义式(3.5b),也称综合式,综合式表示 $x(n)$ 可以由不同频率的正弦信号的线性组合得到,由于频率是连续变量,线性组合是一种积分求和的表达式。

通过下面序列的 DTFT 计算和分析,读者可以领会 DTFT 的频谱含义和特性。

【例 3-1】 设 $x(n)=R_N(n)$,求它的 DTFT $X(e^{j\omega})$。

解 按定义式求解:

$$X(e^{j\omega})=\sum_{n=-\infty}^{\infty}R_N(n)e^{-j\omega n}=\sum_{n=0}^{N-1}R_N(n)e^{-j\omega n}=\sum_{n=0}^{N-1}e^{-j\omega n}=\frac{1-e^{-j\omega N}}{1-e^{-j\omega}}=\frac{e^{-j\omega N/2}(e^{j\omega N/2}-e^{-j\omega N/2})}{e^{-j\omega/2}(e^{j\omega/2}-e^{-j\omega/2})}=$$

$$e^{-j\omega(N-1)/2}\frac{\sin(\omega N/2)}{\sin(\omega/2)}$$

上式就是序列 $R_N(n)$ 的 DTFT 结果,直观起见,令 $N=4$,分别画出 DTFT 的幅度和相位随频率变化的曲线,如图 3.1 所示。

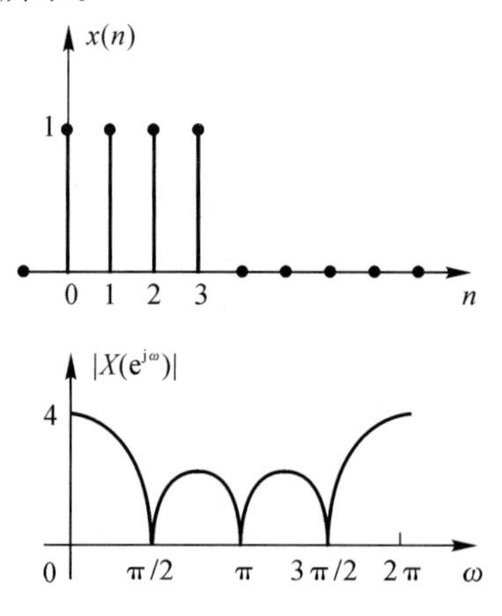

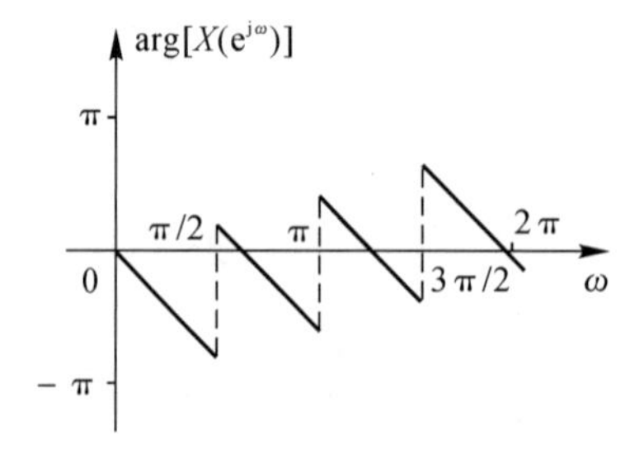

图 3.1 $R_4(n)$ 的频谱幅度和相位曲线

作为对比,下面求解一个连续时间信号方波信号的傅里叶变换。方波信号为

$$x(t)=\begin{cases}1, & -\tau/2 < t < \tau/2 \\ 0, & \text{其他}\end{cases}$$

它的傅里叶变换为

$$X(\mathrm{j}\Omega)=\int_{-\infty}^{\infty} x(t)\mathrm{e}^{-\mathrm{j}\Omega t}\,\mathrm{d}t=\int_{-\tau/2}^{\tau/2}\mathrm{e}^{-\mathrm{j}\Omega t}\,\mathrm{d}t=\frac{1}{\mathrm{j}\Omega}(\mathrm{e}^{\mathrm{j}\Omega\tau/2}-\mathrm{e}^{-\mathrm{j}\Omega\tau/2})=\frac{2\sin(\Omega\tau/2)}{\Omega}$$

频谱的示意图如图 3.2 所示,与图 3.1 比较,可以看出采用 DTFT 计算序列的频谱与连续时间信号的傅里叶变换得到的频谱极为相似,本质相同。两者的结果的表达式有所不同,原因是连续时间的方波信号是一个非理想带限信号,采样后的离散时间信号有所失真,所以其 DTFT 的结果也不一样。

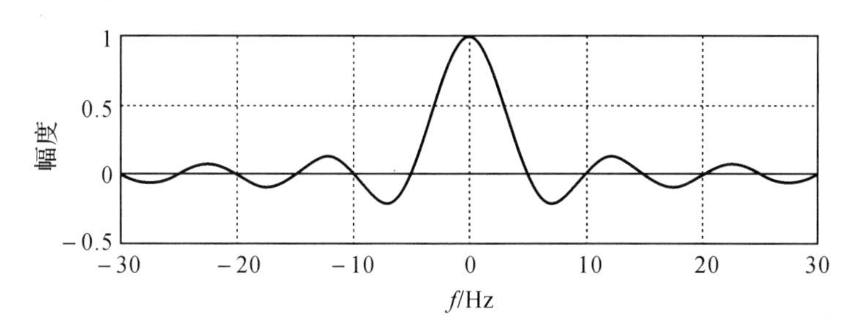

图 3.2　连续时间信号(方波)的频谱图($\tau = 0.2$)

【例 3-2】　求解 $x(n)=a^n u(n)$, $|a|<1$ 的傅里叶变换 DTFT。

解　按 DTFT 定义求解:

$$X(\mathrm{e}^{\mathrm{j}\omega})=\sum_{n=0}^{\infty}a^n\mathrm{e}^{-\mathrm{j}\omega n}=\sum_{n=0}^{\infty}(a\mathrm{e}^{-\mathrm{j}\omega})^n$$

因为 $|a|<1$,所以 $|a\mathrm{e}^{-\mathrm{j}\omega}|<1$,上式的等比级数求和结果为

$$X(\mathrm{e}^{\mathrm{j}\omega})=\frac{1}{1-a\mathrm{e}^{-\mathrm{j}\omega}}$$

其幅频响应如图 3.3 所示,显然,是一个指数信号的频谱函数。

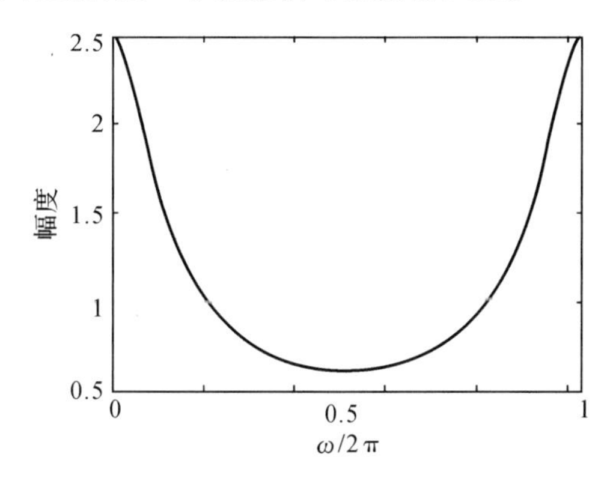

图 3.3　指数序列 DTFT 幅频响应图($a = 0.6$)

3.3 线性非时变系统的频域表示方法

3.3.1 系统的频率响应

频率响应是描述系统特性最重要的概念之一，无论是对模拟系统还是对离散系统，它的意义都是相似的。频率响应表示当输入信号为正弦、余弦或复指数序列，当它们的频率变化时，系统输出响应的变化。频率响应是一个关于频率 ω 的复函数，同时它只与系统的参数有关。上节得到的 $H(e^{j\omega})$ 与频率响应的概念完全吻合，所以对离散时间系统，频率响应的定义如下

$$H(e^{j\omega})=\sum_{n=-\infty}^{\infty}h(n)e^{-j\omega n} \tag{3.24}$$

频率响应的物理意义可以解释为：它描述了系统对不同频率的正弦、余弦或复指数序列的响应能力。当输入信号为正弦、余弦或复指数序列时，输出信号仍是相同频率的序列，唯一改变的是输出序列的幅度和相位，它们分别受频率响应的幅度和相位控制。

频率响应可以分成幅度和相位两部分

$$H(e^{j\omega})=|H(e^{j\omega})|e^{j\arg[H(e^{j\omega})]} \tag{3.25}$$

其中，$|H(e^{j\omega})|$ 称作“幅频响应”，它刻画了系统对输入信号幅度的改变，表示了幅度变化的倍数；

$\arg[H(e^{j\omega})]$ 称作“相频响应”，它刻画了系统对输入信号相位的改变，表示了相位增加或减小的相位值。

虽然离散时间系统和模拟系统的频率响应意义很类似，但读者要注意 $H(e^{j\omega})$ 的如下特点：

(1) 虽然讨论的是离散系统，但 $H(e^{j\omega})$ 是 ω 的连续函数；

(2) $H(e^{j\omega})$ 是 ω 的周期函数，周期为 2π，即

$$H(e^{j(\omega+2\pi k)})=\sum_{n=-\infty}^{\infty}h(n)e^{-j(\omega+2\pi k)n}=\sum_{n=-\infty}^{\infty}h(n)e^{-j\omega n-j2\pi kn}=\sum_{n=-\infty}^{\infty}h(n)e^{-j\omega n}=H(e^{j\omega})$$

因此，对频率响应只须考察它的一个周期，即 $[0,2\pi)$ 或 $[-\pi,\pi)$，这一概念和数字频率的周期等于 2π 是一致的。

【例 3-3】 求单位取样响应 $h(n)=R_N(n)$ 的频率响应。

解 该题与例 3-1 相同，只是将序列换成了系统的单位取样响应，直接写出结果为

$$H(e^{j\omega})=\frac{\sin\left(\frac{\omega N}{2}\right)}{\sin\left(\frac{\omega}{2}\right)}e^{-j\frac{N-1}{2}\omega}$$

其中，幅频响应为

$$|H(e^{j\omega})|=\left|\frac{\sin(\omega N/2)}{\sin(\omega/2)}\right|$$

相频响应为

$$\arg\left[H(\mathrm{e}^{\mathrm{j}\omega})\right]=-\frac{N-1}{2}\omega+\arg\left[\sin(\omega N/2)/\sin(\omega/2)\right]$$

图 3.4 所示为 $N=5$ 时矩形窗的幅频响应和相频响应图形。从幅频响应看，系统是一个低通滤波器，幅频响应等于零的频率为 $2\pi/N$ 的整数倍点，相频响应在这些点的突变是由于幅度出现了正负号的变化，从而引入了相位 π 的突变。

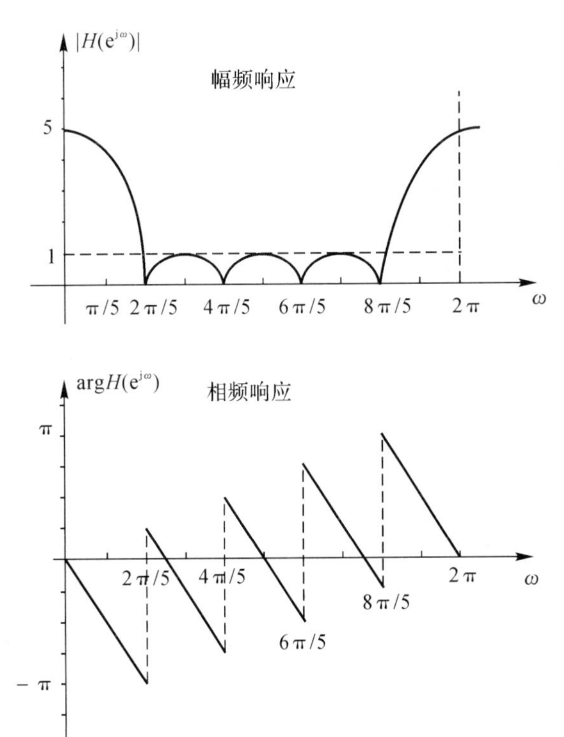

图 3.4　N = 5 时单位取样响应为矩形窗序列的频率响应

3.3.2　线性非时变系统输入输出关系的频域表示

卷积关系式是从时域描述线性非时变系统输入和输出关系的一个基本关系式，这一关系式中的核心是系统的单位取样响应 $h(n)$。相应地，应该从频域建立系统的输入和输出的关系式，即建立 $X(\mathrm{e}^{\mathrm{j}\omega})$、$Y(\mathrm{e}^{\mathrm{j}\omega})$ 和 $H(\mathrm{e}^{\mathrm{j}\omega})$ 三者的关系式。请读者注意，在下面的推导中，利用了序列可以表示为复指数序列的叠加这一极为重要的特点，并且考虑了系统的叠加原理和对复指数序列响应是系统频率响应的特点，推导出了线性非时变系统的频域关系式。

设系统输入 $x(n)$ 的傅里叶变换存在，即

$$x(n)=\frac{1}{2\pi}\int_{-\pi}^{\pi}X(\mathrm{e}^{\mathrm{j}\omega})\mathrm{e}^{\mathrm{j}\omega n}\,\mathrm{d}\omega$$

这一步很重要，它将序列表示为复指数序列的叠加，而 $H(\mathrm{e}^{\mathrm{j}\omega})$ 就表示了系统对复指数序列的响应，$x(n)$ 中的各复指数分量为 $X(\mathrm{e}^{\mathrm{j}\omega})\mathrm{e}^{\mathrm{j}\omega n}$，它的响应为 $H(\mathrm{e}^{\mathrm{j}\omega})X(\mathrm{e}^{\mathrm{j}\omega})\mathrm{e}^{\mathrm{j}\omega n}$，根据叠加原理，各复指数分量的响应的叠加(积分) 就是总的响应，即

$$y(n)=\frac{1}{2\pi}\int_{-\pi}^{\pi}X(e^{j\omega})e^{j\omega n}H(e^{j\omega})d\omega=\frac{1}{2\pi}\int_{-\pi}^{\pi}X(e^{j\omega})H(e^{j\omega})e^{j\omega n}d\omega$$

根据 $y(n)$ 和 $Y(e^{j\omega})$ 的关系

$$y(n)=\frac{1}{2\pi}\int_{-\pi}^{\pi}Y(e^{j\omega})e^{j\omega n}d\omega$$

可得

$$Y(e^{j\omega})=X(e^{j\omega})H(e^{j\omega}) \tag{3.26}$$

式(3.26)就是描述线性非时变系统输入和输出关系的频域表达式，它是卷积关系式在频域的反映，但频域描述物理意义直观，特别是对滤波器，滤波的作用很容易理解。

对卷积表达式两边同时作序列傅里叶变换，可以推导出相同的关系式(3.26)，但上面的推导方法更加突出了系统频率响应的物理概念。

系统时域和频域描述的关系可以表示为

$$h(n)*x(n)\Leftrightarrow H(e^{j\omega})X(e^{j\omega}) \tag{3.27}$$

式(3.27)也称作“时域卷积定理”。相应地，还有“频域卷积定理”，关系式为

$$x(n)h(n)\Leftrightarrow X(e^{j\omega})*H(e^{j\omega})$$

或

$$x(n)h(n)\Leftrightarrow \frac{1}{2\pi}\int_{-\pi}^{\pi}X(e^{j\theta})H(e^{j(\omega-\theta)})d\theta \tag{3.28}$$

3.4 离散时间信号的 z 变换

z 变换作为一种数学工具，主要用于离散时间信号和系统的复频域特性分析，它的应用范围和应用条件比傅里叶变换要更宽泛一些。

3.4.1 z 变换定义和收敛域

一个离散时间序列 $x(n)$ 的 z 变换定义为

$$X(z)=\mathscr{Z}[x(n)]=\sum_{n=-\infty}^{\infty}x(n)z^{-n} \tag{3.29}$$

定义式(3.29)中，z 是一个复变量，设 $z=re^{j\omega}$，它的所有取值范围通常称为 z 平面。

z 变换也可用 $\mathscr{Z}[\ ]$ 符号表示，即

$$X(z)=\mathscr{Z}[x(n)]$$

当 $r=1$ 时，z 变换等效为序列傅里叶变换，或者说，在 z 平面中单位圆上定义的 z 变换，即为序列傅里叶变换。式(3.29)定义的是双边 z 变换，还有一种单边 z 变换，本书只讨论双边 z 变换。

z 变换的定义式是一个级数求和式，因此，$X(z)$ 是否收敛存在一定条件。当满足这一条件时，$X(z)$ 的求和公式能够收敛。这种条件通常是关于 $|z|$ 存在的区域描述。对于任意给定的序列，使 z 变换收敛的 z 值的集合称为收敛区域，简称收敛域（Range of Convergence,

ROC）表示。描述一个序列的 z 变换时，既要给出 $X(z)$ 的表达式，同时要说明它的 ROC。

根据级数求和理论，级数收敛的充分必要条件是

$$\sum_{n=-\infty}^{\infty}|x(n)z^{-n}|\leqslant\sum_{n=-\infty}^{\infty}|x(n)||z|^{-n}<\infty \tag{3.30}$$

即收敛域可以用 $|z|$ 表示的范围来说明，一般来讲，ROC 是下式表示的一个环形区域

$$R_{x-}<|z|<R_{x+}$$

R_{x-} 和 R_{x+} 称作收敛域的收敛半径。R_{x-}，R_{x+} 的大小取决于具体的序列，R_{x-} 可以小到 0，R_{x+} 可以大到无穷大。

有一类重要的 z 变换，$X(z)$ 可以表示成有理分式，即

$$X(z)=\frac{P(z)}{Q(z)} \tag{3.31}$$

$P(z)$ 和 $Q(z)$ 的根分别称作 $X(z)$ 的零点和极点。因为极点使得 $X(z)$ 等于无穷大，所以收敛域内不能有极点，但可以有零点。因此，收敛域一般以极点为边界。通常将 $X(z)$ 的 ROC、$X(z)$ 的零点和极点一同画在 z 平面上，ROC 以阴影表示，极点以符号“×”表示，零点以符号“o”表示。图 3.5 是表示收敛域的一个示意图。

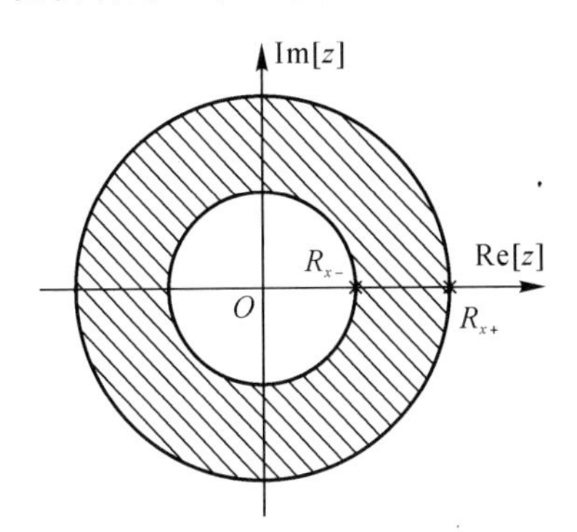

图 3.5　z 变换收敛域示意图

收敛域与序列特征有密切关系，可以按照序列的特点分四种情况讨论。

1. 有限长序列

$$x(n)=\begin{cases}x(n), & N_1\leqslant n\leqslant N_2\\ 0, & \text{其他}\end{cases}$$

求它的 z 变换为

$$X(z)=\sum_{n=N_1}^{N_2}x(n)z^{-n} \tag{3.32}$$

上式是一个有限项级数求和，除了在 $|z|=0$ 和 $|z|=\infty$ 可能不收敛外，其他区域必定收敛。因此，有限长序列的 z 变换的收敛域几乎是整个 z 平面。

当 $N_1<0$ 时，ROC 不能包含 $|z|=\infty$，当 $N_2>0$ 时，ROC 不能包含 $|z|=0$，即

当 $N_2>N_1\geqslant 0$，

$$\text{ROC}: 0<|z|\leqslant\infty$$

当 $N_1<N_2\leqslant 0$，

$$\text{ROC}:0 \leqslant |z| < \infty$$

当 $N_1 < 0, N_2 > 0$，

$$\text{ROC}:0 < |z| < \infty$$

有限长序列的 z 变换 ROC 如图 3.6 所示。

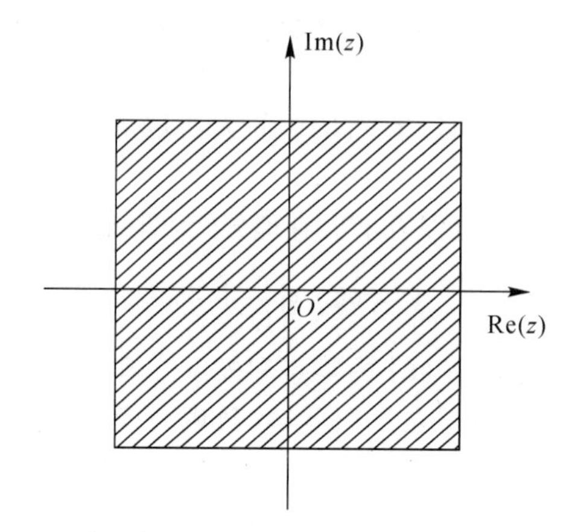

图 3.6　有限长序列 z 变换收敛域示意图(阴影部分)

【例 3-4】　求 $R_N(n)$ 的 z 变换。

解
$$X(z) = \sum_{n=0}^{N-1} R_N(n) z^{-n} = \frac{1 - z^{-N}}{1 - z^{-1}}$$

它的收敛域 ROC 为

$$0 < |z| \leqslant \infty$$

2. 右边序列

$$x(n) = \begin{cases} x(n), & n \geqslant N_1 \\ 0, & n < N_1 \end{cases}$$

它的 z 变换为

$$X(z) = \sum_{n=N_1}^{\infty} x(n) z^{-n} \tag{3.33}$$

下面证明这种序列的收敛域是一个圆的外部。

假定 $X(z)$ 在 $|z| = R_1$ 处收敛，R_1 是一个正的实数，根据给定的收敛条件，有

$$\sum_{n=N_1}^{\infty} |x(n) z^{-n}| = \sum_{n=N_1}^{\infty} |x(n)| |R_1|^{-n} < \infty$$

设 $N_1 \geqslant 0$，当 $|z| > R_1$ 时，则有

$$\sum_{n=N_1}^{\infty} |x(n)| |z|^{-n} < \sum_{n=N_1}^{\infty} |x(n)| |R_1|^{-n} < \infty$$

即对所有在 $|z| > R_1$ 的 $|z|$ 区域内，$X(z)$ 均收敛。

当 $N_1 < 0$ 时，有

$$\sum_{n=N_1}^{\infty} |x(n) z^{-n}| = \sum_{n=N_1}^{-1} |x(n) z^{-n}| + \sum_{n=0}^{\infty} |x(n) z^{-n}|$$

上式第一项是有限项级数求和,第二项是 $n\geqslant 0$ 的右边序列情况,所以,对所有在 $|z|>R_1$ 的 $|z|$ 区域内,上式收敛。

综合以上两种情况,当 $|z|>R_1$ 时, $X(z)$ 均收敛。合理选择一个 R_1,使其小于收敛域中最小的一个 $|z|$,记为 R_{x-},因此,对于右边序列,它的收敛域可以表示为

$$|z|>R_{x-}$$

收敛域能否包括 $|z|=\infty$,取决于 N_1 是否小于零,若 $N_1\geqslant 0$,ROC包括 $|z|=\infty$,否则,收敛域不包括 $|z|=\infty$。因此,对于因果序列,它的 z 变换 $X(z)$ 的收敛域一定包括 $|z|=\infty$。

右边序列的 z 变换 ROC 如图 3.7 所示。

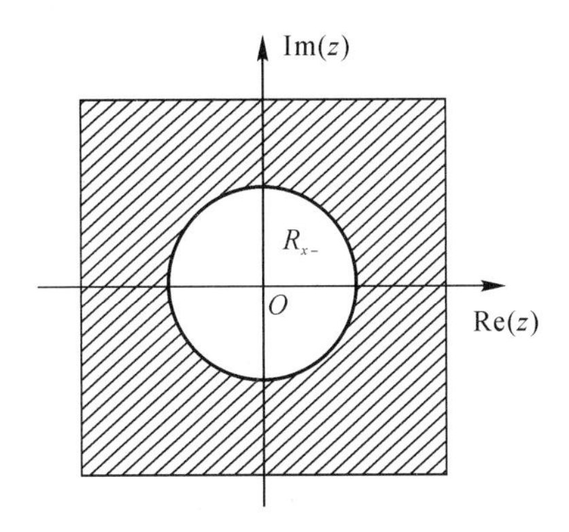

图 3.7　右边序列 z 变换收敛域示意图(阴影部分)

【例 3-5】　求序列 $x(n)=a^nu(n)$ 的 z 变换和收敛域。

解　按 z 变换定义式求解如下

$$X(z)=\sum_{n=-\infty}^{\infty}x(n)z^{-n}=\sum_{n=0}^{\infty}a^nz^{-n}=\sum_{n=0}^{\infty}(az^{-1})^n=\frac{1}{1-az^{-1}},\quad |az^{-1}|<1$$

则收敛域为

$$a<|z|\leqslant\infty$$

$$R_{x-}=a$$

收敛域图和图 3.7 类似。

3. 左边序列

$$x(n)=\begin{cases}x(n), & n\leqslant N_2\\ 0, & n>N_2\end{cases}$$

它的 z 变换为

$$X(z)=\sum_{n=-\infty}^{N_2}x(n)z^{-n}\tag{3.34}$$

左边序列的 ROC 是 z 平面上一个圆的外部,即 $|z|<R_{x+}$。

设 $X(z)$ 在 $|z|=R_2$ 处收敛,即

$$\sum_{n=-\infty}^{\infty}|x(n)|R_2^{-n}<\infty$$

设 $N_2<0$,当 $|z|<R_2$时

$$\sum_{n=-\infty}^{N_2} |x(n)z^{-n}| < \sum_{n=-\infty}^{N_2} |x(n)| R_2^{-n} < \infty$$

设 $N_2 \geqslant 0$,当 $|z| < R_2$时

$$\sum_{n=-\infty}^{N_2} |x(n)z^{-n}| = \sum_{n=-\infty}^{-1} |x(n)z^{-n}| + \sum_{n=0}^{N_2} |x(n)z^{-n}| < \infty$$

上式中的第一项是 $N_2 < 0$ 的左边序列情况,第二项是有限项级数和,所以,当 $|z| < R_2$ 时,$X(z)$ 均收敛,选 R_2 为所有使 $|z| < R_2$ 时都收敛的区域,令 $R_2 = R_{x+}$,所以,左边序列的 ROC 为 $|z| < R_{x+}$。

收敛域能否包括原点 $|z| = 0$,取决于 N_2 是否大于零,若 $N_2 \geqslant 0$,ROC 不包括 $|z| = 0$,否则,收敛域包括 $|z| = 0$。

左边序列的 z 变换 ROC 如图 3.8 所示。

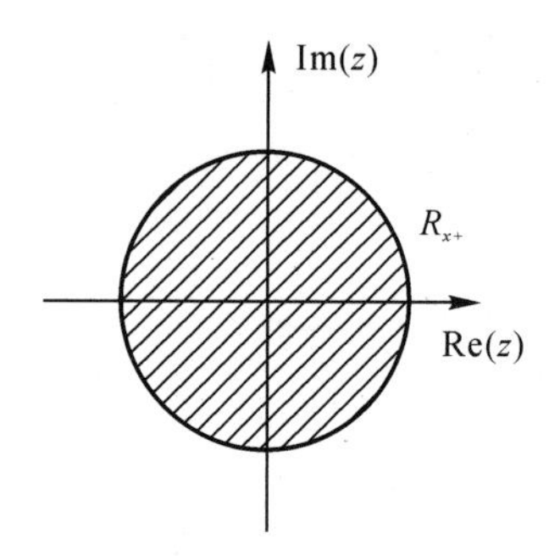

图 3.8　左边序列 z 变换收敛域示意图(阴影部分)

【例 3-6】　求序列 $x(n) = -a^n u(-n-1)$,$a > 1$ 的 z 变换及收敛域。

解　按 z 变换定义求解如下

$$X(z) = \sum_{n=-\infty}^{\infty} -a^n u(-n-1)z^{-n} = \sum_{n=-\infty}^{-1} -a^n z^{-n} = \sum_{n=1}^{\infty} -(a^{-1}z)^n$$

当 $|a^{-1}z| < 1$,即 $|z| < |a|$,上式收敛,即

$$X(z) = \frac{-a^{-1}z}{1 - a^{-1}z} = \frac{1}{1 - az^{-1}}$$

因此,收敛域为

$$0 \leqslant |z| < a$$

$$R_{x+} = a$$

收敛域图和图 3.8 类似。

4. 双边序列

双边序列就是一般的任意序列,它的区域可以是 $n = -\infty \sim \infty$,$X(z)$ 为

$$X(z) = \sum_{n=-\infty}^{\infty} x(n)z^{-n} = \underbrace{\sum_{n=-\infty}^{-1} x(n)z^{-n}}_{\text{左边序列部分}} + \underbrace{\sum_{n=0}^{\infty} x(n)z^{-n}}_{\text{右边序列部分}} \tag{3.35}$$

式(3.35)中,第一项是左边序列的 z 变换,它的 ROC 是 $|z| < R_{x+}$;第二项是右边序列的 z 变换,它的 ROC 是 $|z| > R_{x-}$。

若 $R_{x-} < R_{x+}$,则存在一个共同的 ROC 如下:

$$R_{x-} < |z| < R_{x+}$$

在 z 平面上用图形表示 ROC(阴影部分) 比较直观,如图 3.5 所示。收敛域内没有极点,但可以有零点,一般来讲,收敛域是以极点的幅值构成 R_{x-} 或 R_{x+}。

双边序列的 z 变换 ROC 如图 3.9 所示。

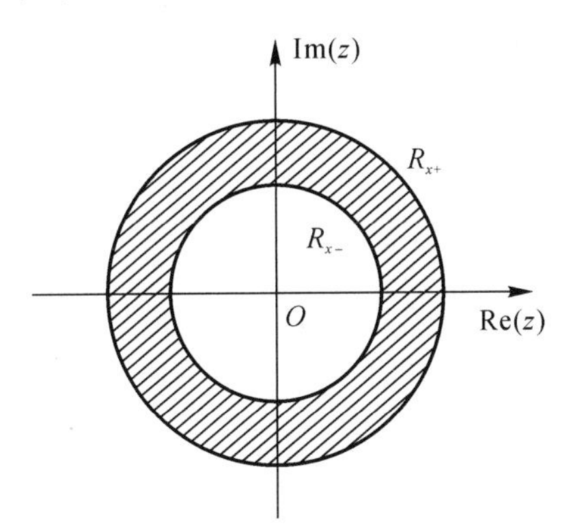

图 3.9　双边序列 z 变换收敛域示意图(阴影部分)

【例 3-7】　求序列 $x(n)=a^{|n|}$,a 为实数的 z 变换和收敛域。

解　按 z 变换定义求解如下

$$X(z)=\sum_{n=-\infty}^{\infty} a^{|n|} z^{-n}=\sum_{n=-\infty}^{-1} a^{-n} z^{-n}+\sum_{n=0}^{\infty} a^{n} z^{-n}=\sum_{n=1}^{\infty} a^{n} z^{n}+\sum_{n=0}^{\infty} a^{n} z^{-n}$$

上式中第一部分的收敛域为

$$|az|<1,\quad 即\ |z|<|a|^{-1}$$

上式中第二部分的收敛域为

$$|az^{-1}|<1,\quad 即\ |z|>|a|$$

若 $|a|<1$,存在公共区域为 $|a|<|z|<|a|^{-1}$

$$X(z)=\frac{az}{1-az}+\frac{1}{1-az^{-1}}=\frac{1-a^{2}}{(1-az)(1-az^{-1})}$$

收敛域为

$$|a|<|z|<\frac{1}{|a|}$$

收敛域图和图 3.9 类似。若 $|a|\geqslant 1$,不存在公共区域,$X(z)$ 不收敛。

3.4.2　z 变换的性质和定理

本节介绍 z 变换的性质和定理。性质一般是表示研究对象的数学规律或特征。本书的一个主要思想是强调物理概念,对数学特征比较明显的内容,尤其是性质一类的内容,只作简要说明和归纳,并不强调也不要求读者去死记硬背这些性质。基于这样的一种考虑,对于 z 变换性质及相关定理只做了简要介绍。

1. 线性

z 变换是一种线性变换,即对于任意常数 a,b 有

$$\mathscr{Z}[ax(n)+by(n)]=aX(z)+bY(z) \tag{3.36}$$

式中，$X(z)=\mathscr{Z}[x(n)]$，$Y(z)=\mathscr{Z}[y(n)]$，而 $\mathscr{Z}[ax(n)+by(n)]$ 的收敛域为 $X(z)$ 和 $Y(z)$ 收敛域的公共区域。如果在 $aX(z)+bY(z)$ 中抵消了 $X(z)$ 和 $Y(z)$ 中的某些极点，收敛域可能扩大。

2. 移位序列的 z 变换

若有

$$\mathscr{Z}[x(n)]=X(z),\quad R_{x-}<|z|<R_{x+}$$

则偏移 n_0 位的新序列 $x(n+n_0)$ 的 z 变换为

$$\mathscr{Z}[x(n+n_0)]=z^{n_0}X(z),\quad R_{x-}<|z|<R_{x+}$$

n_0 是整数，可以为正，也可以为负。$\mathscr{Z}[x(n+n_0)]$ 和 $\mathscr{Z}[x(n)]$ 的收敛域相同，但 $z=0$ 或 $z=\infty$ 可能除外。

3. 序列乘实指数序列的 z 变换

序列 $x(n)$ 乘以实指数序列 a^n 后的 z 变换为

$$\mathscr{Z}[a^n x(n)]=X(a^{-1}z),\quad |a|R_{x-}<|z|<|a|R_{x+} \tag{3.37}$$

若 $X(z)$ 在 $z=z_1$ 处有一极点，则 $X(a^{-1}z)$ 在 $z=az_1$ 处有一极点。一般而言，所有零点和极点的坐标都乘以因子 a。

4. $X(z)$ 的微分

易于证明

$$-\frac{\mathrm{d}X(z)}{\mathrm{d}z}=\frac{1}{z}\mathscr{Z}[x(n)],\quad R_{x-}<|z|<R_{x+} \tag{3.38}$$

微分后的收敛域不变，$z=0$ 除外。

5. 复共轭序列的 z 变换

$$\mathscr{Z}[x(n)]=X(z),\quad R_{x-}<|z|<R_{x+}$$

则

$$\mathscr{Z}[x^*(n)]=X^*(z^*),\quad R_{x-}<|z|<R_{x+} \tag{3.39}$$

6. 初值定理

对于 $n<0$，$x(n)=0$ 的因果序列有

$$x(0)=\lim_{z\to\infty}X(z) \tag{3.40}$$

7. 终值定理

若序列 $x(n)$ 是因果序列，且 $X(z)$ 除在 $z=1$ 处有一阶极点外，其他极点都在单位圆内，则

$$\lim_{n\to\infty}x(n)=\lim_{z\to 1}[(z-1)X(z)] \tag{3.41}$$

终值定理也可用 $X(z)$ 在 $z=1$ 点上的留数表示，即

$$\lim_{n\to\infty}x(n)=\mathrm{Res}[X(z),1] \tag{3.42}$$

终值定理说明，可由序列的 z 变换的留数求序列在无穷远的值，这在研究系统稳定时很有用。如果单位冲激响应序列的 z 变换在单位圆上无极点，则 $h(\infty)=0$，系统是稳定的。

8. 序列卷积的 z 变换

若

$$w(n)=x(n)*y(n)$$

则

$$W(z)=X(z)Y(z),\quad R_{-}<|z|<R_{+} \tag{3.43}$$

其中，$W(z)$ 的收敛域为 $X(z)$ 和 $Y(z)$ 收敛域的公共部分，即

$$R_{-}=\max[R_{x-},R_{y-}],\quad R_{+}=\min[R_{x+},R_{y+}]$$

若有极点消去，则收敛域可以扩大。利用此特性，由 $x(n)$ 和 $y(n)$ 求出 $X(z)$，$Y(z)$，再由 $X(z)Y(z)$ 的逆变换求得 $x(n)*y(n)$。

9. 复卷积定理

若

$$w(n)=x(n)y(n)$$

则

$$W(z)=\frac{1}{2\pi \mathrm{j}}\oint_{c_1}X(v)*Y\left(\frac{z}{v}\right)v^{-1}\mathrm{d}v,\quad R_{x-}R_{y-}<|z|<R_{x+}R_{y+} \tag{3.44}$$

由定义

$$W(z)=\sum_{n=-\infty}^{\infty}x(n)y(n)z^{-n}$$

而

$$x(n)=\frac{1}{2\pi \mathrm{j}}\oint_{c_1}X(v)v^{n-1}\mathrm{d}v,\quad R_{x-}<|v|<R_{x+} \tag{3.45}$$

由此

$$W(z)=\frac{1}{2\pi \mathrm{j}}\sum_{n=-\infty}^{\infty}\oint_{c_1}X(v)y(n)v^{n-1}z^{-n}\mathrm{d}v=\frac{1}{2\pi \mathrm{j}}\oint_{c_1}X(v)v^{-1}\sum_{n=-\infty}^{\infty}y(n)\left(\frac{z}{v}\right)^{-n}\mathrm{d}v \tag{3.46}$$

在收敛域 $R_{y-}<\left|\frac{z}{v}\right|<R_{y+}$ 内，有

$$W(z)=\frac{1}{2\pi \mathrm{j}}\oint_{c_1}X(v)Y\left(\frac{z}{v}\right)v^{-1}\mathrm{d}v$$

c_1 为 $X(v)$，$Y\left(\frac{z}{v}\right)$ 收敛域公共部分中的闭合曲线。

由 $R_{x-}<|v|<R_{x+}$ 及 $R_{y-}<\left|\frac{z}{v}\right|<R_{y+}$，可得

$$R_{x-}R_{y-}<|z|<R_{x+}R_{y+}$$

对于 v 平面，收敛域为

$$\max\left[R_{x-},\frac{|z|}{R_{y+}}\right]<|v|<\min\left[R_{x+},\frac{|z|}{R_{y-}}\right] \tag{3.47}$$

式(3.44) 称复卷积公式，可利用留数定理求解。

不难证明，复数卷积公式中 X，Y 的位置可以互换

$$W(z)=\frac{1}{2\pi \mathrm{j}}\oint_{c_2}Y(v)X\left(\frac{z}{v}\right)v^{-1}\mathrm{d}v \tag{3.48}$$

c_2 为 $Y(v)$ 和 $X\left(\frac{z}{v}\right)$ 收敛域公共部分内的闭合曲线。为了说明式(3.44)为一个卷积积分，设 c_2 是一个圆，即 $v=\rho e^{j\theta}$，当 ρ 不变，θ 由 $-\pi$ 变到 $+\pi$ 时，就构成了围线 c_2。

令 $z=re^{j\theta}$，则式(3.48)可写为

$$W(z)=\frac{1}{2\pi j}\oint_{c_2} Y(\rho e^{j\theta})X\left(\frac{r}{\rho}e^{j(\varphi-\theta)}\right)d\theta \tag{3.49}$$

式(3.48)可看作一个卷积积分，积分在一个周期内进行，通常称周期卷积。

【例 3-8】 令 $x(n)=e^{-an}u(n)$，$y(n)=\sin(\omega n)u(n)$，求 $x(n)y(n)$ 的 z 变换。

解 先求出 $x(n)$ 的 z 变换，得

$$X(z)=\frac{z}{z-e^{-a}},\quad |z|>|e^{-a}|$$

$y(n)$ 的 z 变换为

$$Y(z)=\frac{z\sin\omega}{(z-e^{j\omega})(z-e^{-j\omega})},\quad |z|>1$$

然后，将它们代入式(3.45)得到

$$W(z)=\frac{1}{2\pi j}\oint_{c_2}\frac{-\frac{z}{e^{-a}}\sin\omega}{\left(v-\frac{z}{e^{-a}}\right)(v-e^{j\omega})(v-e^{-j\omega})}dv$$

可利用留数定理对上式进行积分求解。被积函数具有 3 个极点：$v_1=\frac{z}{e^{-a}}$，$v_2=e^{j\omega}$，$v_3=e^{-j\omega}$。积分围线 c 必须完全位于 $Y(z)$ 及 $X\left(\frac{z}{v}\right)$ 的收敛域内。$Y(v)$ 的收敛域为 $|v|>1$，$X\left(\frac{z}{v}\right)$ 的收敛域为 $|<|z|<\left|\frac{e^{-a}}{v}\right|$，积分围线的位置如图 3.10 所示。

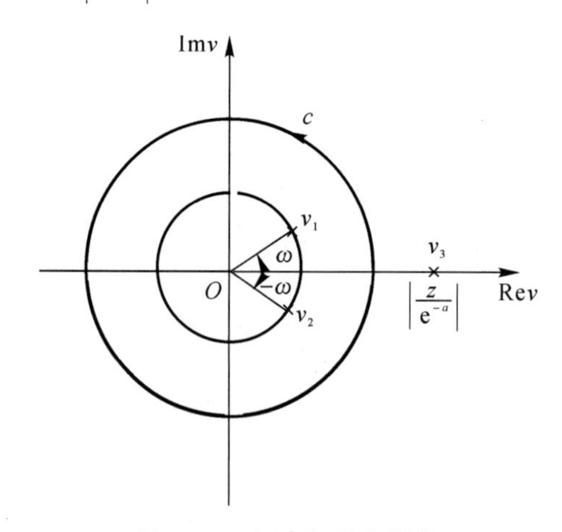

图 3.10 极点与积分围线

可见只有 v_1 和 v_2 两个极点在积分围线之内。应计算 v_1 和 v_2 两点的留数，得

$$W(z)=\frac{ze^{-a}\sin\omega}{z^2-2ze^{-a}\cos\omega+e^{-2a}},\quad |z|>|e^{-a}|$$

本例说明在应用复卷积定理时，应注意被积函数的哪些极点是位于积分围线的内部，应仅对这些极点计算留数才能得到正确的结果。

10. 帕斯瓦尔定理

设 $x(n)$ 和 $y(n)$ 为两个复数序列，$X(z)$ 和 $Y(z)$ 分别为它们的 z 变换，若它们的收敛域满足条件

$$R_{x-}, R_{y-} < 1, \quad R_{x+}, R_{y+} > 1$$

则

$$\sum_{n=-\infty}^{\infty} x(n) y^*(n) = \frac{1}{2\pi \mathrm{j}} \oint_c X(v) Y^*\left(\frac{1}{v^*}\right) v^{-1} \mathrm{d}v \tag{3.50}$$

此式即帕斯瓦尔公式。

证明　令

$$w(n) = x(n) y^*(n)$$

$$Z[y^*(n)] = Y^*(z^*)$$

由复卷积定理得

$$W(z) = \frac{1}{2\pi \mathrm{j}} \oint_c X(v) Y^*\left(\frac{z^*}{v^*}\right) v^{-1} \mathrm{d}v$$

$$R_{x-} R_{y-} < |z| < R_{x+} R_{y+},$$

由已知条件，$W(z)$ 在单位圆上收敛，故由 z 变换的定义有

$$W(1) = \sum_{n=-\infty}^{\infty} x(n) y^*(n) z^{-n} \big|_{z=1} = \sum_{n=-\infty}^{\infty} x(n) y^*(n)$$

同时

$$W(1) = \frac{1}{2\pi \mathrm{j}} \oint_c X(v) Y^*\left(\frac{1}{v^*}\right) v^{-1} \mathrm{d}v$$

得证。c 取 $X(v)$ 和 $Y^*\left(\frac{1}{v^*}\right)$ 收敛域的公共部分，即

$$\max\left(R_{x-}, \frac{1}{R_{y+}}\right) < |v| < \min\left(R_{x+}, \frac{1}{R_{y-}}\right)$$

若 $x(n)$ 和 $y(n)$ 均绝对可和，即 $X(z)$ 和 $Y(z)$ 都在单位圆上收敛，则以上围线积分可选择单位圆。这时 $v = \mathrm{e}^{\mathrm{j}\omega}$，$\omega$ 由 $-\pi$ 到 $+\pi$ 相当于沿单位圆转一周，因而得

$$\sum_{n=-\infty}^{\infty} x(n) y^*(n) = \frac{1}{2\pi} \int_{-\pi}^{\pi} X(\mathrm{e}^{\mathrm{j}\omega}) Y^*(\mathrm{e}^{\mathrm{j}\omega}) \mathrm{d}\omega \tag{3.51}$$

此式亦即帕斯瓦尔公式。帕斯瓦尔定理的一个重要应用是计算离散时间信号的能量。如果取 $y(n) = x(n)$，则有

$$\sum_{n=-\infty}^{\infty} |x(n)|^2 = \sum_{n=-\infty}^{\infty} x(n) x^*(n) = \frac{1}{2\pi} \int_{-\pi}^{\pi} X^*(\mathrm{e}^{\mathrm{j}\omega}) X(\mathrm{e}^{\mathrm{j}\omega}) \mathrm{d}\omega = \frac{1}{2\pi} \int_{-\pi}^{\pi} |X(\mathrm{e}^{\mathrm{j}\omega})|^2 \mathrm{d}\omega \tag{3.52}$$

它表明在时域中离散时间信号 $x(n)$ 的能量和频域中用频谱 $X(\mathrm{e}^{\mathrm{j}\omega})$ 计算的信号能量是一致的。

关于 z 变换的性质和定理归纳在表 3.2 中，常见序列的 z 变换可参考表 3.3。

表 3.2　z 变换的性质和定理

序号	序列	z 变换性质	收敛域
1	$ax(n)+by(n)$	$aX(z)+bY(z)$	$\max\ [R_{x-},R_{y-}]<\|z\|<\min\ [R_{x-},R_{y-}]$
2	$x(n+n_0)$	$z^{n_0}X(z)$	$R_{x-}<\|z\|<R_{x+}$
3	$a^n x(n)$	$X(a^{-1}z)$	$\|a\|R_{x-}<\|z\|<\|a\|R_{x+}$
4	$x^*(n)$	$X^*(z^*)$	$R_{x-}<\|z\|<R_{x+}$
5	$x(-n)$	$X(z^{-1})$	$\frac{1}{R_{x+}}<\|z\|<\frac{1}{R_{x-}}$
6	$x(n)*y(n)$	$X(z)Y(z)$	$\max\ [R_{x-},R_{y-}]<\|z\|<\min\ [R_{x-},R_{y-}]$
7	$x(n)y(n)$	$\frac{1}{2\pi j}\oint_c X(v)Y(\frac{1}{v})v^{-1}dv$	$R_{x-}R_{y-}<\|z\|<R_{x+}R_{y+}$
8	$\mathrm{Re}\ [x(n)]$	$\frac{1}{2}[X(z)+X^*(z^*)]$	$R_{x-}<\|z\|<R_{x+}$
9	$\mathrm{Im}\ [x(n)]$	$\frac{1}{2j}[X(z)-X^*(z^*)]$	$R_{x-}<\|z\|<R_{x+}$
10	$x(0)=\lim\limits_{z\to\infty}X(z)$		$x(n)$ 为因果序列，$\|z\|>R_{x-}$
11	$x(\infty)=\lim\limits_{z\to 1}(z-1)X(z)$		$x(n)$ 为因果序列，$X(z)$ 的极点落于单位圆内部，最多在 $z=1$ 处有一阶极点
12	$\sum\limits_{n=-\infty}^{\infty}x(n)y^*(n)=\frac{1}{2\pi j}\oint_c X(v)Y^*\left(\frac{1}{v^*}\right)v^{-1}dv$		$R_{x-}R_{y-}<\|z\|<R_{x+}R_{y+}$

表 3.3　常见序列的 z 变换

序号	序列	z 变换	收敛域
1	$\delta(n)$	1	$0\leqslant\|z\|\leqslant\infty$
2	$\delta(n-k)$	z^{-k}	$0<\|z\|\leqslant\infty$
3	$u(n)$	$\frac{1}{1-z^{-1}}=\frac{z}{z-1}$	$\|z\|>1$
4	$R_N(n)$	$\frac{1-z^{-N}}{1-z^{-1}}=\frac{z(1-z^{-N})}{z-1}$	$\|z\|>0$
5	$nu(n)$	$\frac{z^{-1}}{(1-z^{-1})^2}=\frac{z}{(z-1)^2}$	$\|z\|>1$
6	$a^n u(n)$	$\frac{1}{1-az^{-1}}=\frac{z}{z-a}$	$\|z\|>\|a\|$
7	$-a^n u(-n-1)$	$\frac{1}{1-az^{-1}}=\frac{z}{z-a}$	$\|z\|<\|a\|$
8	$na^n u(n)$	$\frac{az^{-1}}{(1-az^{-1})^2}=\frac{az}{(z-a)^2}$	$\|z\|>\|a\|$
9	$-na^n u(-n-1)$	$\frac{az^{-1}}{(1-az^{-1})^2}=\frac{az}{(z-a)^2}$	$\|z\|<\|a\|$

续表

序号	序列	z 变换	收敛域
10	$e^{-na}u(n)$	$\frac{1}{1-e^{-a}z^{-1}}=\frac{z}{z-e^{-a}}$	$\|z\|>e^{-a}$
11	$e^{j\omega_0 n}u(n)$	$\frac{1}{1-e^{j\omega_0}z^{-1}}=\frac{z}{z-e^{j\omega_0}}$	$\|z\|>e^{j\omega_0}$
12	$[\sin(\omega_0 n)]u(n)$	$\frac{z^{-1}\sin\omega_0}{1-2z^{-1}\cos\omega_0+z^{-2}}$	$\|z\|>1$
13	$[\cos(\omega_0 n)]u(n)$	$\frac{1-z^{-1}\cos\omega_0}{1-2z^{-1}\cos\omega_0+z^{-2}}$	$\|z\|>1$
14	$r^n[\sin(\omega_0 n)]u(n)$	$\frac{rz^{-1}\sin\omega_0}{1-2rz^{-1}\cos\omega_0+r^2z^{-2}}$	$\|z\|>\|r\|$
15	$r^n[\cos(\omega_0 n)]u(n)$	$\frac{1-rz^{-1}\cos\omega_0}{1-2rz^{-1}\cos\omega_0+r^2z^{-2}}$	$\|z\|>\|r\|$

3.4.3　z 反变换

在离散时间信号和系统的分析中使用 z 变换，必须在时域和 z 域的表达式之间进行转换，这种分析经常需要求序列的 z 变换，再将 z 变换的代数表达式经过一些处理后，求 z 反变换。z 反变换定义为下面的复数围线积分，即

$$x(n)=\frac{1}{2\pi j}\oint_c X(z)z^{n-1}\mathrm{d}z \tag{3.53}$$

式中，c 代表 z 变换收敛域中一条闭合围线。

可以使用复变函数中的柯西积分定理求解此围线积分，对于离散时间系统分析中一些典型序列也可以采用更灵活的求解算法，例如观察法、部分分式展开法和幂级数展开法。

1. 观察法

观察法就是根据已有的 z 变换知识，通过观察辨认出一些熟悉的变换对关系，或者根据 z 变换表格中一些典型序列的 z 变换关系，直接得到时域的离散时间信号的表达式。例如，经常遇见的因果指数序列 $a^n u(n)$ 的 z 变换表达式是 $\frac{1}{1-az^{-1}}$，因此，可直接应用下列关系式很方便

$$a^n u(n)\Leftrightarrow\frac{1}{1-az^{-1}},\quad |z|>|a| \tag{3.54}$$

例如，若求解下式的 z 反变换

$$X(z)=\frac{1}{1-\frac{1}{2}z^{-1}},\quad |z|>1/2 \tag{3.55}$$

根据式(3.54)，观察两者相似性就可发现上式对应的序列是 $x(n)=2^{-n}u(n)$ 的指数序

列。若式(3.55)中的收敛域改为$|z|<1/2$,则可以根据表3.4第7行序列z变换关系式,求出序列为$x(n)=-2^{-n}u(-n-1)$

观察法可用于较为典型z变换的序列求解,也可用于复杂z变换但可分解为典型z变换组合的序列求解

2.部分分式展开法

部分分式展开法主要用于z变换表达式为有理分式的情况,即

$$X(z)=\frac{\sum_{r=0}^{M}b_r z^{-r}}{1-\sum_{k=1}^{N}a_k z^{-k}} \tag{3.56}$$

这种z变换形式在研究离散时间系统的系统函数特性中很普遍,式(3.56)可以写成

$$X(z)=\frac{z^N\sum_{r=0}^{M}b_r z^{M-r}}{z^M\sum_{k=0}^{N}a_k z^{N-k}} \tag{3.57}$$

式中,$a_0=1$。该式表明,若假定b_0、a_0、b_M、a_N不为零,这些函数在有限z平面区域将有M个零点和N个极点。若$M>N$,则有$M-N$个极点位于$z=0$处;若$N>M$,则有$N-M$个零点在$z=0$处。为了求式(3.56)$X(z)$的部分分式展开,将$X(z)$写成下式最方便,即

$$X(z)=\frac{b_0}{a_0}\frac{\prod_{r=1}^{M}(1-c_r z^{-1})}{\prod_{k=1}^{N}(1-d_k z^{-1})} \tag{3.58}$$

式中,c_r是$X(z)$的零点;d_k是$X(z)$的极点。

若$X(z)$的极点是一阶的,且$M<N$,则$X(z)$可以表示为

$$X(z)=\sum_{k=1}^{N}\frac{A_k}{1-d_k z^{-1}} \tag{3.59}$$

上式中的系数A_k可由下式求解得到

$$A_k=(1-d_k z^{-1})X(z)\big|_{z=d_k} \tag{3.60}$$

【例3-9】 设一个序列,其z变换为

$$X(z)=\frac{1}{\left(1-\frac{1}{4}z^{-1}\right)\left(1-\frac{1}{2}z^{-1}\right)},\quad |z|>1/2$$

解 $X(z)$有两个极点,分别是$z_1=1/4$,$z_2=1/2$,根据收敛域,可得出序列是一个右边序列。因为极点都是一阶的,所以$X(z)$可以写成部分分式之和,即

$$X(z)=\frac{A_1}{1-\frac{1}{4}z^{-1}}+\frac{A_2}{1-\frac{1}{2}z^{-1}}$$

由式(3.60),有

$$A_1=\left(1-\frac{1}{4}z^{-1}\right)X(z)\big|_{z=1/4}=\left(1-\frac{1}{4}z^{-1}\right)\frac{1}{\left(1-\frac{1}{4}z^{-1}\right)\left(1-\frac{1}{2}z^{-1}\right)}\big|_{z=1/4}=-1$$

$$A_2=\left(1-\frac{1}{2}z^{-1}\right)X(z)\mid_{z=1/2}=\left(1-\frac{1}{2}z^{-1}\right)\frac{1}{\left(1-\frac{1}{4}z^{-1}\right)\left(1-\frac{1}{2}z^{-1}\right)}\mid_{z=1/2}=2$$

所以有

$$X(z)=\frac{-1}{1-\frac{1}{4}z^{-1}}+\frac{2}{1-\frac{1}{2}z^{-1}}$$

序列是右边序列，每一个分式项的收敛域都是以极点为半径的一个圆的外部，根据线性性质，可得 $x(n)$ 是由两个右边序列组合而来的，即

$$x(n)=2\left(\frac{1}{2}\right)^n u(n)-\left(\frac{1}{4}\right)^n u(n)$$

显然，将式(3.59) 中各项相加后得到的分子多项式中变量 z^{-1} 的最高幂次是$(N-1)$，若 $M\geqslant N$，则在式(3.59) 的右边必须增加一个多项式，其阶次是$(M-N)$，因此，对于 $M\geqslant N$，部分分式展开式为

$$X(z)=\sum_{k=1}^{N}\frac{A_k}{1-d_k z^{-1}}+\sum_{r=0}^{M-N}B_r z^{-r} \tag{3.61}$$

如果给出的是式(3.56) 的有理函数，且 $M\geqslant N$，那么 B_r 可以用长除法来获得，一直除到所余因式的阶次低于分母的阶次为止。

如果 $X(z)$ 有多重极点，且 $M\geqslant N$，则式(3.61) 必须进一步修改。当 $X(z)$ 有一个 s 阶极点在 $z=d_i$，而其余全部极点都是一阶极点，则式(3.61) 应为

$$X(z)=\sum_{r=0}^{M-N}B_r z^{-r}+\sum_{k=1,k\neq i}^{N}\frac{A_k}{1-d_k z^{-1}}+\sum_{m=1}^{s}\frac{C_m}{(1-d_i z^{-1})^m} \tag{3.62}$$

式中系数 A_k 和 B_r 仍按前述方法获得，系数 C_m 由下式求得

$$C_m=\frac{1}{(s-m)(-d_i)^{s-m}}\left\{\frac{d^{s-m}}{dw^{s-m}}[(1-d_i w)^s X(w^{-1})\right\}_{w=d_i^{-1}} \tag{3.63}$$

式(3.62) 给出了当 $M\geqslant N$，以及 d_i 是一个 s 阶极点的情况下，一个有理分式 z 变换可表示成 z^{-1} 函数的部分分式展开的最一般形式，如果有几个多重极点，那么对每一个多重极点都会有一项与式(3.63) 中第三项求和式类似，如果没有多重极点，式(3.63) 就简化为式(3.62)，如果分子多项式阶数小于分母多项式阶数$(M<N)$，部分分式展开就是简单的式(3.59)。

如果把 $X(z)$ 的有理分式 z 变换表示成 z 而不是 z^{-1} 的函数形式，也就是说，用分解因子$(z-a)$ 代替因子$(1-az^{-1})$，同样可以得到一组类似于式(3.58) ～ 式(3.63)。

下面讨论如何用部分分式分解法求解序列，假定 $X(z)$ 仅有一阶极点，部分分式展开如式(3.59) 所示，根据 z 变换的线性运算，只需将个单项的 z 反变换对应的序列进行相加就可以得出所求序列。

$B_r z^{-r}$ 对应于时域的加权移位冲激序列，即 $B_r\delta(n-r)$，各分式对应于指数序列，可以根据收敛域的特点决定是右边指数序列还是左边指数序列。多重极点也可以按照收敛域特点来决定序列。

【例 3-10】　设一个序列的 z 变换为

$$X(z)=\frac{1+2z^{-1}+z^{-2}}{1-\frac{3}{2}z^{-1}+\frac{1}{2}z^{-2}},\quad |z|>1$$

求其 z 反变换。

解　对 $X(z)$ 进行因式分解，如下

$$X(z)=\frac{1+2z^{-1}+z^{-2}}{1-\frac{3}{2}z^{-1}+\frac{1}{2}z^{-2}}=\frac{(1+z^{-1})^2}{\left(1-\frac{1}{2}z^{-1}\right)(1-z^{-1})}$$

由上式可知 $X(z)$ 有二阶重零点 $z=-1$，两个极点 $z_1=1/2$ 和 $z_2=1$。

由收敛域可知对应的序列为右边序列，且 $M=N=2$，极点是一阶的，因此，$X(z)$ 可表示为

$$X(z)=B_0+\frac{A_1}{1-\frac{1}{2}z^{-1}}+\frac{A_2}{1-z^{-1}}$$

常数 B_0 可用长除法求出，即

$$X(z)={}^{1-\frac{3}{2}z^{-1}+\frac{1}{2}z^{-2}}\sqrt{1+2z^{-1}+z^{-2}}=2\times\left(1-\frac{3}{2}z^{-1}+\frac{1}{2}z^{-2}\right)+(5z^{-1}-1)$$

式中，$(5z^{-1}-1)$ 是长除结果的余数部分，它已经是一阶多项式，上式中系数 2 就是 B_0 系数。因此，有

$$X(z)=2+\frac{-1+5z^{-1}}{\left(1-\frac{1}{2}z^{-1}\right)(1-z^{-1})}$$

系数 A_1 和 A_2 可用下式求出

$$A_1=\left[2+\frac{-1+5z^{-1}}{\left(1-\frac{1}{2}z^{-1}\right)(1-z^{-1})}\right]\left(1-\frac{1}{2}z^{-1}\right)\Big|_{z=1/2}=-9$$

$$A_2=\left[2+\frac{-1+5z^{-1}}{\left(1-\frac{1}{2}z^{-1}\right)(1-z^{-1})}\right](1-z^{-1})\Big|_{z=1}=8$$

因此，$X(z)$ 的部分分式展开为

$$X(z)=2-\frac{9}{1-\frac{1}{2}z^{-1}}+\frac{8}{1-z^{-1}}$$

根据上式每一部分对应的序列，有已知基本序列的 z 变换可得

$$2\delta(n)\Leftrightarrow 2$$

$$\frac{9}{1-\frac{1}{2}z^{-1}}\Leftrightarrow 9\left(\frac{1}{2}\right)^n u(n)$$

$$\frac{8}{1-z^{-1}}\Leftrightarrow 8(1)^n u(n)$$

所以，$X(z)$ 对应的序列为

$$x(n)=2\delta(n)-9\left(\frac{1}{2}\right)^n u(n)+8u(n)$$

部分分式展开法需要结合已知基本序列的 z 变换使用，并已知收敛域，对大部分简单有理表达式的 z 变换都可以进行求解，方法简单实用。

3. 幂级数展开法

因为 z 变换的定义式是劳伦级数，序列 $x(n)$ 是 z^{-1} 的系数，所以，如果 z 变换由下列幂级数形式给出

$$X(z)=\sum_{n=-\infty}^{\infty}x(n)z^{-n}=\cdots+x(-2)z^{2}+x(-2)z^{1}+ x(n)+x(1)z^{-1}+x(2)z^{-2}+\cdots$$

就能通过求响应 z^{-1} 幂的系数来确定该序列的值。求当 $M\geqslant N$ 时部分分式展开中多项式部分的 z 反变换时，已经用过此方法。此方法也适用于有限长序列求解，其 z 变换形式可能不比 z^{-1} 多项式简单。

【例 3-11】　设有限长序列的 z 变换为

$$X(z)=z^{2}\left(1-\frac{1}{2}z^{-1}\right)(1+z^{-1})(1-z^{-1})$$

求它的 z 反变换。

解　首先将 $X(z)$ 的表达式整理为

$$X(z)=z^{2}-\frac{1}{2}z-1+\frac{1}{2}z^{-1}$$

观察上式，可得到 $x(n)$ 为

$$x(n)=\begin{cases}1, & n=-2\\ -1/2, & n=-1\\ -1, & n=0\\ 1/2, & n=1\\ 0, & \text{其他}\end{cases}$$

或者写成

$$x(n)=\delta(n+2)-\frac{1}{2}\delta(n+1)-\delta(n)+\frac{1}{2}\delta(n-1)$$

使用幂级数法时，一般需要把 $X(z)$ 展开为 z^{-1} 幂或 z 幂的求和形式，以获得一个较简单的表达式。对于有理函数 z 变换，需要用长除法展开为幂级数的形式；对于超越函数，如对数、正弦、双曲正弦等，幂级数已经列成表格可以查阅。在某些情况下，这样的幂级数能有一个有用的解释。用以下例子进一步说明这种方法的使用。

【例 3-12】　求下列 $X(z)$ 的 z 反变换

$$X(z)=\frac{1}{1-az^{-1}},\quad |z|>|a|$$

解　由于收敛域是一个圆的外部，并包含 z 等于无穷远，所以序列是一个右边序列，且是一个因果序列，用长除法进行幂级数展开，按降幂排列进行长除，即

$$\begin{array}{r|l} & 1+az^{-1}+a^{2}z^{-2} \\ 1-az^{-1} & 1 \\ & \underline{1-az^{-1}} \\ & az^{-1} \end{array}$$

$$\begin{array}{l} az^{-1}-a^2z^{-2} \\ \hline a^2z^{-2} \quad \cdots\cdots \end{array}$$

或者

$$\frac{1}{1-az^{-1}}=1+az^{-1}+a^2z^{-2}+\cdots\cdots$$

所以

$$x(n)=a^n u(n)$$

当序列是左边序列时，需将有理函数表示为 z 幂次多项式之比，长除法展开得到的是 z 的幂级数。

【例 3-13】 求下列 $X(z)$ 的 z 反变换

$$X(z)=\log_2(1+az^{-1}) \qquad |z|>|a|$$

解 对 $X(z)$ 用泰勒技术展开，当 $|az^{-1}|<1$ 时，可得

$$X(z)=\log_2(1+az^{-1})=\sum_{n=1}^{+\infty}\frac{(-1)^{n+1}a^n z^{-n}}{n}$$

因此，序列为

$$x(n)=\begin{cases}\dfrac{(-1)^{n+1}a^n}{n}, & n\geqslant 1\\ 0, & n\leqslant 0\end{cases}$$

3.5 系统函数

系统函数是从 z 域描述线性时不变系统特性的一个重要函数，它虽然不如频率响应函数的物理概念清晰，但在数学表示方面更加简洁，在说明系统某些特性方面更简单直接，并在系统设计中有重要的作用。

3.5.1 系统函数定义

系统函数 $H(z)$ 定义为系统单位取样响应的 z 变换，即

$$H(z)=\sum_{n=-\infty}^{\infty}h(n)z^{-n} \tag{3.64}$$

通过 $H(z)$ 描述系统时，除了表达式以外，还要考虑它的收敛域，事实上，收敛域往往在很大程度上决定了系统的特征。

通过 $H(z)$ 可以建立系统输入 z 变换和输出 z 变换之间的简单关系，很容易得到下式

$$Y(z)=H(z)X(z)$$

从上式可以得到 $H(z)$ 的一种数学求解方法，即

$$H(z)=\frac{Y(z)}{X(z)}$$

在 z 平面单位圆上计算的系统函数就是系统的频率响应，即

$$H(z)\big|_{z=e^{j\omega}}=\sum_{n=-\infty}^{\infty}h(n)e^{-j\omega n}=H(e^{j\omega}) \tag{3.65}$$

3.5.2　通过系统函数描述系统特性

通过系统函数,特别是它的收敛域可以刻画出系统的一些重要特性。

因果系统的系统函数收敛域是一个圆的外部,而且包括无穷远,即 ROC 为

$$R_{x-}<|z|\leqslant\infty$$

稳定系统的系统函数收敛域必须包括单位圆,即 ROC 为

$$|z|>R_{x-},\quad R_{x-}<1$$

或

$$|z|<R_{x+},\quad R_{x+}>1$$

根据收敛域的含义,有

$$\sum_{n=-\infty}^{\infty}|h(n)z^{-n}|\leqslant\sum_{n=-\infty}^{\infty}|h(n)||z|^{-n}<\infty \tag{3.66}$$

考察式(3.66),当 $|z|=1$ 时,有

$$\sum_{n=-\infty}^{\infty}|h(n)||z^{-n}|\to\sum_{n=-\infty}^{\infty}|h(n)|<\infty \tag{3.67}$$

这正是系统稳定的充要条件。因此,当系统函数收敛域包括单位圆时,也说明了系统的稳定性,反之,稳定系统的收敛域一定包含了单位圆。

稳定因果系统的系统函数的收敛域是一个包含了单位圆和无穷远的区域,即 ROC 为

$$R_{x-}<|z|\leqslant\infty$$

且

$$R_{x-}<1$$

由于收敛域内不能有极点,所以,稳定因果系统的极点只能处在单位圆内。

系统函数的分析方法特别适用于常系数差分方程所表示的一类系统,如

$$y(n)=\sum_{k=1}^{N}a_k y(n-k)+\sum_{r=0}^{M}b_r x(n-r) \tag{3.68}$$

式中,a_k,b_r,N,M 均为常数。式(3.68)称为常系数差分方程,是一种常见的系统表示形式,它表示的系统函数是一种有理分式的形式。

假如系统的初始状态为零,对式(3.68)两端取 z 变换,得

$$Y(z)=\sum_{k=1}^{N}a_k z^{-k}Y(z)+\sum_{r=0}^{M}b_r z^{-r}X(z) \tag{3.69}$$

$$Y(z)\left(1-\sum_{k=1}^{N}a_k z^{-k}\right)=X(z)\sum_{r=0}^{M}b_r z^{-r} \tag{3.70}$$

得到

$$H(z)=\frac{Y(z)}{X(z)}=\frac{\sum_{r=0}^{M}b_r z^{-r}}{1-\sum_{k=1}^{N}a_k z^{-k}} \tag{3.71}$$

该式为两个关于 z^{-1} 的多项式之比，即 $H(z)$ 为有理分式。当差分方程给定时，a_k，b_r，N，M 均已知，可以直接从差分方程写出 $H(z)$ 的表达式，这也是系统函数用于差分方程的优点之一。

将 $H(z)$ 的分子、分母进行因式分解，可采用根的形式表示多项式，即

$$H(z)=\frac{A\prod_{r=1}^{M}(1-c_r z^{-1})}{\prod_{k=1}^{N}(1-d_k z^{-1})} \tag{3.72}$$

式中，c_r 为分子多项式的根，称为系统函数的零点；d_k 为分母多项式的根，称为系统函数的极点；A 为比例常数。

根据系统函数的特点可以引入一种系统的分类方法。

当所有的 $a_k=0, k=1,2,\cdots,N$ 时，$H(z)$ 为一个多项式，即

$$H(z)=\sum_{r=0}^{M} b_r z^{-r} \tag{3.73}$$

此时，系统的输出只与输入有关，称作 MA(Moving Average) 系统。由于系统函数只有零点(原点处的极点除外)，也称作全零点系统。

可以求出系统的 $h(n)$ 为

$$h(n)=b_n,\quad n=0,1,2,\cdots,M$$

即 $h(n)$ 为有限长度序列，所以这类系统称作有限冲激响应系统 (Finite Impulse Response, FIR) 系统。

当除 $b_0=1$ 外，其他 $b_r=0, r=1,2,\cdots,M$ 时，有

$$H(z)=\frac{1}{1-\sum_{k=1}^{N} a_k z^{-k}} \tag{3.74}$$

此时，系统的输出只与当前的输入和过去的输出有关，称作 AR(Auto Regression) 系统。由于系统函数只有极点(原点处零点除外)，也称作全极点系统。

这类系统的 $h(n)$ 为无限长序列，称作无限冲激响应系统 (Infinite Impulse Response, IIR) 系统。

一般情况下，a_k，b_r 均不等于零，$H(z)$ 是一个有理分式，既有零点，也有极点，称作自回归滑动平均 ARMA 系统，或零极点系统，系统的 $h(\mathrm{n})$ 为无限长序列，仍属于 IIR 系统。

3.5.3 通过系统函数估算频率响应

系统函数可以表示成零极点的形式，零极点在 z 平面的位置刻画了系统很重要的特性。可以通过系统函数零极点位置估算出系统的频率响应，进而判断系统的滤波特性，这是一种非常实用的方法，称作频率响应的几何确定法。

一个线性非时变系统的频率响应函数可以写为

$$H(e^{j\omega})=H(z)\Big|_{z=e^{j\omega}}=A\frac{\prod_{r=1}^{M}(e^{j\omega}-c_r)}{\prod_{k=1}^{N}(e^{j\omega}-d_k)}=A\frac{\prod_{r=1}^{M}\boldsymbol{C}_r}{\prod_{k=1}^{N}\boldsymbol{D}_k} \tag{3.75}$$

式中，差矢量 $\boldsymbol{C}_r$，$\boldsymbol{D}_k$ 分别为

$$\boldsymbol{C}_r=C_r e^{j\alpha_r}=e^{j\omega}-c_r$$

$$\boldsymbol{D}_k=D_k e^{j\beta_k}=e^{j\omega}-d_k$$

其中，$\boldsymbol{C}_r$ 表示零点指向单位圆的矢量，C_r，α_r 分别是矢量的模值和相角；$\boldsymbol{D}_k$ 表示极点指向单位圆的矢量；D_k，β_k 分别是矢量的模值和相角。当频率变化时，分别考察这两个矢量的幅度和相位变化，综合起来就可以得到系统的幅频响应和相频响应变化。它们之间的关系为

$$\left.\begin{aligned}|H(e^{j\omega})|&=|A|\frac{\prod_{r=1}^{M}C_r}{\prod_{k=1}^{N}D_k}\\ \arg[H(e^{j\omega})]&=\sum_{r=1}^{M}\alpha_r-\sum_{k=1}^{N}\beta_k\end{aligned}\right\} \tag{3.76}$$

式中，常数因子 A 不影响幅频响应的实质，估计时可略去。

当 ω 在 $0\sim 2\pi$ 内变化时，相当于单位圆矢量 $\mathbf{e}^{j\omega}$ 逆时针旋转，此时，分别考查零点差矢量和极点差矢量的幅度及相位变化。当极点靠近单位圆时，幅频响应在极点所在频率处会出现峰值，极点靠单位圆越近，峰值越尖锐；当零点靠近单位圆时，零点处的幅频响应会出现谷底，越靠近单位圆，谷底越深，当零点处在单位圆上时，幅频响应为零，相频响应的分析相对复杂一些。下面通过几个例子说明如何使用这种方法。

【例 3－14】　分析延时单元 $y(n)=x(n-1)$ 系统的频率响应。

解　延时单元的系统函数为

$$H(z)=z^{-1}$$

$H(z)$ 无零点，极点为 $z=0$，所以极点到单位圆的差矢量的幅度 D_0 恒为 1，相角 β_0 等于 ω，可得

$$|H(e^{j\omega})|=|e^{j\omega}|=1$$

$$\arg[H(e^{j\omega})]=-\beta_0=-\omega$$

显然，这是一个线性相位特性的全通系统，图 3.11 是频率响应示意图。

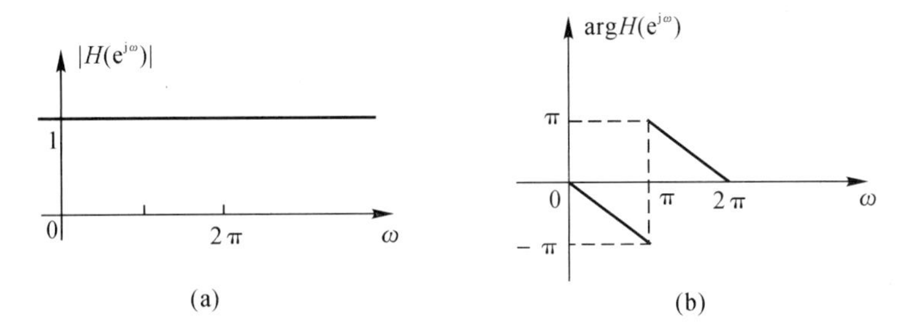

图 3.11　例 3－6 幅频响应和相频响应示意图

(a) 幅频响应示意图；(b) 相频响应示意图

【例 3-15】 设一个因果系统的系统函数为 $H(z)=\dfrac{1}{1-az^{-1}}$，$0<a<1$，估计该系统的频率响应，并判断系统的滤波特性。

解 系统函数的一个零点为 $z=0$，一个极点为 $z=a$，差矢量分别为

$$\boldsymbol{C}_0=C_0\mathbf{e}^{\mathrm{j}\alpha_0}=\mathbf{e}^{\mathrm{j}\omega}-0=\mathbf{e}^{\mathrm{j}\omega}$$

$$\boldsymbol{D}_0=D_0\mathbf{e}^{\mathrm{j}\beta_0}=\mathbf{e}^{\mathrm{j}\omega}-a$$

显然，$C_0=1$，$\alpha_0=\omega$，则有

$$|H(\mathrm{e}^{\mathrm{j}\omega})|=1/D_0$$

$$\arg\left[H(\mathrm{e}^{\mathrm{j}\omega})\right]=\omega-\beta_0$$

图 3.12 是零极点和各矢量的示意图，从中可以分析出幅频响应和相频响应。显然，这是一个具有低通滤波特性的系统。

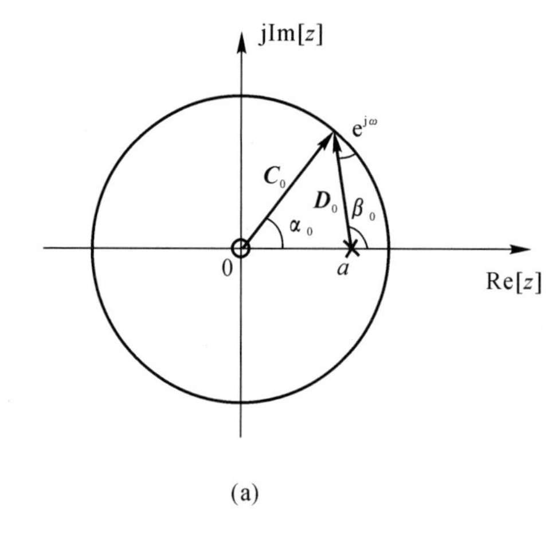

(a)

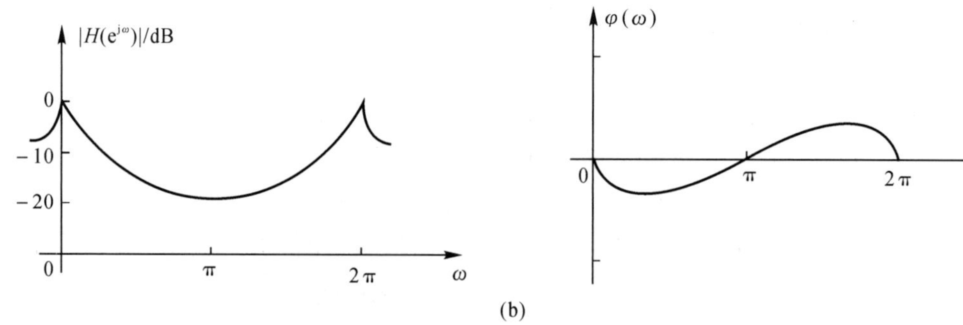

(b)

图 3.12 一阶滤波器的零极点图和频率响应示意图

(a) 零极点图； (b) 频率响应

【例 3-16】 一个二阶系统的系统函数为

$$H(z)=\frac{1-z^{-2}}{1-(2\rho\cos\theta)z^{-1}+\rho^2z^{-2}},\quad 0<\rho<1,\quad 0<\theta<\frac{\pi}{2}$$

估计该系统的频率响应，并判断系统的滤波特性。

解 该系统函数有一对复数共轭极点为

$$z_{1,2}=\rho\cos\theta\pm\mathrm{j}\rho\sin\theta=\rho\mathrm{e}^{\pm\mathrm{j}\theta}$$

两个零点，$z_1=1, z_2=-1$。零极点如图 3.13 所示（$\rho=0.95, \theta=\pi/4$）。

根据零极点图，设零点差矢量幅值分别为 C_1, C_2，极点差矢量幅值分别为 D_1, D_2，则

$$|H(e^{j\omega})|=(C_1C_2)/(D_1D_2)$$

图 3.13 在 z 平面画出了零极点和各矢量，图 3.14 是它的幅频响应示意图（$\rho=0.95, \theta=\pi/4$），根据图 3.14 可以判断该系统具有带通滤波特性。

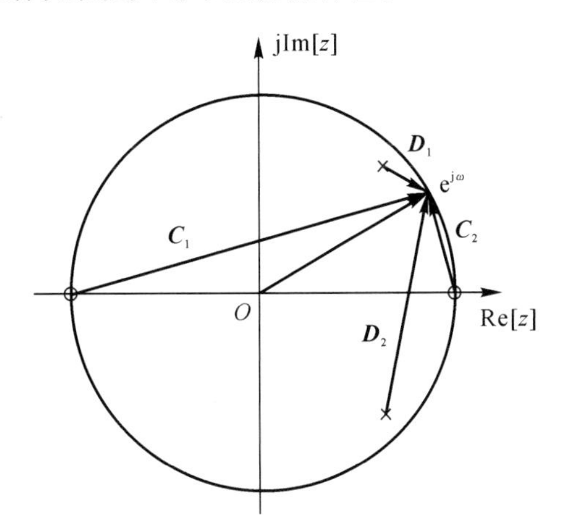

图 3.13　二阶滤波器零极点和各矢量示意图

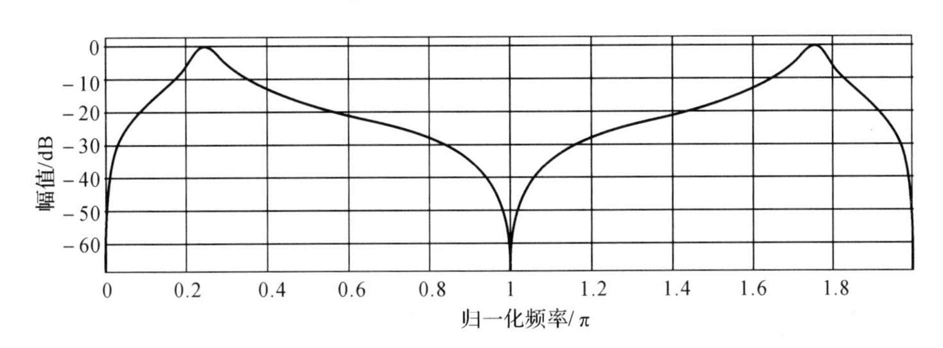

图 3.14　二阶滤波器幅频响应示意图（$\rho=0.95, \theta=\pi/4$）

通过零极点估算系统频率响应是一种简便有效的实用方法，比较适合较低阶的系统，高阶系统由于零极点数目较多，矢量关系较复杂，特别是相频响应。因此，这种方法一般用于快速估算低阶系统的幅频响应。

3.6　常系数线性差分方程及其信号流图表示

当实现一个离散时间系统时，需要知道有关系统的运算结构、存储资源和运算量等信息，采用信号流图可以清楚直观地表示这些信息。一个线性非时变（LTI）系统可以用以下常系数线性差分方程表示：

$$y(n)=\sum_{k=1}^{N}a_k y(n-k)+\sum_{r=0}^{M}b_r x(n-r) \tag{3.77}$$

系统函数为

$$H(z)=\frac{\sum_{r=0}^{M}b_r z^{-r}}{1-\sum_{k=1}^{N}a_k z^{-k}} \tag{3.78}$$

当系统给定时,采用信号流图可以简洁直观表示系统参数和信号之间的运算方式,它表示系统实现的一种流程结构。

3.6.1 信号流图的基本组成和表示

离散时间系统一般包含三种基本单元:加法器、乘法器和单位延时器,任何一个复杂的DSP系统都可以分解成这三种基本单元,图3.15是它们的流图常用符号。

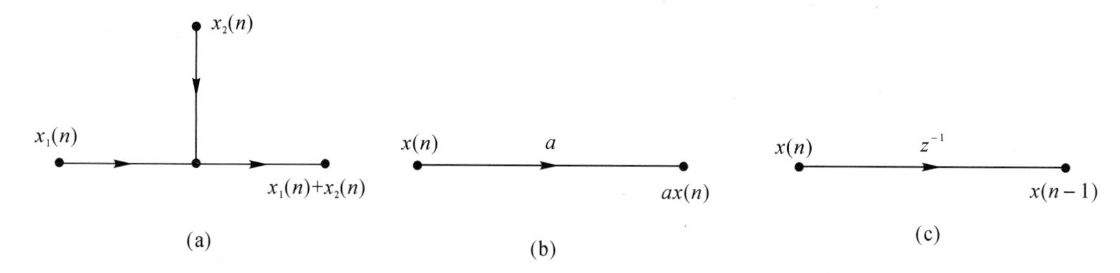

图3.15 信号流图中常用的三种基本单元

(a) 加法器; (b) 乘法器; (c) 单位延时器

例如,一个二阶系统的系统函数为

$$H(z)=\frac{b_0+b_1z^{-1}}{1-a_1z^{-1}-a_2z^{-2}}$$

差分方程为

$$y(n)=a_1y(n-1)+a_2y(n-2)+b_0x(n)+b_1x(n-1)$$

用乘法器、加法器、和单位延时器实现上述运算,系统的流图可以表示为图3.16。

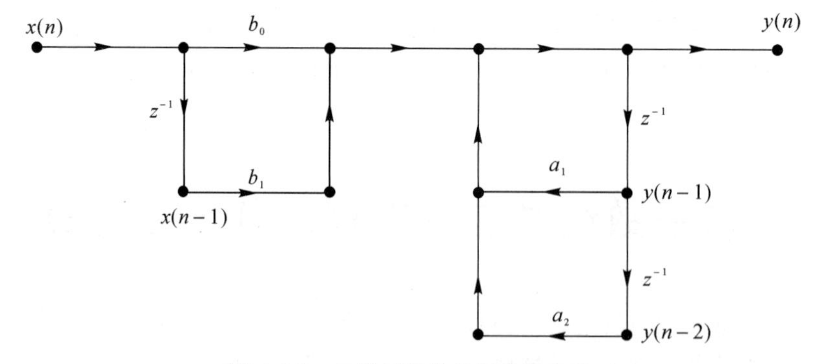

图3.16 二阶系统的信号流图表示

系统流图表示了系统运算所需的存储单元数、加法和乘法次数,是一种系统运算资源的开销,但不是具体电路图。

从系统流图可以方便写出系统的差分方程和系统函数，因此，流图是一种直观的系统表示方式。

【转置定理】 将信号流图中的所有支路反向，输入和输出互换，则系统函数不变。

【例 3-17】 图 3.16 是一个系统的信号流图

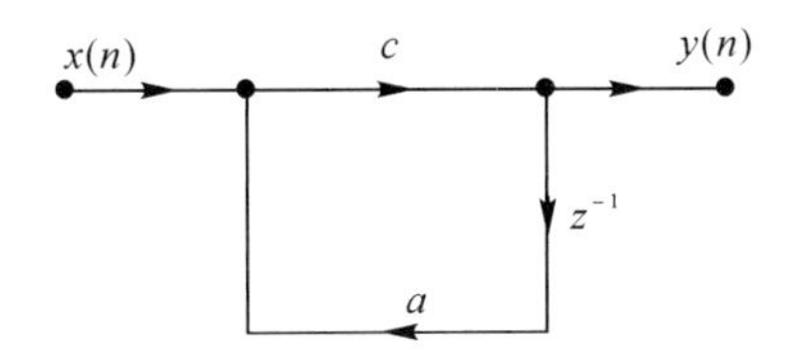

图 3.17　转置前一阶系统的信号流图

从流图写出它的差分方程和系统函数分别为

$$y(n)=cx(n)+cay(n-1)$$

$$H(z)=\frac{c}{1-acz^{-1}}$$

按转置定理得到第二个流图如图 3.18 所示，可写出相同的差分方程和系统函数为

$$y(n)=cx(n)+ay(n-1)c$$

$$H(z)=\frac{c}{1-acz^{-1}}$$

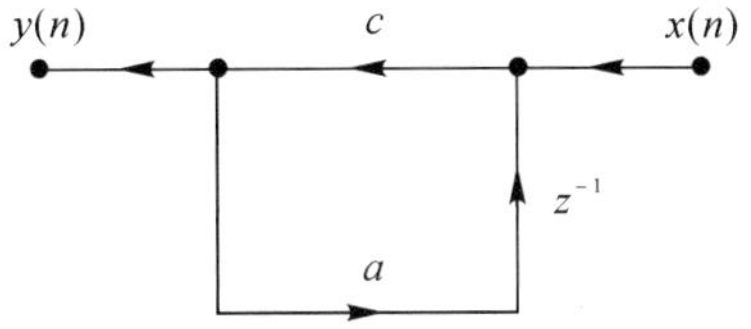

图 3.18　转置后一阶系统信号流图

3.6.2　无限冲激响应(IIR) 系统的网络结构流图

1. 直接型

IIR 系统的系统函数可以写成以下两部分

$$H(z)=\left[\sum_{r=0}^{M}b_r z^{-r}\right]\frac{1}{1-\sum_{k=1}^{N}a_k z^{-k}}=H_1(z)\cdot H_2(z) \tag{3.79}$$

其中，$H_1(z)=\sum_{r=0}^{M}b_r z^{-r}$，是一个 MA 系统，也是一个 FIR 滤波器，一般只有零点，$H_2(z)=1/\left(1-\sum_{k=1}^{N}a_k z^{-k}\right)$是一个 AR 系统，也是一个 IIR 滤波器。系统实现时假定先实现系统 $H_1(z)$，然后实现系统 $H_2(z)$，得到一种流图如图 3.19 所示。

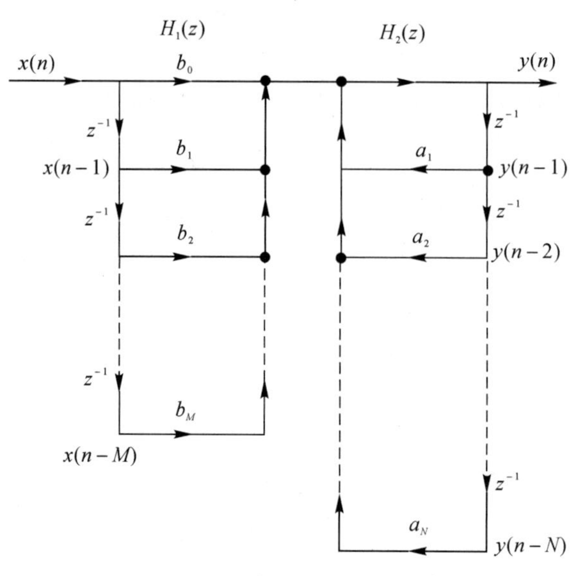

图 3.19　IIR 系统的直接 Ⅰ 型网络结构

图 3.19 的结构称为直接 Ⅰ 型网络结构，很少采用。若先实现系统 $H_2(z)$，然后实现系统 $H_1(z)$，得到另一种直接 Ⅰ 型流图的另一种形式，如图 3.20 所示。

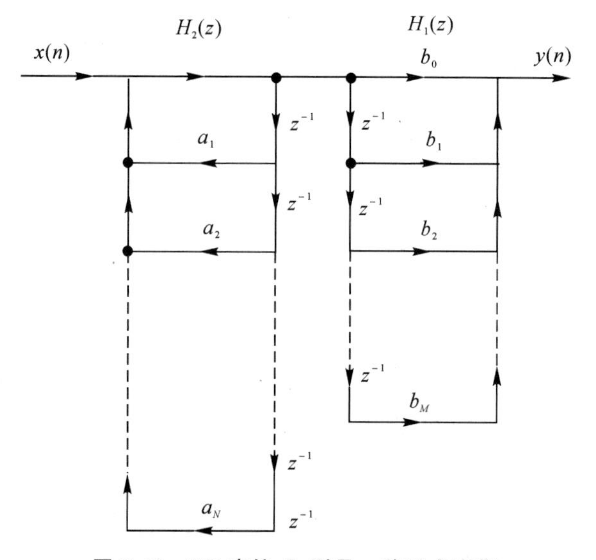

图 3.20　IIR 直接 Ⅰ 型另一种形式流图

在图 3.20 中的流图中，两条延迟支路源于同一点，相同延迟点可以合二为一，这样可以节约延迟环节，图 3.21 是合并了延迟单元的流图。这些流图都表示同一个系统，都是由系统函数的多项式直接得到的，因此，称为直接型结构，图 3.19 称为直接 Ⅰ 型，图 3.21 称为直接 Ⅱ 型。直接型结构的优点是可从差分方程或原始的系统函数直接得到，缺点是系统系数对系统的性能影响较大，高阶系统一般很少采用直接型结构，直接 Ⅱ 型的二阶和一阶结构用于构成级联、并联和其他结构。

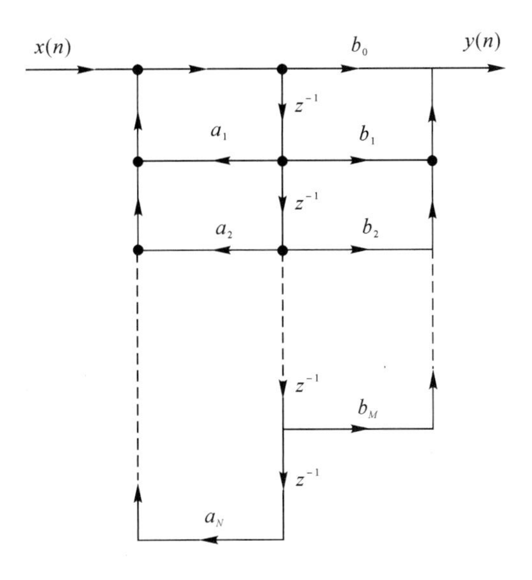

图 3.21　IIR 直接 Ⅱ 型网络结构流图

将系统函数的分子和分母多项式进行分解，可得

$$H(z)=\frac{\prod_{r=1}^{M_1}(1-g_r z^{-1})\prod_{r=1}^{M_2}(1-h_r z^{-1})(1-h_r^* z^{-1})}{\prod_{k=1}^{N_1}(1-c_k z^{-1})\prod_{k=1}^{N_2}(1-d_k z^{-1})(1-d_k^* z^{-1})} \tag{3.80}$$

其中
$$M=M_1+2M_2,\quad N=N_1+2N_2$$

也可写成实系数的形式

$$H(z)=A\prod_{k=1}^{\lfloor N/2\rfloor}\frac{1+b_{1k}z^{-1}+b_{2k}z^{-2}}{1-a_{1k}z^{-1}-a_{2k}z^{-2}} \tag{3.81}$$

每一个二阶网络可采用标准直接 Ⅱ 型结构流图，如图 3.22 所示。

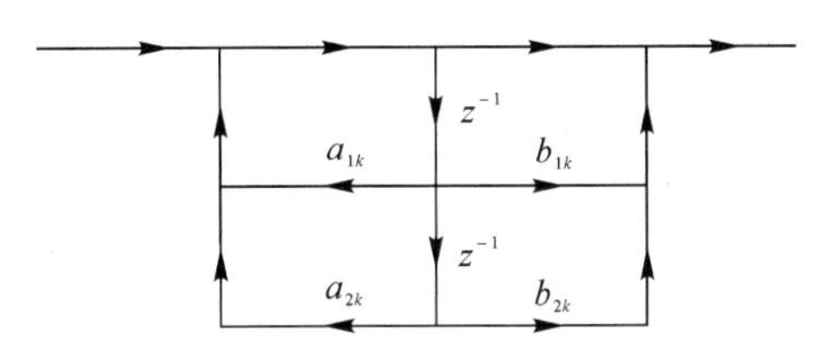

图 3.22　二阶网络直接 Ⅱ 型结构流图

当 N 为偶数时，系统可分解为 $N/2$ 个二阶网络的级联结构；当 N 为奇数，系统可分解为 $(N-1)/2$ 个二阶网络加一个一阶网络的级联结构，一阶网络为 $H_1(z)=\dfrac{1-g_r z^{-1}}{1-c_k z^{-1}}$。

将 $H(z)$ 表示成多个二阶网络和一阶网络的级联（采用直接 Ⅱ 型结构实现一阶、二阶基本网络），可以得到系统的级联型结构如图 3.23 所示。

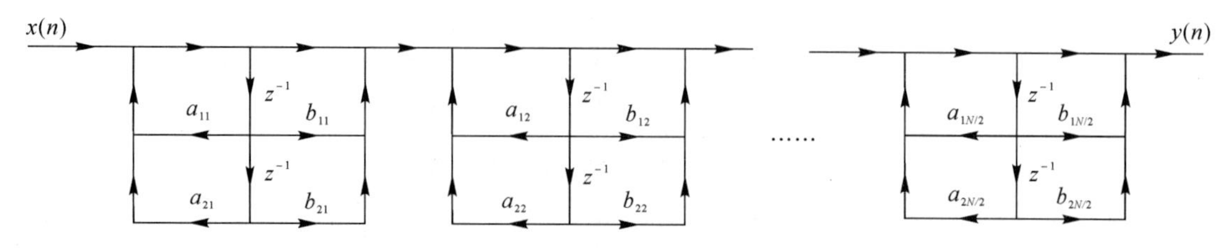

图 3.23　IIR 系统的级联型结构流图

级联型结构优点是可用时分复用方法实现多级处理，也可采用流水线方式实现系统，运算效率较高。另外，系统性能调整较方便，各级之间影响较小。

2. 并联型

将 $H(z)$ 进行部分分式展开，可得并联型结构，即

$$H(z)=\sum_{k=1}^{\lfloor\frac{N}{2}\rfloor}\frac{b_{0k}+b_{1k}z^{-1}}{1-a_{1k}z^{-1}-a_{2k}z^{-2}}=H_1(z)+H_2(z)+\cdots+H_{N/2}(z) \tag{3.82}$$

式中，每一个 $H_k(z)$ 代表一个实系数的二阶或一阶（$a_{2k}=0$）网络，采用直接 Ⅱ 型实现，得到系统的并联型结构如图 3.24 所示。

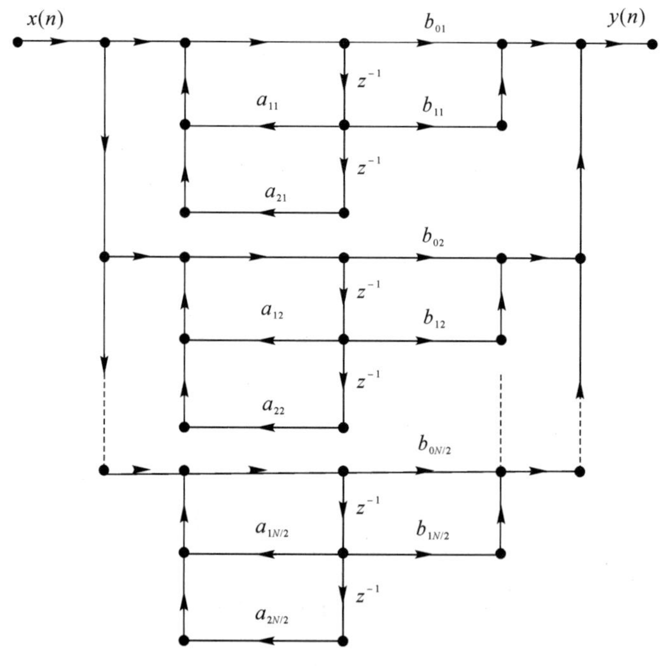

图 3.24　IIR 系统并联型结构网络

并联型结构的优点是各级可并行计算，是运算速度最快的一种网络结构，需要较多的运算器。各级之间调整方便，相互影响较小。

3. 转置型

按照转置定理，上面的每一种结构都有其相应的转置型结构，这里就不详细讨论了。

3.6.3　有限冲激响应（FIR）系统的网络结构流图

FIR 系统的特点是单位取样响应是有限长的，网络结构没有反馈支路，一个 $N-1$ 阶 FIR 系统的系统函数为

$$H(z)=\sum_{n=0}^{N-1}h(n)z^{-n} \tag{3.83}$$

式(3.83)的 $H(z)$ 有 $N-1$ 个零点，通过 $N-1$ 个零点的不同分布来实现 FIR 系统不同的性能。FIR 系统的差分方程为

$$y(n)=\sum_{k=0}^{N-1}h(k)x(n-k) \tag{3.84}$$

1. 直接型

按照 $H(z)$ 或差分方程直接画出网络结构就是直接型结构，如图 3.25 所示。

FIR 系统的直接型结构也称作卷积型结构或横向结构，FIR 系统也称为横向滤波器。

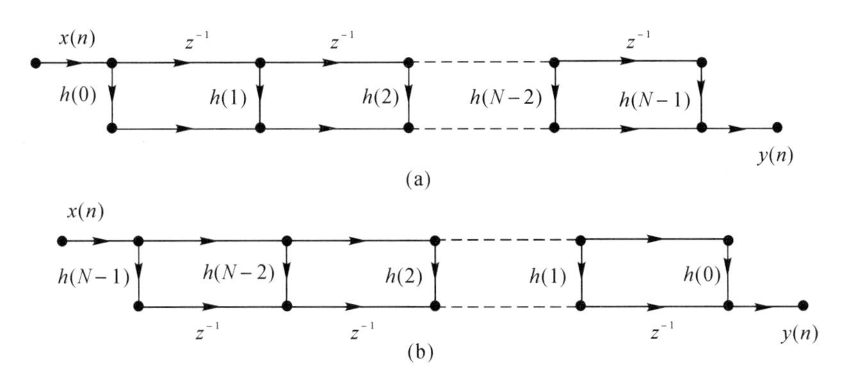

图 3.25　FIR 系统的直接型信号流图

2. 级联型

将 FIR 系统函数进行因式分解，得到实系数的二阶和一阶系统的表达式和级联结构如下

$$H(z)=\prod_{r=1}^{\lfloor N/2\rfloor}(\beta_{0r}+\beta_{1r}z^{-1}+\beta_{2r}z^{-2}) \tag{3.85}$$

图 3.26 是相应的级联型结构，其中，系数 $\beta_{0r},\beta_{1r},\beta_{2r}$ 都是实数，当 $\beta_{2r}=0$ 时，为一阶系统。

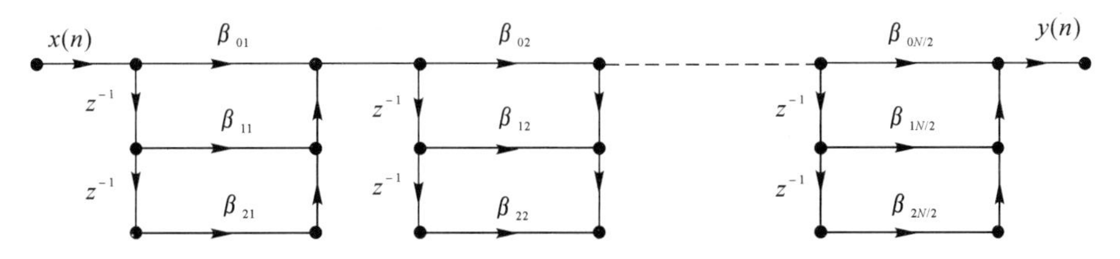

图 3.26　FIR 系统的级联型信号流图

本章小结和知识要点

本章主要介绍了离散时间信号和系统频域分析和表示的方法和理论，频域包括傅里叶变换域和 z 平面域。频域方法是信号和系统的分析和综合（设计）最有效的方法之一，信号和系统很多重要的特性和特征，可以在频域进行清晰、方便和直观的分析、表述和测量。频域分析中最重要的是傅里叶变换。本章重点阐述了面向离散时间信号的离散时间傅里叶变换（DTFT），它是关于离散时间信号在理论上的第一种傅里叶变换分析工具，它表示了离散时间信号的频谱特性。DTFT 用于分析 LTI 系统时表示了系统的频率响应特性，这种频域分析的思想和手段与连续时间系统极为相似。z 变换是傅里叶变换的延伸和推广，它拓宽了傅里叶变换的分析范围，它的作用等同于拉普拉斯变换在模拟信号和系统分析中的作用。z 变换一个重要应用是对 LTI 系统的分析和表述，应用系统函数可以非常方便地对 LTI 系统进行分析，包括系统的因果性、稳定性、频率响应特性等，同时，系统函数的不同数学表达形式可以表示系统的不同结构，它表示了系统实现的结构多样性。采用信号流图的方法可以简化系统结构的表示，在系统函数、线性常系数差分方程、系统结构流图三者之间可以方便地转换。

本章知识要点：

(1)线性时不变系统对正弦信号的响应；

(2)离散时间傅里叶变换 DTFT 的定义和物理概念；

(3)离散时间傅里叶变换的周期性特点和性质；

(4)离散时间系统的频域描述关系式及意义；

(5)离散时间系统的频率特性物理概念；

(6)z 变换定义和收敛域；

(7)序列基本特性和收敛域的关系；

(8)z 反变换的求解方法；

(9)系统函数概念，系统的特性与系统函数收敛域的关系；

(10)常系数线性差分方程表示系统，系统函数的求解

(11)系统函数的零极点概念，从零极点分布估计系统频率响应，判断系统的滤波类型；FIR 系统和 IIR 系统的分类及信号的结构流图。

思 考 题

(1)LTI 系统对正弦序列的响应有什么特点？

(2)LTI 系统幅频响应的物理意义是什么？

(3)LTI 系统相频响应的物理意义是什么？

(4)序列傅里叶变换(DTFT)的定义式什么？

(5)序列傅里叶变换(DTFT)是信号的频谱，频谱的物理概念是什么？

(6)序列频谱(DTFT)是周期函数吗？周期等于多少？

(7)一个实数序列的频谱 DTFT,它的对称性是什么?
(8)DTFT 频谱在一个周期$[0,2\pi]$内的负频率范围是什么?
(9)为什么要对信号进行傅里叶变换?它比时域分析好在哪里?
(10)LTI 系统的频域描述关系式是什么?
(11)LTI 系统的频率响应函数和单位冲激响应的关系是什么?
(12)系统幅频响应的物理意义是什么?
(13)系统相频响应的物理意义是什么?
(14)一个序列的 z 变换与 DTFT 的关系是什么?
(15)与傅里叶变换相比,z 变换的优点是什么?
(16)z 变换收敛域的概念是什么?
(17)序列特性和收敛域的关系是什么?
(18)一个因果稳定系统的系统函数收敛域有什么特点?
(19)一个因果有限长序列的 z 变换收敛域存在吗?有什么特点?
(20)系统函数 $H(z)$和单位冲激响应是什么关系?
(21)系统函数 $H(z)$和系统的频率响应函数的关系是什么?
(22)系统函数的零点和极点对幅频响应的影响是什么?
(23)一个稳定系统的系统函数极点是否可以在 z 平面单位圆上?为什么?
(24)什么是 FIR 系统?它的系统函数有什么特点?
(25)什么是 IIR 系统?它的系统函数有什么特点?
(26)常系数差分方程表示系统的优点是什么?
(27)系统的网络结构表示系统的意义是什么?

习　　题

3.1　分别求下列信号的离散时间傅里叶变换(DTFT):
(1)$x(n)=\delta(n-3)$;
(2)$x(n)=0.5\delta(n+1)+\delta(n)+0.5\delta(n-1)$;
(3)$x(n)=a^n u(n)\quad 0<a<1$;
(4)$x(n)=a^n R_N(n)$。
3.2　已知 $x(n)$ 的 DTFT 为 $X(e^{j\omega})$,求下列序列的 DTFT:
(1)$x_1(n)=x(n-n_0)$;
(2)$x_2(n)=x^*(n)+x(-n)$;
(3)$x_3(n)=\begin{cases}x(n/2), & n=\text{偶数}\\ 0, & n=\text{奇数}\end{cases}$;
(4)$x_4(n)=x(2n)$(此题较难,选做)。
3.3　已知LTI系统的频率响应为$H(e^{j\omega})=|H(e^{j\omega})|e^{j\theta(\omega)}$(幅频$|H(e^{j\omega})|$和相频$\theta(\omega)$均为已知函数),设输入信号为 $x(n)=A\cos(\omega_0 n+0.2\pi)$,证明系统的稳态输出可以表示为

$$y(n)=A|H(e^{j\omega_0})|\cos[\omega_0 n+0.2\pi+\theta(\omega_0)]$$

3.4　一个 LSI 系统具有如下单位取样响应

$$h(n)=-\frac{1}{4}\delta(n+1)+\frac{1}{2}\delta(n)-\frac{1}{4}\delta(n-1)$$

(1) 求频率响应 $H(\mathrm{e}^{\mathrm{j}\omega})$ 的表达式；

(2) 画出 $|H(\mathrm{e}^{\mathrm{j}\omega})|$ 和 $\arg H(\mathrm{e}^{\mathrm{j}\omega})$ 示意图；

(3) 若该系统是一个滤波器，根据幅频响应判断它属于什么滤波特性的滤波器。

3.5　一个数字滤波器的频率响应如图题 3.5 所示。

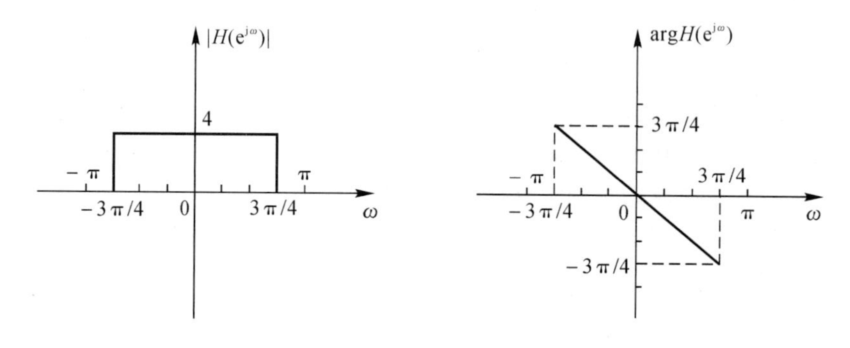

题 3.5 图

(1) 求单位取样响应 $h(n)$；

(2) 该系统是 FIR 还是 IIR 滤波器?

(3) 系统可以物理实现吗? 为什么?

3.6　若序列 $h(n)$ 是实因果序列，其序列傅里叶变换的实部如下式：

$$H_{\mathrm{R}}(\mathrm{e}^{\mathrm{j}\omega})=1+\cos\omega$$

求序列 $h(n)$ 和它的傅里叶变换 $H(\mathrm{e}^{\mathrm{j}\omega})$。

3.7　若序列 $h(n)$ 是实因果序列，$h(0)=1$，其序列傅里叶变换的虚部如下式：

$$H_{\mathrm{I}}(\mathrm{e}^{\mathrm{j}\omega})=-\sin\omega$$

求序列 $h(n)$ 和它的傅里叶变换 $H(\mathrm{e}^{\mathrm{j}\omega})$。

3.8　求以下序列的 z 变换及收敛域 ROC：

(1) $2^{-n}u(n)$；　　(2) $-2^{-n}u(-n-1)$；

(3) $\delta(n-2)$；　　(4) $2^{-n}R_4(n)$；

(5) $\mathrm{e}^{\mathrm{j}\omega n}[u(n)-u(n-N)]$。

3.9　求下列序列的 z 变换，并确定其收敛域。

(1) $x(n)=\{x(-2),x(-1),x(0),x(1),x(2)\}=\left\{-\frac{1}{4},-\frac{1}{2},1,\frac{1}{2},\frac{1}{4}\right\}$；

(2) $x(n)=a^n[\cos(\omega_0 n)+\sin(\omega_0 n)]u(n)$；

(3) $x(n)=\begin{cases}\left(\frac{1}{4}\right)^n, & n\geqslant 0\\ \left(\frac{1}{2}\right)^{-n}, & n<0\end{cases}$。

3.10　求下列序列的 z 变换及其收敛域，并画出零极点示意图。

(1) $x_a(n)=a^{|n|}$，$0<|a|<1$；

(2) $x(n)=Ar^n\cos(\omega_0 n+\varphi)u(n)$，$0<r<1$；

(3) $x(n)=\mathrm{e}^{-3n}\sin(\pi n/6)u(n)$。

3.11　试利用 $x(n)$ 的 z 变换 $X(z)$，求 $n^2x(n)$ 的 z 变换。

3.12　已知 $x(n)=(n+1)u(n)$，试利用 z 变换的性质求 $X(z)$。

3.13　用部分分式法求以下 $X(z)$ 的 z 反变换：

(1) $X(z)=\dfrac{1-\dfrac{1}{2}z^{-1}}{2-5z^{-1}+2z^{-1}}$，$|z|>1/2$

(2) $X(z)=\dfrac{1-2z^{-1}}{1-\dfrac{1}{4}z^{-2}}$，$|z|<1/2$

3.14　已知序列的 z 变换为

$$X(z)=\frac{3}{1-\dfrac{1}{2}z^{-1}}+\frac{2}{1-2z^{-1}}$$

求对应 $X(z)$ 的可能几种序列的表达式。

3.15　采用部分分式展开法或幂级数展开法求下列 $X(z)$ 的 z 反变换：

(1) $X(z)=\dfrac{1}{1+\dfrac{1}{2}z^{-1}}$，$|z|>1/2$；

(2) $X(z)=\dfrac{1}{1+\dfrac{1}{2}z^{-1}}$，$|z|<1/2$；

(3) $X(z)=\dfrac{1-\dfrac{1}{2}z^{-1}}{1+\dfrac{3}{4}z^{-1}+\dfrac{1}{8}z^{-1}}$，$|z|>1/2$；

(4) $X(z)=\dfrac{1-az^{-1}}{z^{-1}-a}$，$|z|>|1/a|$。

3.16　设一个因果的 LTI 系统由下列差分方程描述：

$$y(n)=x(n)+y(n-1)-0.5y(n-2)$$

(1) 求系统的系统函数 $H(z)$ 的表达式；

(2) 确定系统函数的零极点和收敛域 ROC，并在 z 平面画出 ROC 示意图；

(3) 分析系统的稳定性；

(4) 写出系统频率响应 $H(\mathrm{e}^{\mathrm{j}\omega})$ 的表达式，画出系统幅频响应示意图。

3.17　设 LTI 系统的系统函数如下表达式：

$$H(z)=\frac{1-a^{-1}z^{-1}}{1-az^{-1}},\quad a\ 为实数$$

(1) 证明该系统是全通滤波器，即 $|H(\mathrm{e}^{\mathrm{j}\omega})|=$常数；

(2) a 取何值时，才能使系统为因果稳定系统？并画出零极点分布和(因果稳定系统）收敛域示意图。

3.18　已知线性时不变因果系统的差分方程为：

$$y(n)=x(n)+0.9x(n-1)+0.9y(n-1)$$

(1) 求该系统的系统函数 $H(z)$ 和单位冲激响应；

(2) 写出系统频率响应函数 $H(e^{j\omega})$ 的表达式，并定性画出幅频响应示意图，判断它的滤波器特性；

(3) 设输入 $x(n)=10e^{j\omega_0 n}$，求输出 $y(n)$ 表达式。

3.19　已知一个离散时间系统的差分方程为：

$$y(n)=x(n)+0.33x(n-1)+0.25y(n-1)-0.125y(n-2)$$

(1) 写出该系统的系统函数表达式；

(2) 画出系统的直接 Ⅱ 型网络结构流图；

(3) 判断系统是 IIR 还是 FIR 系统？

3.20　已知离散时间系统用下面差分方程表示：

$$y(n)=\frac{3}{4}y(n-1)-\frac{1}{8}y(n-2)+x(n)+\frac{1}{3}x(n-1)$$

试说明系统所表示的滤波器类型，并分别画出系统的直接型、级联型和并联型网络结构图。

3.21　设离散时间系统的系统函数为

$$H(z)=4\frac{(1+z^{-1})(1-1.414z^{-1}+z^{-2})}{(1-0.5z^{-1})(1+0.9z^{-1}+0.81z^{-2})}$$

画出几种可能的级联型网络结构图。

3.22　题图3.22分别给出了四种系统网络结构流图，试分别写出它们的系统函数和差分方程。

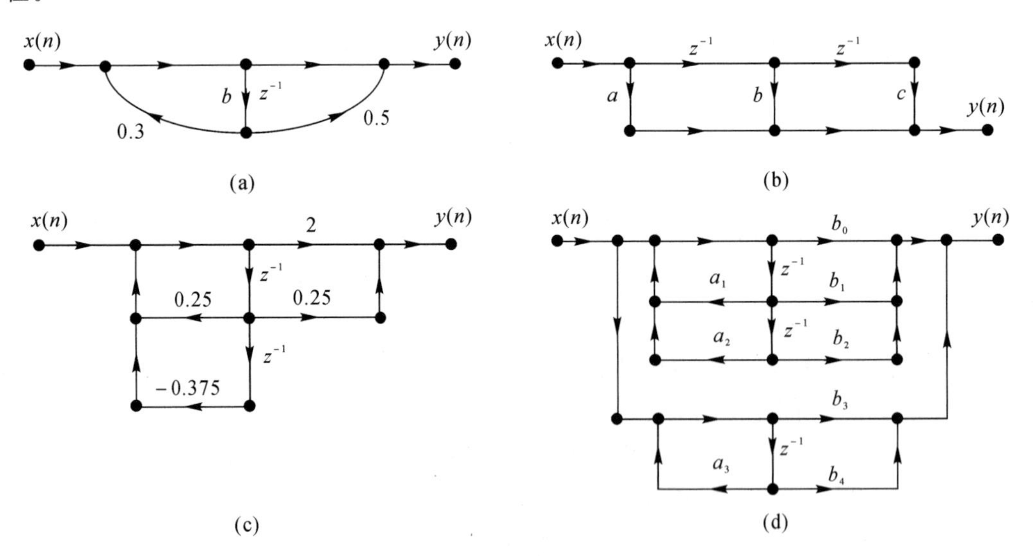

题 3.22 图

第 4 章　离散傅里叶变换(DFT)及其应用

本章主要介绍有限长序列的一种特殊的频域表示——离散傅里叶变换(Discrate Fourier Transform,DFT)。离散傅里叶变换属于数字信号处理基本理论的经典内容之一,离散傅里叶变换很有特点,它的变换结果为有限长和离散的。它实质上是对离散时间傅里叶变换在频域均匀离散的结果,因而使数字信号处理可以在频域采用数字运算的方法进行,这样就大大增加了傅里叶变换的灵活性和实用性。它不仅有重要的理论价值,而且由于有众多的快速算法,因此有着极大的应用价值。DFT 解决了工程应用中的频谱离散计算和存储这一关键问题,所以在许多数字信号处理系统中,DFT 算法是必不可少的。

4.1　离散傅里叶级数(DFS)

离散傅里叶级数和离散傅里叶变换之间有紧密的联系,在引出 DFT 之前,首先介绍周期序列的傅里叶分析工具 —— 离散傅里叶级数(Discrate Fourier Series, DFS)。

若一个序列可以表示为

$$\tilde{x}(n)=\tilde{x}(n+lN)$$

式中,l 为整数;N 为正整数。则称 $\tilde{x}(n)$ 是周期为 N 的周期序列。

严格地讲,周期序列的傅里叶变换不存在,因为它不满足序列绝对可和的条件,但仍可以采用 DFS 进行傅里叶分析。在具体介绍 DFS 之前,有必要讨论一种重要的周期序列 —— 复指数序列 $\mathrm{e}_k(n)=\mathrm{e}^{-\mathrm{j}\frac{2\pi}{N}kn}$,它在 DFS 和 DFT 中都起着非常重要的作用。

令 $W_N=\mathrm{e}^{-\mathrm{j}\frac{2\pi}{N}}$,通常称为 W 因子,则复指数序列 $e_k(n)$ 可以写成 $e_k(n)=W_N^{kn}$,分别具有下列性质:

(1) 周期性

$$W_N^{kn}=W_N^{(k+N)n}=W_N^{k(n+N)} \tag{4.1}$$

(2) 对称性

$$W_N^{-kn}=W_N^{(N-k)n}=W_N^{k(N-n)} \tag{4.2}$$

(3) 正交性

$$\sum_{k=0}^{N-1}W_N^{kn}=\frac{1-W_N^{Nn}}{1-W_N^{n}}=\frac{1-\mathrm{e}^{-\mathrm{j}\frac{2\pi}{N}nN}}{1-\mathrm{e}^{-\mathrm{j}\frac{2\pi}{N}n}}=\frac{1-\mathrm{e}^{-\mathrm{j}2\pi n}}{1-\mathrm{e}^{-\mathrm{j}\frac{2\pi}{N}n}}=0,\quad n\neq rN,r=0,\pm1,\pm2,\cdots \tag{4.3}$$

当 $n=rN,r=0,\pm1,\pm2,\cdots$ 时

$$\sum_{k=0}^{N-1}W_N^{kn}=\frac{1-\mathrm{e}^{-\mathrm{j}\frac{2\pi}{N}NrN}}{1-\mathrm{e}^{-\mathrm{j}\frac{2\pi}{N}rN}}=\frac{1-\mathrm{e}^{-\mathrm{j}2\pi Nr}}{1-\mathrm{e}^{-\mathrm{j}2\pi r}}=N$$

即

$$\sum_{k=0}^{N-1} W^{nk} = \begin{cases} N, & n = rN, \quad r\text{ 为整数} \\ 0, & \text{其他} \end{cases} \tag{4.4}$$

此外，还有 $W_N^0 = 1$，$W_N^{\frac{N}{2}} = -1$，$W_N^r = W_{N/r}^1$ 等性质。

一个周期为 N 的序列 $\tilde{x}(n)$ 尽管是无限长的，但它的独立值只有 N 个，即只取其中一个周期就足以表示整个序列了。通常定义 $n = 0 \sim N-1$ 区间(一个完整周期) 为 $\tilde{x}(n)$ 的主值区间，在该区间的序列称为主值序列 $x(n)$，即主值序列

$$x(n) = \tilde{x}(n) R_N(n) \tag{4.5}$$

$$R_N(n) = \begin{cases} 1, & 0 \leqslant n \leqslant N-1 \\ 0, & \text{其他} \end{cases}$$

同样也可以用 $x(n)$ 来表示 $\tilde{x}(n)$

$$\tilde{x}(n) = \sum_{r=-\infty}^{\infty} x(n+rN) \quad \text{或} \quad \tilde{x}(n) = x((n))_N \tag{4.6}$$

其中，$((n))_N$ 表示模 N 求余运算，即求 n 对 N 的余数。

有限长序列和周期序列之间的关系可以用图形来直观说明，如图 4.1 所示。

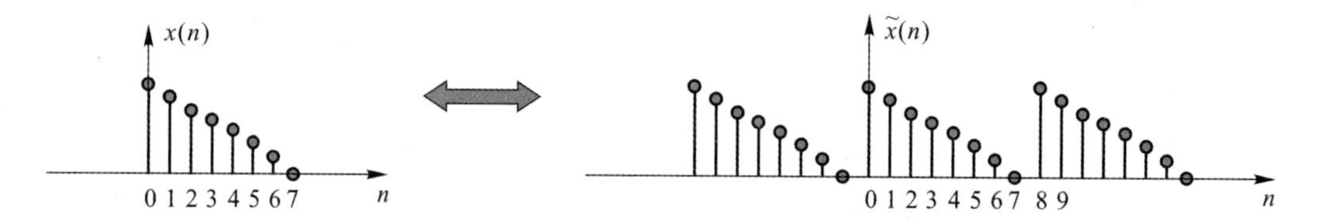

图 4.1　有限长序列和周期序列的关系示意图

显然，在用 $x(n)$ 来表示 $\tilde{x}(n)$ 时，N 的大小选择很重要，若 N 太小，则周期延拓后，各周期就会发生重叠，延拓后的周期序列就不等于原来的周期序列了，会使 $\tilde{x}(n)$ 失真。要保证不失真，必须使 N 大于或等于信号的非零值长度。

周期序列不满足绝对可和的条件，因此，不能通过 z 变换和序列傅里叶变换进行分析，但可以采用另一种分析方法 —— 离散傅里叶级数(DFS)。

4.1.1　离散傅里叶级数(DFS)

迄今为止，我们已学习过三种傅里叶分析工具，它们分别应用于不同性质的信号。

(1) 应用于连续周期信号 —— 傅里叶级数展开

$$C_k = \frac{1}{T}\int_{\frac{-T}{2}}^{\frac{T}{2}} x_a(t) e^{-j\frac{2\pi}{T}kt} dt \tag{4.7}$$

$$x_a(t) = \sum_{k=-\infty}^{\infty} C_k e^{j\frac{2\pi}{T}kt} \tag{4.8}$$

其中，T 是信号 $x_a(t)$ 的周期；C_k 表示了 $x_a(t)$ 的频谱，它具有时域连续周期信号对应频域离散非周期的特点。

(2) 应用于连续非周期信号 —— 连续傅里叶变换

$$X(j\Omega) = \int_{-\infty}^{+\infty} x(t) e^{-j\Omega t} dt \tag{4.9}$$

$$x(t)=\frac{1}{2\pi}\int_{-\infty}^{+\infty}X(\mathrm{j}\Omega)\mathrm{e}^{\mathrm{j}\Omega t}\,\mathrm{d}\Omega \tag{4.10}$$

其中,$X(\mathrm{j}\Omega)$ 表示了信号 $x(t)$ 的频谱,它具有时域连续非周期信号对应频域连续非周期的特点。

(3) 应用于离散非周期序列 —— 序列傅里叶变换

$$X(\mathrm{e}^{\mathrm{j}\omega})=\sum_{n=-\infty}^{\infty}x(n)\mathrm{e}^{-\mathrm{j}\omega n} \tag{4.11}$$

$$x(n)=\frac{1}{2\pi}\int_{-\pi}^{\pi}X(\mathrm{e}^{\mathrm{j}\omega})\mathrm{e}^{\mathrm{j}\omega n}\,\mathrm{d}\omega \tag{4.12}$$

其中,$X(\mathrm{e}^{\mathrm{j}\omega})$ 表示了序列 $x(n)$ 的频谱,它具有时域离散非周期序列对应频域连续周期的特点。

下面将要介绍的第四种傅里叶分析工具 —— 离散傅里叶级数,用于离散周期序列。

设任意一个周期序列 $\tilde{x}(n)$ 的周期为 N,以 N 对应的频率作为基频构成傅里叶级数展开所需要的复指数序列 $e_k(n)=\mathrm{e}^{\mathrm{j}\frac{2\pi}{N}kn}$,$k$ 为任意整数,$e_k(n)$ 表示 k 次谐波频率信号分量。显然,对于谐波序号 k,$e_k(n)$ 是一个以 N 为周期的周期序列,即

$$e_{k+rN}(n)=\mathrm{e}^{\mathrm{j}\frac{2\pi}{N}(k+rN)n}=e_k(n) \tag{4.13}$$

这说明 $e_k(n)$ 中独立的频率分量只有 N 个,为简单起见,选择 $k=0,1,2,\cdots,N-1$ 这 N 个 $e_k(n)$ 作为 DFS 展开所需的复指数基函数,这样只用 N 个分量 $e_0(n),e_1(n),e_2(n),\cdots,e_{N-1}(n)$,就可以表示周期序列的频谱特征。这 N 个独立的频率分量分别为:直流、1 次谐波、2 次谐波、……、$N-1$ 次谐波,它们代表的频率分别为:$0,\frac{2\pi}{N},\frac{2\pi}{N}\times 2,\cdots,\frac{2\pi}{N}(N-1)$,等间隔均匀地覆盖了频率的一个周期$[0,2\pi]$。所以,可得到如下的基本表示式

$$\tilde{x}(n)=\frac{1}{N}\sum_{k=0}^{N-1}X(k)\mathrm{e}^{\mathrm{j}\frac{2\pi}{N}kn} \tag{4.14}$$

其中,$1/N$ 是表达式形式上的需要。展开系数 $X(k)$ 表示了 $\tilde{x}(n)$ 中的 k 次谐波分量的幅度和相位,因而具有频谱的意义。由于采用了 N 个独立的谐波分量,独立的 $X(k)$ 只有 N 个,或者说,$X(k)$ 也是以 N 为周期的,即有 $\tilde{X}(k+N)=\tilde{X}(k)$,式(4.14) 可以写成

$$\tilde{x}(n)=\frac{1}{N}\sum_{k=0}^{N-1}\tilde{X}(k)\mathrm{e}^{\mathrm{j}\frac{2\pi}{N}kn} \tag{4.15}$$

对式(4.15) 两边乘上 $\mathrm{e}^{-\mathrm{j}\frac{2\pi}{N}nr}$,然后对 n 求和,可得

$$\sum_{n=0}^{N-1}\tilde{x}(n)\mathrm{e}^{-\mathrm{j}\frac{2\pi}{N}nr}=\frac{1}{N}\sum_{n=0}^{N-1}\left[\sum_{k=0}^{N-1}\tilde{X}(k)\mathrm{e}^{\mathrm{j}\frac{2\pi}{N}kn}\right]\mathrm{e}^{-\mathrm{j}\frac{2\pi}{N}nr}=\sum_{k=0}^{N-1}\tilde{X}(k)\frac{1}{N}\sum_{n=0}^{N-1}\mathrm{e}^{\mathrm{j}\frac{2\pi}{N}(k-r)n}$$

根据 $\mathrm{e}^{\mathrm{j}\frac{2\pi}{N}nr}$ 的正交性,有

$$\frac{1}{N}\sum_{n=0}^{N-1}\mathrm{e}^{\mathrm{j}\frac{2\pi}{N}(k-r)n}=\begin{cases}1, & k=r\\0, & \text{其他}\end{cases}$$

所以

$$\tilde{X}(r)=\sum_{n=0}^{N-1}\tilde{x}(n)\mathrm{e}^{-\mathrm{j}\frac{2\pi}{N}rn}$$

将上式中的 r 统一换成 k，则有

$$\widetilde{X}(k)=\sum_{n=0}^{N-1}\widetilde{x}(n)\mathrm{e}^{-\mathrm{j}\frac{2\pi}{N}kn} \tag{4.16}$$

上式说明，建立在式(4.15) 基础上的傅里叶级数展开是存在的，展开系数 $\widetilde{X}(k)$ 是可解的。式(4.15) 和式(4.16) 构成了离散傅里叶级数(DFS) 的一组公式，重写如下

$$\widetilde{X}(k)=\sum_{n=0}^{N-1}\widetilde{x}(n)W_N^{kn} \tag{4.17a}$$

$$\widetilde{x}(n)=\frac{1}{N}\sum_{k=0}^{N-1}\widetilde{X}(k)W_N^{-kn} \tag{4.17b}$$

式中，$W_N=\mathrm{e}^{-\mathrm{j}\frac{2\pi}{N}}$，式(4.17a) 称为 DFS 分析式，式(4.17b) 称为 DFS 综合式。

DFS 的特点是离散时域的周期信号对应频域离散的周期频谱，其中离散性对于数字运算相当实用，周期性可以简化存储。DFS 的物理意义仍然表现为傅里叶分析的频谱特征。

4.1.2 DFS 的性质

设 $\widetilde{x}(n)$ 为周期序列，周期为 N，它的 DFS 为 $\widetilde{X}(k)$，两者的关系记为

$$\widetilde{x}(n) \Leftrightarrow \widetilde{X}(k)$$

或

$$\left.\begin{array}{l}\widetilde{X}(k)=\mathrm{DFS}[\widetilde{x}(n)]\\ \widetilde{x}(n)=\mathrm{IDFS}[\widetilde{X}(k)]\end{array}\right\} \tag{4.18}$$

1. 线性性质

设 a，b 为常数，则有

$$a\widetilde{x}(n)+b\widetilde{y}(n) \Leftrightarrow a\widetilde{X}(k)+b\widetilde{Y}(k) \tag{4.19}$$

2. 时域移位性

设 m 为常数，则有

$$\widetilde{x}(n+m)\Leftrightarrow W_N^{-mk}\widetilde{X}(k) \tag{4.20}$$

3. 频域移位性(调制性)

$$W_N^{nl}\widetilde{x}(n) \Leftrightarrow \widetilde{X}(k+l) \tag{4.21}$$

4. 周期卷积

设周期序列 $\widetilde{x}(n)$、$\widetilde{y}(n)$ 的周期为 N，DFS 分别为 $\widetilde{X}(k)$，$\widetilde{Y}(k)$，记 $\widetilde{f}(n)$ 为

$$\widetilde{f}(n)=\sum_{m=0}^{N-1}\widetilde{x}(m)\widetilde{y}(n-m) \tag{4.22}$$

则有

$$\mathrm{DFS}[\widetilde{f}(n)]=\widetilde{X}(k)\widetilde{Y}(k) \tag{4.23}$$

【证明】 根据题意，有

$$\tilde{f}(n)=\mathrm{IDFS}[\tilde{X}(k)\tilde{Y}(k)]=\frac{1}{N}\sum_{k=0}^{N-1}\tilde{X}(k)\tilde{Y}(k)W_N^{-kn}=$$

$$\frac{1}{N}\sum_{k=0}^{N-1}\left[\sum_{m=0}^{N-1}\tilde{x}(m)W_N^{km}\right]\tilde{Y}(k)W_N^{-kn}=$$

$$\sum_{m=0}^{N-1}\tilde{x}(m)\cdot\frac{1}{N}\sum_{k=0}^{N-1}\tilde{Y}(k)W_N^{-k(n-m)}=\sum_{m=0}^{N-1}\tilde{x}(m)\tilde{y}(n-m)$$

证毕。

周期卷积的特点为,卷积求和限制在一个周期内,只需求 $n=0\sim N-1$,即移位向右移 $0,1,\cdots,N-1$,结果也为相同周期的周期序列,也称为循环卷积或圆周卷积。

特别要注意,虽然周期卷积在运算形式上与线性卷积很相似,但周期卷积没有任何物理意义,它不表示线性时不变系统的概念,即不代表任何系统的处理过程,仅是一种单纯的数学运算形式。通常所说的线性卷积具有明确的物理意义,表示线性时不变系统的处理过程。

此外,与之相应的频域周期卷积公式为

$$\mathrm{DFS}[\tilde{x}(n)\tilde{y}(n)]=\frac{1}{N}\sum_{l=0}^{N-1}\tilde{X}(l)\tilde{Y}(k-l) \tag{4.24}$$

4.2　离散傅里叶变换

4.2.1　离散傅里叶变换的定义

有限长序列是工程中最常见的离散时间信号模型,本节重点讨论此类序列的一种新的傅里叶分析方法 —— 离散傅里叶变换。设一个有限长序列 $x(n)$, $n=0\sim N-1$,定义 N 为其序列长度。对有限长序列 $x(n)$ 作 z 变换或序列傅里叶变换都是可行的,或者说,有限长序列 $x(n)$ 的频域和复频域分析在理论上都已经解决。但对于数字系统,无论是 z 变换还是序列傅里叶变换在实用方面都存在一些问题,主要是频域变量的连续性性质,不便于数字运算和存储。在上一节 DFS 的讨论中,我们发现 DFS 在形式上是一种离散的频域表示,而且独立的离散频率分量只有 N 个,因此 DFS 是一种非常适合于 DSP 系统存储和计算的一种傅里叶分析工具。实际中,由于 DSP 系统数据采集存储容量的限制,一般 $x(n)$ 总是有限长度序列,一般不是周期的,即使原序列是周期信号,一般序列长度也不会恰好是整数倍周期。那么能否实现用 DFS 对有限长序列 $x(n)$ 进行频域分析呢?或者说,能否找到类似于 DFS 那样一种实用而有效的傅里叶变换呢?回答是可能而且是成功的。解决这一问题的关键在于,如何建立有限长序列和一个周期序列之间的关系?

对一个周期序列 $\tilde{x}(n)$,尽管它是无限长的,但实际上,有用的信息全部包含在一个周期里,在表示和存储它时,完全可以只用它的一个周期,或是只选它的“主值序列”。从这一点来看,它与这个有限长的“主值序列”是完全相同的。反过来看,把一个有限长序列看作周期序列应该是可以的,虽然实际的信号 $x(n)$ 为有限长序列,但将其看成某个周期序列的“主值序列”是可以的,两者的关系为

$$x(n)=\tilde{x}(n)R_N(n) \tag{4.25}$$

$$\tilde{x}(n)=\sum_{r=-\infty}^{\infty}x(n+rN) \tag{4.26}$$

从所包含信息的完整性来看，$\tilde{x}(n)$ 和 $x(n)$ 是完全相同的。但需注意，$\tilde{x}(n)$ 不是随意的，它一定是以原有限长序列 $x(n)$ 为“主值序列”进行周期延拓后形成的。在得到 $\tilde{x}(n)$ 后，它的频谱分析完全可以用 DFS 来表示和实现，即用 $\tilde{X}(k)$ 来表示原有限长序列 $x(n)$ 的频谱，即

$$\tilde{X}(k)=\sum_{n=0}^{N-1}\tilde{x}(n)W_N^{kn}=\sum_{n=0}^{N-1}x(n)W_N^{kn} \tag{4.27}$$

当然，得到的 $\tilde{X}(k)$ 也是周期的，对 $\tilde{X}(k)$ 取主值区间的值，记为 $X(k)$，则把 $X(k)$ 看作为 $x(n)$ 的一种傅里叶变换，称为有限长序列的离散傅里叶变换 。因此，离散傅里叶变换定义为

$$X(k)=\sum_{n=0}^{N-1}x(n)\mathrm{e}^{-\mathrm{j}\frac{2\pi}{N}kn},\quad k=0,1,2,\cdots,N-1 \tag{4.28a}$$

或

$$X(k)=\sum_{n=0}^{N-1}x(n)W_N^{kn},\quad k=0,1,2\cdots,N-1 \tag{4.28b}$$

称 $X(k)$ 为 $x(n)$ 的 N 点离散傅里叶变换。

离散傅里叶反变换的定义与正变换类似，由于 $X(k)$ 本身就是来源于 $\tilde{X}(k)$，所以将 $X(k)$ 看成是周期的，然后进行 IDFS，结果应为 $\tilde{x}(n)$，截取它的主值序列应等于原来的有限长序列 $x(n)$，因此，反变换公式为

$$x(n)=\frac{1}{N}\sum_{k=0}^{N-1}X(k)\mathrm{e}^{\mathrm{j}\frac{2\pi}{N}kn},\quad n=0,1,2,\cdots,N-1 \tag{4.29a}$$

或

$$x(n)=\frac{1}{N}\sum_{k=0}^{N-1}X(k)W_N^{-kn},\quad n=0,1,2\cdots,N-1 \tag{4.29b}$$

式(4.28) 和式(4.29) 即 DFT 定义式，即一个 N 点有限长序列 $x(n)$ 的 N 点 DFT 定义为

$$X(k)=\sum_{n=0}^{N-1}x(n)W_N^{kn},\quad k=0,1,2,\cdots,N-1 \tag{4.30a}$$

$$x(n)=\frac{1}{N}\sum_{k=0}^{N-1}X(k)W_N^{-kn},\quad n=0,1,2\cdots,N-1 \tag{4.30b}$$

式(4.30)即 DFT 定义式。

对比定义式(4.17)和式(4.30)可以看出，DFT 与 DFS 的定义式基本一致，但要注意它们的区别。DFT 是借用了 DFS，这样就假定了序列的周期性，但 DFT 定义式对 DFS 区间作了约束，获得了有限长的特点，但这种约束没有改变 DFT 的本质是 DFS，或者说，DFT 定义式尽管表现为区间约束，但仍然具有 DFS 的本质——周期性，DFT 只是隐含了周期性。这种建立有限长和周期性之间的等效关系的手段，一般不会对原信号的时域和频域产生影响，只有极个别情况例外。这种解决问题的思路是非常巧妙的，它解决了频谱的离散表示和与之相关的大量的数字处理，是数字信号处理理论中非常重要的内容。另外，它有实时快速 FFT 算法，因此，DFT 不仅具有重要的理论意义，也有极大的实用价值。

归纳 DFT 具有如下特点：

(1)DFT 隐含周期性。DFT 来源于 DFS，尽管定义式中已将其限定为有限长，但本质上，$x(n)$，$X(k)$都已经变成周期的。

(2)DFT 只适用于有限长序列。DFT 处理的本质是要对 $x(n)$进行周期化处理，若 $x(n)$是无限长序列，变成周期序列后各周期必然混叠，造成信号失真。因此，要先进行截断处理，使之为有限长序列，然后才能进行 DFT 计算。

(3)DFT 正反变换的数学运算非常相似，无论硬件还是软件实现都非常方便和容易。

【例 4-1】　求 $x(n)=\cos\left(\frac{\pi}{6}n\right)R_N(n)$ 的 N 点 DFT，其中，$N=12$。

解　按定义直接求解如下

$$X(k)=\sum_{n=0}^{11}\cos\left(\frac{\pi}{6}n\right)W_N^{nk}=\sum_{n=0}^{11}\frac{e^{j\frac{\pi}{6}n}+e^{-j\frac{\pi}{6}n}}{2}e^{-j\frac{2\pi}{12}nk}=$$

$$\frac{1}{2}\sum_{n=0}^{11}e^{j\frac{2\pi}{12}(1-k)n}+\frac{1}{2}\sum_{n=0}^{11}e^{-j\frac{2\pi}{12}(1+k)n}$$

根据复指数的正交性，上式等号右边的第一项只有当 $k=1$ 时，结果为 6，其他 k 值时，结果为零，等号右边第二项只有当 $k=11$(或 $k=-1$) 时，结果为 6，其他 k 值时，结果为零，所以

$$X(k)=\begin{cases}6, & k=1,11\\0, & \text{其他}\end{cases}$$

或者写成

$$X(k)=6\delta(k-1)+6\delta(k-11)$$

这个结果正确反映了余弦序列的频谱特征，其中，$k=1$ 代表正频率分量，$k=11(k=-1)$代表负频率分量，它是 $k=-1$ 周期延拓的结果，如图 4.2 所示。

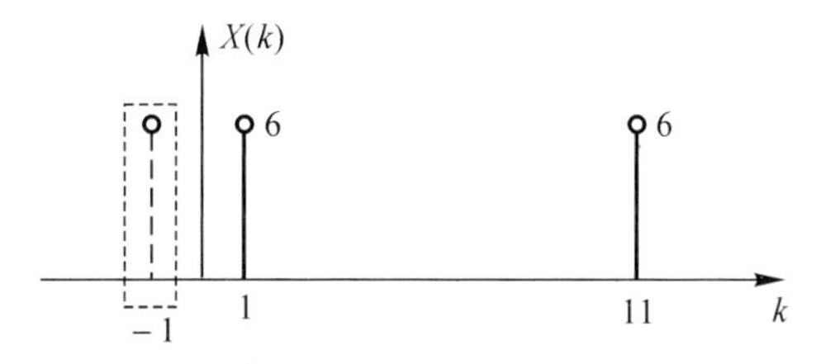

图 4.2　DFT 结果 $X(k)$ 示意图

4.2.2　DFT 的性质

设 $x(n)$，$y(n)$ 均为 N 点有限长序列，其 DFT 分别为 $X(k)$，$Y(k)$，它们的关系可记为

$$X(k)=\text{DFT}[x(n)],\quad Y(k)=\text{DFT}[y(n)]$$

或

$$x(n)\Leftrightarrow X(k),\quad y(n)\Leftrightarrow Y(k)$$

1. 线性

$$ax(n)+by(n)\Leftrightarrow aX(k)+bY(k)\tag{4.31}$$

其中，a，b 均为常数，若两个序列点数不同，DFT 的点数取两个序列中最长的。

2. 圆周移位性

定义 $x(n)$ 的 N 点圆周移位序列 $f(n)$ 为

$$f(n)=x((n+m))R_N(n) \tag{4.32}$$

图 4.3 表示了一个有限长序列和它的圆周移位序列的关系。

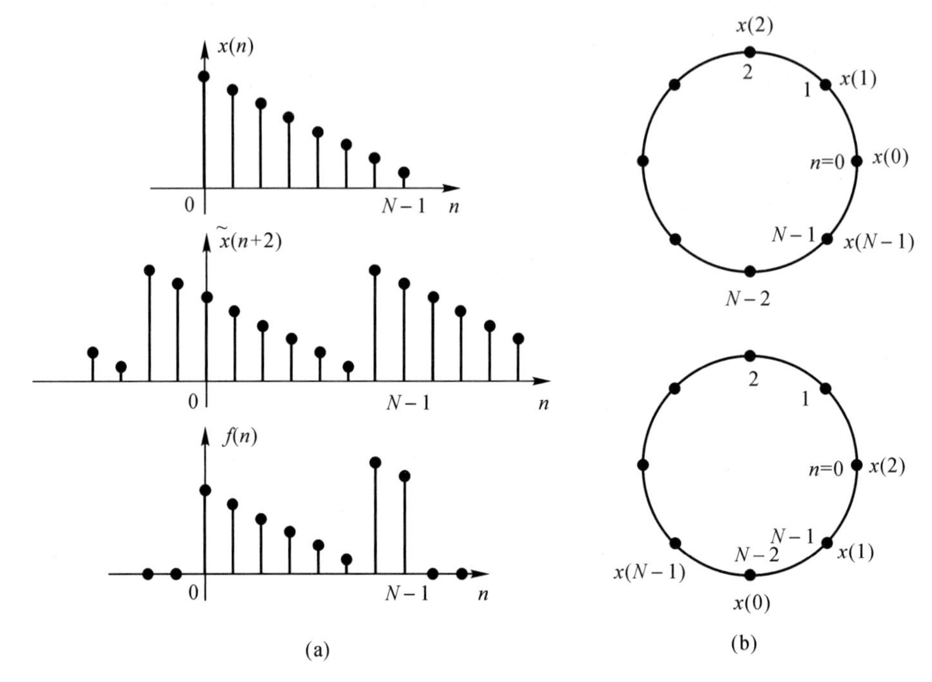

图 4.3　有限长序列和它的圆周移位序列的关系

圆周移位序列的 DFT 和原序列的 DFT 的关系表示了这种性质

$$F(k)=W_N^{-kn}X(k) \tag{4.33}$$

证明

$$F(k)=\sum_{n=0}^{N-1}f(n)W_N^{kn}=\sum_{n=0}^{N-1}\tilde{x}(n+m)W_N^{kn}=$$

$$\sum_{n=m}^{N-1+m}\tilde{x}(n)W_N^{k(n-m)}=W_N^{-km}\sum_{n=m}^{N-1+m}\tilde{x}(n)W_N^{kn}=$$

$$W_N^{-km}\sum_{n=0}^{N-1}\tilde{x}(n)W_N^{kn}=W_N^{-km}\sum_{n=0}^{N-1}x(n)W_N^{kn}=W_N^{-km}X(k),k=0,1,2,\cdots,N-1$$

同理,也有相应的频域圆周移位性质:

$$W_N^{ln}x(n)\Leftrightarrow X((k+l))_NR_N(k) \tag{4.34}$$

3. 对称性

先引入下列序列形式的一种符号 $x(N-n)$,它由原序列 $x(n)$ 定义,仍为 N 点有限长序列,定义为

$$x(N-n)=\begin{cases}x(0), & n=0\\ x(N-n), & n=1,2,\cdots,N-1\end{cases} \tag{4.35}$$

共轭性为

$$x^*(n) \Leftrightarrow X^*(N-k) \tag{4.36}$$

证明

$$\text{DFT}[x^*(n)] = \left\{\sum_{n=0}^{N-1} x^*(n) W_N^{nk}\right\} R_N(k) = \left[\sum_{n=0}^{N-1} x(n) W_N^{-nk}\right]^* R_N(k) =$$

$$\left[\sum_{n=0}^{N-1} x(n) W_N^{n(N-k)}\right]^* R_N(k) = X^*((N-k))_N \cdot R_N(k) = X^*(N-k)$$

定义圆周共轭偶对称序列 $x_{\text{ep}}(n)$ 和圆周共轭奇对称序列 $x_{\text{op}}(n)$ 分别为

$$x_{\text{ep}}(n) = x_{\text{ep}}^*(N-n) = \frac{1}{2}[x(n) + x^*(N-n)] =$$

$$\frac{1}{2}[\tilde{x}(n) + \tilde{x}^*(N-n)] \cdot R_N(n)$$

$$x_{\text{op}}(n) = -x_{\text{op}}^*(N-n) = \frac{1}{2}[x(n) - x^*(N-n)] =$$

$$\frac{1}{2}[\tilde{x}(n) - \tilde{x}^*(N-n)] \cdot R_N(n)$$

同理,也可写出关于 $X(k)$ 的圆周共轭偶对称部分 $X_{\text{ep}}(k)$ 和圆周共轭奇对称部分 $X_{\text{op}}(x)$ 分别为

$$X_{\text{ep}}(k) = X_{\text{ep}}^*(N-k) = \frac{1}{2}[X(k) + X^*(N-k)]$$

$$X_{\text{op}}(k) = -X_{\text{op}}^*(N-k) = \frac{1}{2}[X(k) - X^*(N-k)]$$

一般地,任意信号 $x(n)$ 和它的 DFT $X(k)$ 都可以分解为两部分之和,即

$$x(n) = x_{\text{ep}}(n) + x_{\text{op}}(n)$$

$$X(k) = X_{\text{ep}}(k) + X_{\text{op}}(k)$$

这里要特别注意,$x_{\text{ep}}(n)$ 和 $X_{\text{ep}}(k)$ 以及 $x_{\text{op}}(n)$ 和 $X_{\text{op}}(k)$ 不是一一对应的关系,即

$$X_{\text{ep}}(k) \neq \text{DFT}[x_{\text{ep}}(n)]$$

$$X_{\text{op}}(k) \neq \text{DFT}[x_{\text{op}}(n)]$$

而是存在下面的关系

$$\begin{aligned} &\text{Re}[x(n)] \Leftrightarrow X_{\text{ep}}(k) \\ &\text{jIm}[x(n)] \Leftrightarrow X_{\text{op}}(k) \\ &x_{\text{ep}}(n) \Leftrightarrow \text{Re}[X(k)] \\ &x_{\text{op}}(n) \Leftrightarrow \text{jIm}[X(k)] \end{aligned} \tag{4.37}$$

当序列是实序列时,即 $x(n) = x^*(n)$,根据前面性质可知

$$X(k) = X^*(N-k) \tag{4.38}$$

证明　当 $x(n)$ 为实序列时,则有

$$X^*(N-k) = \left[\sum_{n=0}^{N-1} x(n) W_N^{(N-k)n}\right]^* = \sum_{n=0}^{N-1} x^*(n) W_N^{-(N-k)n} =$$

$$\sum_{n=0}^{N-1} x(n) W_N^{kn} = X(k), \quad k = 0,1,2,\cdots\cdots N-1$$

当 $k=0$,$X(0) = X^*(N) = X^*(0)$,即,$X(0)$ 是实数,其他 k 值的 $X(k)$ 满足式(4.38)。

式(4.38)的对称性为圆周对称,即实序列的DFT具有圆周共轭偶对称,或者说,幅度是偶对称,相位是奇对称,即

$$|X(k)|=|X(N-k)| \tag{4.39a}$$

$$\arg[X(k)]=-\arg[X(N-k)] \tag{4.39b}$$

当 $k=0$, $|X(0)|=|X(N)|=|X(0)|$,其他的 $N-1$ 个点以中心点 $N/2$ 为对称点。

当 N 为偶数, $N-1$ 为奇数, $X(N/2)$ 为中心对称点,其余点对称如下:

$$|X(1)|=|X(N-1)|,\quad |X(2)|=|X(N-2)|,\quad \cdots,|X(N/2-1)|=|X(N/2+1)|$$

当 N 为奇数, $N-1$ 为偶数,对称点不在整数点上,对称情况如下:

$$|X(1)|=|X(N-1)|,\quad |X(2)|=|X(N-2)|,\cdots,\left|X\left(\frac{N-1}{2}\right)\right|=\left|X\left(\frac{N+1}{2}\right)\right|$$

因此,对实序列,可以只求解和保存一半多个点的 $X(k)$ 值。圆周共轭偶对称在 N 为奇数和偶数情况如图 4.4 所示。

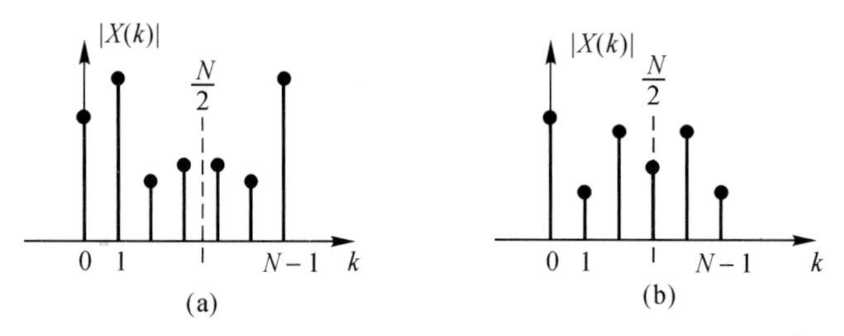

图 4.4 $|X(k)|$ 的圆周偶对称性示意图

(a) N 为奇数; (b) N 为偶数

4. 卷积特性

设

$$f(n)=\left[\sum_{m=0}^{N-1}x(m)y((n-m))_N\right]R_N(n) \tag{4.40}$$

则

$$F(k)=X(k)Y(k)$$

式(4.40)中的运算形式称为“圆周卷积”,也称“周期卷积”或“循环卷积”,记为

$$f(n)=x(n)\circledast y(n)$$

则

$$F(k)=X(k)Y(k) \tag{4.41}$$

证明

$$f(n)=\frac{1}{N}\sum_{k=0}^{N-1}X(k)Y(k)W_N^{-nk}=\frac{1}{N}\sum_{k=0}^{N-1}\left[\sum_{m=0}^{N-1}x(m)W_n^{km}\right]Y(k)W_N^{-nk}=$$

$$\sum_{m=0}^{N-1}x(m)\frac{1}{N}\sum_{k=0}^{N-1}Y(k)W_N^{-(n-m)k}=\left[\sum_{m=0}^{N-1}x(m)y((n-m))_N\right]R_N(n)$$

相应的频域卷积特性为

$$\mathrm{DFT}[x(n)y(n)]=\left[\frac{1}{N}\sum_{l=0}^{N-1}X(l)Y((k-l))_N\right]R_N(k)$$

5. 帕斯维尔定理

$$\sum_{n=0}^{N-1} x(n)y^*(n) = \frac{1}{N}\sum_{k=0}^{N-1} X(k)Y^*(k)$$
$$\sum_{n=0}^{N-1} |x(n)|^2 = \frac{1}{N}\sum_{k=0}^{N-1} |X(k)|^2 \tag{4.42}$$

该性质的第二个关系式表明了时域能量和频域能量的守恒性。

表 4.1 归纳了 DFT 常见的特性。

表 4.1　DFT 常见的特性

序列	DFT
$ax(n)+by(n)$	$aX(k)+bY(k)$
$x(n+m)_N R_N(n)$	$W_N^{-mk}X(k)$
$W_N^{ln}x(n)$	$X((k+l))_N R_N(k)$
$x(n)\circledast y(n)=\left[\sum_{m=0}^{N-1}x(m)y((n-m))_N\right]R_N(n)$	$X(k)Y(k)$
$x(n)y(n)$	$\frac{1}{N}\sum_{l=0}^{N-1}X(l)Y((k-l))_N]R_N(k)$
$x^*(n)$	$X^*(N-k)$
$\mathrm{Re}[x(n)]$	$X_{ep}(k)=\frac{1}{2}[X(k)+X^*(N-k)]$
$\mathrm{jIm}[x(x)]$	$X_{op}(k)=\frac{1}{2}[X(k)-X^*(N-k)]$
$x_{ep}(n)$	$\mathrm{Re}[X(k)]$
$x_{op}(n)$	$\mathrm{jIm}[X(k)]$
$\sum_{n=0}^{N-1}x(n)y^*(n)=\frac{1}{N}\sum_{k=0}^{N-1}X(k)Y^*(k)$	
$\sum_{n=0}^{N-1}\lvert x(n)\rvert^2=\frac{1}{N}\sum_{k=0}^{N-1}\lvert X(k)\rvert^2$	
对于实序列 $x(n)=x^*(n)=\mathrm{Re}[x(n)]$	$X(k)=X^*(N-k)$ $\lvert X(k)\rvert=\lvert X(N-k)\rvert$ $\arg[X(k)]=-\arg[X(N-k)]$ $\mathrm{Re}[X(k)]=\mathrm{Re}[X(N-k)]$ $\mathrm{Im}[X(k)]=-\mathrm{Im}[X(N-k)]$

4.2.3　有限长序列的线性卷积和圆周卷积

上节介绍的圆周卷积与描述线性非时变系统的卷积在运算形式上很相似，但后者有明确的物理意义，它在时域描述了线性非时变系统的处理过程，这种卷积称作“线性卷积”，而圆周卷积仅仅是一种看上去有些像卷积的数学运算形式。但是，圆周卷积所对应的 DFT 的一种性质,使得能够应用快速傅里叶变换算法来求解圆周卷积,或者说,圆周卷积可以快速进行计算。因此,如果能够建立线性卷积和圆周卷积之间的关系,就能够找到一种计算圆周卷积实现线性卷积的快速算法。在大多数情况下,通过圆周卷积计算获得卷积的结果要比直接计算线性卷积的速度快,这种方案就是快速卷积算法的原理。下面将介绍基于这种思路的快速卷积算法。

设 $x(n)$ 为 M 点序列,$y(n)$ 为 N 点序列,两个序列的线性卷积和圆周线性卷积分别记为

$$f(n)=x(n)*y(n) \quad 长度:L_1=M+N-1$$

$$f_c(n)=x(n)\circledast y(n) \quad 长度:L_2=\max(N,M)$$

一般情况下,

$$f(n)\neq f_c(n), \quad L_1>L_2$$

现求 L 点 $f_c(n)$,将圆周卷积长度设定为 $L>\max(M,N)$,来推导出圆周卷积和线性卷积的数学关系式,则有

$$\begin{aligned}
f_c(n)=x(n)\circledast y(n)=&\Big[\sum_{m=0}^{L-1}x(m)y((n-m))_L\Big]R_L(n)=\\
&\Big[\sum_{m=0}^{L-1}x(m)\sum_{r=-\infty}^{\infty}y(n-m+rL)\Big]R_L(n)=\\
&\Big[\sum_{r=-\infty}^{\infty}\sum_{m=0}^{L-1}x(m)y(n-m+rL)\Big]R_L(n)=\\
&\Big[\sum_{r=-\infty}^{\infty}x(n+rL)*y(n+rL)\Big]R_L(n)=\\
&\Big[\sum_{r=-\infty}^{\infty}f(n+rL)\Big]R_L(n)
\end{aligned} \tag{4.43}$$

式(4.43)结果是一个非常重要的结论,它表明圆周卷积 $f_c(n)$ 的结果等于一个周期序列的主值序列,该周期序列是线性卷积 $f(n)$ 以 L 为周期进行周期延拓的结果,因此,当 $L\geqslant L_1$ 满足时,$f_c(n)$ 必然等于 $f(n)$,但是,如果 $L<L_1$,$f_c(n)$ 则不等于 $f(n)$。

当 $L\geqslant M+N-1$ 时,有

$$f_c(n)=f(n) \tag{4.44}$$

当 $L_1/2<L<L_1$,存在部分混叠,为

$$f_c(n)\begin{cases}\neq f(n),0\leqslant n\leqslant L_1-L-1 \text{ 和 } L<n\leqslant L_1-1\\ =f(n),L_1-L\leqslant n\leqslant L-1\end{cases} \tag{4.45}$$

当 $L\leqslant L_1/2$ 时,全部混叠。

由以上分析可以得到一个结论:在一定条件下,圆周卷积和线性卷积是相等的,可以采用计算圆周卷积来代替线性卷积的计算,可归纳为下面的步骤:

步骤1:确定线性卷积长度 L_1,有

$$L_1=M+N-1$$

步骤2:改变原序列的长度为 L_1,得到序列 $x_1(n)$ 和 $y_1(n)$,有

$$x_1(n)=\begin{cases}x(n), & 0\leqslant n\leqslant M-1\\ 0, & M\leqslant n\leqslant L_1-1\end{cases}$$

$$y_1(n)=\begin{cases}y(n), & 0\leqslant n\leqslant N-1\\ 0, & N\leqslant n\leqslant L_1-1\end{cases}$$

步骤 3:求序列 $x_1(n)$ 和 $y_1(n)$ 的 L_1 点的圆周卷积,有

$$f_c(n)=x_1(n) \circledast y_1(n)=x(n)*y(n)=f(n)$$

用圆周卷积计算线性卷积的方案如图 4.5 所示。

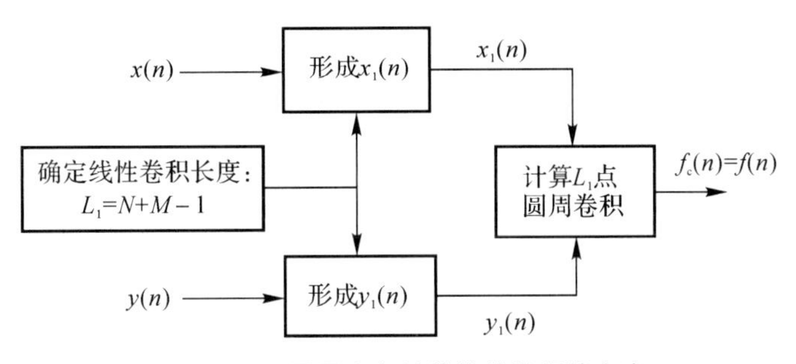

图 4.5　用圆周卷积计算线性卷积的方案

4.2.4　$X(k)$ 与 z 变换 $X(z)$、序列傅里叶变换 $X(e^{j\omega})$ 之间的关系

本节的内容可以用来解释 DFT $X(k)$ 的频域意义,一个 N 点有限长序列的 z 变换和序列傅里叶变换分别为

$$X(z)=\sum_{n=0}^{N-1}x(n)z^{-n}$$

$$X(e^{j\omega})=\sum_{n=0}^{N-1}x(n)e^{-j\omega n}$$

对有限长序列 $x(n)$,它的 $X(z)$ 和 $X(e^{j\omega})$ 都存在,与 $X(k)$ 的定义式(4.28) 比较后容易发现,三者存在下列的等效关系

$$X(k)=X(z)\big|_{z=W_N^{-k}}=X(e^{j\omega})\big|_{\omega=\frac{2\pi}{N}k} \tag{4.46}$$

式(4.46) 表明,$X(k)$ 是 $X(z)$ 在 z 平面单位圆上 N 等分的离散值,是 $X(e^{j\omega})$ 在 $\omega=0\sim 2\pi$ 内的 N 等分点上离散值。这就是说,从物理特性上看,$X(k)$ 的内涵仍为序列频谱,与 $X(e^{j\omega})$ 相比,改变的仅仅是它的表示形式,变成了有限个离散的频谱。也可以这样说,DFT 的计算过程实际上完成了对 $X(e^{j\omega})$ 的一个离散化过程,这个离散过程,是在按照 DFT 定义式的计算过程中完成的,DFT 的这种频域离散概念是非常有用和重要的。

图 4.6 是 DFT 和 z 变换 $X(z)$、序列傅里叶变换 $X(e^{j\omega})$ 的关系示意图。

【例 4-2】　分别求解序列 $x(n)=R_4(n)$ 的 8 点和 16 点 DFT。

解　序列长度是 4,先求 8 点 DFT,即

$$X(k)=\sum_{n=0}^{3}R_4(n)W_8^{kn}=\sum_{n=0}^{3}W_8^{kn}=$$

$$\frac{1-e^{-j\frac{2\pi}{8}k4}}{1-e^{-j\frac{2\pi}{8}k}}=\frac{1-e^{-j\pi k}}{1-e^{-j\frac{\pi}{4}k}}=\frac{e^{-j\frac{\pi k}{2}}(e^{j\frac{\pi k}{2}}-e^{-j\frac{\pi k}{2}})}{e^{-j\frac{\pi k}{8}}(e^{j\frac{\pi k}{8}}-e^{-j\frac{\pi}{8}k})}=$$

$$\frac{\sin\left(\frac{\pi k}{2}\right)}{\sin\left(\frac{\pi k}{8}\right)}e^{-j\frac{3\pi k}{8}},\quad k=0,1,2,\cdots,7$$

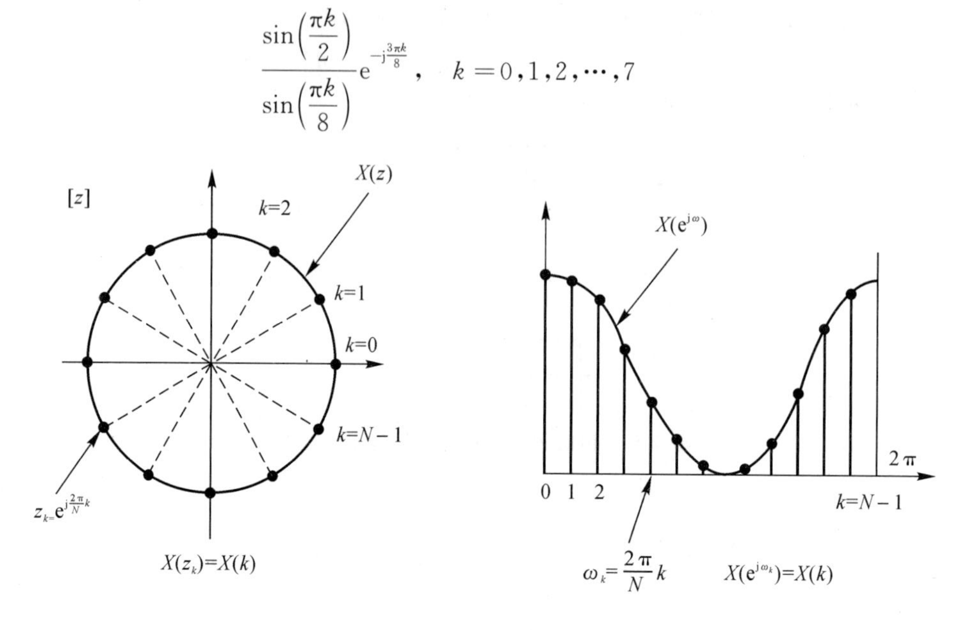

图 4.6　DFT 和 $X(z)$、$X(e^{j\omega})$ 的关系示意图

序列 8 点 DFT 的 $|X(k)|$ 如图 4.7(a) 所示。为对比起见,$x(n)$ 的序列傅里叶变换 $|X(e^{j\omega})|$ 绘制在图 4.7(b)。

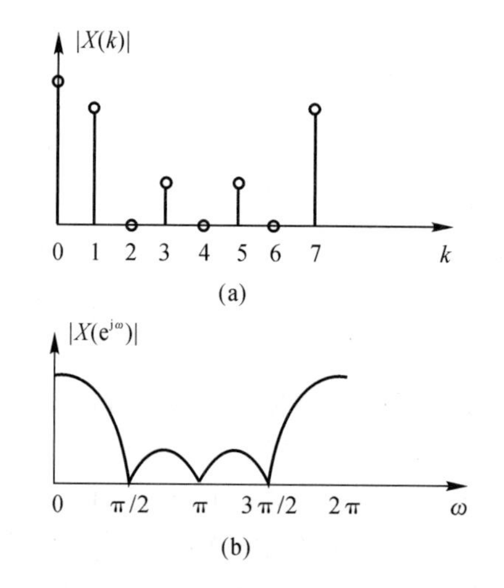

图 4.7　$N=8$ 时序列的 DFT 和 DTFT 示意图

(a)DFT $|X(k)|$ 示意图($N=8$);　(b)DTFT $|X(e^{j\omega})|$ 示意图

下面再求 16 点 DFT,即

$$X(k)=\sum_{n=0}^{3}R_4(n)W_{16}^{kn}=\sum_{n=0}^{3}W_{16}^{kn}=\frac{1-e^{-j\frac{\pi}{2}k}}{1-e^{-j\frac{\pi}{8}k}}=$$

$$\frac{\sin\left(\frac{\pi k}{4}\right)}{\sin\left(\frac{\pi k}{16}\right)}e^{-j\frac{3\pi k}{16}},\quad k=0,1,2,\cdots,15$$

序列 16 点 DFT 的 $|X(k)|$ 如图 4.8(a) 所示。为对比起见,$x(n)$ 的序列傅里叶变换 $|X(e^{j\omega})|$ 绘制在图 4.8(b)。

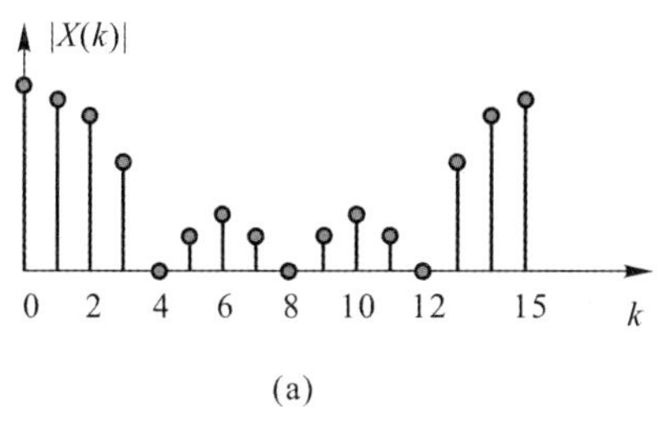

(a)

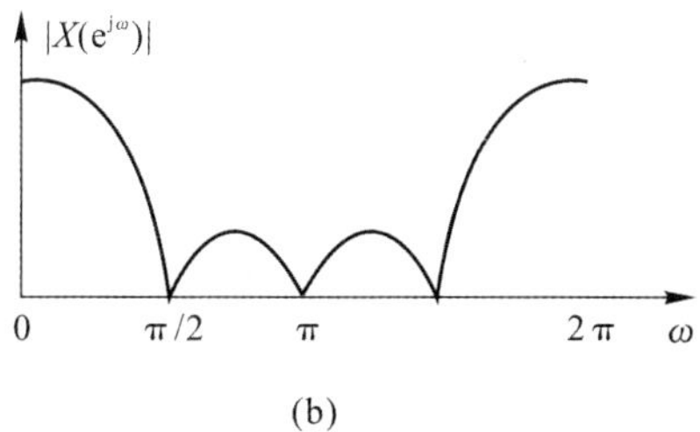

(b)

图 4.8　$N=16$ 时序列的 DFT 和 DTFT 示意图

(a)DFT $|X(k)|$ 示意图($N=16$);　(b)DTFT $|X(e^{j\omega})|$ 示意图

图 4.7 和图 4.8 清晰地说明了 DFT $X(k)$ 是序列傅里叶变换 $X(e^{j\omega})$ 在一个周期上的采样值,N 越大,采样间隔越小,密度越密,但都是 $X(e^{j\omega})$ 的离散化结果。

虽然本节已经定性解释了 DFT 的离散频谱概念,但仍有一个问题存在:离散的 $X(k)$ 能否精确表示连续的 $X(e^{j\omega})$ 和 $X(z)$? 这个问题在下一节里进行讨论。

4.3　频域采样理论

本节要讨论的主要问题是:DFT 是否能在频域精确代表序列的频谱? 条件是什么? 若有误差,误差是怎样造成的?

设序列 $x(n)$ 的 z 变换为 $X(z)$,且满足收敛域包含单位圆条件,$X(z)$ 为

$$X(z)=\sum_{n=-\infty}^{\infty}x(n)z^{-n}\tag{4.47}$$

对 $X(z)$ 在单位圆上进行 N 等分采样,得到 N 个离散的 $X(z)$ 值,记为 $X_N(k)$,有

$$X_N(k)=X(z)\big|_{z=W_N^{-k}}=\sum_{n=-\infty}^{\infty}x(n)W_N^{nk},\quad 0\leqslant k\leqslant N-1\tag{4.48}$$

求 $X_N(k)$ 的 N 点离散傅里叶反变换,记为 $x_N(n)$,然后考察它是否和原序列相等?

可解得

$$x_N(n)=\left[\frac{1}{N}\sum_{k=0}^{N-1}X_N(k)W_N^{-kn}\right]R_N(n)=$$
$$\left\{\frac{1}{N}\sum_{k=0}^{N-1}\left[\sum_{m=-\infty}^{\infty}x(m)W_N^{km}\right]W_N^{-kn}\right\}R_N(n)=$$
$$\left\{\sum_{m=-\infty}^{\infty}x(m)\frac{1}{N}\sum_{k=0}^{N-1}W_N^{k(m-n)}\right\}R_N(n)=$$
$$\left\{\sum_{r=-\infty}^{\infty}x(n+rN)\right\}R_N(n) \tag{4.49}$$

由上面结果可知，$x_N(n)$ 是原序列 $x(n)$ 以 N 为周期进行周期延拓后的主值序列。实际上，更确切地说，$x_N(n)$ 本身为周期序列，时域加窗是 IDFT 最后的截断处理。换句话说，式(4.49)的结果表示在频域采样造成了序列在时域变成了周期序列，周期值等于频域的采样点数(频域取样间隔的倒数)。

那么 $x_N(n)$ 是否能等于 $x(n)$ 呢？取决于哪些因素呢？上述分析表明：关键因素是参数 N，即一个频域周期(2π) 内离散的点数，或频域的离散间隔($2\pi/N$)。也就是说，z 平面单位圆上的采样点数(频域采样间隔) 决定了 $x_N(n)$ 的质量。

设 $x(n)$ 的长度为 M，即

$$x(n)=\begin{cases}x(n), & 0\leqslant n\leqslant M-1\\ 0, & 其他\end{cases} \tag{4.50}$$

若 $N<M$，则频域采样后时域各周期会发生重叠，则 $x_N(n)\neq x(n)$，或者说，频域采样点太少，频域采样间隔太大，使得离散的 $X_N(k)$ 不能完全代表 $X(e^{j\omega})$，$X_N(k)$ 反变换得到 $x_N(n)$ 也不会等于 $x(n)$。

若 $N\geqslant M$，频域采样后引起的序列在时域延拓后各周期不重叠，此时 $x_N(n)=x(n)$，即离散的 $X_N(k)$ 完全可以代表 $X(e^{j\omega})$，两者得到的时域序列完全相同，因此，可以说在频域对频谱的采样只要满足一定采样条件，不失真是完全可以的。

上节已经定性得出了序列 DFT 是它的序列傅里叶变换的频域离散值，也是它的 z 变换在单位圆上的离散值。所以，根据上面的分析可以回答前面提出的几个问题了。

一个 N 点序列 $x(n)$ 的 N 点 DFT 记为 $X(k)$，$X(k)$ 可以精确表示它的频谱 $X(e^{j\omega})$ 和 z 变换 $X(z)$，不失真的条件是：计算序列 $x(n)$ 的 DFT 的点数 N 要大于或等于序列 $x(n)$ 的长度(实际点数)。这一条件也可以表达成：频域采样间隔要小于或等于 $2\pi/N$，这里 N 是计算 DFT 的点数。

上述条件要成立还有一个重要的前提：序列 $x(n)$ 必须是有限长序列，或者说，DFT 对有限长序列的频谱计算是精确的，否则，$X(k)$ 只能近似表示 $X(e^{j\omega})$ 和 $X(z)$。

既然有限长序列 $X(k)$、$X(e^{j\omega})$ 和 $X(z)$ 可以是完全相等的，下面就推导用 $X(k)$ 分别表示 $X(e^{j\omega})$ 和 $X(z)$ 的表达式。首先推导 $X(z)$ 和 $X(k)$ 的关系式，即

$$X(z)=\sum_{n=0}^{N-1}x(n)z^{-n}=\sum_{n=0}^{N-1}\left[\frac{1}{N}\sum_{k=0}^{N-1}X(k)W_N^{-kn}\right]z^{-n}=\sum_{k=0}^{N-1}X(k)\left[\frac{1}{N}\sum_{n=0}^{N-1}W_N^{-kn}z^{-n}\right]=$$
$$\sum_{k=0}^{N-1}X(k)\frac{1}{N}\frac{1-z^{-N}}{1-W_N^{-k}z^{-1}}=\sum_{k=0}^{N-1}X(k)\Phi_k(z) \tag{4.51}$$

其中

$$\Phi_k(z)=\frac{1}{N}\frac{1-z^{-N}}{1-W_N^{-k}z^{-1}} \tag{4.52}$$

式(4.51)称为内插公式,它表示连续函数 $X(z)$ 可以由离散的 $X(k)$ 精确地通过内插公式表示。式(4.52)称为内插函数,它是关于变量 z 的连续函数。

根据 $z=e^{j\omega}$,将其代入式(4.51),可得

$$X(e^{j\omega})=X(z)\big|_{z=e^{j\omega}}=\sum_{k=0}^{N-1}X(k)\frac{1}{N}\frac{1-e^{-j\omega N}}{1-W_N^{-k}e^{-j\omega}}=\sum_{k=0}^{N-1}X(k)\Phi_k(e^{j\omega}) \tag{4.53}$$

其中

$$\Phi_k(e^{j\omega})=\frac{1}{N}\frac{1-e^{-j\omega N}}{1-W_N^{-k}e^{-j\omega}}=e^{-j\frac{N-1}{2}\left(\omega-\frac{2\pi}{N}k\right)}\frac{\sin\left[\frac{N}{2}\left(\omega-\frac{2\pi}{N}k\right)\right]}{\sin\left[\left(\omega-\frac{2\pi}{N}k\right)/2\right]} \tag{4.54}$$

或

$$\Phi_k(e^{j\omega})=\Phi\left(\omega-\frac{2\pi}{N}k\right)$$

$$\Phi(e^{j\omega})=e^{-j\frac{N-1}{2}\omega}\frac{\sin\omega N/2}{\sin\omega/2} \tag{4.55}$$

式(4.53)表示序列傅里叶变换的连续函数可以由离散傅里叶变换的离散值用插值公式精确重构,也说明了离散的 $X(k)$ 值可以完全表示连续的 $X(e^{j\omega})$。式(4.53)和式(4.51)表示了离散函数在一定条件下和连续函数的等效性,表示了离散的 DFT 与连续的傅里叶变换和 z 变换之间的关系。

序列离散傅里叶变换 DFT 的内涵还可以用时域和频域一系列变化进行直观的解释,如图 4.9 所示。图中 $x_a(t)$ 是模拟信号,$X_a(j\Omega)$ 是它的傅里叶变换;$p(t)$ 是理想均匀采样信号,其傅里叶变换是 $P(j\Omega)$;$x(n)$ 是离散时间有限长信号,$X(e^{j\omega})$ 是它的序列傅里叶变换;图4.9(d)表示对 $X(e^{j\omega})$ 离散化的过程,但这个离散化过程并不是在频域进行频域采样,图 4.9(d) 所示只是一个形象化说明,离散化过程实质上是在计算序列的 DFT 过程中自动完成的;图 4.9(e)表示 DFT 是对 DFS 在自变量 n 和 k 在区间上做了有限长约束后的结果,除了这个区间约束,DFT 和 DFS 几乎是完全一样的,因此,DFT 在本质上和 DFS 是相同的,DFT 的定义式除了符号和区间,计算过程和 DFS 完全是一样的。当然,当对一个有限长序列 $x(n)$ 采用 N 点 DFT 进行计算时已将其默认为周期为 N 的周期序列,这个对序列的本质没有什么影响(对极个别序列有例外情况)。当计算一个有限长序列的 DTFT 时,实际上假定了序列在 $0\sim N-1$ 的区间之外的序列值等于零,而 DFT 计算时是假定在这个区间之外序列是周期的,这两种假设没有本质的区别。因此,DFT 在计算时假定序列是周期的,并没有对序列做本质上的改变,但却带来了序列频谱离散化的结果,这正是 DFT 的巧妙之处,也是它的应用价值所在。

综上所述,有限长序列 $x(n)$ 的离散傅里叶变换 $X(k)$ 是有限长序列频谱的一种新的、离散化的表示形式,它可以完整表示序列的频域,因此,它可以用插值函数的形式表示序列的 $X(e^{j\omega})$ 和 $X(z)$。这反映出一个函数可以用不同的正交基函数表示,从而获得不同的定义和结果。用 $X(k)$ 表示、分析序列以及系统的频域特性有很多优点,$X(k)$ 容易从 $x(n)$ 求解、计算和存储非常有效和方便。因而 DFT 的提出不仅具有理论意义,而且具有非常大的实用价值。

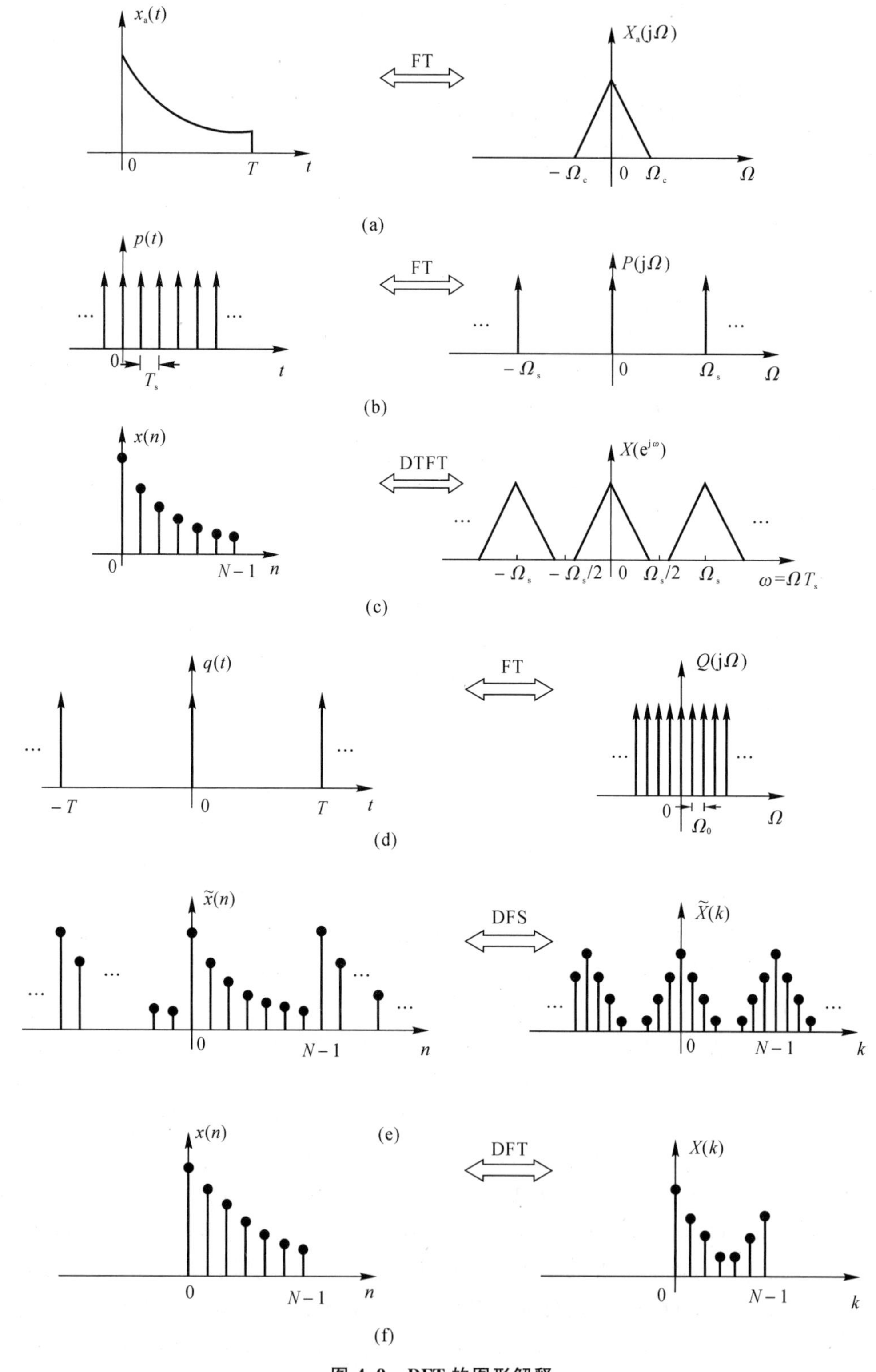

图 4.9 DFT 的图形解释

4.4　离散傅里叶变换的应用

傅里叶变换在工程领域中有极为广泛的应用，离散傅里叶变换存在快速算法 —— 快速傅里叶变换(FFT)，作为一种信号处理的数字方法和实现算法，已被大量地应用在通信、雷达、图像视频处理、仪器仪表等应用领域。离散傅里叶变换的主要应用是频谱分析和测量，当对一个连续时间信号进行离散傅里叶变换时，首先要进行采样，将其转换为数字信号，为了避免采样带来的混叠失真，可以在采样前进行抗混叠低通滤波。然后按照频谱分析和测量的指标要求，对数字信号进行截断，使其成为一段或几段有限长序列，为了改善频谱分析质量，可采用加窗技术对每一段有限长序列进行时域加窗。加窗后的有限长序列经过离散傅里叶变换(实际采用快速傅里叶变换算法) 可获得序列的频谱，最后根据测量要求可对频谱进行测量，测量的参数一般包括信号频率值、信号带宽、信号功率、噪声功率等。与时域测量相比，频域测量的主要优点是精确、测量范围宽、测量参数多。图 4.10 是采用离散傅里叶变换对模拟信号进行频谱分析和测量的主要步骤框图。

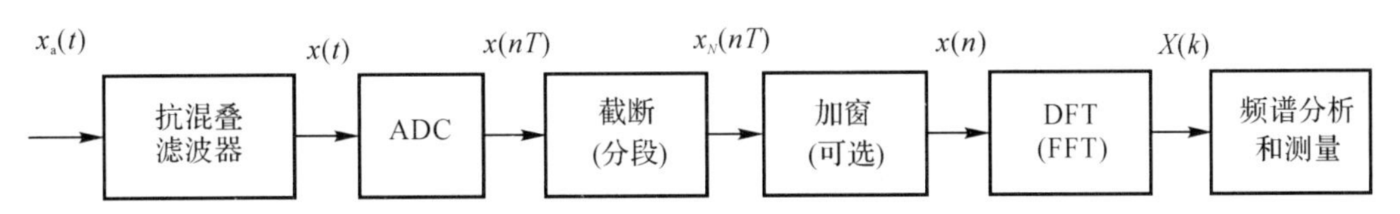

图 4.10　模拟信号进行数字频谱分析和测量的步骤框图

在图 4.10 中的频谱分析和测量中，需要确定几个重要的参数，主要包括采样频率、序列截断长度、频率分辨率、窗函数类型等，其中，采样频率的选取可依据 2.5 节的低通采样定理，序列截取长度和频率分辨率互有关系，窗函数对频率分辨率也有影响。关于窗函数将在第 7 章详细介绍，下面重点讨论频率分辨率的概念，以及采样频率和序列截取长度的选择，以及 DFT 频谱分析的误差问题。

1. 频率分辨率

频率分辨率是频谱分析方法中的一个概念，它可以从两个方面来定义：第一种定义是广义的，一般用来刻画频谱分析方法能够分辨靠得很近的两个频率分量的能力，也称作频率分辨力；第二种定义是狭义的，专门指采用 DFT 进行频谱分析的性能，具体是指 N 点条件下计算 DFT 所获得的最小频率间隔。

第一种定义往往用来作为比较和检验不同频谱分析方法分辨性能优劣的标准，在很大程度上它由信号的实际数据长度决定。以序列傅里叶变换为例，对一个有限长序列，基于序列傅里叶变换的谱分析方法的质量主要由序列点数决定，或者说，是由截断序列的矩形窗宽度决定的。为了更清楚地说明频率分辨率与矩形窗宽度的关系，假定序列 $x(n)$ 是由两个单一频率的余弦序列构成，频率分别为 ω_1，ω_2，用 N 点矩形窗函数截断后的有限长序列记为 $x_N(n)$，则有

$$x_N(n)=x(n)R_N(n) \tag{4.56}$$

根据傅里叶变换的性质可得它们的序列傅里叶变换的关系为

$$X_N(e^{j\omega}) = X(e^{j\omega}) * W_R(e^{j\omega}) \tag{4.57}$$

式中，$W_R(e^{j\omega})$ 是矩形窗的傅里叶变换。

理想余弦序列的频谱 $X(e^{j\omega})$ 是两个位置为 $\pm\omega_1$，$\pm\omega_2$ 的 δ 函数，如图 4.11(a) 所示，矩形窗的频谱 $W_R(e^{j\omega})$ 如图 4.11(b) 所示，$W_R(e^{j\omega})$ 与 $W_R(e^{j\omega})$ 卷积后的结果如图 4.12 所示。

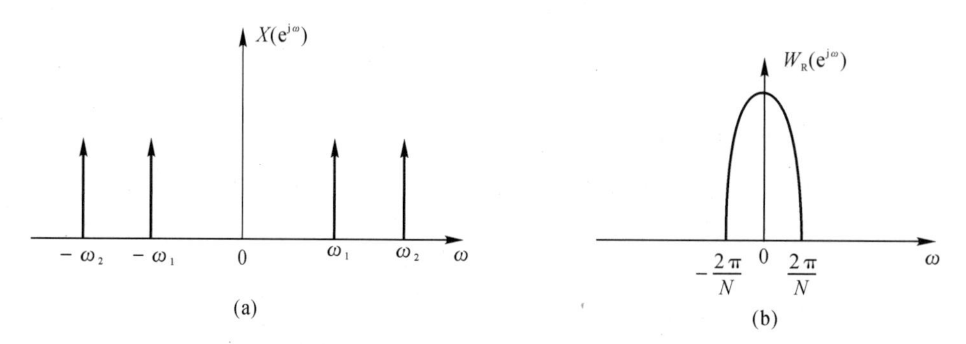

图 4.11　余弦序列的理想频谱 $X(e^{j\omega})$ 和矩形窗频谱 $W_R(e^{j\omega})$ 示意图

(a) 理想余弦信号的频谱示意图；(b) 矩形窗频谱 $W_R(e^{j\omega})$ 示意图

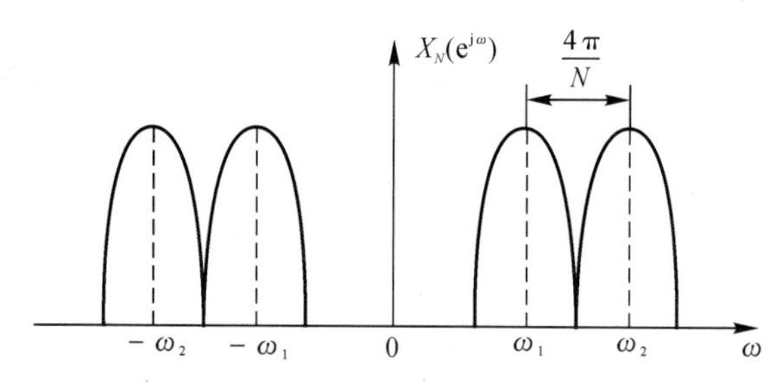

图 4.12　截断序列的频谱 $X_N(e^{j\omega})$

为了简化和更方便说明起见，图 4.11(b) 中矩形窗的频谱示意图只画了矩形窗频谱的主瓣，忽略了它的旁瓣。图 4.12 表示是 N 点截断序列频谱示意图，同时表示了两个频率分量可分辨的一种临界情况，即当 $|\omega_2-\omega_1|\geqslant\frac{4\pi}{N}$ 时，两个信号是频域可分辨的。因此，N 点序列傅里叶变换能够分辨两个余弦信号的最小频率间隔需要满足下列条件

$$\frac{4\pi}{N}\leqslant|\omega_2-\omega_1| \tag{4.58}$$

即当余弦信号的频率差等于矩形窗频谱的主瓣宽度时，是最小可分辨频谱间隔。

表示成模拟频率的表达式为

$$\frac{2f_s}{N}\leqslant|f_2-f_1| \tag{4.59}$$

式(4.58) 和式(4.59) 是第一种频率分辨率的意义，称为“物理分辨率”，它由序列的实际有效长度所决定。

当用 N 点 DFT 对有限长序列进行频谱分析时，DFT 的谱线间隔表示了一种频率分辨率

的意义，它是用DFT的谱线间隔来刻画的，谱线间隔等于$\frac{2\pi}{N}$，所以，等效的频率分辨率为

$$|\omega_2-\omega_1|=\Delta\omega=\frac{2\pi}{N} \tag{4.60}$$

等效的模拟频率分辨率为

$$\Delta f=\frac{f_s}{N} \tag{4.61}$$

式(4.60)和式(4.61)定义的频率分辨率是狭义分辨率，它表示了一种频率度量尺度的含义，称为“计算分辨率”，它与DFT计算的点数有关。

当一个有限长序列的长度N确定时，它的物理频率分辨率就确定了，由式(4.58)和式(4.59)确定。当对该序列进行DFT计算时，计算DFT的点数确定了它的计算分辨率，DFT的计算点数可以大于或等于序列的实际长度，当计算DFT点数大于序列实际长度时，通常称为补零技术，补零技术可以提高频率度量尺度的精度，可以提高计算分辨率，但不能提高物理分辨率。这一点请读者特别要注意两者意义的区别，下面通过举例进行说明。

【例4-3】 设一个N点离散时间信号为$x(n)=10\cos(0.2\pi n)+10\cos(0.21\pi n)$，$n=0,1,\cdots,N-1$，设$N=128$，计算序列的傅里叶变换$X(e^{j\omega})$和$N$点离散傅里叶变换$X(k)$，分析频率分辨率性能。

解　设余弦信号的频率分别为ω_1,ω_2，即$\omega_1=0.2\pi$，$\omega_2=0.21\pi$，两者的频差为

$$\Delta\omega=\omega_2-\omega_1=0.01\pi$$

当$N=128$时，物理分辨率为$(4\pi/128)=0.031\ 25\pi$，它大于两个频率的频差，因此，在序列的傅里叶变换$X(e^{j\omega})$中无法分辨两个频率分量，分别计算了序列的傅里叶变换和离散傅里叶变换，图4.13是128点序列的频谱$X(k)$和$X(e^{j\omega})$的幅度示意图。

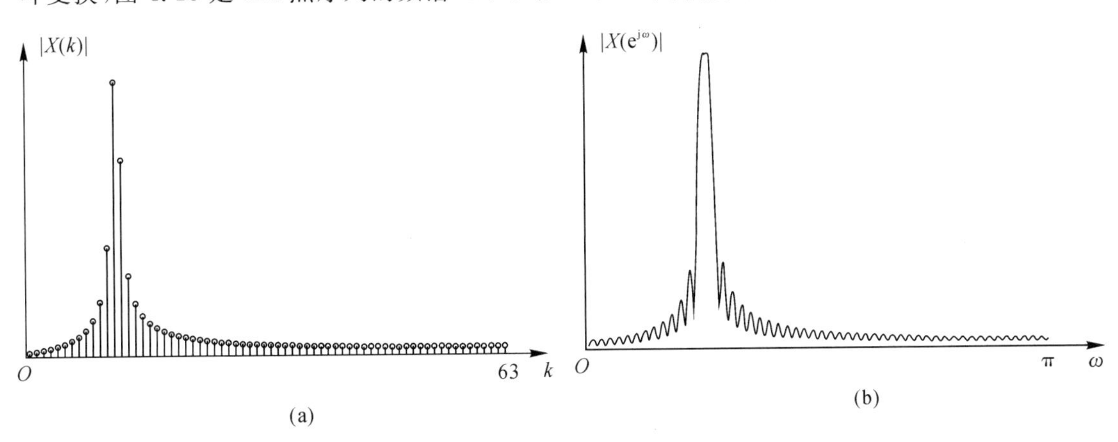

图4.13　序列的幅度谱$|X(k)|$和$|X(e^{j\omega})|$示意图($N=128$)

(a)$X(k)$幅度示意图；(b)$X(e^{j\omega})$幅度示意图

从图4.13可以看出，两个余弦信号频率分量无法进行频域分辨，主要原因是物理分辨率无法满足频域分辨要求。序列点数仍为128，将DFT计算点数提高为1 024，可以提高DFT的计算分辨率，计算结果如图4.14所示。

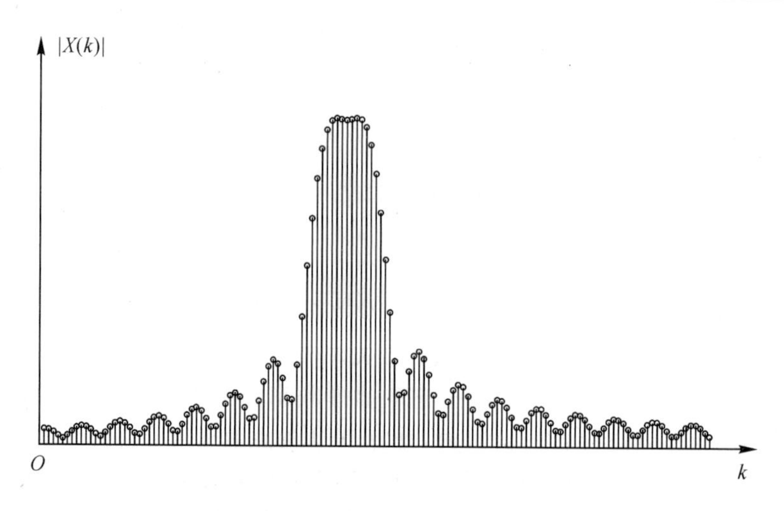

图 4.14　128 点序列的 1 024 点 DFT 计算结果的幅度值(局部)

从图 4.14 可以看出,尽管采用补零技术将 DFT 计算点数提高到 1 024,计算分辨率提高了 4 倍,但物理分辨率并没有提高,所以,补零技术不能提高物理分辨率,但可以改善 DFT 结果的离散化频谱的"栅栏效应",起到平滑频谱包络的作用。

将序列实际数据长度提高到 512 点,则物理分辨率为$(4\pi/512)\approx 0.007\ 8\pi$,它小于两个信号的频差 0.01π,计算序列的 512 点 DFT,其结果如图 4.15 所示。

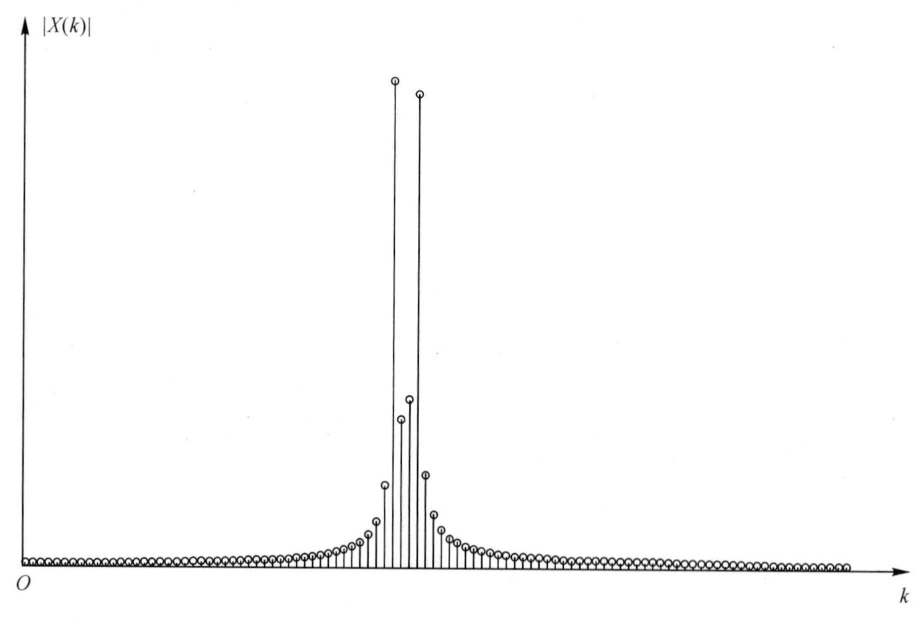

图 4.15　序列的 512 点 DFT 计算结果幅度值(局部)

从图 4.15 可以看出,512 点序列的 DFT 的结果可以明显区分两个信号分量,物理分辨率得到了提高。因此,序列实际数据长度决定了物理分辨率,DFT 计算点数决定了计算分辨率。

2. DFT 频谱分析的主要参数选择

实际采用 DFT 进行数字频谱分析时,需要考虑的主要参数有:

(1) 采样频率 f_s。一般根据采样定理来选择:$f_s > 2f_c$,f_c 是模拟信号的最高频率值。

(2) 序列的数据长度 N。一般由物理分辨率 Δf 来确定:$N > f_s/\Delta f$,因为DFT由FFT算法实现,FFT算法一般要求 N 取成 2 的整数幂,所以,N 为满足上面条件的 2 的幂次整数值。

在以上两个条件满足后,采用 DFT 进行频谱分析时,为了使 DFT 频谱的包络平滑性更好,往往采用补零技术提高频谱的计算分辨率,此时计算 DFT 的点数可以适当增加,以减弱离散频谱的“栅栏效应”,获得离散频谱更好的包络平滑效果。

【例 4-4】　采用DFT对一个模拟信号进行频谱分析,已知模拟信号的最高频率是5 kHz,要求频谱分析的物理分辨率 Δf 小于 10 Hz,确定最低的采样频率和最少的数据长度 N,N 取 2 的幂次。

解　根据采样定理,可确定最低的采样频率 f_s 为

$$f_s \geqslant 2f_c = 2 \times 5\ \text{kHz} = 10\ \text{kHz}$$

然后根据频率分辨率要求,确定最少的数据长度为

$$N > f_s/\Delta f = \frac{10 \times 10^3}{10} = 1\ 000$$

因此,取 $N = 1\ 024$,则频率分辨率为

$$\Delta f = \frac{f_s}{1\ 024} = \frac{10\ 000}{1\ 024} = 9.765\ 6\ \text{Hz}$$

3. 用 DFT 进行频谱分析的误差问题

如前所述,采用离散傅里叶变换 DFT 对连续时间信号进行频谱分析,是目前工程领域采用的基本频谱分析方法。基于 DFT 的频谱分析方法一般包括抗混叠低通滤波、采样、截断(加窗处理)、DFT 计算和结果分析等过程。其中,采样和截断(加窗)会产生一定的误差,下面对可能产生误差的三种情形进行描述。

(1) 混叠误差。对连续时间信号进行频谱分析时,实现模拟信号到离散时间信号的转换过程是采样,根据采样定理,采样频率 f_s 必须满足大于等于信号最高频率值的 2 倍的条件,否则会在折叠频率 $f_s/2$(对应于数字频率 $\omega=\pi$) 附近发生频谱混叠现象。为了消除这种误差,可以在 ADC 之前加一个抗混叠低通滤波器,以减弱采样带来的频谱混叠误差。抗混叠滤波器的作用是滤除高于折叠频率 $f_s/2$ 的频谱分量,以避免这些频谱分量在采样时可能产生的混叠失真。

(2) 栅栏效应。栅栏效应是 DFT 进行频谱分析的特殊现象,它描述了离散频谱 DFT 表示连续频谱 $X(e^{j\omega})$ 带来的一种视觉缺失现象。从 DFT 理论可知,一个 N 点 DFT 值是在频率范围$[0,2\pi]$ 对连续频谱 $X(e^{j\omega})$ 进行 N 点等间隔离散化的结果,离散化频谱的好处是方便存储和计算,另外,由于离散化造成频谱在视觉上的不连续性,看起来像有一排“栅栏”遮挡了一部分频谱细节,称为“栅栏效应”。注意,离散化所带来的“栅栏效应”,并不意味着频谱细节的丢失,它只是一种离散化的结果。离散化频谱可以表示连续频谱的全部信息,而且具有存储和计算方便的优点,这正是离散傅里叶变换的优点所在,也是 DFT 广泛应用于工程领域的缘由。

为了提高观察离散频谱的视觉效果,减弱栅栏效应,可以采用如前所述的 DFT 补零技术。

补零技术的实质是增加了频域离散化的点数，提高了频域离散化的密度，可以有效减弱栅栏效应，如图 4.14 所示。补零技术通过提高 DFT 在频域的离散化点数，在视觉上平滑了离散频谱的包络，频谱包络理论上是等于 $X(e^{j\omega})$ 的包络。但要注意，补零技术只是用于改善栅栏效应，提高了 DFT 频谱分析的计算分辨率，并没有提高物理分辨率，物理分辨率是由 $X(e^{j\omega})$ 决定的。

(3) 截断效应。DFT 用于频谱分析时，要求序列必须是有限长序列，因此，当序列实际是无限长序列模型，或者序列很长时，需要进行截断（加窗）处理。截断后序列的频谱可能不等于原信号的频谱，这取决于原信号的序列长度。设一个序列为 $x(n)$，它的傅里叶变换是 $X(e^{j\omega})$，对该序列截断后的序列记为 $x_N(n)$，截断长度是 N，其频谱为 $X_N(e^{j\omega})$ 则有

$$x_N(n)=x(n)w(n),\quad n=0,1,2,\cdots,N-1 \tag{4.62}$$

其中，$w(n)$ 是截断用的窗函数，默认是矩形窗 $R_N(n)$，其频谱是 $W_R(e^{j\omega})$。根据傅里叶变换的性质，截断序列的频谱 $X_N(e^{j\omega})$ 等于原序列频谱和窗函数频谱的卷积，即

$$X_N(e^{j\omega})=X(e^{j\omega})*W_R(e^{j\omega})=\frac{1}{2\pi}\int_0^{2\pi}X(e^{j\theta})W_R(e^{j(\omega-\theta)})d\theta \tag{4.63}$$

已知矩形窗的频谱 $W_R(e^{j\omega})$，其表达式为

$$W_R(e^{j\omega})=\frac{\sin\left(\frac{N\omega}{2}\right)}{\sin\left(\frac{\omega}{2}\right)}e^{-j\frac{N-1}{2}\omega} \tag{4.64}$$

其幅值如图 4.16 所示。

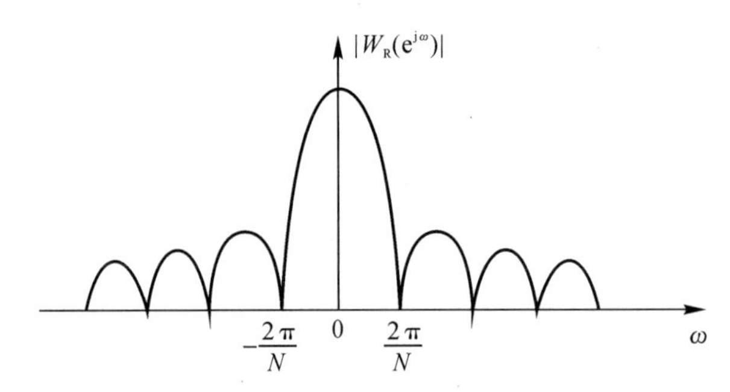

图 4.16　矩形窗频谱示意图

设一个余弦序列为 $x(n)=\cos(\omega_0 n)$，其理想频谱是一个傅里叶级数所表示的谐波系数，可以表示为冲激函数的形式，如下

$$X(e^{j\omega})=\pi\sum_{r=-\infty}^{\infty}[\delta(\omega-\omega_0+2\pi r)+\delta(\omega+\omega_0+2\pi r)] \tag{4.65}$$

$X(e^{j\omega})$ 的幅度在一个周期内示意图如图 4.17 所示。

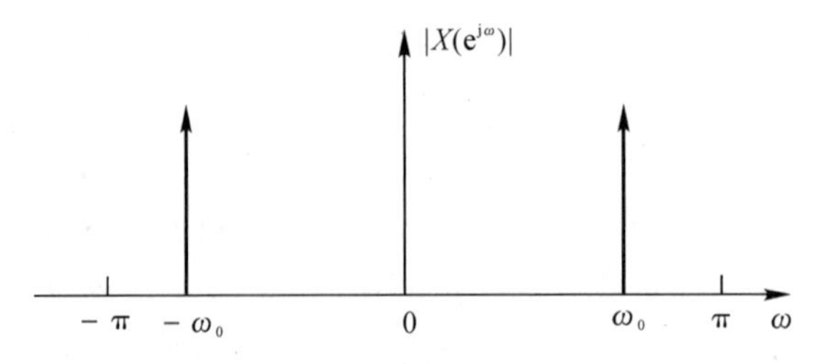

图 4.17　余弦序列的频谱示意图

根据卷积的性质，可得截断后的有限长序列的傅里叶变换如图 4.18 所示。

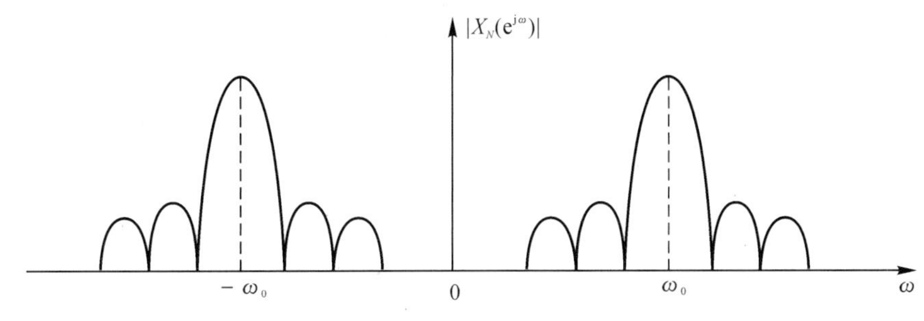

图 4.18　截断余弦序列的频谱示意图

由图 4.18 可见，与信号原来的频谱 $X(e^{j\omega})$ 相比，截断后有限长序列的频谱 $X_N(e^{j\omega})$ 已经发生了改变，变化的主要影响来自窗函数频谱。离散傅里叶变换是图 4.18 频谱的离散化结果，其包络反映了频谱 $X_N(e^{j\omega})$ 的包络，因此，当采用离散傅里叶变换计算序列的频谱，其结果必然是截断后序列的频谱 $X_N(e^{j\omega})$，因此，截断(加窗)是造成频谱变化的主要原因。频谱发生的变化主要表现为以下两个方面：

1) 频谱泄露。由图 4.18 可知，原序列的线状频谱 $X(e^{j\omega})$，当序列被截断后频谱 $X_N(e^{j\omega})$ 成为一个 Sinc 函数状的频谱，它是由一个主瓣和很多旁瓣组成，频谱能量扩展到更多频带，这种现象称为频谱泄露。显然，频谱泄露使得原序列频谱的变化细节变得平滑，频谱的物理分辨率性能下降。频谱泄露大小和截断窗函数的频谱主瓣宽度和旁瓣电平大小有直接关系。窗函数主瓣越窄、频谱泄露越小；窗函数旁瓣电平越低、频谱泄露越小。因此，为了减小频谱泄露，可以选择主瓣窄和旁瓣电平低的窗函数进行截断(加窗)。

2) 谱间干扰。从图 4.18 可见，截断后序列的频谱 $X_N(e^{j\omega})$ 中出现了很多较小的旁瓣峰值，而原序列的频谱是在频率等于 ω_0 的线状谱，对于这类信号，若在频域进行信号检测，旁瓣电平将会对其他线状谱的信号检测造成干扰，特别是强信号频谱的旁瓣电平可能超过弱信号频谱的主瓣电平，或者强信号频谱的旁瓣被检测为其他信号频谱的主瓣，从而造成错误的检测。

以上两种现象都是由对信号的截断(加窗)引起的，因此称为截断效应。当增加截断窗的宽度 N，可以减小窗函数频谱的主瓣宽度，有利于减少频谱泄露，改善截断序列频谱的分辨率，但不能降低窗函数频谱旁瓣电平(相对值)，因此，无法减小谱间干扰。实际上，减小窗函数频谱的主瓣宽度和旁瓣电平相对值是一对矛盾，图 4.19 给出了矩形窗(Rectangular)、三角窗(Barlett)和汉宁窗(Hanning)的频谱图。

从图 4.19 可见，三种窗函数中，矩形窗主瓣宽度最小(约 $4\pi/N$)，但旁瓣电平最大(约−13 dB)，汉宁窗虽然具有最低的旁瓣(约−31 dB)，但主瓣宽度最大($8\pi/N$)。因此通过加窗汉宁窗函数虽然能够减小谱间干扰，但会增加频谱泄露，降低频谱分辨率。改善频谱分析的频谱分辨率并减小谱间干扰需要在选择良好特性窗函数基础上，同时增加截断的窗宽度 N，或者采用现代功率谱估计技术。本书第 7 章将会详细讨论多种窗函数的频谱特性。

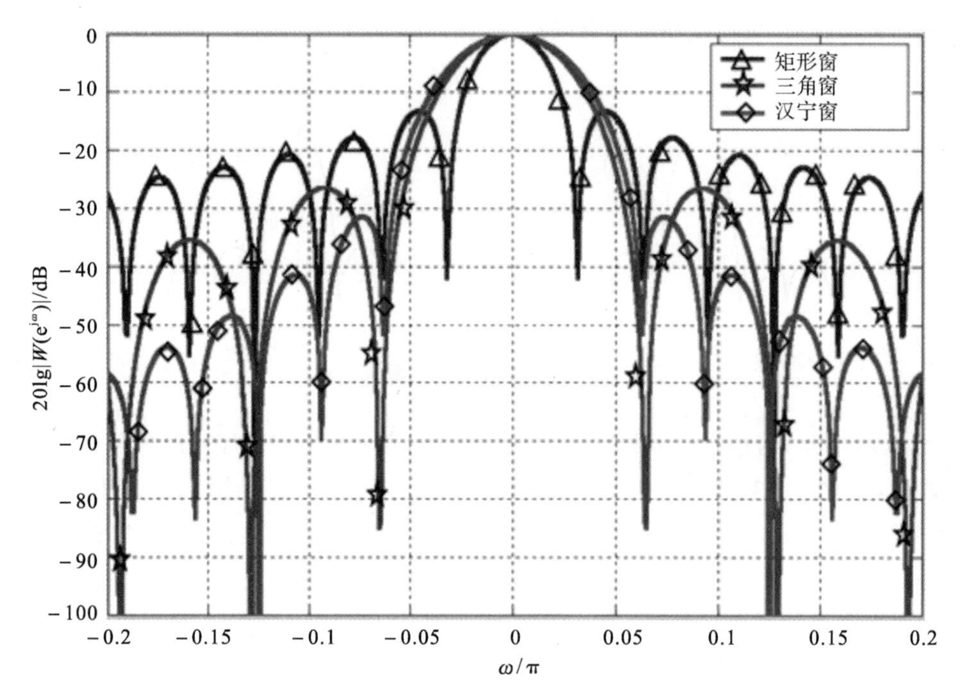

图 4.19　三种窗函数频谱示意图

本章小结和知识要点

本章分别介绍了应用于离散时间周期信号的离散傅里叶级数 DFS 和应用于有限长序列的离散傅里叶变换 DFT，它是傅里叶变换最重要的内容之一，也是本书最难的知识点。本章首先介绍了应用于周期序列的离散傅里叶级数 DFS。DFS 的特点之一是频域表示是一种离散的周期结果，它的计算方式和结果特别适合于数字处理场合。在 DFS 基础上引入了 DFT，并通过 DFT 与 DFS 的关系详细阐述了 DFT 隐含的周期性，以及周期性所带来的一系列特殊性质，特别对 DFT 和 DFS 的特殊关系作了说明。DFT 在本质上是离散化的频谱，它是在$[0, 2\pi]$周期内对频率进行等间隔离散的频谱结果，因此，$X(k)$是离散化的 $X(e^{j\omega})$和单位圆上的 $X(z)$，通过频域采样理论建立了频域离散化和序列时域周期延拓的数学关系，它是理解 DFT 隐含的时域周期化的理论依据。最后介绍了 DFT 的应用，DFT 是目前应用在工程领域的主要傅里叶变换工具。它的一个重要应用领域是模拟信号的频谱分析，对一个模拟信号进行 DFT 计算可以获得离散化的频谱，简要介绍了 DFT 频谱分析的主要步骤，重点介绍了频率分辨率和截断效应。

本章知识要点：

(1)周期序列的离散傅里叶级数(DFS)；

(2)有限长序列的离散傅里叶变换(DFT)；

(3)DFT 隐含的周期性；

(4)DFT 与 DFS 的等效关系；

(5)DFT 性质的特殊性；
(6)线性卷积采用圆周卷积计算的原理；
(7)DFT 与序列傅里叶变换及 z 变换的关系；
(8)DFT 与频域采样的等效及不失真的条件；
(9)DFT 应用中频率分辨率的定义和意义；
(10)DFT 应用时参数的选择原则；
(11)DFT 应用中误差分析。

思　考　题

(1)DFS 适用于哪一类序列的频谱计算?
(2)DFT 适用于哪一类序列的频谱计算?
(3)序列 DFT 的定义式是什么?
(4)DFT 隐含的周期性含义是什么?
(5)一个有限长实数序列的 DFT 是对称函数吗? 对称点在哪里?
(6)一个有限长序列的 DFT 是周期函数吗? 周期等于多少?
(7)DFT 结果 $X(k)$序号 k 表示的数字频率 ω 大小是多少?
(8)一个有限长序列的 DFT 结果能代表它的 DTFT 吗? 条件是什么?
(9)工程中对序列进行频谱分析采用的是 DTFT 还是 DFT? 为什么?
(10)一个 N 点有限长序列的 DTFT、DFT 和 z 变换都存在吗? 它们的关系是什么?
(11)为什么 DFT 可以用在工程实际中?
(12)DFT 比 DTFT 好在哪里?
(13)对一个离散时间信号的频谱(DTFT)进行频域采样,会引起时域序列哪些变化?
(14)一个模拟信号进行数字频谱分析包含哪几个步骤?
(15)物理分辨率和计算分辨率的含义是什么?
(16)如何提高物理分辨率?
(17)怎样提高计算分辨率?
(18)截断效应是什么?

习　　题

4.1　设 $x(n)=R_4(n)$,若下列周期序列为

$$\tilde{x}_1(n)=\sum_{r=-\infty}^{\infty}x(n+6r)$$

$$\tilde{x}_2(n)=\sum_{r=-\infty}^{\infty}x(n+8r)$$

分别画出 $\tilde{x}_1(n)$,$\tilde{x}_2(n)$ 的示意图(至少画 2 个信号周期)。

4.2　计算以下有限长序列的 N 点 DFT，设序列的非零区间为 $0 \leqslant n \leqslant N-1$：

(1)$x(n)=1$；

(2)$x(n)=\delta(n-2)$；

(3)$x(n)=R_m(n),0<m<N-1$；

(4)$x(n)=\cos\left(\frac{2\pi}{N}mn\right),0<m<N/2$。

4.3　采用DFT对一个模拟信号进行频谱分析，设模拟信号为 $x(t)=10\cos(400\pi t)$，设采样频率 $f_s=800$ Hz，解答下列问题：

(1) 写出离散时间信号 $x(n)$ 的表达式，并确定它的数字频率等于多少？

(2) 设 $N=8$，求有限长序列 $x(n)$，$n=0,1,\cdots,7$ 的 8 点 DFT 的值，并绘制它的示意图。

4.4　已知下列结果是 N 点有限长序列 $x(n)$ 的 N 点 DFT $X(k)$，求 $x(n)=$ IDFT$[X(k)]$：

$$(1)X(k)=\begin{cases}\frac{N}{2}e^{j\theta}, & k=m\\ \frac{N}{2}e^{-j\theta}, & k=N-m\\ 0, & \text{其他}\end{cases};$$

$$(2)X(k)=\begin{cases}-\frac{N}{2}je^{j\theta}, & k=m\\ \frac{N}{2}j\,e^{-j\theta}, & k=N-m\\ 0, & \text{其他}\end{cases}$$

其中，m 为正整数，$0<m<N/2$。

4.5　证明DFT的对称定理，即假设 N 点有限长序列 $x(n)$ 的 N 点 DFT 为 $X(k)$，证明：DFT$[X(n)]=Nx(N-k)$。

4.6　已知 N 点有限长序列 $x(n)$ 的 N 点 DFT 为 $X(k)$，若求解 $x(n)$ 的 $2N$ 点 DFT，记为 $X_1(k)$，$0 \leqslant k \leqslant 2N-1$，写出 $X_1(k)$ 和 $X(k)$ 的关系式。

4.7　证明：若 $x(n)$ 实偶对称，即 $x(n)=x(N-n)$，则 $X(k)$ 也是实偶对称，若 $x(n)$ 实奇对称，即 $x(n)=-x(N-n)$，则 $X(k)$ 为纯虚函数并奇对称。

4.8　证明离散帕塞瓦尔定理，若 $X(k)=$ DFT$[x(n)]$，证明：

$$\sum_{n=0}^{N-1}|x(n)|^2=\frac{1}{N}\sum_{k=0}^{N-1}|X(k)|^2$$

4.9　已知一个有限长序列 $x(n)=e^{j0.25\pi n}$，设序列长度 $N=8$，$n=0,1,2,\cdots,7$，求序列的8点 DFT $X(k)$，并画出 $|X(k)|$ 的示意图。

4.10　已知序列 $f(n)=x(n)+jy(n)$，$x(n)$ 和 $y(n)$ 均为 N 点有限长实序列，设 $F(k)=$ DFT$[f(n)]$，$0 \leqslant k \leqslant N-1$，分别求下列情况下的序列 $x(n)$，$y(n)$ 以及它们的 N 点 DFT$X(k)$ 和 $Y(k)$：

(1)$F(k)=\frac{1-a^N}{1-aW_N^k}+j\frac{1-b^N}{1-bW_N^k}$，$a$，$b$ 均为实数；

(2)$F(k)=1+jN$。

4.11　已知两个有限长序列 $x(n)$ 和 $y(n)$ 的非零值区间为

$$x(n):0 \leqslant n \leqslant 7;\quad y(n):0 \leqslant n \leqslant 15$$

分别对两个序列进行 16 点的 DFT,可得 $X(k)$ 和 $Y(k)$,$0 \leqslant k \leqslant 15$。

设
$$F(k)=X(k)Y(k),\quad f(n)=\text{IDFT}[F(k)]$$

分析并说明在哪些点上,$f(n)$ 和 $x(n) * y(n)$ 的结果相等?

4.12　已知一个序列 $x(n)=a^n u(n)$,$0<a<1$,它的 z 变换记为 $X(z)$,现对其在 z 平面的单位圆上进行 N 点等间隔采样,结果记为 $X(k)$,即

$$X(k)=X(z)\big|_{z=W_N^{-k}},\quad 0 \leqslant k \leqslant N-1$$

求有限长序列 $x_1(n)=\text{IDFT}[X(k)]$ 的表达式。

4.13　已知 $x(n)$ 是长度为 N 的有限长序列。$X(k)=\text{DFT}[x(n)]$,现将 $x(n)$ 的每二点之间补进 $r-1$ 个零值,得到一个长度为 rN 的有限长序列 $y(n)$,即

$$y(n)=\begin{cases} x(n/r), & n=lr,\ l=0,1,2,\cdots,N-1 \\ 0, & \text{其他} \end{cases}$$

设 $y(n)$ 的 rN 点 DFT 为 $Y(k)$,求 $Y(k)$ 与 $X(k)$ 的关系式。

4.14　采用 DFT 对模拟信号进行频谱分析,已知模拟信号的最高频率等于 1 kHz,要求频谱分辨率(物理分辨率)不超过 1 Hz,确定最大采样间隔 $T_{\max}$,以及最少的采样点数 $N_{\min}$ 等于多少?要求 $N_{\min}$ 为 2 的幂次的整数值。

4.15　已知一个模拟信号 $x(t)=\cos(40\pi t)+\cos(40.2\pi t)$,设采样频率 $f_s=80$ Hz,解答下列问题:

(1) 写出离散时间序列 $x(n)$ 的表达式;

(2) 若采用离散傅里叶变换进行频谱分析,按频率分辨率要求,确定截断序列的长度 N 等于多少?

(3) 若计算 $2N$ 的 DFT,问计算分辨率等于多少(单位:Hz)?

第 5 章　快速傅里叶变换(FFT)

快速傅里叶变换(Fast Fourier Transform,FFT)是 DSP 学科发展历史上具有里程碑意义的研究成果,是 DSP 技术的重要组成部分。需要强调的是:FFT 并不是一种新型傅里叶变换,它仅仅是计算离散傅里叶变换 DFT 的一种高效的快速算法,与 DFT 直接计算相比节省了可观的乘法和加法运算次数。通过学习第 4 章知识我们已经知道,DFT 本身非常适合离散信号的数字处理,因此,DFT 可以用于信号处理中的频谱分析场合及与之相关的其他信号处理算法中。尽管 DFT 非常有用,但在很长一段时间里,由于 DFT 的运算过于耗费时间,而计算设备昂贵,因此并没有得到普遍应用。1965 年,Cooley 和 Tukey 首次提出了计算离散傅里叶变换的一种快速算法,情况才有了根本性的变化,人们开始认识到 DFT 运算的一些内在规律,从而发展和完善了一套高效的 DFT 运算方法,这就是今天普遍称之为“快速傅里叶变换”的 FFT 算法。FFT 算法使 DFT 的运算量大为简化,从而使 DFT 技术获得了广泛的应用。

5.1　DFT 的运算特点和规律

一个 N 点长度序列 $x(n)$ 的 DFT 和 IDFT 分别为

$$X(k)=\sum_{n=0}^{N-1}x(n)W_N^{nk} \tag{5.1a}$$

$$x(n)=\frac{1}{N}\sum_{k=0}^{N-1}X(k)W_N^{-nk} \tag{5.1b}$$

以上两式的差别仅在于 W 因子的指数符号及比例因子 $1/N$,因此,以下一般以离散傅里叶正变换为对象进行讨论,得出的结论原则上适用于反变换。下面先讨论 $X(k)$ 所需的计算量。

简单观察式(5.1),计算一个 DFT 数值点需要 N 次复乘和 $N-1$ 次复加运算,N 点 $X(k)$ 计算共需要 N^2 次复乘和 $N(N-1)$ 次复加。根据复乘与实乘的关系可得,N 点 $X(k)$ 需要 $4N^2$ 次实乘和 $2N^2+2N(N-1)$ 次实加运算。一般来说,乘法运算量大于加法运算。为简单起见,一般以乘法次数作为运算量的数量级大小。可见,DFT 的运算量大致与 N^2 成正比,或者说,N 点 DFT 的运算量大致在 N^2 数量级上。当然,上述运算量的统计是一种粗略的统计,实际计算稍小于它(一些特殊计算无需作乘法)。当 N 增加,DFT 计算量急剧增加,例如 $N=1\ 024$,DFT 计算量约为 1 048 576 次复乘运算。

FFT 算法减少运算量的基本思路是利用 W 因子的周期性、对称性和正交性等性质,同时将一个 N 点 DFT 的计算划分成 $N/2,N/4,\cdots,2$ 点序列的 DFT 计算的组合。W 因子等于 $W_N=\mathrm{e}^{-\mathrm{j}\frac{2\pi}{N}}$,它的幂次 W_N^{nk} 具有如下性质:

周期性:　　$W_N^{nk}=W_N^{(n+N)k}=W_N^{n(k+N)}$

对称性:　　$W_N^{-nk}=W_N^{(N-n)k}=W_N^{n(N-k)}$

$$W_N^{k+\frac{N}{2}} = -W_N^k, \quad W_N^{n+\frac{N}{2}} = -W_N^n$$

此外,还有一些特殊值:

$$W_N^0 = W_N^N = 1, W_N^{N/2} = -1$$

由于DFT运算量和点数 N 的平方成正比,N 越大,计算量越大;N 越小,计算量越小。因此,经过逐级分解后将一个大 N 点的DFT计算分解为一组较小 N 点的DFT计算的组合,由于计算量和 N 的平方成正比,因此就可以较大程度地降低 N 点 DFT 的计算量。

按照 N 点序列分解为较小点数 DFT 的分解方式不同,FFT 算法有很多种类,基 2-FFT 和基 4-FFT 算法是应用较为普遍的FFT算法,从学习FFT算法角度看,选择这两类算法也是比较合适的。

5.2　基 2-FFT 算法

基 2-FFT 算法一般包括:按时间抽取基 2-FFT 算法 DIT-FFT 和按频率抽取基 2-FFT 算法 DIF-FFT。基 2-FFT 算法要求 $N=2^M$,M 为正整数,即 N 等于 8,16,32,64,128,256,…,1 024 等数值。

5.2.1　按时间抽取基 2-FFT 算法(DIT-FFT)

按时间抽取基 2-FFT 算法是最早的 FFT 算法之一,也称 Cooley-Tukey 算法。该算法的基本思路是首先将 N 点序列按时间下标的奇偶分为两个 $N/2$ 点序列,计算这两个 $N/2$ 点序列的 DFT,计算量可减小约一半;然后,每一个 $N/2$ 点序列按照同样的划分原则,可以划分为两个 $N/4$ 点序列,以此类推,最后,可以将原 N 点序列划分为 $N/2$ 个 2 点序列,也就是说,原来的 N 点序列的DFT计算可以转换为 $N/2$ 个 2 点序列的 DFT 计算,计算量得到显著降低,下面详细进行推导。

第一步:按时间下标的奇偶将 N 点序列 $x(n)$ 分别抽取组成两个 $N/2$ 点序列,分别记为 $x_1(n)$ 和 $x_2(n)$,使得 $x(n)$ 的DFT计算被转化为 $x_1(n)$ 和 $x_2(n)$ 的DFT的计算,推导如下。

$$\begin{aligned} X(k) = \sum_{n=0}^{N-1} x(n) W_N^{nk} &= \sum_{n=0,2,4,\cdots}^{N-2} x(n) W_N^{nk} + \sum_{n=1,3,5,\cdots}^{N-1} x(n) W_N^{nk} = \\ &\sum_{r=0}^{\frac{N}{2}-1} x(2r) W_n^{2rk} + \sum_{r=0}^{\frac{N}{2}-1} x(2r+1) W_N^{(2r+1)k} = \\ &\sum_{r=0}^{\frac{N}{2}-1} x_1(r) W_n^{2rk} + \sum_{r=0}^{\frac{N}{2}-1} x_2(r) W_N^{(2r+1)k} \end{aligned}$$

因为

$$W_N^{2rk} = e^{-j\frac{2\pi}{N}2rk} = e^{-j\frac{2\pi}{\frac{N}{2}}rk} = W_{\frac{N}{2}}^{rk}$$

所以

$$X(k)=\sum_{r=0}^{\frac{N}{2}-1}x_1(r)W_{\frac{N}{2}}^{rk}+W_N^k\sum_{r=0}^{\frac{N}{2}-1}x_2(r)W_{\frac{N}{2}}^{rk}=X_1(k)+W_N^kX_2(k),\quad 0\leqslant k\leqslant N-1 \tag{5.2}$$

其中，$X_1(k)$，$X_2(k)$ 分别是 $x_1(n)$，$x_2(n)$ 的 $N/2$ 点 DFT。式(5.2) 即 $X(k)$ 和 $X_1(k)$，$X_2(k)$ 的关系式。式(5.2) 的关系式还可以利用 W 因子的对称性和 $X_1(k)$，$X_2(k)$ 的周期性来进一步简化，将 $X(k)$ 划分为前一半 $N/2$ 点和后一半 $N/2$ 点，可得

$$\left.\begin{aligned}&X(k)=X_1(k)+W_N^kX_2(k),\quad 0\leqslant k\leqslant\frac{N}{2}-1\\&X(k+N/2)=X_1(k+N/2)+W_N^{k+\frac{N}{2}}X_2(k+N/2)=X_1(k)-W_N^kX_2(k),\quad 0\leqslant k\leqslant\frac{N}{2}-1\end{aligned}\right\} \tag{5.3}$$

式中，利用了 W 因子的对称性，即

$$W_N^{k+\frac{N}{2}}=W_N^kW_N^{\frac{N}{2}}=-W_N^k$$

式(5.3) 说明，$X(k)$ 的前后两半各 $N/2$ 点均可由 $X_1(k)$ 和 $X_2(k)$ 构造出来。式(5.3) 称为蝶形运算公式，第一步分解后的蝶形运算公式归纳为

$$\left.\begin{aligned}X(k)&=X_1(k)+W_N^kX_2(k)\\X(k+N/2)&=X_1(k)-W_N^kX_2(k)\end{aligned}\quad 0\leqslant k\leqslant\frac{N}{2}-1\right\} \tag{5.4}$$

式(5.4) 的运算可以用一种运算流图表示，称为蝶形图，如图 5.1 所示。

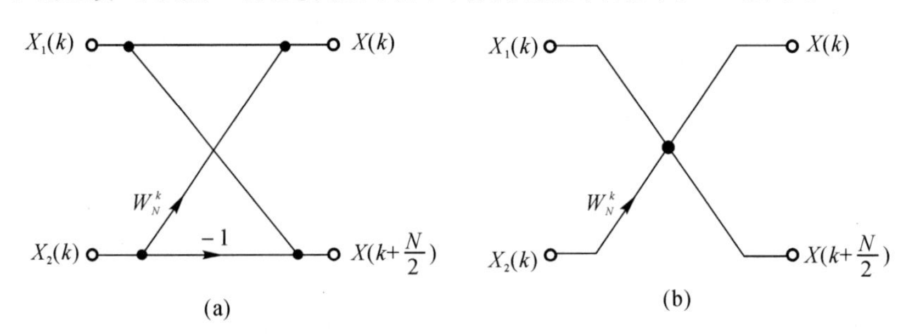

图 5.1　蝶形运算流图

(a) 蝶形流图；(b) 简化蝶形流图

图 5.1(a) 是蝶形运算的标准流图形式，图 5.1(b) 是简化蝶形流图，简化蝶形流图中间的小圆形表示一次加法和一次减法，加法结果输出到流图的上支路，减法结果输出到流图的下支路。本节将采用简化蝶形流图来表示 FFT 算法的流图结构。

经过第一步分解后，N 点 DFT 计算转化为两个 $N/2$ 点 DFT 计算结果的蝶形组合，因而计算量得到降低，大约节省一半的计算量，图 5.2 是 $N=8$ 的按时间抽取算法的第一步分解示意图。

通过第一步分解后，原来的 N 点 $X(k)$ 计算可以转化为计算 2 个 $N/2$ 点序列的 $N/2$ 点 DFT，即 $X_1(k)$ 和 $X_2(k)$，然后通过蝶形组合计算公式，即式(5.4)，得到 $X(k)$ 的 N 点结果。蝶形组合计算需要 $N/2$ 次复数乘法和 N 次复数加法。因此，一次抽取后的复乘计算量为 $2(N/2)^2+N/2=N^2/2+N/2\approx N^2/2$，大致节省了 50% 计算量。

FFT 算法的这种抽取方式极为重要，因为相同的分解思路可以继续用于对两个 $N/2$ 点

$X_1(k)$,$X_2(k)$的计算,即将$X_1(k)$和$X_2(k)$的计算分别分解成2个$N/4$点序列的DFT计算,因此,实际上$X_1(k)$和$X_2(k)$的DFT直接计算并没有发生,计算量可以得到进一步降低。

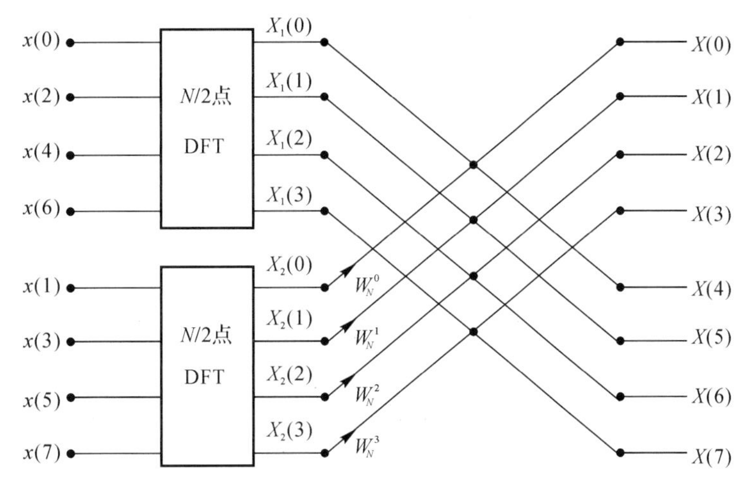

图 5.2　N = 8 点的第一次时域抽取分解示意图

第二步:将$x_1(n)$和$x_2(n)$分别按时间下标奇偶抽取,分解成$N/4$点序列,分别记为$x_3(n)$,$x_4(n)$和$x_5(n)$,$x_6(n)$,将$X_1(k)$,$X_2(k)$的计算转化为$N/4$点的DFT计算,推导如下

$$X_1(k)=\sum_{n=0}^{\frac{N}{2}-1}x_1(n)W_{N/2}^{nk}=\sum_{r=0}^{\frac{N}{4}-1}x_1(2r)W_{N/2}^{2rk}+\sum_{r=0}^{\frac{N}{4}-1}x_1(2r+1)W_{N/2}^{(2r+1)k}=$$

$$\sum_{r=0}^{\frac{N}{4}-1}x_3(r)W_{N/4}^{rk}+W_{N/2}^{k}\sum_{r=0}^{\frac{N}{4}-1}x_4(r)W_{N/4}^{rk}=X_3(k)+W_{N/2}^{k}X_4(k),\quad 0\leqslant k\leqslant\frac{N}{2}-1$$

化简后可得

$$X_1(k)=X_3(k)+W_{\frac{N}{2}}^{k}X_4(k),\quad 0\leqslant k\leqslant\frac{N}{2}-1 \tag{5.5}$$

式(5.5)中的$X_3(k)$和$X_4(k)$分别是序列$x_1(n)$按时域偶数抽取和奇数抽取的$N/4$点序列的DFT,即

$$\begin{aligned}X_3(k)&=\mathrm{DFT}[x_1(2r)]\\X_4(k)&=\mathrm{DFT}[x_1(2r+1)]\end{aligned},\quad 0\leqslant k\leqslant\frac{N}{4}-1$$

进一步将$X_1(k)$分为前一半$N/4$点和后一半$N/4$点,可以得到类似式(5.4)的蝶形运算公式,即

$$\left.\begin{aligned}X_1(k)&=X_3(k)+W_{N/2}^{k}X_4(k)\\X_1\left(k+\frac{N}{4}\right)&=X_3(k)-W_{N/2}^{k}X_4(k)\end{aligned},\quad 0\leqslant k\leqslant\frac{N}{4}-1\right\} \tag{5.6}$$

同理,也可指导得到$X_2(k)$的蝶形运算公式为

$$\left.\begin{aligned}X_2(k)&=X_5(k)+W_{N/2}^{k}X_6(k)\\X_2\left(k+\frac{N}{4}\right)&=X_5(k)-W_{N/2}^{k}X_6(k)\end{aligned},\quad 0\leqslant k\leqslant\frac{N}{4}-1\right\} \tag{5.7}$$

式中,$X_5(k)$和$X_6(k)$分别是序列$x_2(n)$按时域偶数抽取和奇数抽取的$N/4$点序列的DFT,即

$$X_5(k)=\mathrm{DFT}[x_2(2r)]$$

$$X_6(k)=\mathrm{DFT}[x_2(2r+1)],\quad 0\leqslant k\leqslant\frac{N}{4}-1$$

经过第二步分解后，共形成了 4 个 $N/4$ 点序列：$x_3(n)$，$x_4(n)$，$x_5(n)$ 和 $x_6(n)$，分别计算出 4 个 $N/4$ 点 DFT：$X_3(k)$、$X_4(k)$、$X_5(k)$ 和 $X_6(k)$，然后，按蝶形公式(5.6) 和(5.7) 求出 $X_1(k)$ 和 $X_2(k)$，再按蝶形公式(5.4) 求出 $X(k)$。

两级分解后所需要的计算量(复乘次数) 为

$$4\times\left(\frac{N}{4}\right)^2+2\times\frac{N}{4}+\frac{N}{2}=\frac{N^2}{4}+N\approx N^2/4$$

即两次分解后，计算量已下降为大致原来的 1/4，计算量得到进一步的降低。这种分解思路可以继续进行下去，进行第三次按时间域的偶数奇数抽取，即可分解出 8 个 $N/8$ 点序列，然后继续抽取，每个 $N/8$ 点序列分成 2 个 $N/16$ 点序列，…… 以此类推，经过这种多级层层的分解，最后 N 点序列可分解成 $N/2$ 个 2 点序列。这样原来的一个 N 点 DFT 计算就转化为 $N/2$ 个 2 点序列的 DFT 计算，2 点序列的 DFT 已无乘法运算，只需加减运算各一次，计算量大大降低。2 点序列的 DFT 计算如下

$$\begin{cases}X(0)=x(0)+x(1)\\X(1)=x(0)+W_2^1x(1)=x(0)-x(1)\end{cases}$$

综上所述，上述分解过程将一个 N 点 DFT 的计算最终转化成 $N/2$ 个 2 点 DFT 计算，或者说，只需先完成 $N/2$ 个 2 点序列的 DFT 计算，余下的计算工作只是完成从 2 点 DFT 到 4 点 DFT 蝶形运算、从 4 点 DFT 到 8 点 DFT 蝶形运算、……、从 $N/2$ 点 DFT 到 N 点 DFT 蝶形运算的多级蝶形运算组合，再没有 DFT 运算的计算量了，这就是按时间抽取基 2-FFT 算法的基本原理和思想，如图 5.3 所示。

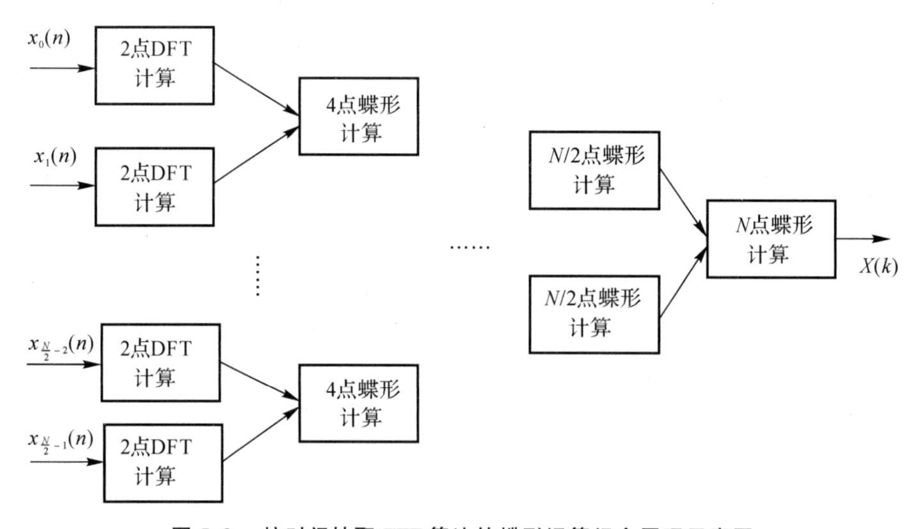

图 5.3　按时间抽取 FFT 算法的蝶形运算组合原理示意图

图 5.3 中除了左边 $N/2$ 个 2 点 DFT 计算外，其余的都是不同点数的蝶形运算单元，实际上，2 点 DFT 的计算结构也是一种简单的蝶形运算(无乘法)，因此，一个 FFT 算法最终的结构是由多级和不同点数的蝶形运算构成的，FFT 的运算量等于所有蝶形结构的运算量之和。

这种 FFT 算法由于每次抽取是按时间下标的奇偶进行的，所以称为按时间抽取基 2 - FFT 算法。图 5.4 是 $N=8$ 的按时间抽取基 2 - FFT 算法流图。

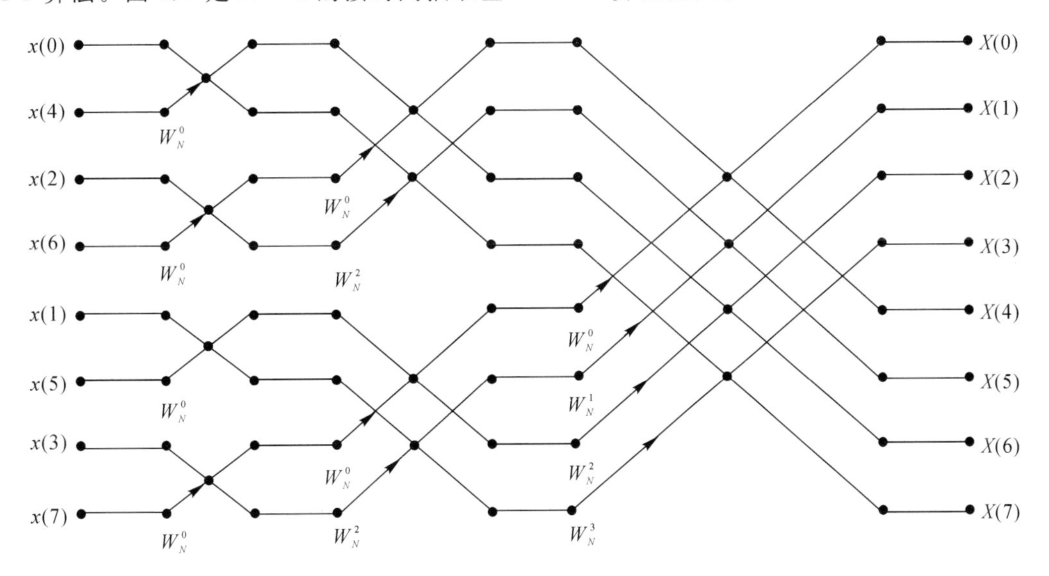

图 5.4　按时间抽取基 2 - FFT 算法流图($N=8$)

图 5.4 中 FFT 算法在蝶形运算结构上分成三级，第 1 级是四个 2 点 DFT 运算，后面两级蝶形结构分别表示由 2 点 DFT 组合 4 点 DFT、由 4 点 DFT 组合 8 点 DFT 的过程，每级共有 4 个蝶形运算单元。

一般地，按时间抽取算法的一个 N 点序列分成 $N/2$ 个 2 点序列需要分解多少级呢？简单计算如下

$$N/\underbrace{2/2\cdots/2}_{i}=\frac{N}{2^i}=\frac{2^M}{2^i}=2^{M-i} \tag{5.8}$$

令式(5.8) 等于 2，则有 $i=M-1$，即经过 $M-1$ 级分解后，可得到 $N/2$ 个 2 点序列。如果加上第一级的 2 点 DFT 计算(2 点 DFT 可以看成无乘法的蝶形运算)，可以认为 FFT 算法总共有 M 级，每级有 $N/2$ 个蝶形运算单元，每个蝶形单元需要 1 次复乘运算和 2 次复加运算，总计算量统计如下

总复乘：

$$\frac{N}{2}M=\frac{N}{2}\log_2 N \tag{5.9a}$$

总复加：

$$NM=N\log_2 N \tag{5.9b}$$

从式(5.9) 可以看出，N 点 DFT 的复乘次数从 N^2 降到 $(N/2)\log_2 N$，复加次数从 $N(N-1)$ 降到 $N\log_2 N$，计算量得到了明显降低，特别是当 N 很大时，计算量节省相当可观。表 5.1 是不同点数时的计算量和比较。

表 5.1　不同点数时 DFT 和 FFT 的复乘次数和比较

N	N^2(DFT)	$\frac{N}{2}\log_2 N$(FFT)	DFT 对比 FFT 计算量
2	4	1	4
4	16	4	4
8	64	12	5.4
16	256	32	8
32	1 024	80	12.8
64	4 096	192	21.3
128	16 384	448	36.6
256	65 536	1 024	64
512	262 144	2 034	113.8
1 024	1 048 576	5 120	204.8
2 048	4 194 304	11 264	372.4

表 5.1 中罗列了最大 $N=2\ 048$ 点的 DFT 和 FFT 算法的复乘次数和对比结果，例如，当 $N=1\ 024$ 时，FFT 算法的复乘计算量降低了 200 多倍，复乘次数从 100 多万次下降为 5 000 多次，计算量大致下降了两个数量级。

综上所述，按时间抽取基 2－FFT 算法的思路是采用逐级抽取将序列数量一分为二，最终分解为多个 2 点序列，这样就将一个 N 点序列的 DFT 计算转化为 $N/2$ 个 2 点序列 DFT 计算，以及 DFT 结果逐级进行蝶形运算的过程，每一级蝶形运算都是完成少点 DFT 结果到多点 DFT 结果的组合，最终总的计算量得到了极大降低。

下面介绍按时间抽取基 2－FFT 算法的同址运算和码位倒序规律。

1. 同址运算

同址运算也称原位运算，同址(in place) 的含义是，FFT 算法中的任何一个蝶形运算单元的 2 个输入变量经该蝶形计算后，便没有任何用处了，其他蝶形单元并不需要这两个信号变量值，这个蝶形计算单元的两个输出结果可直接存放到与其输入变量相同的地址单元中，FFT 算法中的其他蝶形运算单元具有同样的规律。一般称这种蝶形运算规律为同址运算。这种规律可以节省 FFT 算法存储变量的内存单元，例如，N 点 FFT 算法仅需 N 个存储单元，FFT 算法开始执行前存储的输入序列值，FFT 算法执行后存储的是 DFT 的计算结果。因此，同址计算可节省内存，使设备成本降低。另外，同址运算可使 FFT 算法硬件和软件实现中的变量寻址变得简单，提高了运算效率。图 5.5 是 $N=8$ 的按时间抽取基 2－FFT 算法同址运算规律示意图。

在图 5.5 中，第一行变量 $A(0),A(1),\cdots,A(7)$ 表示的是地址单元编号，共 8 个存储单元，第二行变量 $x(0),x(4),\cdots,x(7)$ 表示的是 FFT 算法执行前存储器单元放置的序列样本值。在 FFT 算法流图中，每个蝶形单元关联两个存储器地址单元。在 FFT 算法执行过程中，每一个蝶形单元运算结果存储在该蝶形单元所关联的的两个地址单元中。例如，$A(0)$ 号地址单元，开始存储序列 $x(0)$，中间运算存储各级运算的结果，最终存储为 DFT 的 $X(0)$ 值，同理，例如 $A(4)$ 地址单元，开始存储序列 $x(1)$ 值，最终存储的结果是 DFT 结果 $X(4)$。

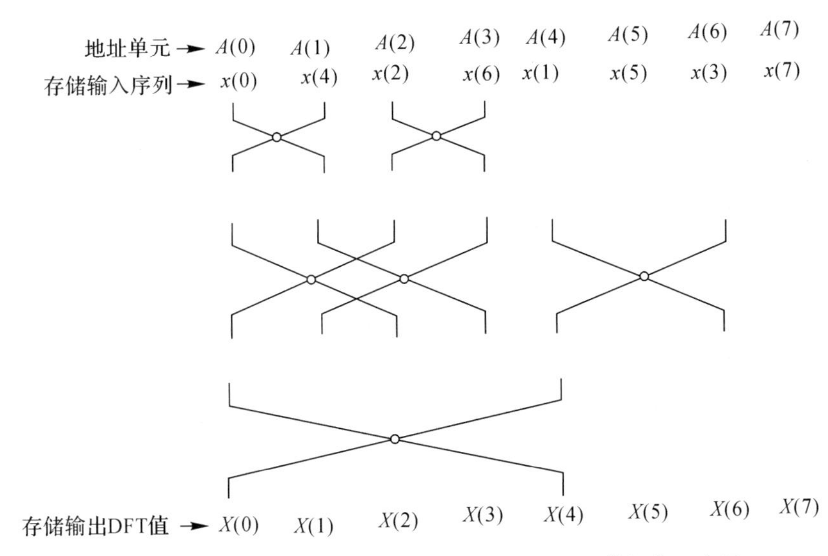

图 5.5　$N=8$ 按时间抽取基 2-FFT 算法同址运算规律示意图

2. 码位倒序

码位倒序的含义是，序列 $x(n)$ 在进入按时间抽取基 2-FFT 算法运算之前，对序列进行重新排序，使之符合这种 FFT 算法要求。图 5.4 的 FFT 算法流程中输入序列的排列顺序是码位倒序的结果，序列的新排序表面看很混乱，其实很有规律，它是序列正常顺序的下标变量二进制编码位的倒置顺序，简称码位倒序。按时间抽取基 2-FFT 算法产生码位倒序是由于算法的多次奇偶抽取操作将原序列的自然顺序多次改变的结果。

表 5.2 是 $N=8$ 的序列下标的正常顺序和码位倒序的关系说明，其中，序列正常顺序下标是 n，序列码位倒序后下标是 m，调整后的序列排序是 $x(m)$。

表 5.2　$N=8$ 序列正常顺序和码位倒序下标关系

正常顺序下标 n		码位倒序下标 m	
十进制	二进制($n_2n_1n_0$)	二进制($n_0n_1n_2$)	十进制
0	000	000	0
1	001	100	4
2	010	010	2
3	011	110	6
4	100	001	1
5	101	101	5
6	110	011	3
7	111	111	7

码位倒序具有内在的规律性，下面进行简单分析，设 $N=2^M$，则序列 $x(n)$ 的每一个下标 n 可以用 M 二进制表示为

$$(n)_{十进制}=(n_{M-1}n_{M-2}\cdots n_1n_0)_{二进制} \tag{5.10}$$

码位倒序的过程是将式(5.10)中二进制位按高位和低位进行置换,形成码位倒序结果,设新的排序下标为 m,则有

$$(m)_{\text{十进制}}=(m_{M-1}m_{M-2}\cdots m_1m_0)_{\text{二进制}}=(n_0n_1\cdots n_{M-2}n_{M-1})_{\text{二进制}} \tag{5.11}$$

按时间抽取 FFT 算法中每次按照下标的奇偶对序列进行分组,根据二进制编码原理,变量最低位为 0 代表偶数值,最低为 1 代表奇数值,所以,序列下标 n 的二进制码 $(n_{M-1}n_{M-2}\cdots n_1n_0)$ 每次抽取都是按照最低位是0或1分组的,n_0 决定第一次抽取分组,n_1 决定第二次抽取分组,以此类推,直到 n_{M-1}。图 5.6 是 $N=8$ 的码位倒序形成过程示意图。

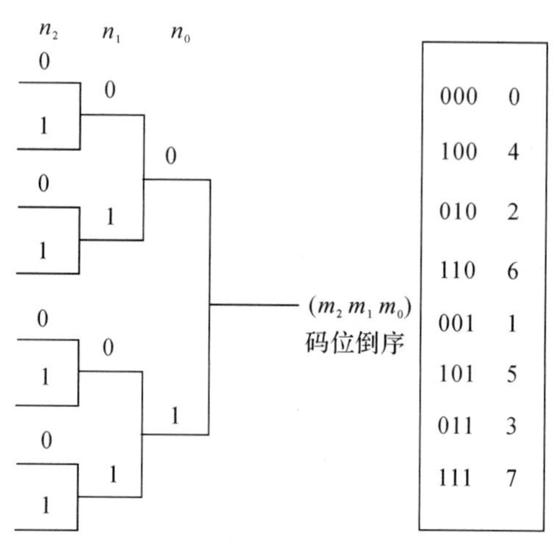

图 5.6　$N=8$ 序列的码位倒序形成过程示意图

按下标 m 的排序后的序列 $x(m)$ 就是码位倒序的序列,符合 FFT 算法的要求。因此,若应用按时间抽取基 2-FFT 算法时,首先要完成对原序列正常顺序的调整,也称作整序。实际应用该 FFT 算法时,对序列进行整序操作并不简单。若采用汇编语言或具有位操作的高级语言编程,可按照码位倒序规律实现整序,对于无位操作的高级语言编程,实现序列正常顺序的码位倒序操作流程有些复杂,图 5.7 是码位倒序操作的一种软件流程图。

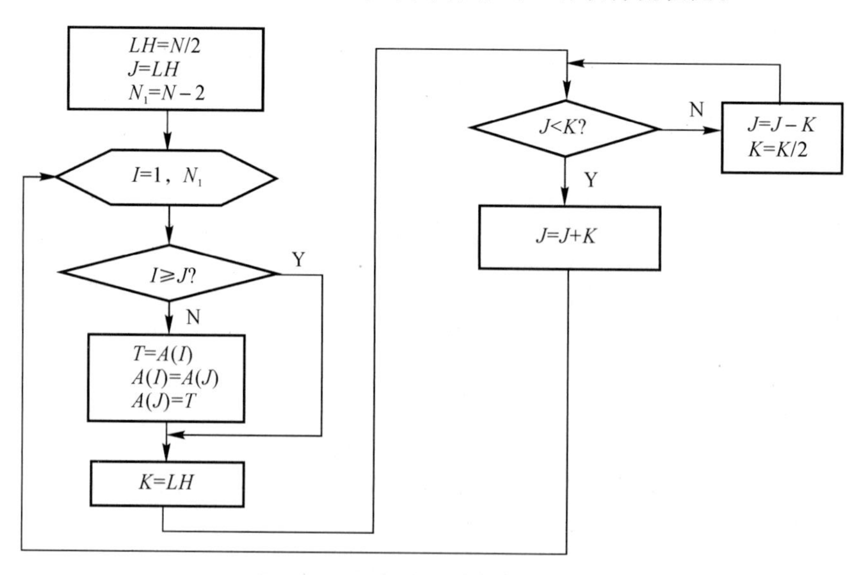

图 5.7　码位倒序操作软件流程图

5.2.2 按频率抽取基2-FFT算法(DIF-FFT)

按频率抽取算法将序列分成两部分的方式与按时间抽取算法有所不同,它是按序列时间下标的顺序分成前后两部分,即

$$
\begin{aligned}
X(k)=\sum_{n=0}^{N-1}x(n)W_N^{nk}&=\sum_{n=0}^{N/2-1}x(n)W_N^{nk}+\sum_{n=N/2}^{N-1}x(n)W_N^{nk}=\\
&\sum_{n=0}^{N/2-1}x(n)W_N^{nk}+\sum_{n=0}^{N/2-1}x(n+N/2)W_N^{(n+N/2)k}=\\
&\sum_{n=0}^{N/2-1}x(n)W_N^{nk}+W_N^{\frac{N}{2}k}\sum_{n=0}^{N/2-1}x(n+N/2)W_N^{nk}
\end{aligned}
$$

由于

$$W_N^{kN/2}=(-1)^k$$

所以

$$X(k)=\sum_{n=0}^{N/2-1}[x(n)+(-1)^k x(n+N/2)]W_N^{nk} \tag{5.12}$$

将 $X(k)$ 按下标 k 的奇偶分成两部分:$X(2r)$,$X(2r+1)$,可得

$$
\begin{aligned}
X(2r)=&\sum_{n=0}^{N/2-1}[x(n)+x(n+N/2)]W_N^{2nr}=\sum_{n=0}^{N/2-1}[x(n)+x(n+N/2)]W_{\frac{N}{2}}^{nr}=\\
&\sum_{n=0}^{N/2-1}x_1(n)W_{\frac{N}{2}}^{nr}=X_1(r)
\end{aligned}
$$

其中

$$x_1(n)=x(n)+x(n+N/2),n=0,1,\cdots\frac{N}{2}-1 \tag{5.13}$$

是一个 $N/2$ 点序列,它是由序列 $x(n)$ 的前半部分加上后半部分构成的。

同理,可得 $X(2r+1)$ 为

$$
\begin{aligned}
X(2r+1)=&\sum_{n=0}^{N/2-1}[x(n)-x(n+N/2)]W_N^{n(2r+1)}=\sum_{n=0}^{N/2-1}[x(n)-x(n+N/2)]W_N^{n}W_N^{2nr}=\\
&=\sum_{n=0}^{N/2-1}x_2(n)W_{N/2}^{nr}=X_2(r)
\end{aligned}
$$

其中

$$x_2(n)=[x(n)-x(n+N/2)]W_N^n,n=0,1,\cdots\frac{N}{2}-1 \tag{5.14}$$

经过这一步分解,可将 N 点 $X(k)$ 的计算转化为2个 $N/2$ 点序列 $x_1(n)$ 和 $x_2(n)$ 的DFT计算,其中,$X_1(k)$ 对应着 $X(k)$ 的偶数下标部分 $X(2r)$,$X_2(k)$ 对应着 $X(k)$ 的奇数下标部分 $X(2r+1)$,计算 $X_1(k)$ 加 $X_2(k)$ 的复乘次数为 $N^2/2$,因此,与 $X(k)$ 直接计算相比,计算量可以大致节省一半。

式(5.13)和式(5.14)是按频率抽取算法的基本方程,是将 N 点序列分解为2个 $N/2$ 点序列的一种运算形式,和按时间抽取算法的蝶形运算式(5.4)的形式类似,可以看成是另一种蝶形运算,重写如下

$$\left.\begin{aligned} x_1(n) &= x(n) + x(n+N/2) \\ x_2(n) &= [x(n) - x(n+N/2)]W_N^n \end{aligned}\right\}, \quad 0 \leqslant n \leqslant N/2-1 \tag{5.15}$$

相应的蝶形图如图 5.8 所示，按频率抽取算法的蝶形运算和时间抽取算法蝶形运算在形式上很类似，它们的主要区别是复数乘法的位置不同，另外，两个蝶形运算的输入和输出变量意义完全不同，按时间抽取算法的蝶形运算是频域值运算，按频率抽取算法的蝶形运算是时域运算，这两点是两种算法的重要区别。

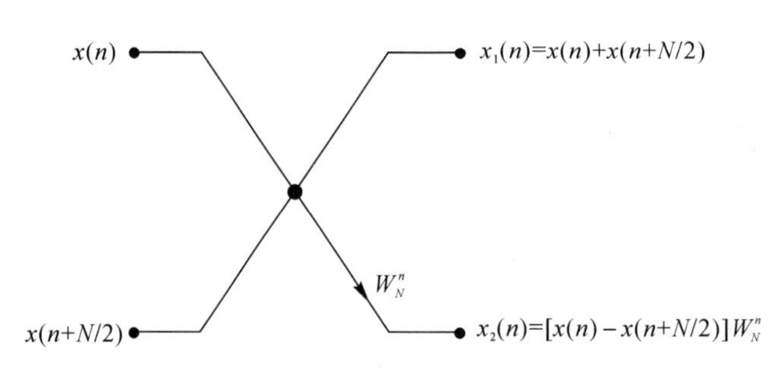

图 5.8　按频率抽取算法蝶形图

按频率抽取算法的一次抽取过程，首先按式(5.15)由 $x(n)$ 生成 2 个 $N/2$ 点序列，然后直接计算它们的 DFT，分别对应 $X(k)$ 的偶数下标和奇数下标的 DFT 值。$N=8$ 时第一次抽取的 FFT 算法流图如图 5.9 所示。

图 5.8 的每一个蝶形运算单元执行两次复数加法(含一次减法)和一次复数乘法，因此，第一次抽取后共有 $N/2$ 蝶形运算和 2 个 $N/2$ 点 DFT 计算，总的复乘次数约为 $N^2/2+N/2$，大致节省了一半的复乘计算量，节省计算量和按时间抽取算法相同。

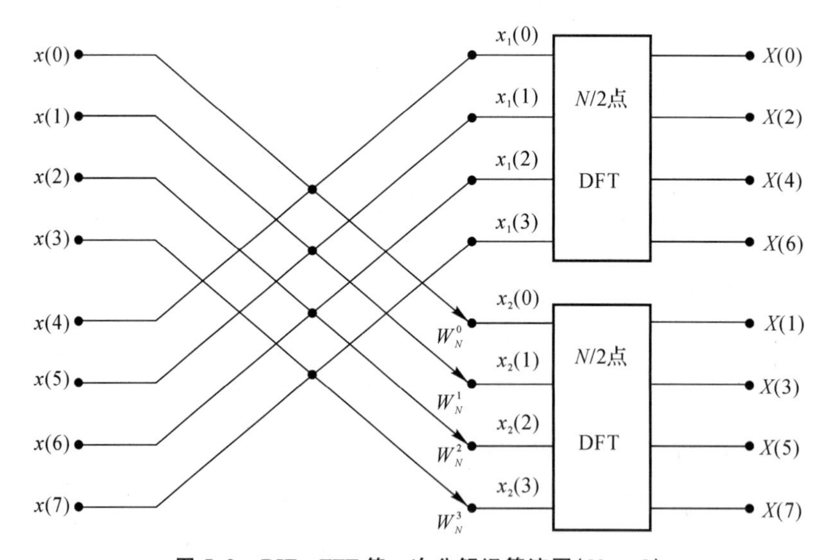

图 5.9　DIF-FFT 第一次分解运算流图($N=8$)

同理，实际上 $N/2$ 点的 $X_1(k)$ 和 $X_2(k)$ 不需要直接计算，对 $X_1(k)$ 和 $X_2(k)$ 可以采用相同的分解思路和方法，进一步分解成两组各两个 $N/4$ 点序列 $x_3(n)$，$x_4(n)$ 和 $x_5(n)$，$x_6(n)$ 的

DFT,形成相应的蝶形运算公式,在这里省略推导过程,直接给出第二次抽取过程的数学关系式和蝶形运算公式,即

$$X_1(k)=\begin{cases}X_1(2r)=X_3(r)=\mathrm{DFT}[x_3(n)]\\X_1(2r+1)=X_4(r)=\mathrm{DFT}[x_4(n)]\end{cases}$$

其中

$$\left.\begin{aligned}&x_3(n)=x_1(n)+x_1(n+N/4)\\&x_4(n)=[x_1(n)-x_1(n+N/4)]W_{N/2}^{n},\quad n=0,1,\cdots,\frac{N}{4}-1\end{aligned}\right\}\tag{5.16}$$

$$X_2(k)=\begin{cases}X_2(2r)=X_5(r)=\mathrm{DFT}[x_5(n)]\\X_2(2r+1)=X_6(r)=\mathrm{DFT}[x_6(n)]\end{cases}$$

其中

$$\left.\begin{aligned}&x_5(n)=x_2(n)+x_2(n+N/4)\\&x_6(n)=[x_2(n)-x_2(n+N/4)]W_{N/2}^{n},\quad n=0,1,\cdots,\frac{N}{4}-1\end{aligned}\right\}\tag{5.17}$$

$N=8$ 的两次蝶形分解 FFT 算法流图如图 5.10 所示

注意图 5.10 中的 W_N^2 来自于 $W_{N/2}^1$,为了和第一次抽取的蝶形 W 系数统一格式,转换为 W_N^2 的形式。经过两次蝶形分解后,形成了 4 个 $N/4$ 点序列,N 点序列的 DFT 结果分别对应各个 $N/4$ 点 DFT 结果,它们的对应关系是 $X(k)$ 的下标 k 的 2 次偶数和奇数排序,由于分解为 4 个 $N/4$ 点序列 DFT 计算,计算量得到进一步降低,复乘次数大致为 $4\times(N/4)^2+2\times N/2$,当 N 较大时,近似等于 $N^2/4$,复乘计算量降低为原计算量的 1/4。

与按时间抽取算法类似,此分解思路可以一直进行下去,直到将 N 点序列分解成 $N/2$ 个 2 点序列,最后对 $N/2$ 个 2 点序列直接进行 2 点 DFT 变换,得到的结果将与 $X(k)$ 有确切的对应关系。

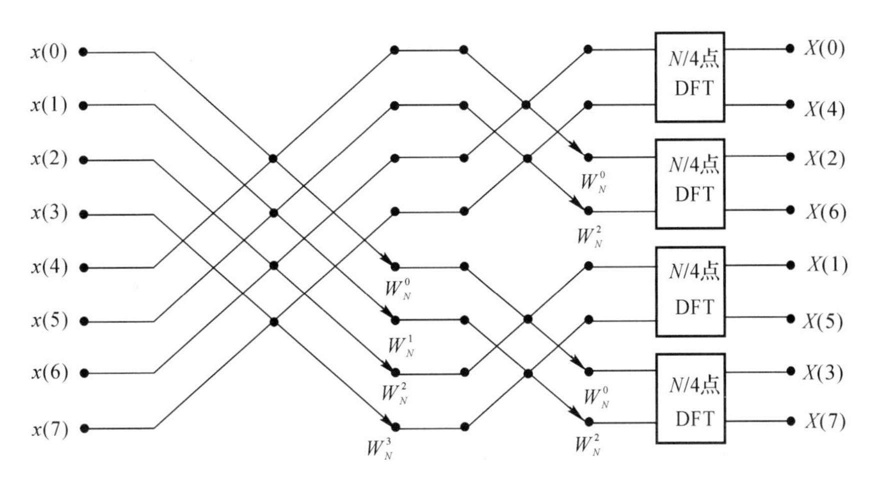

图 5.10　DIF-FFT 算法二次蝶形分解运算流图($N=8$)

按此运算方法,可以画出一个 $N=8$ 点的 FFT 算法流图,如图 5.11 所示,由于这种算法是按照频域下标的奇偶来划分 $X(k)$ 和 2 点 DFT 的对应关系,所以称这种算法为按频率抽取基

2 - FFT 算法(DIF - FFT)。

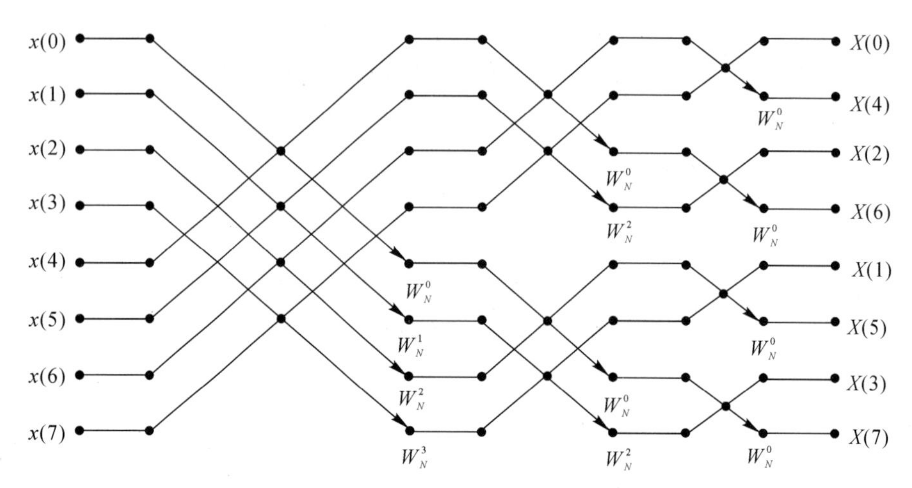

图 5.11 DIF - FFT 算法运算流图($N = 8$)

图 5.11 中 FFT 算法在蝶形运算结构上分成三级,第一级是形成 2 个 4 点序列,第二级是 2 个 4 点序列形成 4 个 2 点序列,第三级是 4 个 2 点序列的 DFT 计算,每级包含 4 个蝶形运算单元。一般情况下一个 N 点按频率抽取算法共有 M 级,每级有 $N/2$ 个蝶形运算单元,每个蝶形单元需要 1 次复乘运算和 2 次复加运算,总计算量统计如下:

总复乘:

$$\frac{N}{2}M = \frac{N}{2}\log_2 N \tag{5.18a}$$

总复加:

$$NM = N\log_2 N \tag{5.18b}$$

对比式(5.9),按频率抽取算法和按时间抽取算法的计算量完全相同。因此,按频率抽取算法具有与按时间抽取算法相同的分级数、每级蝶形运算单元数、运算量和同址运算特点。

观察图 5.11 可知,按频率抽取算法也具有码位倒序规律,但要注意,与按时间抽取算法不同的是,前者码位倒序规律出现在输出 DFT 结果中,即按频率抽取算法的输出顺序是码位倒序,而按时间抽取算法的输入序列是倒序排列。但这一点不是区分两类算法的标准,它们的根本区别是算法的蝶形结构不同,具体地说,蝶形中的 W 因子相乘的位置不同,这正是两类算法不同的原理所造成的。

综上所述,按频率抽取基 2 - FFT 算法的思路是采用逐级抽取将序列数量一分为二,最终分解为多个 2 点序列,这样就将一个 N 点序列的 DFT 计算转化为 $N/2$ 个 2 点序列 DFT 计算。与按时间抽取算法不同的是,序列逐级分解的方法不同,按频率抽取算法从第一级开始逐级对序列进行分解,直到倒数第二级得到了 $N/2$ 个 2 点序列,最后一级计算 $N/2$ 个 2 点 DFT,就直接得到了 N 点 $X(k)$ 的结果。

至此已经讨论了 FFT 算法中最典型的按时间抽取算法和按频率抽取算法的原理、分解思路、蝶形运算单元、运算流图和算法的同址运算及码位倒序。虽然书中仅给出了 $N=8$ 的 FFT 算法流图,读者可以按此思路画出其他 N 点两种 FFT 算法的运算流图。

再有一点要说明的是,这里给出的两种 FFT 算法流图形式并不是唯一的,它们只是其中的两种 FFT 算法中最常用的两种运算流图。实际上可以改变图 5.4 和图 5.11 流图中输入和输出以及中间结点的排列顺序,只要不破坏原来各级蝶形运算单元的连接关系,就可以得到同类算法中的其他FFT算法流图。图5.12与图5.13给出了按时间抽取FFT算法的其他两种流图形式,其中,图 5.12 的算法输入是自然顺序,输出是码位倒序;图 5.13 中输入和输出均是自然顺序,但图 5.13 的第二、第三级的蝶形运算单元不再具有同址运算的特点。

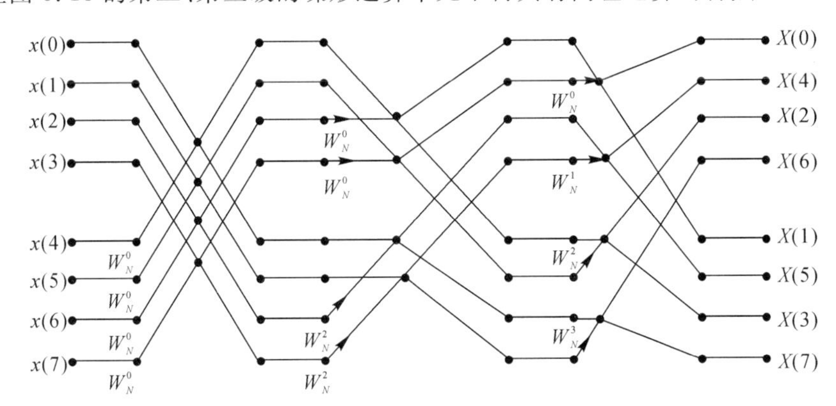

图 5.12　DIT-FFT 算法的一种运算流图(输入顺序,输出倒序)

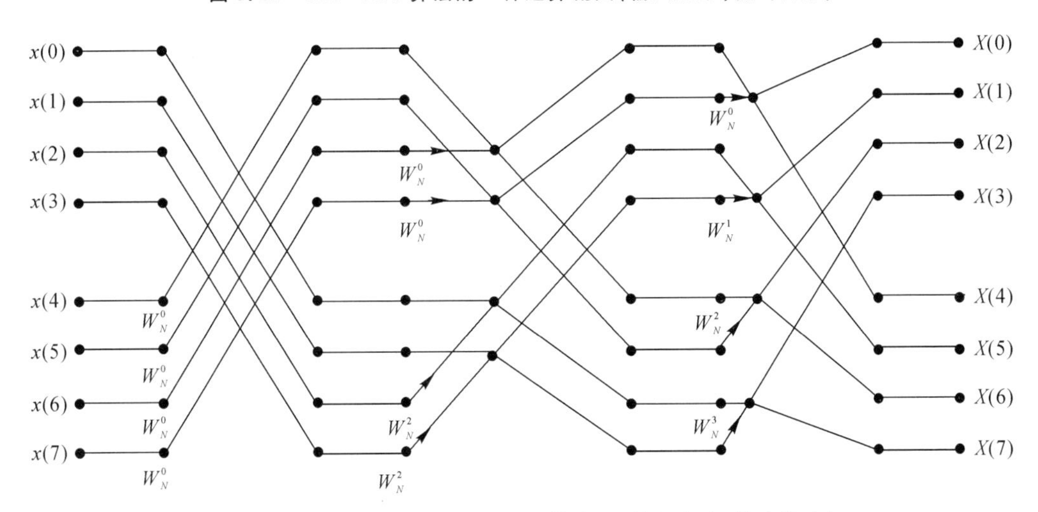

图 5.13　DIT-FFT 算法的一种运算流图(输入顺序,输出顺序)

5.3　IDFT 的快速算法(IFFT)

在实际应用中,计算离散傅里叶变换 DFT 采用 FFT 算法,可以大幅提高计算速度,在某些应用场合,需要计算离散傅里叶反变换 IDFT。比较一下正变换 DFT 和反变换 IDFT 的运算公式,可以发现两者的计算方式非常相似,只需要对 FFT 算法进行简单修改,就可以用于 IDFT 的计算。因此,实际中 IDFT 的快速算法都是建立在 FFT 算法基础上的。本节给出了两种 IFFT 快速算法的原理。

IDFT 的计算公式重写如下

$$x(n)=\frac{1}{N}\sum_{k=0}^{N-1}X(k)W_N^{-nk},\quad n=0,1,2,\cdots,N-1 \tag{5.19}$$

从式(5.19)可以看到，除了常数 $1/N$ 和 W_N^{-nk} 的负幂次外，IDFT和DFT是完全一样的，因此，只要将 FFT 算法中的 W_N^k 或 W_N^n 改为共轭形式 W_N^{-k} 或 W_N^{-n}，所有支路乘以 $1/N$，就得到了一种 IDFT 的快速算法，其 IFFT 算法的蝶形运算单元流图如图 5.14 所示。由于 $1/N=(1/2)^M$，可以将乘 $1/N$ 分配到 M 级中每一个蝶形输入或输出支路上再乘以 1/2，这种好处是在一定程度上可以防止算法运算过程中发生的数值溢出。

图 5.14(a) 是基于按时间抽取的蝶形单元，图 5.14(b) 是基于按频率抽取算法的蝶形单元，完整的 IFFT 算法流图可以按照这个原理画出，由于篇幅所限，这里不再赘述了。

上述 IFFT 算法需要修改 FFT 算法蝶形单元的乘法因子，有些时候并不是很方便，如果希望直接调用 FFT 算法模块来计算 IDFT，可以采用下面第二种 IFFT 方法。

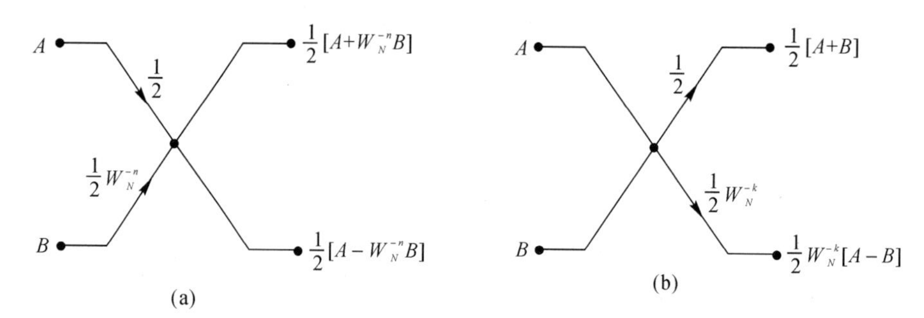

图 5.14　IFFT 的基本蝶形运算流图

(a) 基于按时间抽取算法；(b) 基于按频率抽取算法

根据 IDFT 的定义式，可得

$$x(n)=\frac{1}{N}\sum_{k=0}^{N-1}X(k)W_N^{-nk}=\frac{1}{N}\sum_{k=0}^{N-1}X(k)(W_N^{nk})^*=$$

$$\frac{1}{N}\left[\sum_{k=0}^{N-1}X^*(k)W_N^{nk}\right]^*=\frac{1}{N}\{\mathrm{DFT}[X^*(k)]\}^* \tag{5.20}$$

这种算法是首先将输入的 $X(k)$ 取共轭，然后直接调用 FFT 算法，对结果再取共轭，最后乘以 $1/N$，就得到了 IDFT 结果 $x(n)$，这种 IFFT 算法的原理如图 5.15 所示。

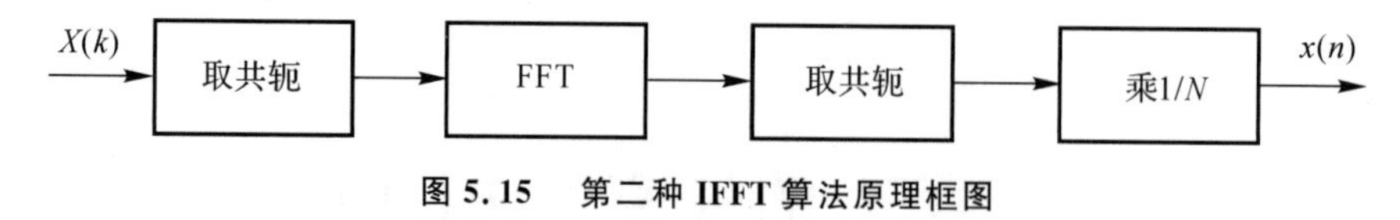

图 5.15　第二种 IFFT 算法原理框图

第二种 IFFT 算法原理虽然用了两次取共轭运算，但共轭运算极为简单，且未对 FFT 算法模块作任何修改，软件可以直接调用 FFT 算法子程序，硬件可以直接采用 FFT 芯片或者 FPGA 内嵌的 FFT - IP 核，因而应用更为方便。

需要说明的是图 5.15 中的若 FFT 模块选择按时间抽取基 2 - FFT 算法，则输入 $X(k)$ 需进行码位倒序的整序操作，输出 $x(n)$ 是自然顺序；若 FFT 模块选择按频率抽取基 2 - FFT 算法，则输入 $X(k)$ 是自然顺序，输出 $x(n)$ 是码位倒序，需要进行整序操作，调整为自然顺序。

5.4　基 4 - FFT 算法

上节详细介绍了快速傅里叶变换的基 2 - FFT 算法，这类 FFT 算法是应用中最多采用的 FFT 算法之一。此外，基 4 - FFT 算法也是应用非常广泛的 FFT 算法，本节简要介绍基 4 - FFT 算法的原理。类似于基 2 - FFT 算法的分解思路，基 4 - FFT 算法的思想是将 N 点序列的 DFT 计算最终分解成 $N/4$ 个 4 点序列的 DFT 计算，4 点序列的 DFT 实际上也没有乘法。基 4 - FFT 算法分解序列的思路类似基 2 - FFT 算法，也是逐级进行序列的划分，两者的主要区别是基 4 算法每级分解结果都是 4 个短序列，最后分解为 $N/4$ 个 4 点序列。

按照抽取下标，基 4 - FFT 算法也可以分为按时间抽取基 4 - FFT 算法和按频率抽取基 4 - FFT 算法，下面仅推导按时间抽取基 4 - FFT 算法。

设 $N=4^M$，首先，将 N 点序列 $x(n)$ 分为 4 个 $N/4$ 点序列，抽取方式为顺序分段。4 个短序列分别记为

$$\begin{cases} x_0(r)=x(4r) \\ x_1(r)=x(4r+1) \\ x_2(r)=x(4r+2) \\ x_3(n)=x(4r+3) \end{cases},\quad r=0,1,2,\cdots,\frac{N}{4}-1$$

下面按照以上的时域抽取方法进行推导，即

$$\begin{aligned} X(k)=&\sum_{n=0}^{N-1}x(n)W_N^{nk}=\sum_{r=0}^{N/4-1}x(4r)W_N^{4rk}+\sum_{r=0}^{N/4-1}x(4r+1)W_N^{(4r+1)k}+\sum_{r=0}^{N/4-1}x(4r+2)W_N^{(4r+2)k}+ \\ &\sum_{r=0}^{N/4-1}x(4r+3)W_N^{(4r+3)k}=\sum_{r=0}^{N/4-1}x(4r)W_{N/4}^{rk}+W_N^k\sum_{r=0}^{N/4-1}x(4r+1)W_{N/4}^{rk}+ \\ &W_N^{2k}\sum_{r=0}^{N/4-1}X(4r+2)W_{N/4}^{rk}+W_N^{3k}\sum_{r=0}^{N/4-1}x(4r+3)W_{N/4}^{rk}= \\ &X_0(k)+W_N^kX_1(k)+W_N^{2k}X_2(k)+W_N^{3k}X_3(k)=\sum_{l=0}^{3}W_N^{lk}X_l(k),\quad 0\leqslant k\leqslant N-1 \end{aligned}$$

以上推导的结果是将 $X(k)$ 分成了 4 个 $N/4$ 点序列的 DFT 之和，即 $X(k)$ 等于 $X_0(k)$，$X_1(k)$，$X_2(k)$ 和 $X_3(k)$ 的组合。每一个 $N/4$ 点序列的 DFT 计算复乘次数为 $(N/4)^2$，4 个 DFT 需要 $4\times(N/4)^2$，即 $N^2/4$，加上相加所需要的 $3N$ 次复乘，计算量大致为原来的 25% 略多一些。

下一步对 $X(k)$ 进行分组，按照 k 下标顺序分为四部分：$X(k)$、$X(k+N/4)$、$X(k+N/2)$ 和 $X(k+3N/4)$，$k=0,1,2,\cdots,N/4-1$，利用 $X_l(k)$ 的周期为 $N/4$，可得

$$X(k)=\sum_{l=0}^{3}W_N^{lk}X_l(k)=X_0(k)+W_N^{2k}X_2(k)+W_N^kX_1(k)+W_N^{3k}X_3(k)$$

$$\begin{aligned} X\left(k+\frac{N}{4}\right)=&\sum_{l=0}^{3}W_N^{l\left(k+\frac{N}{4}\right)}X_l\left(k+\frac{N}{4}\right)=\sum_{l=0}^{3}W_N^{l\frac{N}{4}}W_N^{lk}X_l(k)= \\ &\sum_{l=0}^{3}(\mathrm{j})^lW_N^{lk}X_l(k)=X_0(k)-W_N^{2k}X_2(k)+\mathrm{j}W_n^kX_1(k)-\mathrm{j}W_N^{3k}X_3(k) \end{aligned}$$

$$X\left(k+\frac{N}{2}\right)=\sum_{l=0}^{3}W_N^{l\left(k+\frac{N}{2}\right)}X_l\left(k+\frac{N}{2}\right)=\sum_{l=0}^{3}W_N^{l\frac{N}{2}}W_N^{lk}X_l(k)=$$

$$\sum_{l=0}^{3}(-1)^l W_N^{lk}X_l(k)=X_0(k)+W_N^{2k}X_2(k)+[W_N^kX_1(k)+W_N^{3k}X_3(k)]$$

$$X\left(k+3\frac{N}{4}\right)=\sum_{l=0}^{3}W_N^{l\left(k+3\frac{N}{4}\right)}X_l\left(k+3\frac{N}{4}\right)=\sum_{l=0}^{3}W_N^{l3\frac{N}{4}}W_N^{lk}X_l(k)=$$

$$\sum_{l=0}^{3}(-\mathrm{j})^l W_N^{lk}X_l(k)=X_0(k)-W_N^{2k}X_2(k)+[\mathrm{j}W_N^kX_1(k)-\mathrm{j}W_N^{3k}X_3(k)]$$

$$0\leqslant k\leqslant\frac{N}{4}-1$$

从上面的推导结果可以看到，N 点 $X(k)$ 可以分成 4 部分：$X(k)$、$X(k+N/4)$、$X(k+N/2)$、$X(k+3N/4)$，分别由 4 个 $N/4$ 点序列的 DFT 线性组合得到，它们之间的关系可用流图表示，如图 5.16 所示。

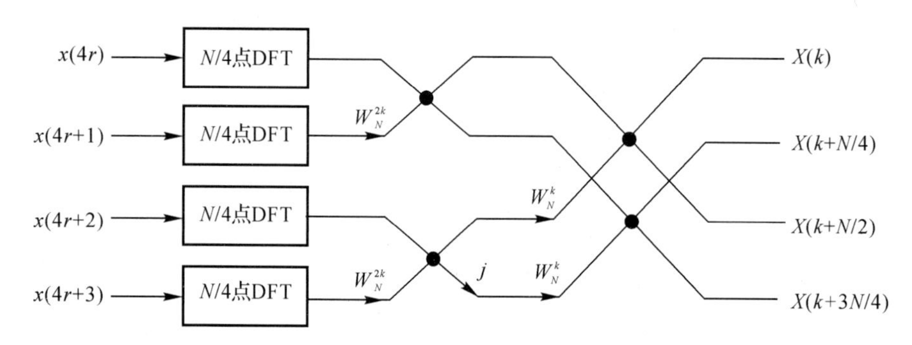

图 5.16　基 4 - FFT 算法第一次抽取后的蝶形流图

图 5.16 表示了基 4 - FFT 算法第一次分解后，N 点 DFT 可以由 4 个 $N/4$ 点序列的 DFT 的线性组合，这个组合项有 4 个值进行相加、相减和复乘计算，表面看起来比较复杂，实际可以化简为两两相加，因此也可以采用基 2 - FFT 算法中的简化蝶形流图。

实际上，上述流图还有另一种画法，直接将四项线性组合化成流图，如图 5.17 所示。与图 5.16 蝶形流图相比，图 5.17 流图看起来较为复杂，实际上计算量略小于图 5.16 流图。

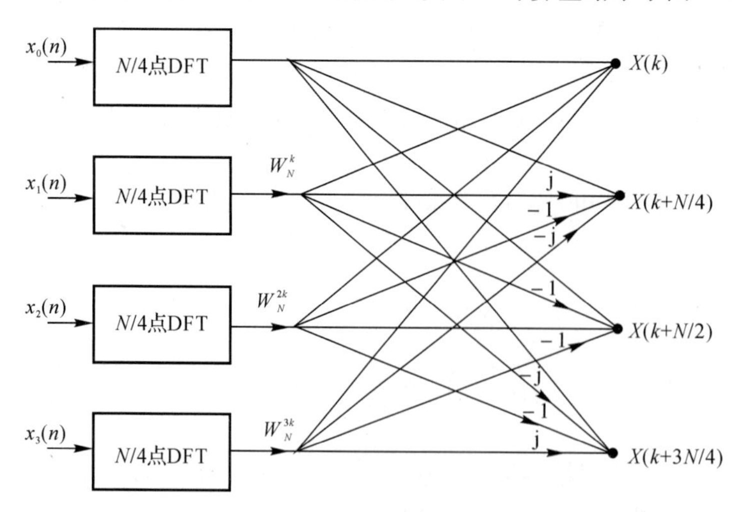

图 5.17　基 4 - FFT 算法第一次抽取后的线性组合流图

按照上述分解思路，每一个 $N/4$ 点序列的 DFT 实际上不需要求解，仍可以按照此思路继续分解，直到分为 $N/4$ 个 4 点序列，4 点序列的 DFT 可以直接计算，不需要乘法运算，如下所示。

$$X(k)=\sum_{n=0}^{3}x(n)W_4^{nk}=x(0)+x(1)W_4^{k}+x(2)W_4^{2k}+x(3)W_4^{3k}$$

$$X(0)=x(0)+x(2)+x(1)+x(3)$$

$$X(1)=x(0)-x(2)+\mathrm{j}[x(1)-x(3)]$$

$$X(2)=x(0)+x(2)-[x(1)+x(3)]$$

$$X(3)=x(0)-x(2)-\mathrm{j}[x(1)-x(3)]$$

因此，一个 N 点序列的 DFT 计算转化为 $N/4$ 个 4 点序列 DFT 的多级线性组合，计算量得到较大程度降低。基 4-FFT 算法与基 2-FFT 算法比较，虽然流图形式较为复杂，每级的运算量稍多一些，但对于相同长度的序列，可以更快地分解到 4 点序列，分解级数要少于基 2 算法，这样总的运算量反而要少。例如 $N=16=2^4=4^2$，基 4-FFT 算法只需两级运算，而基 2-FFT 算法需要四级运算，因此，基 4-FFT 算法计算量更低。

根据以上算法的原理，可以画出一个 $N=16$ 的按时间抽取基 4-FFT 算法流图，如图 5.18 所示。

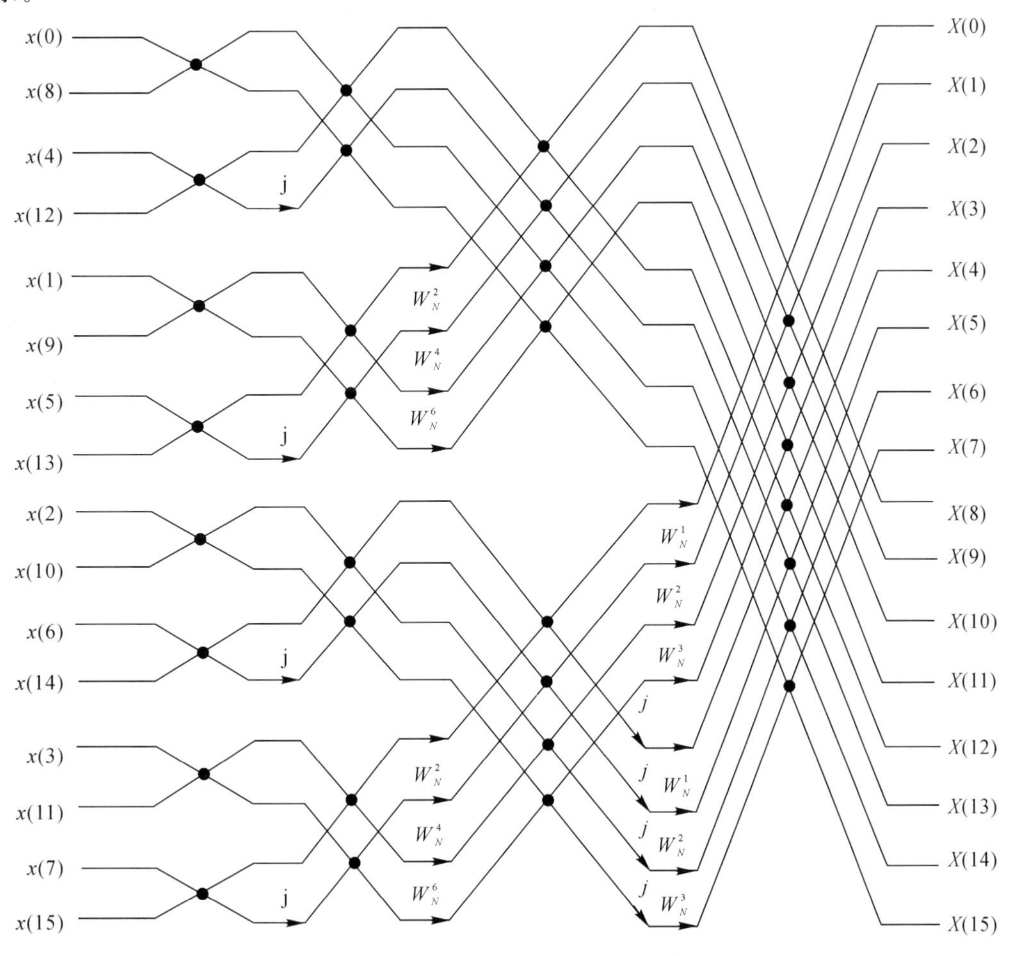

图 5.18　$N=16$ 按时间抽取基 4-FFT 算法流图

读者可以自行推导出按频率抽取基4-FFT算法的线性组合运算公式和相应流图。基4-FFT算法可以与基2-FFT算法混合使用,称之为“分裂基或混合基-FFT算法”。由于篇幅所限,这里不再赘述。

5.5 实序列的FFT算法

在工程实际中,数据一般都是实序列,而FFT算法一般针对复序列设计,直接处理实序列时,是将序列的虚部看成零,这将会浪费很多运算时间和存储空间。因此有必要设计专门用于实序列的FFT算法。本节介绍的几种算法都是以复数FFT算法为基础,利用了DFT的对称性和FFT算法特点而设计的,有较大的工程实用价值。

方法一:第一种方法是用一次 N 点FFT完成两个 N 点实序列的DFT计算。设 $x_1(n)$ 和 $x_2(n)$ 是两个 N 点实序列,以 $x_1(n)$ 作实部,$x_2(n)$ 作虚部,构成一个复序列 $y(n)$,求出 $y(n)$ 的DFT $Y(k)$,然后根据DFT的对称性,复数序列实部的DFT等于该序列DFT的共轭偶对称部分,复数序列虚部的DFT等于序列DFT的共轭奇对称部分,这样就可求出 $x_1(n)$ 和 $x_2(n)$ 的DFT了,具体步骤如下:

步骤1:构造复序列 $y(n)$:

$$y(n)=x_1(n)+\mathrm{j}x_2(n) \tag{5.21}$$

步骤2:求 $y(n)$ 的 N 点FFT,记为 $Y(k)$:

$$Y(k)=\mathrm{FFT}[y(n)] \tag{5.22}$$

步骤3:根据对称性求出 $X_1(k)$ 和 $X_2(k)$:

$$\begin{aligned} X_1(k)&=Y_{\mathrm{ep}}(k)=\frac{Y(k)+Y^*(N-k)}{2} \\ X_2(k)&=Y_{\mathrm{op}}(k)=\frac{Y(k)-Y^*(N-k)}{2\mathrm{j}} \end{aligned} \tag{5.23}$$

注意,以上计算步骤中仅作了一次 N 点FFT(步骤2),却得到了两个 N 点实序列的FFT结果,效率较高。

方法二:对一个 N 点实序列 $x(n)$,可以把序列分成两个 $N/2$ 的实序列,分别记为 $x_1(n)$ 和 $x_2(n)$,然后用 $x_1(n)$ 作实部、$x_2(n)$ 作虚部构造一个复序列 $y(n)$,计算序列 $y(n)$ 的FFT可得到其DFT值 $Y(k)$,再根据式(5.23)分别得到 $X_1(k)$ 和 $X_2(k)$,最后根据所采用分解方法和实序列DFT的共轭对称性,求出 $X(k)$,具体步骤如下:

步骤1:将 N 点实序列分解成2个 $N/2$ 点的实序列,分解方法采用时间抽取方法:

$$x_1(n)=x(2n),\quad x_2(n)=x(2n+1),\quad n=0,1,2,\cdots,N/2-1 \tag{5.24}$$

步骤2:构造复序列 $y(n)$:

$$y(n)=x_1(n)+\mathrm{j}x_2(n) \tag{5.25}$$

步骤3:求 $y(n)$ 的 $N/2$ 点FFT,记为 $Y(k)$:

$$Y(k)=\mathrm{FFT}[y(n)]\quad k=0,1,2,\cdots,(N/2)-1 \tag{5.26}$$

步骤4:根据对称性求出 $X_1(k)$ 和 $X_2(k)$:

$$
\left.\begin{aligned}
X_1(k)=Y_{\mathrm{ep}}(k)=\frac{Y(k)+Y^*\left(\dfrac{N}{2}-k\right)}{2}\\
X_2(k)=Y_{\mathrm{op}}(k)=\frac{Y(k)-Y^*\left(\dfrac{N}{2}-k\right)}{2\mathrm{j}}
\end{aligned}\right.
\tag{5.27}
$$

步骤 5：按式(5.24)的分解方法，和 FFT 的时间抽取原理相同，按蝶形公式求出 $X(k)$，即

$$
\left.\begin{aligned}
&X(k)=X_1(k)+W_N^kX_2(k)\\
&X(N-k)=X^*(k),\quad 0\leqslant k\leqslant N/2-1
\end{aligned}\right\}
\tag{5.28}
$$

注意，以上计算步骤中仅作了一次 $N/2$ 点 FFT(步骤 3)，却得到了一个 N 点实序列的 FFT 结果，与第一种算法比较，多出了一步式(5.28)的蝶形计算，计算量略多于 $N/2$ 次复乘。

在第二种方法的步骤 1 中，也可以采用按频率抽取的分解方法，构造 $x_1(n)$ 和 $x_2(n)$，步骤 5 要做相应的改变，读者可自行推导。

本章小结和知识要点

本章详细介绍了 DFT 在工程实际中的快速算法——快速傅里叶变换(FFT)，FFT 是 DSP 学科发展历史中里程碑式的成果，FFT 解决了 DFT 计算量大、难以在工程实际中进行实时应用的关键问题。本章介绍了 FFT 算法中最基本、最典型的两种算法——按时间抽取基 2 - FFT 算法(DIT - FFT)和按频率抽取基 2 - FFT 算法(DIF - FFT)，它们也是工程中应用最广泛的算法之一。此外，还介绍了很有特点的基 4 - FFT 算法，基 4 - FFT 算法已被应用于 FPGA 的 IP 核设计中。本章内容结束之后，第 6 章开始本书的第二部分——滤波器设计，它是系统综合的知识。第 5 章之前的内容属于 DSP 基本知识以及信号和系统分析的知识。分析与综合构成了信号与系统知识的主要内容，读者要注意两部分内容的特点和学习方法的不同。

本章知识要点主要包括以下内容：

(1)DFT 的计算量(复乘次数和复加次数)；

(2)FFT 算法的基本思想；

(3)DIT -基 2 - FFT 算法的原理和数学推导；

(4)DIF -基 2 - FFT 算法的原理和数学推导；

(5)同址运算和码位倒置规律；

(6)IFFT 算法原理；

(7)基 4 - FFT 算法原理；

(8)实序列 FFT 算法。

思　考　题

(1)FFT 名称的含义是什么？它是一种新型傅里叶变换吗？

(2)发明 FFT 算法的目的是什么？它有什么好处？

(3)一个 N 点序列直接计算 DFT 的复数乘法计算量是多大？FFT 的计算量是多大？

(4)一个 N 点序列的 FFT 和 DFT 结果相等吗？

(5)FFT 算法可以减少计算量的最主要思路是什么？

(6)按时间抽取基 2－FFT 算法的时间序号抽取规律是什么？

(7)FFT 算法中码位倒置规律和同址运算概念是什么？

(8)FFT 算法中的一个蝶形单元的复乘和复加次数各是多少？

(9)IFFT 算法的原理是什么？

(10)基 4－FFT 算法原理和特点是什么？

(11)基 4－FFT 算法和基 2－FFT 算法各自的优点是什么？

习　题

5.1　分别画出 $N=4$ 点的按时间抽取和按频率抽取基 2－FFT 算法的完整流图。

5.2　设一个 DSP 芯片的运行时钟频率为 100 MHz，运行一次复数乘法和复数加法的时间各需要一个时钟周期，计算一个 $N=1\ 024$ 点的基 2－DIT－FFT 算法的总运算时间大约等于多少？若采用 DFT 直接计算，总运算时间是多少？FFT 算法将 DFT 速度提高了多少倍？

5.3　设 N=256，一个基 2－DIT－FFT 算法的运算流图总共包含了多少级？每级包含几个蝶形运算单元？设输入存储器容量为 256，地址编号为 0～255，按码位倒序的整序要求，$x(139)$的序列值应该存放在第几号地址的存储器单元中？

5.4　简要解释基 2－FFT 算法的同址运算特点。

5.5　已知 $x(n)$是一个 $2N$ 点有限长实数序列，它的 $2N$ 点 DFT 为 $X(k)$，设计一个用一次 N 点 FFT 完成计算 $X(k)$的算法流程，并与直接完成 $2N$ 点实序列的 FFT 算法相比，估算计算量节省了多少？

5.6　已知 $X(k)$和 $Y(k)$是两个 N 点实序列 $x(n)$和 $y(n)$的 DFT，希望从 $X(k)$和 $Y(k)$求 $x(n)$和 $y(n)$，为提高效率，设计用一次 N 点 IFFT 来完成计算的算法流程。

5.7　推导按频率抽取基 4－FFT 算法的第一级分解运算公式，并画出 $N=16$ 点 FFT 算法的运算流图。

第6章　无限冲激响应(IIR)数字滤波器设计

6.1　滤波器的基本概念

数字滤波器设计是信号处理的经典内容之一，本章和下一章将详细介绍数字滤波器设计的基本原理、设计思想和设计过程。数字滤波器设计属于离散时间系统综合的知识，它与本书前4章关于离散时间系统分析的内容有所不同。离散时间系统分析是从时域、频域和复频域对系统的特性进行分析，而离散时间系统综合是根据系统的设计需求，选择系统的类型，采用设计流程确定系统的阶数等系统参数，从过程来看，两者是相反的过程。离散时间系统综合需要用到的知识主要包括系统函数和频率响应函数的相关概念，不同类型的系统(IIR和FIR)设计方法差别很大，本章先讨论IIR数字滤波器设计。

理想滤波器就是一个让输入信号中有用频谱分量无变化的通过，同时能抑制另外那些不需要频率分量的具有某种选择性的器件、网络或以计算机及DSP硬件支持的离散时间系统及其计算程序。根据信号的连续或数字形式可分为模拟滤波器和数字滤波器。模拟滤波器和数字滤波器的概念相同，只是构成系统的形式和实现滤波方法不同。数字滤波器是指输入输出都是数字信号的滤波器。滤波器的滤波原理是根据信号与噪声或干扰占据不同的频带，将噪声或干扰的频率置于滤波器的阻带频带中，而由于滤波器的阻带频带的频率响应设计为零增益或衰减很大，通过滤波器后噪声或干扰得到极大抑制。

图6.1(a)是一个正弦信号加一个宽带噪声的时域波形，从图中可以看出，信号受到噪声较大干扰，波形发生了明显畸变。图6.1(b)是信号加噪声的频谱，也就是傅里叶变换的幅度。从图6.1(b)的频谱图看到，信号频率在200 Hz附近，噪声是一个宽带噪声，频带主要集中在300 Hz以上频带，因此，可以采用一个低通滤波器，通带的带宽为250 Hz，在滤波器技术指标里称为通带截止频率。滤波器还有一个阻带频带，阻带截止频率设计为300 Hz，阻带衰减值设计为60 dB以上，滤波器采用IIR椭圆滤波器，其幅频响应如图6.1(c)所示。采用该滤波器对输入信号进行滤波处理，滤波器的输出信号如图6.1(d)所示，从图中可以看出，经过滤波器后，噪声被较大衰减，信号质量得到了明显改善，这就是滤波器的作用。

数字滤波器可以分为两大类。一类是经典滤波器，一般是指具有选频特性的滤波器，特点是输入信号中有用的频率成分和希望滤去的噪声或干扰的频率成分各占不同的频带，通过一个合适的选频滤波器可以达到滤波的目的和效果，选频滤波器可以采用模拟滤波器和数学滤波器实现，一般分为无限冲激响应滤波器(IIR)和有限冲激响应滤波器(FIR)两种类型。另一类滤波器是现代滤波器，当信号和噪声或干扰的频带重叠，或部分重叠，或噪声或干扰带有较强随机性造成信噪比或信干比较低时，采用经典滤波器不能有效滤除噪声和干扰，可以采用现代滤波器。现代滤波器可以按照噪声或干扰的随机特性和统计分布规律，从噪声或干扰中最佳提取信号。这种滤波器主要有维纳滤波器、卡尔曼滤波器和自适应滤波器等。本书限于篇幅只介绍经典滤波器的设计。

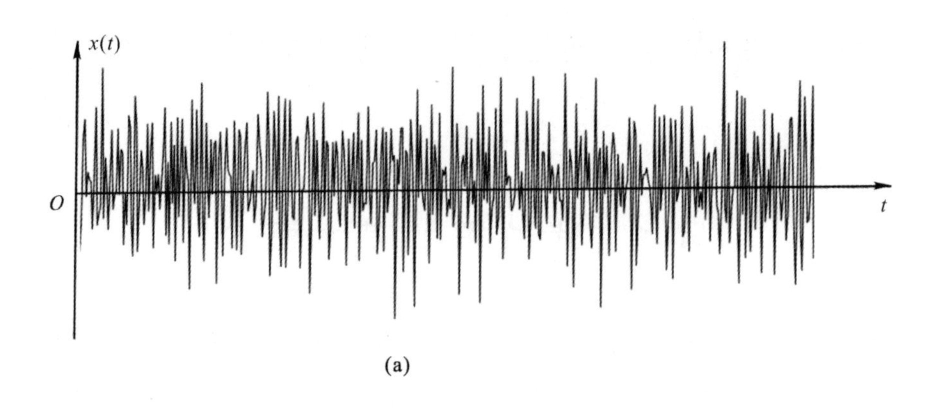

(a)

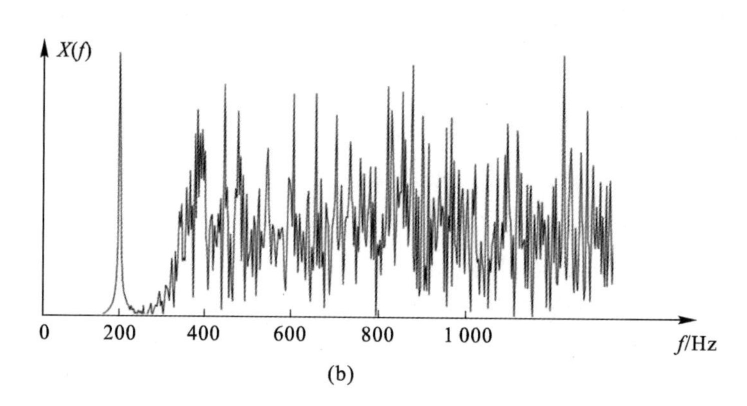

(b)

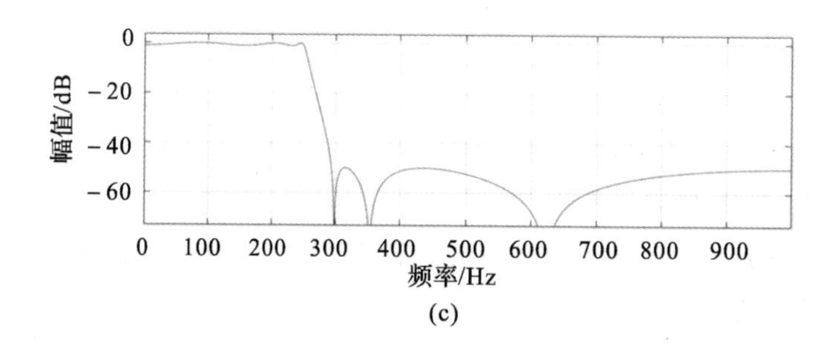

(c)

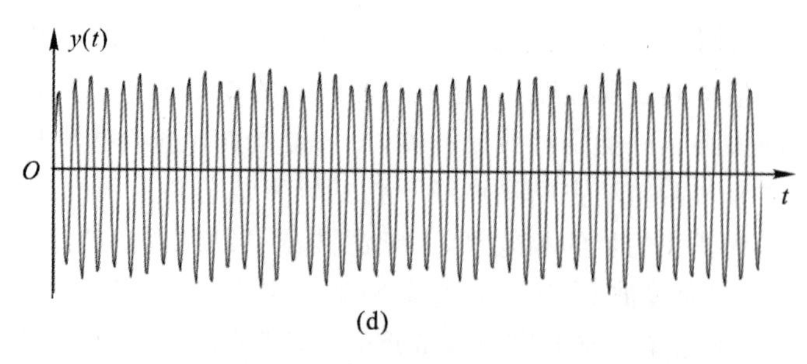

(d)

图 6.1　滤波器滤除噪声的处理过程示意图

(a)输入信号 $x(t)$时域波形；(b)输入信号 $x(t)$频谱；

(c)低通滤波器幅频响应；(d)滤波器输出信号 $y(t)$时域波形

6.2　滤波器的技术指标

一个理想滤波器特性是滤波器通带增益保持为一个常数,一般等于 1,滤波器阻带增益为零。理想滤波器特性在物理上是无法实现的,因为从系统因果性上看,它是一个非因果系统,无法实现。理想滤波器通常作为设计标准,工程实际中一般是根据所需要的性能要求采用一个稳定的因果系统函数去逼近设计标准,滤波器所需性能要求称为滤波器的技术指标,滤波器设计的任务就是按照技术指标要求,遵循一定的设计步骤完成设计过程,最终获得所需滤波器的传递函数 $H_a(s)$ 或系统函数 $H(z)$ 的表达式,或其他的系统参数表达式,例如系统的单位冲激响应 $h(t)$ 或 $h(t)$ 等。因此,在学习滤波器设计方法之前,需要对滤波器技术指标的含义有正确的理解,这是学习滤波器设计方法的基础和前提。

滤波器的技术指标指的是对滤波器的三种频带 —— 通带、阻带和过渡带,提出的性能要求指标值。理想滤波器的通带要求是增益恒等于 1,实际滤波器的技术指标是通带增益逼近 1 的实际最大误差值,例如,0.99 或 0.707。通常将通带增益等于 0.707 作为通带技术指标的最低值,由于 $20\lg(0.707)=-3$ dB,通常将通带增益等于 0.707 对应的频率称为 3 dB 截止频率,通带增益最低值一般也成为通带的起伏值,它描述了通带的平坦性。通带增益值和通带截止频率是滤波器通带的主要技术指标。理想滤波器阻带的性能要求是增益等于 0,含义是将噪声或干扰全部衰减为零。实际滤波器的技术指标是阻带逼近零,例如,0.01,0.0001,这个值是阻带范围内一个或多个频率点的增益值,这个值越小越好,因为 $20\lg(0.01)=-40$ dB,一般用分贝数描述阻带的衰减特性,例如,60 dB 的阻带技术指标要优于 40 dB,它表示 60 dB 的阻带衰减更大。与阻带衰减技术指标相对应的频率称为阻带截止频率,它和阻带最小衰减值构成了阻带技术指标。阻带截止频率和通带截止频率的差值称为过渡带,理想滤波器过渡带宽度等于零,实际滤波器过渡带宽度越小越好。滤波器技术指标含义如图 6.2 所示,它们是常见的低通滤波器、高通滤波器、带通滤波器和带阻滤波器技术指标在频率响应特性的示意图。

图 6.2 中表示滤波器技术指标的方式称为容限图,也可以采用分贝方式表示通带指标 k_1 和阻带指标 k_2,对于带通和带阻滤波器,由于是多阻带和多通带,分别用 Ω_{pl}、Ω_{ph} 表示低通带和高通带,用 Ω_{sl}、Ω_{sh} 表示低阻带和高阻带,通带和阻带之间的频带是过渡带。

采用数学公式表示滤波器技术指标为

$$|H(\mathrm{j}\Omega)|\begin{cases}\geqslant k_1, & \text{通带内}\\ \leqslant k_2, & \text{阻带内}\end{cases}$$

以低通滤波器为例,即为

$$|H(\mathrm{j}\Omega)|\begin{cases}\geqslant k_1, & |\Omega|\leqslant\Omega_p\\ \leqslant k_2, & |\Omega|\geqslant\Omega_s\end{cases}\tag{6.1}$$

其中,Ω_p,Ω_s,k_1 和 k_2 构成了低通滤波器技术指标,称为容限值,k_1 和 k_2 也可以写成分贝的形式,即

$$20\lg|H(\mathrm{j}\Omega)|\begin{cases}\geqslant-\alpha_p & |\Omega|\leqslant\Omega_p\\ \leqslant-\alpha_s & |\Omega|\geqslant\Omega_s\end{cases}\tag{6.2}$$

其中,α_p,α_s 分别是通带容许的最大起伏值(dB) 和阻带最小衰减值(dB)。

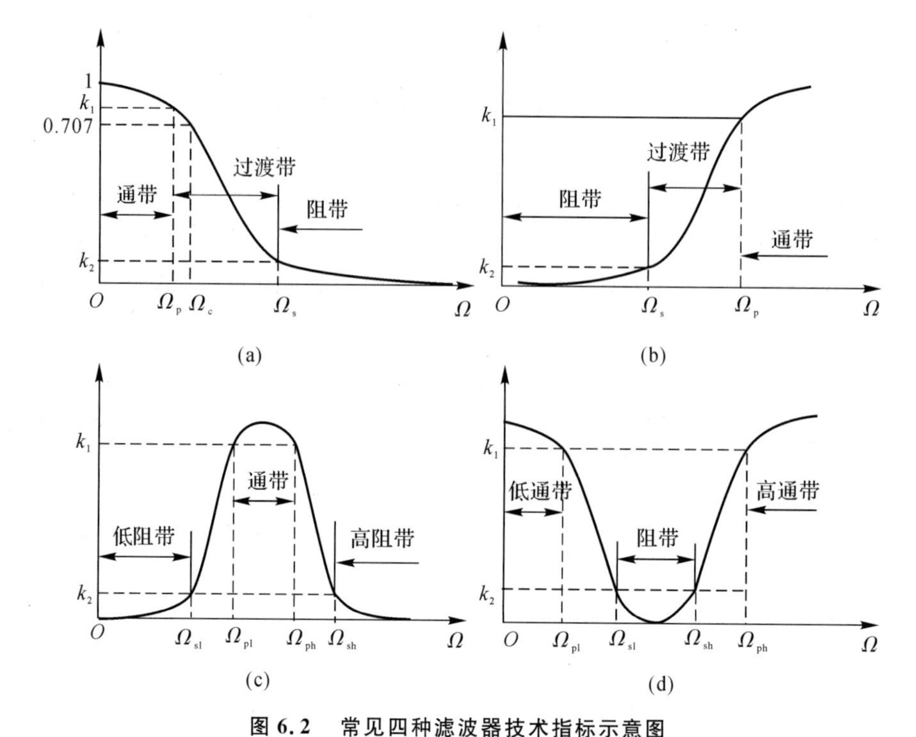

图 6.2　常见四种滤波器技术指标示意图

(a) 低通滤波器；(b) 高通滤波器；(b) 带通滤波器；(d) 带阻滤波器

高通滤波器、带通滤波器、带阻滤波器和其他类别的滤波器也可以照此方式写出其技术指标容限值表达式，但通带和阻带的容限值可能是多个截止频率值。

上述滤波器技术指标描述采用以模拟系统和模拟频率为例的方式，从滤波器技术指标意义来理解，数字滤波器与模拟滤波器基本相同，只是频率量的坐标量纲不同，通带、阻带和过渡带以及衰减量的意义完全一样。但要注意，数字滤波器和模拟滤波器最大的区别是前者在频域是周期的，周期等于 2π。在 $[0,2\pi]$ 周期内，$[0,\pi]$ 是正频率范围，$[\pi,2\pi]$ 是负频率范围。因此，数字滤波器频率响应特性的通带和阻带都是有限范围的，例如，对于低通、高通、带通和带阻四种选频特性滤波器，理想幅度特性如图 6.3 所示。

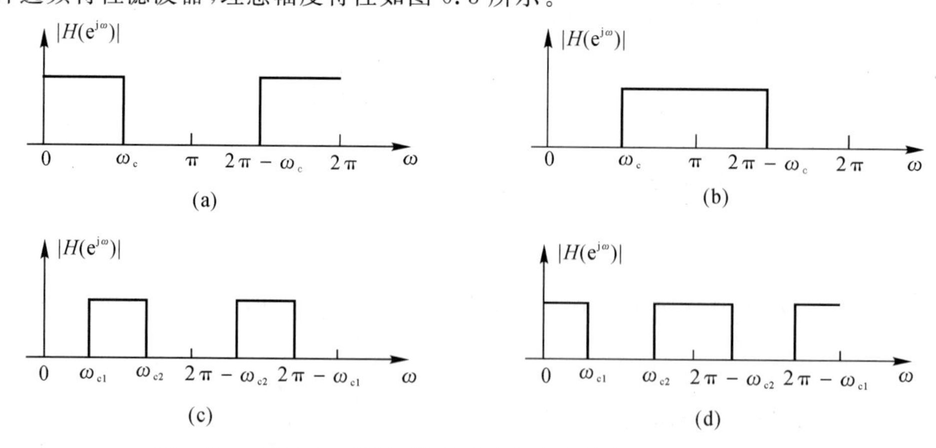

图 6.3　理想低通、高通、带通、带阻数字滤波器幅度特性示意图

(a) 低通滤波器；(b) 高通滤波器；(c) 带通滤波器；(d) 带阻滤波器

由于理想滤波器是无法实现的,因此工程上采用逼近技术,在一个容差条件下去逼近理想滤波器,这就是滤波器设计的任务。一个数字滤波器的传输函数为 $H(z)$,频率响应 $H(e^{j\omega})$ 的表达式为

$$H(e^{j\omega}) = |H(e^{j\omega})| e^{jQ(\omega)} \tag{6.3}$$

式中,$|H(e^{j\omega})|$ 是幅频响应;$Q(\omega)$ 是相频特性。幅频响应表示信号通过该滤波器以后各个频率分量的幅度衰减情况,而相频响应反映各频率分量通过滤波器后在时间上的延时情况。一般 IIR 滤波器技术要求由幅频响应给出,相频响应不作要求,但如果对输出波形有要求,则需要考虑相频响应的技术指标。本章主要研究基于幅频响应技术指标设计 IIR 数字滤波器的设计方法。图 6.4 表示了一个低通数字滤波器的技术指标容限图,图中频率采用数字频率变量进行标注。与图 6.2 相比,容限值标注变量有所不同,其中,$1-\delta_p = k_1$,$\delta_s = k_2$。

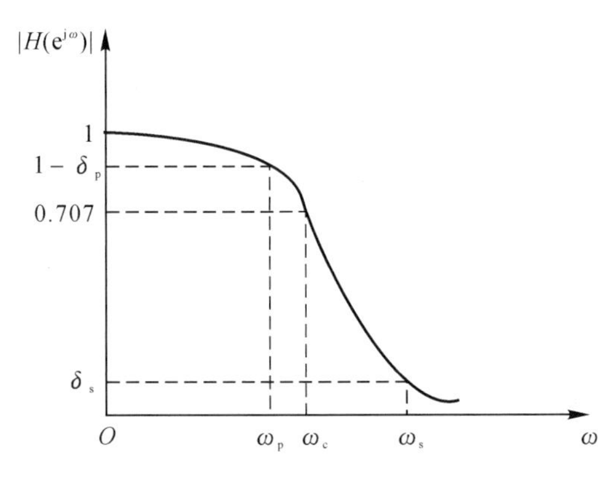

图 6.4　低通滤波器技术要求

图 6.4 中粗实线表示满足预定技术指标的系统幅频响应,ω_p 和 ω_s 分别称为通带截止频率和阻带截止频率。通带频率范围为 $0 \leqslant \omega \leqslant \omega_p$,阻带频率范围为 $\omega_s \leqslant \omega \leqslant \pi$。在通带内,要求逼近误差在 $\pm\delta_p$ 内,系统幅频响应接近于 1;在阻带内,逼近误差不大于 δ_s,系统幅频响应接近于 0。从 ω_p 到 ω_s 是过渡带,在过渡带,幅频特性单调下降。在通带和阻带内的衰减幅度一般用 dB 数表示。通带内允许最大衰减是 α_p,阻带内允许最小衰减是 α_s,定义分别为

$$\alpha_p = 20\lg \frac{|H(e^{j0})|}{|H(e^{j\omega_p})|} \text{dB} \tag{6.4}$$

$$\alpha_s = 20\lg \frac{|H(e^{j0})|}{|H(e^{j\omega_s})|} \text{dB} \tag{6.5}$$

将 $H(e^{j0})$ 归一化为 1,上述两式可表示为

$$\alpha_p = -20\lg |H(e^{j\omega_p})| \text{dB} \tag{6.6}$$

$$\alpha_s = -20\lg |H(e^{j\omega_s})| \text{dB} \tag{6.7}$$

当幅度降到 $\frac{\sqrt{2}}{2}$(=0.707)时,$\omega = \omega_c$,此时 $\alpha_p = 3$ dB,此频点记为 ω_c,称为滤波器的 3 dB 通带截止频率。ω_c,ω_s 和 ω_p 统称为数字滤波器的截止频率或边界频率。

正确理解滤波器技术指标的意义是学习滤波器设计方法的重要基础和前提,读者需要牢固掌握滤波器技术指标的概念。

6.3　数字滤波器设计的任务

数字滤波器设计的任务是首先按照滤波器设计要求，确定滤波器的技术指标，如上节所述内容；然后按照需求选择滤波器类型：IIR滤波器或FIR滤波器，两种滤波器的设计方法完全不同；根据技术指标和滤波器类型，按照相应的设计步骤进行设计，最终获得一个数字滤波器的系统函数表达式，也可以是滤波器冲激响应或其他参数表达式。

若选择IIR滤波器，系统函数表达式是一个有理分式，表示为两个有限阶多项式之比，即

$$H(z)=\frac{Y(z)}{X(z)}=\frac{\sum_{r=0}^{M}b_r z^{-r}}{1-\sum_{k=1}^{N}a_k z^{-k}} \tag{6.8}$$

其中，分子多项式阶数是M，分子多项式阶数是N，对于因果系统，$N\geqslant M$，一般称为N阶IIR滤波器。

若选择FIR滤波器，系统函数表达式是一个多项式，即

$$H(z)=\sum_{n=0}^{N-1}h(n)z^{-n}=\sum_{r=0}^{M}b_r z^{-r} \tag{6.9}$$

其中，多项式的阶数是M或$N-1$，多项式系数是b_r或单位冲激响应序列$h(n)$。

因此，滤波器设计任务就是根据技术指标的要求，按照滤波器类型选择不同的设计方法和步骤完成设计任务，最终确定式(6.8)、式(6.9)两类滤波器之一的滤波器阶数N和M，以及b_r，a_k或$h(n)$的参数值，滤波器设计任务就完成了。在实际应用场合，根据需求提供一种合理的滤波器实现结构。

IIR滤波器和FIR滤波器在设计原理、模型和设计过程等方面有很大不同，本章主要介绍IIR数字滤波器的设计方法。IIR滤波器设计的思想是借助模拟滤波器的设计模型，通过将数字滤波器的设计要求转化到模拟域，通过成熟的模拟滤波器设计理论获得一个满足要求的IIR模拟滤波器模型，然后通过模拟域到离散域的映射，将其转换为一个满足要求的IIR数字滤波器，设计过程完成。由于模拟滤波器已有成熟的设计模型，很方便获得设计结果，因此，下一节先介绍模拟滤波器设计过程。

6.4　模拟滤波器设计

在设计IIR数字滤波器时，经常采用的方法是利用成熟的模拟滤波器设计方法及其相应的转换方法得到数字滤波器的设计结果，等效设计的模拟滤波器称为原型滤波器。常用的原型滤波器有巴特沃斯(Butterworth)滤波器、切比雪夫(Chebyshev)滤波器、椭圆(Ellipse)滤波器和贝塞尔(Bessel)滤波器等。它们各有特点，如巴特沃斯滤波器具有通带最平坦特性和单调下降的幅频特性；切比雪夫滤波器的幅频特性在通带和阻带内有波动，可以提高选择性；贝塞尔滤波器通带内有较好的线性相位特性；在同等阶数下椭圆滤波器的选择性最好。设计人员可以根据不同要求选择不同的原型滤波器。限于篇幅，本书将只介绍巴特沃斯滤波器和切

比雪夫滤波器的设计方法。

6.4.1　巴特沃斯滤波器设计

巴特沃斯滤波器是根据幅频特性在通频带内具有最平坦特性而定义的一种模拟滤波器。对一个 N 阶低通滤波器来说，所谓最平坦特性，就是指滤波器的平方幅频特性函数的前 $(2N-1)$ 阶导数在频率 $\Omega=0$ 处都为0。巴特沃斯滤波器另外一个特点是在通带和阻带里具有单调下降的幅频特性，一维模拟巴特沃斯滤波器的平方幅频特性函数为

$$|H_a(j\Omega)|^2=\frac{1}{1+(\Omega/\Omega_c)^{2N}} \tag{6.10}$$

式中，N 为滤波器的阶数；Ω_c 是滤波器的通带3 dB截止频率。不同 N 的平方幅频响应如图6.5所示。

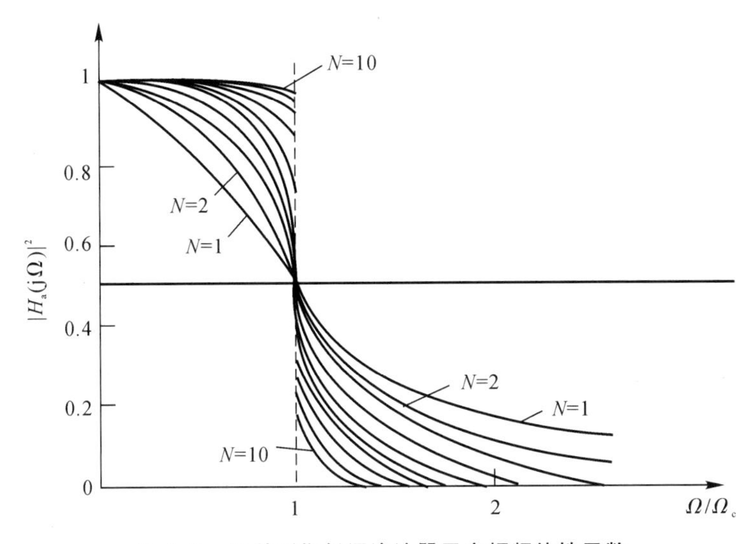

图6.5　巴特沃斯低通滤波器平方幅频特性函数

从图6.5中可以看出，滤波器的幅频特性随着滤波器阶次 N 的增加而变得越来越好。在截止频率 Ω_c 处的函数(幅度平方值)值始终等于1/2的情况下，在通带内更多的频带区的值接近1；在阻带内更迅速地趋近0。下面归纳了巴特沃斯滤波器的主要特征：

(1) 对于所有 N，$|H_a(j\Omega)|^2_{\Omega=0}=1$；

(2) 对于所有 N，$|H_a(j\Omega)|^2_{\Omega=\Omega_c}=\dfrac{1}{2}$；

(3) $|H_a(j\Omega)|^2$ 是 Ω 的单调下降函数；

(4) $|H_a(j\Omega)|^2$ 随着阶次 N 的增大而更加接近于理想滤波器。

在对式(6.10)的滤波器进行归一化表示更方便后续推导和设计，归一化巴特沃斯低通滤波器可作为设计过程中的原型滤波器，其平方频率响应函数记为

$$|H_a(j\Omega)|^2=\frac{1}{1+\Omega^{2N}} \tag{6.11}$$

其中，Ω 是用 Ω_c 归一化的频率变量。

一个模拟滤波器的传递函数和频率响应函数以 $s=\mathrm{j}\Omega$ 相关联。因此只要将滤波器频率响应中的 Ω 用 s/j 替代就可以得到归一化原型滤波器的传递函数,记为 $H_N(s)$,可得

$$|H_N(s)|^2=H_N(s)H_N(-s)=\frac{1}{1+(s/\mathrm{j})^{2N}} \tag{6.12}$$

令分母多项式为 0,可得出 $2N$ 个极点为

$$s_k^{2N}=-(\mathrm{j})^{2N}=(-1)^{N+1}=\mathrm{e}^{\mathrm{j}(2k+1)\pi(N+1)} \tag{6.13}$$

对 N 是偶数和奇数时,式(6.13) 可简化为

$$s_k^{2N}=\begin{cases}\mathrm{e}^{\mathrm{j}2k\pi}, & \text{当 } N \text{ 为奇数时} \\ \mathrm{e}^{\mathrm{j}(2k\pi+\pi)}, & \text{当 } N \text{ 为偶数时}\end{cases},\quad k=0,1,2,\cdots,2N-1 \tag{6.14}$$

因此,式(6.12) 的 $2N$ 个根可以根据滤波器阶次 N 为奇数或偶数来确定,即

当 N 为奇数时,

$$\text{极点 } s_k=\mathrm{e}^{\mathrm{j}\frac{\pi}{N}k},k=0,1,2,\cdots,2N-1 \tag{6.15a}$$

当 N 为偶数时,

$$\text{极点 } s_k=\mathrm{e}^{\mathrm{j}\frac{\pi}{N}k+\frac{\pi}{2N}},k=0,1,2,\cdots,2N-1 \tag{6.15b}$$

因此,归一化低通巴特沃斯滤波器平方幅频响应函数的 $2N$ 个极点分布在 s 平面的一个单位圆上,如图 6.6 所示。当 N 为奇数时,$H_n(s)H_n(-s)$ 在 $s=1$ 处有一极点,然后在单位圆上每隔 π/N 角度就有一个极点;当 N 为偶数时,$H_n(s)H_n(-s)$ 单位圆 $\pi/2N$ 处有一极点,然后在单位圆上每隔 π/N 角度就有一个极点。

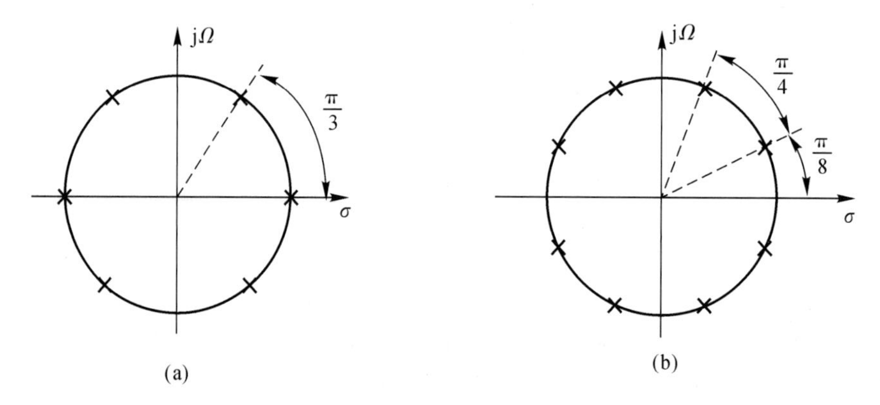

图 6.6　归一化巴特沃斯低通滤波器平方幅频响应极点示意图

(a)N 为奇数($N=3$);　(b)N 为偶数($N=4$)

如果要求滤波器 $H_N(s)$ 是一个稳定因果系统,则应该选择左半 s 平面的极点作为 $H_N(s)$ 的极点,而式(6.12) 中 $H_N(-s)$ 则包含了右半 s 平面的极点。因此,通过确定式(6.15) 的极点,就可以获得一个稳定因果的巴特沃斯滤波器的系统函数,构造如下。

$$H_N(s)=\frac{1}{\prod\limits^{N}(s-s_k)}=\frac{1}{B_N(s)} \tag{6.16}$$

其中,$B_N(s)$ 称为 N 阶归一化巴特沃斯多项式,它的根是左半 s 平面上的 N 个极点,即

$$B_N(s)=\prod_{k=1}^{N}(s-s_k) \tag{6.17}$$

式(6.17)也可以写成多项式的一般形式，即

$$B_N(s)=a_0+a_1s+a_2s^2+\cdots+a_{N-1}s^{N-1}+a_Ns^N \tag{6.18}$$

表 6.1 和表 6.2 分别给出了 N 不超过 8 的归一化巴特沃斯多项式系数和相应因式分解表达式，更多不同阶数的归一化巴特沃斯多项式参数可查阅本书附表 A 和其他相关参考资料。

表 6.1　归一化巴特沃斯多项式 $B_N(s)=a_0+a_1s+a_2s^2+\cdots+a_{N-1}s^{N-1}+a_Ns^N$)

N	a_0	a_1	a_2	a_3	a_4	a_5	a_6	a_7	a_8
1	1	1							
2	1	1.414	1						
3	1	2	2	1					
4	1	2.612	3.414	2.613	1				
5	1	3.236	5.236	5.236	3.236	1			
6	1	3.864	7.464	9.141	7.464	3.864	1		
7	1	4.494	10.103	14.606	14.606	10.103	4.494	1	
8	1	5.126	13.138	21.848	25.691	21.848	13.138	5.126	1

表 6.2　归一化巴特沃斯多项式 $B_N(s)$ 因式分解表达式

N	$B_N(s)$
1	$1+s$
2	$1+\sqrt{2}s+s^2$
3	$(1+s)(1+s+s^2)$
4	$(1+0.765s+s^2)(1+1.848s+s^2)$
5	$(1+s)(1+0.618s+s^2)(1+1.618s+s^2)$
6	$(1+0.517s+s^2)(1+\sqrt{2}s+s^2)(1+1.932s+s^2)$
7	$(1+s)(1+0.446s+s^2)(1+1.246s+s^2)(1+1.802s+s^2)$
8	$(1+0.397s+s^2)(1+1.111s+s^2)(1+1.663s+s^2)(1+1.962s+s^2)$

从图 6.5 可知，滤波器性能和滤波器阶数有直接关系，滤波器技术指标要求越高，阶数越高，反之，技术指标要求越低，阶数越低。因此，在进行滤波器设计时，可根据所需滤波器的技术指标，选择一个满足要求的最低阶数滤波器模型，然后通过查阅类似表 6.1 或表 6.2 的滤波器系数，就可以确定所需滤波器的表达式参数。

下面根据滤波器技术指标求解确定滤波器阶数 N 和截止频率 Ω_c 等参数。

设低通滤波器在通带截止频率 Ω_p 处的幅频响应值不低于 α_p(dB)，在阻带截止频率 Ω_s 处的衰减至少为 α_s(dB)，其数学表达式为

$$20\lg|H_a(j\Omega_p)|\geqslant-\alpha_p \tag{6.19a}$$

$$20\lg|H_a(j\Omega_s)|\leqslant-\alpha_s \tag{6.19b}$$

根据式(6.10)可知，求解阶次 N 和截止频率 Ω_c 可通过下述方程组获得

$$10\lg\left[\frac{1}{1+(\Omega_p/\Omega_c)^{2N}}\right]\geqslant-\alpha_p$$
$$10\lg\left[\frac{1}{1+(\Omega_s/\Omega_c)^{2N}}\right]\leqslant-\alpha_s \tag{6.20}$$

化简该方程组后可得

$$(\Omega_s/\Omega_p)^{2N}\geqslant(10^{0.1\alpha_s}-1)/(10^{0.1\alpha_p}-1) \tag{6.21}$$

因此,已知滤波器技术指标 $\Omega_p,\alpha_p,\Omega_s,\alpha_s$,可以确定滤波器阶数 N 为

$$N\geqslant\frac{\lg[\sqrt{(10^{0.1\alpha_s}-1)/(10^{0.1\alpha_p}-1)}]}{\lg(\Omega_s/\Omega_p)} \tag{6.22}$$

N 确定后,可以根据式(6.23) 或式(6.24) 确定 3 dB 截止频率 Ω_c 值,如果要求通带在 Ω_p 处刚好满足指标 α_p,则有

$$\Omega_c=\Omega_p/(10^{0.1\alpha_p}-1)^{1/2N} \tag{6.23}$$

此时,阻带指标有少许富裕。如果要求阻带在 Ω_s 处刚好满足指标 α_s,则有

$$\Omega_c=\Omega_s/(10^{0.1\alpha_s}-1)^{1/2N} \tag{6.24}$$

此时,通带指标有少许富裕。也可以取式(6.23) 和式(6.24) 结果的中间值,此时,通带和阻带指标都有少许富裕量。注意,若技术指标已明确给出 3 dB 截止频率 Ω_c 值,则无需计算 Ω_c。

滤波器阶数 N 和 3 dB 截止频率 Ω_c 确定后,就可从表 6.1 或表 6.2 中确定 N 阶归一化巴特沃斯低通原型滤波器的系统函数 $H_N(s)$,然后将变量 s 用 s/Ω_c 进行替代,经过整理即可求得所要求的巴特沃斯低通滤波器的系统函数 $H_N(s)$。

【例 6-1】 设计一巴特沃斯低通滤波器,要求在 20 rad/s 处的幅频响应衰减不多于2 dB;在 30 rad/s 处幅频响应衰小于 10 dB。

解 根据题意,技术指标为

$$\Omega_p=20,\quad \alpha_p=2\text{ dB},\quad \Omega_s=30,\quad \alpha_s=2\text{ dB}$$

将上述参数代入式(6.22) 后可得

$$N\geqslant\frac{\lg\sqrt{[(10^{0.2}-1)/(10^{1}-1)]}}{\lg(20/30)}=3.371$$

选 $N=4$。

将 $N=4$ 代入式(6.23) 可得

$$\Omega_c=20/(10^{0.2}-1)^{1/8}=21.387$$

根据 $N=4$,从表 6.2 中确定归一化的巴特沃斯低通原型滤波器多项式分解形式的系统函数为

$$H_4(s)=\frac{1}{(1+0.765s+s^2)(1+1.848s+s^2)}$$

当 $\Omega_c=21.387$ 时,用 s/Ω_c 对 $H_4(s)$ 中的 s 进行置换并简化后得

$$H_a(s)=H_4(s)\Big|_{s=\frac{s}{21.387}}=\frac{0.209\times10^6}{(457.4+16.37s+s^2)(457.4+39.52s+s^2)}$$

$H_a(s)$ 就是要设计的巴特沃斯低通滤波器的传递函数,设计完成。

6.4.2　切比雪夫滤波器设计

一般而言，与巴特沃斯滤波器相比，切比雪夫滤波器具有更好的选择特性。切比雪夫滤波器有两类，分别称为切比雪夫 Ⅰ 型滤波器和切比雪夫 Ⅱ 型滤波器。切比雪夫 Ⅰ 型滤波器在通带内是等波纹起伏特性，阻带内单调；切比雪夫 Ⅱ 型滤波器则在阻带内是等波纹起伏特性，通带内单调。本书只讨论切比雪夫 Ⅰ 型滤波器。

切比雪夫 Ⅰ 型低通滤波器的归一化平方幅频响应表示式是

$$|H_a(j\Omega)|^2=\frac{1}{1+\varepsilon^2T_N^2(\Omega)} \tag{6.25}$$

其中，$T_N(\Omega)$ 为 N 阶切比雪夫多项式，参数 $0<\varepsilon<1$，称为波纹系数，用来控制频带波纹起伏大小，ε 越大，波纹起伏越大。在数学上，切比雪夫多项式定义为下列函数

$$T_N(x)=\begin{cases}\cos(N\cos^{-1}x), & |x|\leqslant 1\\ ch(N\mathrm{ch}^{-1}x), & |x|>1\end{cases} \tag{6.26}$$

其中，$\mathrm{ch}x$ 称为双曲余弦函数，定义为

$$\mathrm{ch}(x)=\frac{e^x+e^{-x}}{2} \tag{6.27}$$

切比雪夫函数存在如下阶次递推方程

$$T_N(x)=2xT_{N-1}(x)-T_{N-2}(x),\quad N>2 \tag{6.28}$$

当 $N<2$ 时的初始值为 $T_0(x)=1, T_1(x)=x$。前 8 阶的切比雪夫多项式见表 6.3。

表 6.3　前 8 阶切比雪夫多项式

N	$T_N(x)$
0	$T_0(x)=1$
1	$T_1(x)=x$
2	$T_2(x)=2x^2-1$
3	$T_3(x)=4x^3-3x$
4	$T_4(x)=8x^4-8x^2+1$
5	$T_5(x)=16x^5-20x^3+5x$
6	$T_6(x)=32x^6-48x^4+18x^2-1$
7	$T_7(x)=64x^7-112x^5+56x^3-7x$
8	$T_8(x)=128x^8-256x^6+160x^4-32x^2+1$

切比雪夫多项式函数 $T_N(\Omega)$ 在 $|\Omega|\leqslant 1$ 范围内具有等波纹起伏特性，围绕函数等于零上下等幅度起伏，5 阶切比雪夫多项式函数的图形如图 6.7 所示。

从图 6.7 可以看到，当 $-1\leqslant x\leqslant 1$ 时，切比雪夫函数函数值在 -1 和 $+1$ 之间振荡，当 $|x|>1$ 时，切比雪夫函数函数值快速向正负无穷大趋近。图 6.8 是按照式(6.25) 构造的归一化切比雪夫 Ⅰ 型滤波器的平方幅频响应示意图。

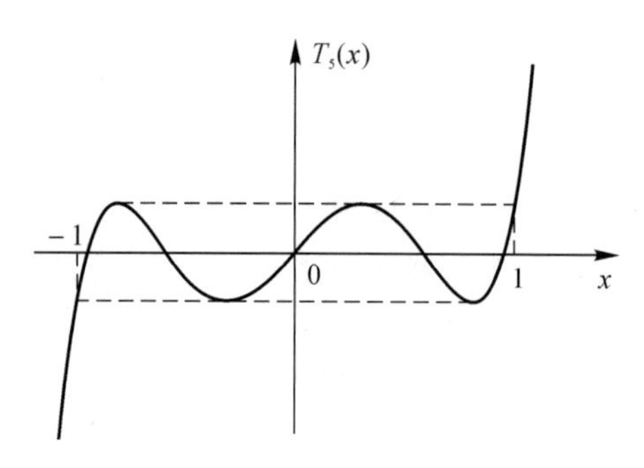

图 6.7　5 阶切比雪夫多项式示意图

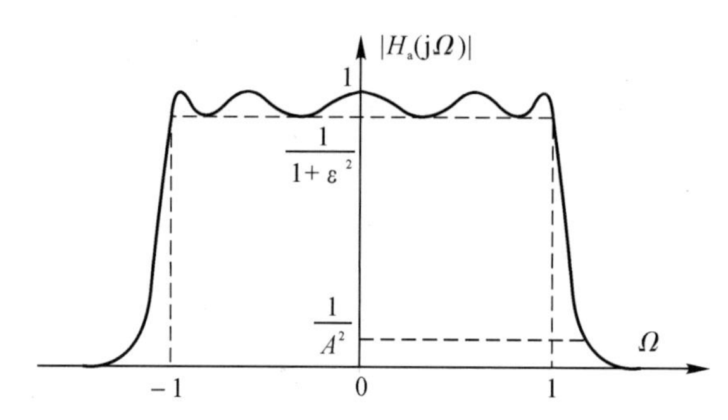

图 6.8　5 阶归一化切比雪夫 Ⅰ 型滤波器平方幅频响应($\varepsilon = 0.1$)

当 N 为奇数和偶数时，切比雪夫滤波器平方幅频特性在直流处的值有所不同。由 $T_N(x) = 2xT_{N-1}(x) - T_{N-2}(x)$ 可以看出，当 N 为偶数时，$T_N^2(0) = 1$，当 N 为奇数时，$T_N^2(0) = 0$，因此导致在 N 为偶数时，$|H_a(j\Omega)|^2$ 在 $\Omega = 0$ 处的值等于 $1/(1+\varepsilon^2)$，在 N 为奇数时，$|H_a(j\Omega)|^2$ 在 $\Omega = 0$ 处的值等于 1。图 6.9 是 6 阶归一化切比雪夫Ⅰ型滤波器平方幅频响应($\varepsilon = 0.1$) 示意图。

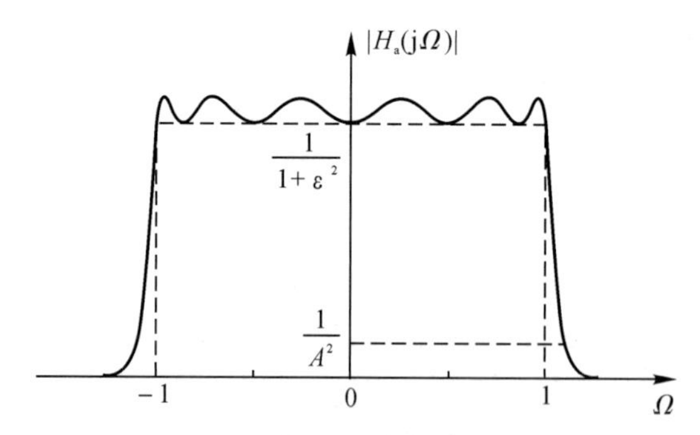

图 6.9　6 阶归一化切比雪夫 Ⅰ 型滤波器平方幅频响应($\varepsilon = 0.1$)

可以总结出第一类切比雪夫滤波器的主要特性：

(1) 平方幅频特性在通带内，在 1 和$\frac{1}{1+\varepsilon^2}$之间做等波纹振荡起伏，在截止频率 $\Omega_p = 1$ 处的值为$\frac{1}{1+\varepsilon^2}$。

(2) 平方幅频特性在过渡区和阻带内单调下降,当其幅度减小到 $1/A^2$ 处时的频率为归一化阻带截止频率 Ω_s/Ω_p。

根据式(6.25)求极点,得

$$1+\varepsilon^2 T_N^2(s/j)=0 \tag{6.29}$$

极点 $s_k=\sigma_k+j\eta_k$,则极点在一个椭圆上,椭圆方程为

$$\frac{\sigma_k}{a^2}+\frac{\eta_k}{b^2}=1 \tag{6.30}$$

其中

$$a=\frac{1}{2}\{[1+\sqrt{1+\varepsilon^2}]/\varepsilon\}^{1/N}-\frac{1}{2}\{[1+\sqrt{1+\varepsilon^2}]/\varepsilon\}^{-1/N} \tag{6.31}$$

$$b=\frac{1}{2}\{[1+\sqrt{1+\varepsilon^2}]/\varepsilon\}^{1/N}+\frac{1}{2}\{[1+\sqrt{1+\varepsilon^2}]/\varepsilon\}^{-1/N} \tag{6.32}$$

$$\sigma_k=-a\sin[(2k-1)\pi/2N],\quad k=1,2,\cdots,2N \tag{6.33}$$

$$\eta_k=b\cos[(2k-1)\pi/2N],\quad k=1,2,\cdots,2N \tag{6.34}$$

利用左半 s 平面极点构成切比雪夫 Ⅰ 型滤波器的系统传递函数为

$$H_N(\mathrm{s})=\frac{k}{\prod_{k=1}^{N}(s-s_k)}=\frac{k}{V_N(s)} \tag{6.35}$$

其中,k 为归一化因子,$V_N(s)$ 为

$$V_N(\mathrm{s})=b_0+b_1 s+b_2 s^2+\cdots+b_{N-1}s^{N-1}+s^N \tag{6.36}$$

当 N 为奇数时,

$$k=V_N(0)=b_0$$

当 N 为偶数时,

$$k=b_0/\sqrt{1+\varepsilon^2}$$

式(6.35)和式(6.36)的极点和多项式系数已整理为设计参数表格,方便设计人员查阅。本书附表 2.1 是 4 种波纹起伏值的归一化切比雪夫 Ⅰ 型滤波器传递函数分母多项式 $V_N(s)$ 的系数表,设计时可以查阅。

切比雪夫低通滤波器的设计过程是首先给出技术指标,一般包括:滤波器通带起伏波纹 ε,滤波器归一化阻带 Ω_s 处的衰减 $1/A$ 值,然后依据技术指标确定滤波器的阶次 N。由于篇幅所限,这里不再进行详细推导,直接给出结论,则

$$N\geqslant\frac{\lg[g+\sqrt{(g^2-1)}]}{\lg[\Omega_s+\sqrt{\Omega_s^2-1}]} \tag{6.37}$$

式中

$$g=\sqrt{(A^2-1)/\varepsilon^2} \tag{6.38a}$$

$$A=1/|H_N(j\Omega_s)| \tag{6.38b}$$

说明,式(6.37)、式(6.38)中 Ω_s 是归一化阻带截止频率,等于 Ω_s/Ω_p。

【例 6-2】 设计一切比雪夫低通滤波器,使其满足下述指标:① 要求在通带内的波纹起伏不大于 2 dB;② 截止频率为 40 rad/s;③ 阻带 52 rad/s 处的衰减大于 20 dB。

解　根据题意

第一步:频率归一化处理。

(1) 采用通带截止频率 40 rad/s 进行频率归一化处理,通带归一化截止频率为 $\Omega_p=1$。

(2) 阻带归一化截止频率处理可得 $\Omega_s=52\times\frac{1}{40}=1.3$。

第二步:求波纹系数 ε,以及参数 A 和 g。

将 $\Omega=\Omega_p=1$ 代入式(6.25) 可得

$$20\lg|H_N(\mathrm{j}1)|=20\lg[1/(1+\varepsilon^2)]^{1/2}=-2$$

求解上式可得 $\varepsilon=0.765$。

将 $\Omega=\Omega_s=1.3$ 代入式(6.38b) 求 A,即

$$20\lg|H_N(\mathrm{j}\times1.3)|=20\lg\frac{1}{A}=-20$$

可得 $A=10$。

将 A 和 ε 代入式(6.38a) 可求得 g 为

$$g=\sqrt{(100-1)/0.765^2}=13.01$$

第三步:求滤波器阶次 N。将上面求得的中间参数代入式(6.29) 可得

$$N\geqslant\frac{\lg(13.01+\sqrt{13.01^2-1})}{\lg(1.3+\sqrt{1.3^2-1})}=4.3$$

所以,取 $N=5$。

第四步:根据 N 和通带波纹值(2 dB) 查附录附表 2.1(c) 可得归一化滤波器系数函数为

$$H_5(s)=k/(b_0+b_1s+b_2s^2+b_3s^3+b_4s^4+s^5)=$$
$$0.081/(0.081+0.459s+0.693s^2+1.499s^3+0.706s^4+s^5)$$

也可查附录附表 2.1(c) 得到切比雪夫滤波器因式展开式为

$$H_5(s)=0.081/[(s+0.21)(s+0.06-\mathrm{j}0.97)(s+0.06+\mathrm{j}0.97)\times$$
$$(s+0.17-\mathrm{j}0.06)(s+0.17+\mathrm{j}0.60)]$$

将上式分母共轭极点写成二次实数形式即

$$H_5(s)=0.081/[(s+0.21)(s^2+0.135s+0.95)(s^2+0.35s+0.39)]$$

第五步:去归一化通带截止频率 $\Omega_p=40$,将上式进行 $s\rightarrow s/40$ 变量代换,即可得到需要设计的滤波器传递函数,即

$$H_a(s)=8.37\times10^6/[(s+8.37)(s^2+5.39s+1520)(s^2+14.1s+627)]$$

到此设计完成。

6.5 IIR 数字滤波器设计

6.5.1 引言

上节详细介绍了两种模拟滤波器:巴特沃斯滤波器和切比雪夫滤波器的设计原理和设计过程。IIR 数字滤波器的设计思想是以模拟滤波器为原型,将数字滤波器设计需求转换到模拟域,通过成熟快捷的模拟滤波器设计过程得到满足要求的模拟滤波器传输函数 $H_a(s)$ 表

达式。

IIR 数字滤波器是一个稳定因果的无限冲激响应离散时间系统，其单位冲激响应 $h(n)$ 从 $n=0,1,2,\cdots,\infty$ 均有值，其系统函数一般可以表示为

$$H(z)=\sum_{n=0}^{\infty}h(n)z^{-n}=\frac{\sum_{r=0}^{M}b_r z^{-r}}{1-\sum_{k=1}^{N}a_k z^{-k}} \tag{6.39}$$

利用模拟滤波器成熟的理论和设计方法来设计 IIR 数字滤波器是经常使用的方法。设计的过程是：先根据技术指标要求设计出一个相应的模拟低通滤波器，得到模拟低通滤波器的传输函数 $H_a(s)$，然后再按照一定的转换关系将设计好的模拟滤波器的传输函数 $H_a(s)$ 转换成为数字滤波器的系统函数 $H(z)$。这种方法的关键是如何找到这种转换关系，将 s 平面上的 $H_a(s)$ 转换成 z 平面上的 $H(z)$。为了保证转换后的 $H(z)$ 稳定且满足技术要求，对转换关系有两个要求：

(1) 因果稳定的模拟滤波器转换为数字滤波器以后仍然是因果稳定的。一个因果稳定的模拟滤波器其传输函数 $H_a(s)$ 的极点全部在 s 平面的左半平面；而一个因果稳定的数字滤波器其系统函数 $H(z)$ 的极点全部在 z 平面的单位圆内。因此实现从模拟到数字的转换过程并保持系统的因果和稳定性，转换关系要使 s 平面的左半平面上的点(s 变量实部 <0) 映射到 z 平面的单位圆内($|z|<1$)，如图 6.10 所示。

(2) 数字滤波器的频率响应模仿模拟滤波器的频率响应，s 平面上的虚轴 $\mathrm{j}\Omega$ 映射成 z 平面上的单位圆 $|z|=1$，频率之间保持映射关系。

常用的 IIR 数字滤波器设计的映射方法有两种：冲激响应不变法和双线性映射法。

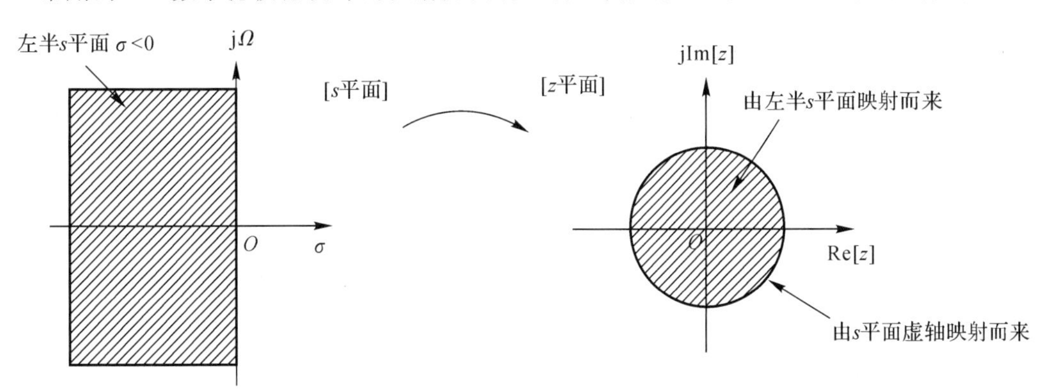

图 6.10　s 平面与 z 平面之间映射关系示意图

6.5.2　冲激响应不变法

在工程实际中，实现模拟信号转换为数字信号的离散化过程的主要技术手段是采样，虽然实际中并没有系统转换的需求，但在系统设计时，可以利用采样这种手段将一个连续时间系统转化为离散时间系统，从数学角度来看，这两者没有太大差别，因此，采样可以作为 IIR 滤波器设计中完成模拟域到数字域转换的是设计手段。

冲激响应不变法的原理是直接对模拟滤波器的单位冲激响应 $h_a(t)$ 进行采样，获得一个

离散时间序列 $h(n)$，则 $h(n)$ 就表示了转换后的数字滤波器，即

$$h(n)=h_{\mathrm{a}}(t)\big|_{t=nT}=h_{\mathrm{a}}(nT) \tag{6.40}$$

其中，T 是采样间隔，注意，它只是设计参数，不代表实际采样间隔。

数字滤波器的系统函数 $H(z)$ 等于

$$H(z)=ZT[h(n)]=ZT[h_{\mathrm{a}}(t)\big|_{t=nT}] \tag{6.41}$$

至此，模拟域到数字域的转换完成，所设计的数字滤波器为上式中的 $H(z)$。冲激响应不变法的设计原理如图 6.11 所示。

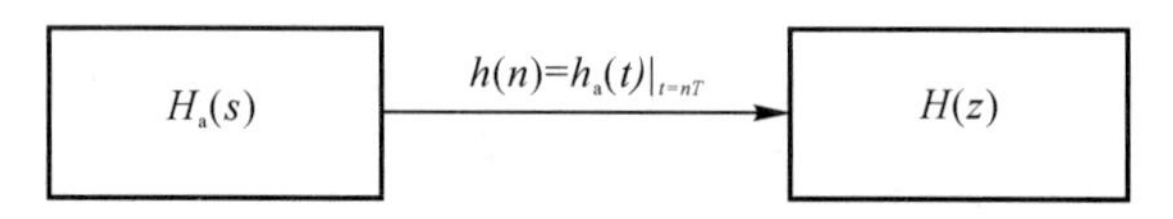

图 6.11　冲激响应不变法设计原理示意图

从式(6.40)、式(6.41) 看，似乎这个映射过程很简单，只需要简单的采样离散化过程就实现了转换。实际上这种直接采样的转换方法存在一些问题，需要加以改进。

设模拟滤波器传输函数是 $H_{\mathrm{a}}(s)$，设计中需要对 $H_{\mathrm{a}}(s)$ 求拉普拉斯反变换得到 $h_{\mathrm{a}}(t)$，然后进行采样，得到 $h(n)$ 完成转换，即

$$h_{\mathrm{a}}(t)=\int_{-\infty}^{\infty}H_{\mathrm{a}}(s)\mathrm{e}^{st}\,\mathrm{d}s$$

求 $h(n)$ 的 z 变换，可以得到数字滤波器的系统函数，即

$$H(z)=\sum_{n=-\infty}^{\infty}h(n)z^{-n}$$

设计时，可以由 $H_{\mathrm{a}}(s)$ 直接获得 $H(z)$ 的表达式，并不需要上述 s 域到时域以及时域到 z 域的过程，但需要将 $H_{\mathrm{a}}(s)$ 分解为部分分式的形式。

假设 N 阶模拟滤波器传输函数 $H_{\mathrm{a}}(s)$ 分解为如下部分分式的形式

$$H_{\mathrm{a}}(s)=\sum_{k=1}^{N}\frac{A_k}{s-s_k} \tag{6.42}$$

其中，s_k 是 $H_{\mathrm{a}}(s)$ 的极点；A_k 是每一个一阶分解因式的系数。

根据拉普拉斯变换的性质，一阶因式$\dfrac{A_k}{s-s_k}$ 对应的时域信号是一个因果指数型信号，即

$$A_k\mathrm{e}^{s_k t}u(t)\Leftrightarrow\frac{A_k}{s-s_k}$$

因此，式(6.42) 对应的系统单位冲激响应为

$$h_{\mathrm{a}}(t)=L^{-1}[H_{\mathrm{a}}(s)]=\sum_{k=1}^{N}A^k\mathrm{e}^{s_k t}u(t) \tag{6.43}$$

其中，$u(t)$ 是单位阶跃函数，对 $h_{\mathrm{a}}(t)$ 进行等间隔采样，采样间隔为 T，可得到

$$h(n)=h_{\mathrm{a}}(nT)=\sum_{k=1}^{N}A^k\mathrm{e}^{s_k nT}u(nT) \tag{6.44}$$

对 $h(n)$ 做 z 变换，即可得到冲激响应不变法获得的数字滤波器的系统函数为

$$H(z)=\sum_{k=1}^{N}\frac{A_k}{1-\mathrm{e}^{s_k T}z^{-1}} \tag{6.45}$$

比较式(6.42)和式(6.45),可以看到模拟滤波器传输函数 $H_a(s)$ 在 s_k 处的极点变换为数字滤波器系统函数 $H(z)$ 在 $z_k = e^{s_k T}$ 处的极点,而系数 A_k 不变。

因此,实际设计时,可以从式(6.42)直接写出式(6.45)的结果而不必经过式(6.43)和式(6.44)的求解过程。

设模拟滤波器是稳定的,则 s_k 的实部必定小于零,映射到离散时间系统的系统函数极点的幅值 $|z_k| = e^{s_k T} < 1$,因此极点处在单位圆内,映射后数字滤波器也是稳定的。

综上所述,冲激响应不变法获得的单位冲激响应 $h(n)$ 是模拟滤波器单位冲激响应 $h_a(t)$ 的采样,从时域看,两个系统具有最好的相似性,这也是这种方法名称的由来。下一步需要详细分析从模拟滤波器转换为数字滤波器后,系统特性在频域发生的变化,从频域分析才能观察到重要的特性变化。

采样过程的频域变化,本书在第 2 章相关采样理论中已经做了深入分析,虽然采样理论是基于信号的分析模型,但采样原理完全可以应用于系统设计中的映射过程。根据采样理论,数字滤波器的频率响应 $H(e^{j\omega})$ 就是模拟滤波器频率响应 $H_a(j\Omega)$ 的周期延拓和,即

$$H(e^{j\omega}) = \frac{1}{T}\sum_{k=-\infty}^{\infty} H_a\left(j\frac{\omega}{T} + j\frac{2\pi}{T}k\right) \tag{6.46}$$

或

$$H(e^{j\Omega T}) = \frac{1}{T}\sum_{k=-\infty}^{\infty} H_a(j\Omega + j\frac{2\pi}{T}k) \tag{6.47}$$

如果上述关系不仅限于 $j\Omega$ 轴,而可扩展到整个 s 平面,则得

$$H(e^{sT}) = \frac{1}{T}\sum_{k=-\infty}^{\infty} H_a\left(s + j\frac{2\pi}{T}k\right) \tag{6.48}$$

令

$$z = e^{sT} \tag{6.49}$$

则式(6.48)就成为数字滤波器的系统函数 $H(z)$,它和模拟滤波器的系统函数 $H_a(s)$ 之间的关系式为

$$H(z) = \frac{1}{T}\sum_{k=-\infty}^{\infty} H_a\left(s + j\frac{2\pi}{T}k\right) \tag{6.50}$$

根据采样定理可知,只有当模拟滤波器是带限时,即

$$H_a(j\Omega) = 0, \quad |\Omega| \geqslant \frac{\pi}{T} \tag{6.51}$$

经采样转换后的数字滤波器的频域特性和模拟滤波器的频域特性完全相等(除了 $1/T$ 系数),即

$$H(e^{j\omega}) = \frac{1}{T}H_a(j\Omega), \quad |\Omega| \leqslant \frac{\pi}{T} \tag{6.52}$$

需要注意的是,如果模拟滤波器的频带超出 $\pm\pi/T$ 区间,进行采样转换后得到的数字滤波器会在 $\pm\pi$ 的奇数倍附近产生频率混叠,如图 6.12 所示。冲激响应不变法的频率混叠会使设计的数字滤波器在 $\omega=\pi$ 附近的频率特性偏离模拟滤波器在 π/T 附近的频率特性,严重时使数字滤波器不满足给定的技术指标。为此,希望设计的滤波器是带限滤波器,这样进行采样转换后可以保持良好的频域特性。遗憾的是常用的几种模拟滤波器模型,包括巴特沃斯滤波

器、切比雪夫滤波器、椭圆滤波器等都很难设计为充分带限滤波特性，为了减少这种频率混叠影响，可以通过设计更高性能指标的模拟滤波器，也就是说，在模拟域设计的模拟滤波器具有更高的技术指标，以提供一定的设计指标裕量。

若模拟滤波器模型的带宽范围是无限大，无法满足采样理论对被采样信号的带限性要求，若采用采样直接进行模拟滤波器到数字滤波器的映射，得到数字滤波器的频率特性将会面目全非，根本无法使用。必须在映射前用一个带宽小于 π/T 的高性能模拟低通滤波器对所设计的模拟高通或带阻滤波器进行校正，尽量滤除高于 π/T 的频率分量，然后进行采样映射，才能获得符合要求的高通或带阻滤波器。因此，冲激响应不变法不能直接用于高通滤波器和带阻滤波器的设计，因而实际中冲激响应不变法的局限性较大。

冲激响应不变法设计数字滤波器的过程可以归纳为三个步骤：

(1) 根据设计要求确定模拟滤波器的技术指标；

(2) 根据技术指标设计 $H_a(s)$，并将其写为因式分解形式，即 $H_a(s)=\sum_{k=1}^{N}\frac{A_k}{s-s_k}$；

(3) 采用冲激响应不变法进行映射，得到所需要的数字滤波器的系统函数 $H(z)=\sum_{k=1}^{N}\frac{A_k}{1-e^{s_kT}z^{-1}}$。

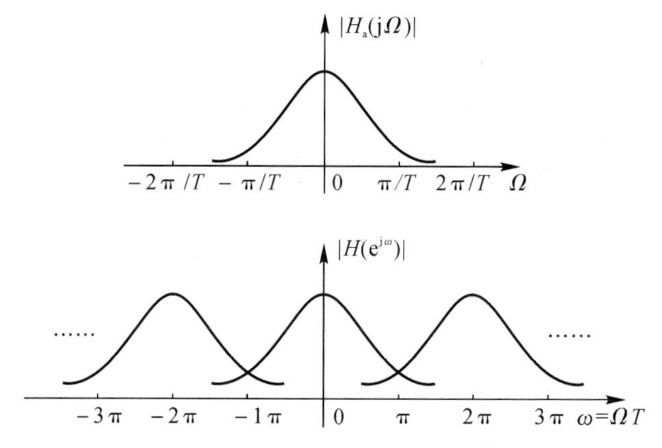

图 6.12　冲激响应不变法的频率混叠现象

综上所述，冲激响应不变法的优点是原理简单，采用采样技术进行模拟域到数学域的转换，可以保持频率之间的线性关系，即 $\omega=\Omega T$，如果频率混叠影响很小，用这种方法设计的数字滤波器会很好地重现原模拟滤波器的频率特性。另外一个优点是数字滤波器的时域特性可以很好地逼近模拟滤波器的时域特性。冲激响应不变法的缺点是采样会产生频率混叠现象，适合低通滤波器、带通滤波器等带限系统的设计，不适合高通、带阻滤波器的设计。

【例 6-3】　已知模拟滤波器的传输函数 $H_a(s)$ 为

(1) $H_a(s)=\frac{s+a}{(s+a)^2+b^2}$；

(2) $H_a(s)=\frac{b}{(s+a)^2+b^2}$。

式中，a，b 为常数，设 $H_a(s)$ 因果稳定，试用冲激响应不变法将其转换成数字滤波器

的 $H(z)$。

解　本题所给 $H_a(s)$ 正是二阶模拟滤波器基本的两种典型形式。因此，求解本题的过程，可以导出这两种典型形式的 $H_a(s)$ 的冲激响应不变法的转换公式。

(1)
$$H_a(s)=\frac{s+a}{(s+a)^2+b^2}$$

令分母等于 0，$H_a(s)$ 的极点为

$$s_1=-a+\mathrm{j}b,\quad s_1=-a-\mathrm{j}b$$

将 $H_a(s)$ 用待定系数法部分分式展开为

$$H_a(s)=\frac{s+a}{(s+a)^2+b^2}=\frac{A_1}{s-s_1}+\frac{A_2}{s-s_2}=\frac{A_1(s-s_2)+A_2(s-s_1)}{(s+a)^2+b^2}=$$
$$\frac{(A_1+A_2)s-A_1s_2-A_2s_1}{(s+a)^2+b^2}$$

比较分子可得方程组

$$\begin{cases}A_1+A_2=1\\A_1s_2-A_2s_1=a\end{cases}$$

解方程组可得

$$\begin{cases}A_1=1/2\\A_2=1/2\end{cases}$$

所以

$$H_a(s)=\frac{1/2}{s-(-a+\mathrm{j}b)}+\frac{1/2}{s-(-a-\mathrm{j}b)}$$

根据式(6.45)，可得数字滤波器的系统函数为

$$H(z)=\sum_{k=1}^{2}\frac{A_k}{1-\mathrm{e}^{s_kT}z^{-1}}=\frac{1/2}{1-\mathrm{e}^{(-a+\mathrm{j}b)T}z^{-1}}+\frac{1/2}{1-\mathrm{e}^{(-a-\mathrm{j}b)T}z^{-1}}$$

在工程实际中，一般用无复数乘法器的二阶基本节结构实现。由于两个极点共轭对称，因此将 $H(z)$ 的两项通分化简，可得

$$H(z)=\frac{1-\mathrm{e}^{-aT}\cos(bT)z^{-1}}{1-2\mathrm{e}^{-aT}\cos(bT)z^{-1}+\mathrm{e}^{-2aT}Z^{-2}}$$

上式是一个标准的二阶有理分式形式，即

$$H(z)=\frac{b_0+b_1z^{-1}}{1-a_1z^{-1}-a_2z^{-2}}$$

对本题，$b_0=1$，$b_1=-\mathrm{e}^{-aT}\cos(bT)$，$a_1=2\mathrm{e}^{-aT}\cos(bT)$，$a_2=-\mathrm{e}^{-2aT}$。

因此如果需要将形式为 $H_a(s)=\dfrac{s+a}{(s+a)^2+b^2}$ 的模拟滤波器传输函数用冲激响应不变法转换成数字滤波器时，直接应用上面的标准二阶表达式即可。

(2)
$$H_a(s)=\frac{b}{(s+a)^2+b^2}$$

令分母等于零求解 $H_a(s)$ 的极点为

$$s_1=-a+\mathrm{j}b,\quad s_1=-a-\mathrm{j}b$$

将 $H_a(s)$ 用待定系数法部分分式展开为

$$H_a(s)=\frac{\frac{1}{2}\mathrm{j}}{s-(-a+\mathrm{j}b)}+\frac{\frac{1}{2}\mathrm{j}}{s-(-a-\mathrm{j}b)}$$

所以

$$H(z)=\frac{\frac{1}{2}\mathrm{j}}{1-\mathrm{e}^{(-a+\mathrm{j}b)T}z^{-1}}+\frac{\frac{1}{2}\mathrm{j}}{1-\mathrm{e}^{(-a-\mathrm{j}b)T}z^{-1}}$$

整理为标准二阶有理表达式,可得

$$H(z)=\frac{1-\mathrm{e}^{-aT}\sin(bT)z^{-1}}{1-2\mathrm{e}^{-aT}\cos(bT)z^{-1}+\mathrm{e}^{-2aT}Z^{-2}}$$

设计完成。

6.5.3 双线性映射法

冲激响应不变法的主要缺点是会产生频率混叠现象,使数字滤波器的频率响应偏移模拟滤波器的频率响应。产生的原因是模拟滤波器在频率小于 π/T 范围内不能达到充分带限,因而在采样转换后,数字滤波器在频率 π/T 区域产生混叠现象。为了减小频率混叠的影响,需要提高设计模拟滤波器的技术指标或增加校正滤波器。

为了克服这一缺点,人们提出了一种更好的映射方法,称为双线性映射法或双线性变换法。双线性映射法采用两步映射:第一步进行非线性频率变换,可将全部频率范围压缩到 π/T 内,实现模拟滤波器的理想带限;第二步进行标准的采样映射,实现模拟域到数字域的转换,彻底消除了数字滤波器的混叠,因为是两步映射,所以称为双线性映射法。

双线性映射法是通过两次映射来实现的,第一次映射,先将整个 s 平面压缩到 s_1 平面中的 $\left(-\frac{\pi}{T}\leqslant\Omega_1\leqslant\frac{\pi}{T}\right)$ 一条横带内,如图 6.13 所示。

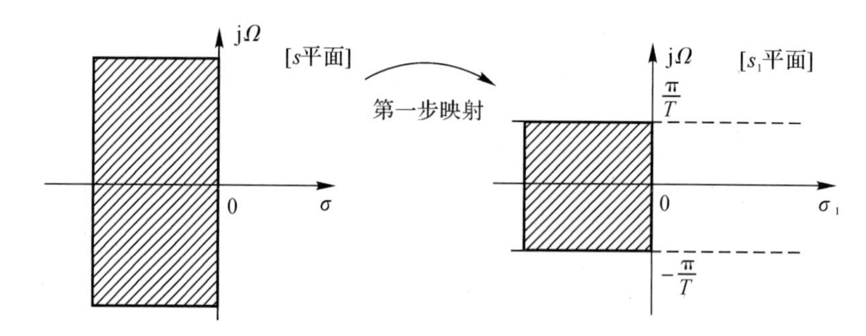

图 6.13 双线性映射法第一步映射示意图

第一步映射实现了无限大 s 平面到一个有限虚轴范围的条带区域 s_1 平面,频率 Ω_1 被限制在 $-\frac{\pi}{T}\leqslant\Omega_1\leqslant\frac{\pi}{T}$ 内。左半 s 平面(阴影部分)映射到 s_1 平面的左半带条区域内(阴影部分)

第二步映射采用标准的采样,将 s_1 平面映射到 z 平面,如图 6.14 所示。

第二步映射是标准的采样，将 s_1 平面的$\left(-\frac{\pi}{T}\leqslant\Omega_1\leqslant\frac{\pi}{T}\right)$条带区域映射到全部 z 平面，左半 s_1 条带区域(阴影部分)映射到单位圆内。

由于第一步映射将无限大频带压缩为有限频带$\left(-\frac{\pi}{T}\leqslant\Omega_1\leqslant\frac{\pi}{T}\right)$，使之称为理想带限信号模型，第二步以 T 采样间隔进行转换，完全避免了转换后数字滤波器频域特性混叠，彻底消除了混叠现象。下面详细介绍双线性映射法的过程。

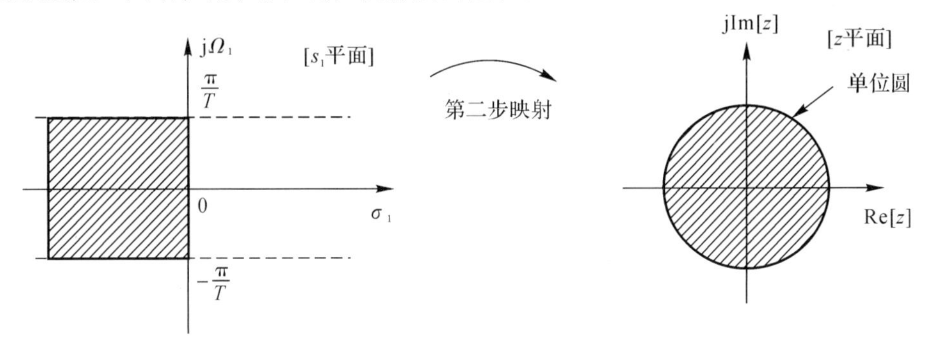

图 6.14　双线性映射法第二步映射示意图

首先通过三角函数的正切函数来实现第一步映射，将 s 平面中的虚轴 $\mathrm{j}\Omega=-\infty\rightarrow+\infty$ 压缩到 s_1 平面中的虚轴$\mathrm{j}\Omega_1=-\frac{\pi}{T}\rightarrow+\frac{\pi}{T}$的有限范围内，设 Ω 和 Ω_1 为下列正切函数关系

$$\Omega=\frac{2}{T}\tan\left(\frac{1}{2}\Omega_1 T\right)\tag{6.53}$$

图 6.15 是两个模拟频率之间的关系图。

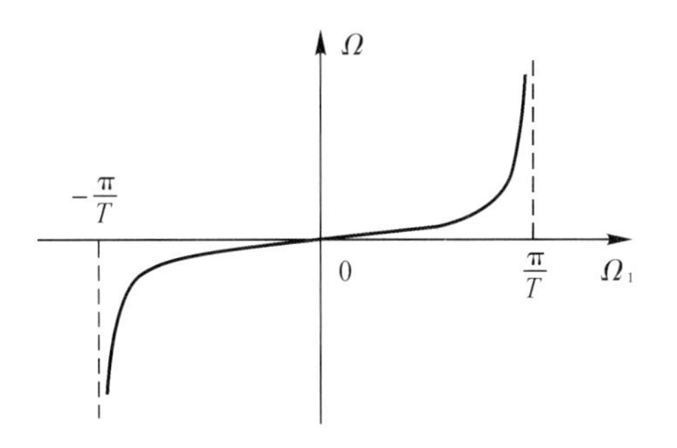

图 6.15　频率 Ω 和 Ω₁ 的关系示意图

从图 6.15 可以看出，当 Ω 从 $-\infty$ 变到 0，再变到 ∞ 时，Ω_1 则从$-\frac{\pi}{T}$变变到 0，再变到$\frac{\pi}{T}$，因此，通过上述变换可以将 Ω 从无穷大的范围压缩为一个$\left(-\frac{\pi}{T}\sim\frac{\pi}{T}\right)$的有限范围。

现在将频率轴扩展到整个复频率平面，通过以下数学扩展实现：

$$\mathrm{j}\Omega=\mathrm{j}\tan\left(\frac{T}{2}\Omega_1\right)=\mathrm{j}\,\frac{2}{T}\,\frac{\sin\left(\frac{T}{2}\Omega_1\right)}{\cos\left(\frac{T}{2}\Omega_1\right)}=\frac{2}{T}\,\frac{1-\mathrm{e}^{-\mathrm{j}\Omega_1 T}}{1+\mathrm{e}^{-\mathrm{j}\Omega_1 T}}$$

对上式的虚轴分别加上各自的实部，就可以将频率轴分别扩展为 s 平面和 s_1 平面，即

$$s=\frac{2}{T}\left(\frac{1-e^{-s_1 T}}{1+e^{-s_1 T}}\right) \tag{6.54}$$

式(6.54)为第一步映射建立的 s 和 s_1 平面之间的数学关系式，它实现了将整个 s 平面压缩到 s_1 平面中纵坐标宽度为 $\frac{2\pi}{T}$ 一个条带内，实现了模拟滤波器 $H_a(j\Omega_1)$ 的理想带限特性，为第二步映射打下了基础。

第二步映射与冲激响应不变法相同，采用标准采样，采样间隔等于 T，将模拟滤波器 $H_a(j\Omega_1)$ 映射为所需的数字滤波器 $H(e^{j\omega})$，第二步映射将 s_1 平面映射到 z 平面，映射的复频域关系为

$$z=e^{s_1 T} \tag{6.55}$$

综合式(6.54)和式(6.55)最终就可以得到 s 平面和 z 平面的映射关系为

$$s=\frac{2}{T}\left(\frac{1-z^{-1}}{1+z^{-1}}\right) \tag{6.56}$$

上述关系式(6.56)是双线性映射重要的关系式，由于两步映射消除了频域混叠，建立了 s 到 z 的一一对应单值映射，而且式(6.56)是一个简单的有理分式，可以将模拟滤波器传输函数 $H_a(s)$ 的 s 替换，整理后直接得到数字滤波器的系统函数，设计过程极为简单和高效，因此，双线性映射法在实际中得到了广泛应用。

式(6.56)也可以写成

$$z=\frac{1+\frac{T}{2}s}{1-\frac{T}{2}s} \tag{6.57}$$

设 $s=\sigma+j\Omega$，代入上式，可得

$$z=\frac{1+\frac{T}{2}(\sigma+j\Omega)}{1-\frac{T}{2}(\sigma+j\Omega)}=\frac{1+\frac{T}{2}\sigma+j\frac{T}{2}\Omega}{1-\frac{T}{2}\sigma-j\frac{T}{2}\Omega}$$

z 的幅值为

$$|z|=\frac{\sqrt{\left(1+\frac{T}{2}\sigma\right)^2+\left(\frac{T}{2}\Omega\right)^2}}{\sqrt{\left(1-\frac{T}{2}\sigma\right)^2+\left(\frac{T}{2}\Omega\right)^2}}$$

显然，当 $\sigma<0$，则 $|z|<1$，即左半 s 平面映射到 z 平面单位圆内；当 $\sigma=0$，则 $|z|=1$，s 平面虚轴映射到 z 平面单位圆上，因此，双线性映射法完全符合前面提出的模拟域到数字域转换的两个原则。

综合两步映射的频率转换关系，或者将式(6.56)的 s 等于 $j\Omega$，将 z 写成 $e^{j\omega}$，可推导模拟频率 Ω 和数字频率 ω 的关系如下

$$\mathrm{j}\Omega=\frac{2}{T}\left(\frac{1-\mathrm{e}^{-\mathrm{j}\omega}}{1+\mathrm{e}^{-\mathrm{j}\omega}}\right)=\mathrm{j}\ \frac{2}{T}\ \frac{\sin\left(\frac{\omega}{2}\right)}{\cos\left(\frac{\omega}{2}\right)}\Bigg)=\mathrm{j}\ \frac{2}{T}\tan\left(\frac{\omega}{2}\right)$$

即

$$\Omega=\frac{2}{T}\tan\left(\frac{\omega}{2}\right) \tag{6.58}$$

或

$$\omega=\arctan\left(\frac{\Omega T}{2}\right)$$

因此，经过双线映射后，模拟频率和数字频率之间的关系如式(6.58)，不再是原来的线性关系 $\Omega=\omega/T$，当频率值较小时，近似为线性关系，如图 6.16 所示。

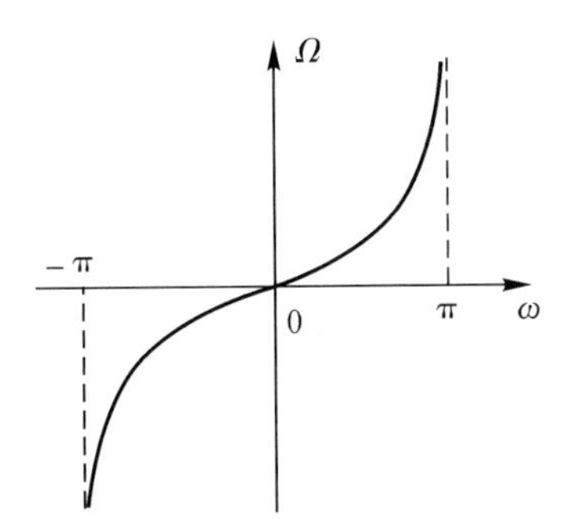

图 6.16　双线性映射的频率关系示意图

从图 6.16 可以看出，在 $\omega=0$ 附近接近线性关系；当 ω 增加时，Ω 增加得越来越快；当 ω 趋近于 π 时，Ω 趋近于 ∞，当 ω 趋近于 $-\pi$ 时，Ω 趋近于 $-\infty$。正是这种非线性关系，消除了频率混叠现象。但是，Ω 与 ω 之间的非线性关系是双线性映射法的一个缺点，它破坏了采样理论建立的频率之间的线性关系，但这对滤波器设计不是一个很严重的问题，它主要带来了数字滤波器个别技术指标的畸变，尤其是在高频率频段影响较大，如图 6.17 所示。

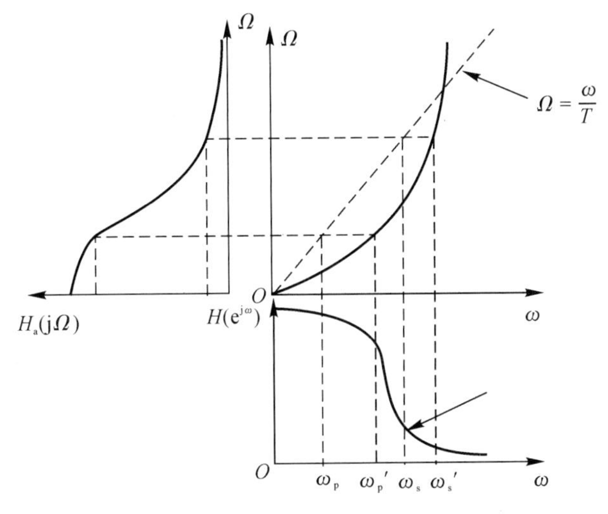

图 6.17　双线性映射法带来的滤波器指标畸变

这种非线性影响的实质是：通过在模拟域设计模拟滤波器满足技术指标，由于双线性映射导致Ω和ω的比例关系不是线性的，随着ω增加非线性越来越严重，映射后会导致原来满足指标的模拟频率对应的数字频率可能不满足技术指标，如图6.15中数字滤波器频率特性阻带截止频ω_s不满足指标。映射后形成的ω'_p和ω'_s频点虽然保持了模拟滤波器的技术指标，但它们不是真正的数字滤波器截止频率，而由于非线性映射造成的数字滤波器阻带截止频率ω_s处的幅频响应值不满足原设计指标。为了消除这一影响，采用一种预畸变措施，具体是根据数字滤波器技术指标得到模拟滤波器技术指标时，采用双线性映射的频率关系式(6.58)进行计算，而不是用它们的标准关系式，即采用下式计算

$$\Omega_p=\frac{2}{T}\tan\left(\frac{\omega_p}{2}\right),\quad \Omega_s=\frac{2}{T}\tan\left(\frac{\omega_s}{2}\right) \tag{6.59}$$

其对应的通带和阻带衰减值α_p和α_s不变。注意，上式中T是一个设计参数，理论上可以选择任意实数，一般选简单整数即可。按照上述模拟指标设计一个符合要求的模拟滤波器，经双线性映射后，获得的数字滤波器是符合设计所要求的技术指标，这种措施称为预畸变。

如果模拟滤波器的频率特性具有片段常数特性，双线性映射后数字滤波器仍然保持片段常数特性，双线性映射造成的频率特性在截止频率点的非线性改变，可以采用上述预畸变措施予以修正。

在工程实际设计时，一般设计滤波器的通带特性和阻带特性均要求是片段常数，因此双线性映射法得到广泛应用，而且双线性映射法比冲激响应不变法计算更简单。因为s和z之间存在式(6.56)的简单代数关系，所以在完成设计模拟滤波器后，其系统函数$H_a(s)$可以直接进行变量代换得到数字滤波器的系统函数$H(z)$，即

$$H(z)=H_a(s)\Big|_{s=\frac{2}{T}\frac{1-z^{-1}}{1+z^{-1}}} \tag{6.60}$$

另外由于双线性映射过程中先将模拟滤波器转换为一个带宽有限系统，因此，可以适用于任意宽带特性的滤波器，包括高通和带阻滤波器，应用范围更广泛。

【例6-4】 采用双线性变换法设计一个IIR数字低通滤波器，在频率低于$\omega=0.3\pi$的范围内，低通幅度不低于0.75 dB，在频率$\omega=0.8\pi$和π之间，阻带衰减至少为20 dB。试求出满足这些指标的最低阶巴特沃斯滤波器的传递函数$H(z)$。

解 按预畸变公式(6.59)计算模拟滤波器技术指标，取$T=1$，得到

$$\Omega_p=\frac{2}{T}\tan(\omega_p/2)=2\tan(0.13\pi)=0.865$$

$$\Omega_s=\frac{2}{T}\tan(\omega_s/2)=2\tan(0.2\pi)=1.453$$

通带和阻带指标分别为

$$\alpha_p=0.75,\quad \alpha_s=20$$

选择低通巴特沃斯滤波器，按式(6.22)计算N，可得

$$N\geqslant\frac{\lg\left[\sqrt{(10^{0.1\alpha_s}-1)/(10^{0.1\alpha_p}-1)}\right]}{\lg(\Omega_s/\Omega_p)}=\frac{\lg\left[\sqrt{(10^{0.1\times20}-1)/(10^{0.1\times0.75}-1)}\right]}{\lg(1.453/0.865)}=6.045$$

照理应取N等于7，若指标放松一点，可以取$N=6$，代入式(6.23)得

$$\Omega_c=\Omega_s/(10^{0.1\alpha_s}-1)^{1/2N}=0.990\,7$$

基本达到通带技术指标,阻带技术指标刚好满足。

查阅表 6.2 或附录附表 1.2,可得六阶归一化巴特沃斯低通滤波器二阶分解因式表达式

$$H_6(s)=\frac{1}{(1+0.517s+s^2)(1+\sqrt{2}s+s^2)(1+1.932s+s^2)}$$

将 $s=s/\Omega_c$ 代入上式,经过整理得到模拟滤波器为

$$H_a(s)=\frac{0.980\ 4}{(s^2+0.515\ 8s+0.993\ 3)(s^2+1.409\ 4s+0.993\ 3)(s^2+1.925\ 6s+0.993\ 3)}$$

将 $s=2(1-z^{-1})/(1+z^{-1})$ 代入上式,最后可得

$$H(z)=[0.004\ 4(1+z^{-1})^6]/[(1-1.091\ 5z^{-1}+0.812\ 7z^{-2})\times$$
$$(1-0.939\ 2z^{-1}+0.559\ 7z^{-2})(1-0.869\ 1z^{-1}+0.443\ 4z^{-2})]$$

设计完成。

【例 6-5】 设计一巴特沃斯低通滤波器,设计指标为:在 $0\sim0.2\pi$ 通带频率范围内,通带幅度波动小于 1 dB,在 $0.3\pi\sim\pi$ 阻带频率范围内,阻带衰减大于 15 dB,即

$$20\lg|H(e^{j0.2\pi})|\geqslant-1$$
$$20\lg|H(e^{j0.3\pi})|\leqslant-15$$

解　这道题可分别采用冲激响应不变法和双线性不变法进行设计。由于方法不同,得到的滤波器结果有所不同,但它们都满足技术指标。

(1) 冲激响应不变法:

设 $T=1$,计算模拟滤波器技术指标为

$$\Omega_p=\omega_p T=0.2\pi,\quad \alpha_p=1$$
$$\Omega_s=\omega_s T=0.3\pi,\quad \alpha_s=15$$

按式(6.22)计算 N,可得

$$N\geqslant\frac{\lg[\sqrt{(10^{0.1\alpha_s}-1)/(10^{0.1\alpha_p}-1)}]}{\lg(\Omega_s/\Omega_p)}=\frac{\lg[\sqrt{(10^{0.1\times15}-1)/(10^{0.1\times1}-1)}]}{\lg(0.3\pi/0.2\pi)}=5.885$$

选 $N=6$,按式(6.22)计算 3 dB 截止频率,得

$$\Omega_c=\Omega_p/(10^{0.1\alpha_p}-1)^{1/2N}=0.704$$

查阅表 6.2 或附录附表 1.2,可得六阶归一化巴特沃斯低通滤波器二阶分解因式表达式为

$$H_6(s)=\frac{1}{(1+0.517s+s^2)(1+\sqrt{2}s+s^2)(1+1.932s+s^2)}$$

将 $s=s/\Omega_c$ 代入上式,经过整理得到模拟滤波器为

$$H_a(s)=\frac{1}{(0.495+0.354s+s^2)(0.495+0.995s+s^2)(0.495+1.36s+s^2)}$$

可求出三对复数极点为

$$\begin{cases}s_{1,2}=-0.177\pm j0.681\\ s_{3,4}=-0.498\pm j0.497\\ s_{5,6}=-0.68\pm j0.181\end{cases}$$

可写成部分分式展开式为

$$H_6(s)=\sum_{k=1}^{6}\frac{A_k}{s-s_k}=\frac{A_1}{s-s_1}+\cdots+\frac{A_6}{s-s_6}$$

则对应的数字滤波器传递函数为

$$H(z)=\sum_{k=1}^{6}\frac{A_6}{1-e^{s_k}z^{-1}}=\frac{A_1}{1-e^{s_1}z^{-1}}+\cdots+\frac{A_6}{1-e^{s_6}z^{-1}}$$

整理为二阶实系数有理分式为

$$H(z)=\frac{0.287\,1-0.446\,6z^{-1}}{1-0.129\,7z^{-1}+0.694\,9z^{-2}}+\frac{-2.142\,8+1.145\,4z^{-1}}{1-1.069\,1z^{-1}+0.369\,9z^{-2}}+\frac{1.855\,8-0.630\,4z^{-1}}{1-0.997\,2z^{-1}+0.257\,0z^{-2}}$$

(2) 采用双线性不变法:

设 $T=1$,计算模拟滤波器技术指标为

$$\Omega_p=\frac{2}{T}\tan\left(\frac{\omega_p}{2}\right)=2\tan(0.1\pi)=0.649\,8$$

$$\alpha_p=1$$

$$\Omega_s=\frac{2}{T}\tan\left(\frac{\omega_s}{2}\right)=2\tan(0.15\pi)=1.019$$

$$\alpha_s=15$$

按式(6.22) 计算 N,可得

$$N\geqslant\frac{\lg\left[\sqrt{(10^{0.1\alpha_s}-1)/(10^{0.1\alpha_p}-1)}\right]}{\lg(\Omega_s/\Omega_p)}=\frac{\lg\left[\sqrt{(10^{0.1\times15}-1)/(10^{0.1\times1}-1)}\right]}{\lg(1.019/0.649\,8)}=5.315$$

选 $N=6$,按式(6.22) 计算 3 dB 截止频率,得

$$\Omega_c=\Omega_p/(10^{0.1\alpha_p}-1)^{1/2N}=0.649\,8/(10^{0.1\times1}-1)^{1/12}=0.727$$

查阅表 6.2 或或附录附表 1.2,可得六阶归一化巴特沃斯低通滤波器二阶分解因式表达式为

$$H_6(s)=\frac{1}{(1+0.517s+s^2)(1+\sqrt{2}s+s^2)(1+1.932s+s^2)}$$

将 $s=s/\Omega_c$ 代入上式,经过整理得到模拟滤波器为

$$H_6(s)=\frac{0.202\,36}{(s^2+0.396\,5s+0.587\,1)(s^2+1.083\,5s+0.587\,1)(s^2+1.480\,25s+0.587\,1)}$$

令 $s=2\dfrac{1-z^{-1}}{1+z^{-1}}$,可得对应的数字滤波器传递函数为

$$H(z)=\frac{0.000\,737\,8(1+z^{-1})^{-6}}{(1-1.268\,6z^{-1}+0.705\,1z^{-2})(1-1.010\,6z^{-1}+0.358\,3z^{-2})(1-0.904\,4z^{-1}+0.215\,5z^{-2})}$$

6.5.4 IIR 滤波器的频率变换设计法(高通、带通和带阻滤波器设计)

前面介绍的冲激响应不变法和双线性映射法主要实现了低通滤波器的设计,但是在工程上经常要实现各种截止频率的低通、高通、带通和带阻滤波器的设计。这些选频滤波器的设计方法一般有两种,第一种方法是把一个归一化低通模拟滤波器采用频率变换,得出所需要高

通、带通和带阻模拟滤波器,然后采用冲激响应不变法或双线性变换法得到所需的数字滤波器,这种方法的原理如图 6.18 所示。

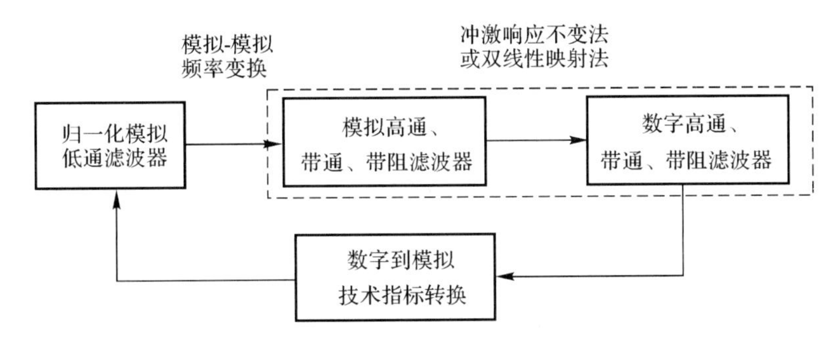

图 6.18　第一种频率变换设计法原理图

第二种设计方法是将归一化模拟低通滤波器先转成数字低通滤波器,然后通过频率变换,将低通数字滤波器转换为高通、带通和带阻数字滤波器,其原理如图 6.19 所示。

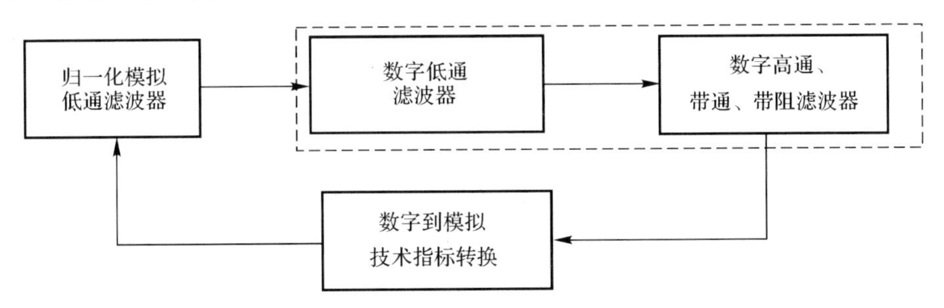

图 6.19　第二种频率变换设计法原理图

下面通过高通滤波器设计为例介绍第一种设计方法的过程,设计中需要的频率变换公式见表 6.4,表中模拟域和数字域之间的关系默认为双线性变换,且图 6.18 和图 6.19 中虚线框部分合为一个模块。

表 6.4　数字滤波器和归一化模拟低通滤波器频率变换公式

数字滤波器类型	频率变换	参数计算公式
高通滤波器	$s = C_1 \dfrac{1+z^{-1}}{1-z^{-1}}$ $\Omega = C_1 \cot \dfrac{\omega}{2}$	$C_1 = \Omega_c \tan \dfrac{\omega_c}{2}$
带通滤波器	$s = D\left(\dfrac{1-Ez^{-1}+z^{-2}}{1-z^{-2}}\right)$ $\Omega = D\left(\dfrac{\cos\omega_0 - \cos\omega}{\sin\omega}\right)$	$D = \Omega_c \cot\left(\dfrac{\omega_2-\omega_1}{2}\right)$ $E = \dfrac{\cos\left(\dfrac{\omega_2+\omega_1}{2}\right)}{\cos\left(\dfrac{\omega_2-\omega_1}{2}\right)} = 2\cos\omega_0$
带阻滤波器	$s = D_1\left(\dfrac{1-z^{-2}}{1-E_1 z^{-1}+z^{-2}}\right)$ $\Omega = D_1\left(\dfrac{\sin\omega}{\cos\omega - \cos\omega_0}\right)$	$D_1 = \Omega_c \tan\left(\dfrac{\omega_2-\omega_1}{2}\right)$ $E_1 = \dfrac{2\cos\left(\dfrac{\omega_2+\omega_1}{2}\right)}{\cos\left(\dfrac{\omega_2-\omega_1}{2}\right)} = 2\cos\omega_0$

【例 6-6】 设计一个巴特沃斯高通滤波器，通带 3 dB 截止频率为 0.6π，阻带截止频率为 0.4π，阻带最小衰减为 14 dB。

解 第一步：先进行指标转换，将高通数字滤波器的技术指标转换为归一化低通模拟滤波器技术指标，设归一化低通模拟滤波器 $\Omega_c=1$，根据表 6.4，可得参数 C_1 为

$$C_1=\Omega_c\tan\left(\frac{\omega_c}{2}\right)=1\times\tan\left(\frac{0.6\pi}{2}\right)=1.376$$

若按双线性变换进行设计，根据表 6.4，计算预畸变归一化模拟低通滤波器阻带截止频率为

$$\Omega_s=C_1\cot\left(\frac{\omega_s}{2}\right)=1.376\times\cot\left(\frac{0.4\pi}{2}\right)=1.894$$

第二步：按式(6.22) 计算 N，可得

$$N\geqslant\frac{\lg[\sqrt{(10^{0.1\alpha_s}-1)/(10^{0.1\alpha_p}-1)}\,]}{\lg(\Omega_s/\Omega_p)}=\frac{\lg[\sqrt{(10^{0.1\times14}-1)/(10^{0.1\times3}-1)}\,]}{\lg1.894}=2.498$$

选 $N=3$，查阅表 6.2 或附录附表 1.2，可得三阶归一化巴特沃斯低通滤波器传输函数表达式为

$$H_3(s)=\frac{1}{s^3+2s^2+2s+1}$$

第三步：按表 6.4 的 s 和 z 关系式直接替换可得到所需设计的数字滤波器，即

$$H(z)=H_3(s)\Big|_{s=C_1\frac{1+z^{-1}}{1-z^{-1}}}=\frac{0.099(1-3z^{-1}+3z^{-2}-z^{-3})}{1+0.571z^{-1}+0.42z^{-2}+0.055z^{-3}}$$

表 6.4 中带通滤波器和带阻滤波器的相关转换计算公式的 ω_0 是数字滤波器通带和阻带的中心频率，ω_1 和 ω_2 则是下阻带和上阻带截止频率，以及下通带和上通带截止频率。

第二种设计方法是先设计一个归一化模拟低通滤波器，然后采用模拟到数字映射转换为数字低通滤波器，最后通过频率变换，转换得到所要求的高通、带通和带阻滤波器，具体步骤为：

(1) 将所需设计的数字滤波器 $H_d(z)$ 的技术指标转换为一个模拟低通滤波器 $H_a(s)$ 的技术指标；

(2) 应用前述设计方法设计模拟低通滤波器 $H_a(s)$；

(3) 将模拟低通滤波器 $H_a(s)$ 映射成低通数字滤波器 $H_L(z)$；

(4) 用频率变换法将低通数字滤波器 $H_L(z)$ 变换成所需技术指标的高通、带通和带阻数字滤波器 $H_d(z)$。

上述步骤(1) ~ (3) 在前面已做了介绍，步骤(4) 需要用到数字-数字的频率变换，在实际设计中，模拟域和数字域之间的转换默认为双线性变换法

频率变换需要满足把一个稳定的因果的有理系统函数 $H_L(z)$ 变换成相应稳定因果的有理系统函数 $H_d(z)$，也就是能把 z_L 平面中的单位圆和单位圆内部映射为 z_D 平面中的单位圆及其单位圆内部。满足这种条件的变换形式一般可以写成一个全通网络的形式：

$$z_L^{-1}=\pm\prod_{k=1}^{N}\frac{z_d^{-1}-a_k}{1-a_kz_d^{-1}}\tag{6.61}$$

为了使系统稳定，式中 $a_k<1$，且当 $a_k=0$ 时，式(6.61) 为 $z_L^{-1}=z_d^{-1}$，则 $e^{j\omega}=e^{j\theta}$，即单位圆

映射成单位圆。表 6.5 列出了满足式(6.61) 的几种频率变换关系式。

表 6.5　数字-数字频率变换关系式

$H_L(z) \to H_d(z)$	频率变换	参数公式及说明
低通 → 低通	$z_L^{-1} \Rightarrow \dfrac{z_d^{-1} - a}{1 - a z_d^{-1}}$	$a = \dfrac{\sin[(\omega_c - \theta_c)/2]}{\sin[(\omega_c + \theta_c)/2]}$ $\theta_c =$ 要求的低通截止频率
低通 → 高通	$z_L^{-1} \Rightarrow -\dfrac{z_d^{-1} + a}{1 + a z_d^{-1}}$	$a = -\dfrac{\cos[(\theta_p + \omega_c)/2]}{\cos[(\theta_p - \omega_c)/2]}$ $\theta_p =$ 要求的高通截止频率
低通 → 带通	$z_L^{-1} \Rightarrow -\dfrac{z_d^{-2} - \frac{2ak}{k+1} z_d^{-1} + \frac{k-1}{k+1}}{\frac{k-1}{k+1} z_d^{-2} - \frac{2ak}{k+1} z_d^{-1} + 1}$	$a = \dfrac{\cos[(\theta_2 + \theta_1)/2]}{\cos[(\theta_2 - \theta_1)/2]}$ $k = \cot[(\theta_2 - \theta_1)/2] \cdot \tan(\omega_c/2)$ θ_2, θ_1 为要求的上下截止频率
低通 → 带阻	$z_L^{-1} \Rightarrow -\dfrac{z_d^{-2} - \frac{2ak}{k+1} z_d^{-1} + \frac{1-k}{1+k}}{\frac{1-k}{1+k} z_d^{-2} - \frac{2ak}{k+1} z_d^{-1} + 1}$	$a = \dfrac{\cos[(\theta_2 + \theta_1)/2]}{\cos[(\theta_2 - \theta_1)/2]}$ $k = \cot[(\theta_2 - \theta_1)/2] \cdot \tan(\omega_c/2)$ θ_2, θ_1 为要求的上下截止频率

下面通过数字低通-数字高通的转换进行说明。

低通滤波器和高通滤波器的特性区别从通带和频率区域$[0,\pi]$看，对于通带一个在最低频段，另一个在最高频段，对于阻带则完全相反。因此，只要将频段交换，就可以实现低通和高通的转换，对 z 变量，即为 $z_L^{-1} = -z_d^{-1}$，对频率变量 ω，为 $e^{-j\omega} = -e^{-j\theta} = e^{j(-\theta+\pi)}$，此时，将式(6.61) 的 z_d^{-1} 用 $z_d^{-1} = -z_d^{-1}$ 代替，可得

$$z_L^{-1} = -\frac{z_d^{-1} + a}{1 + a z_d^{-1}} \tag{6.62}$$

其中，a 是实数，$|a| < 1$。根据低通和高通的转换特性，有

$$z_L = 1 \to z_d = -1$$

$$z_L = e^{j\omega_c} \to z_d = e^{-j\theta_c}$$

将上式代入式(6.62) 可解得频率关系式为

$$e^{-j\omega_c} = -\frac{e^{-j\theta_c} + a}{1 + a e^{-j\theta_c}} \tag{6.63}$$

由此可解出

$$a = -\frac{\cos[(\theta_c + \omega_c)/2]}{\cos[(\theta_c - \omega_c)/2]}$$

此处的 θ_c 是要求的高通滤波器的通带截止频率，等同于表 6.4 中的 θ_p。低通滤波器的幅频响应和高通滤波器的幅频响应的变换关系示意图如图 6.20 所示。

图 6.18 中的截止频率关系为

$$\omega = 0 \to \theta = \pi$$

$$\omega = \omega_c \to \theta = -\theta_c$$

以上就是利用低通数字滤波器系统函数 $H_L(z)$ 得出带通滤波器的系统函数 $H_d(z)$ 的过程，其他滤波器可用相同方法推导得出。

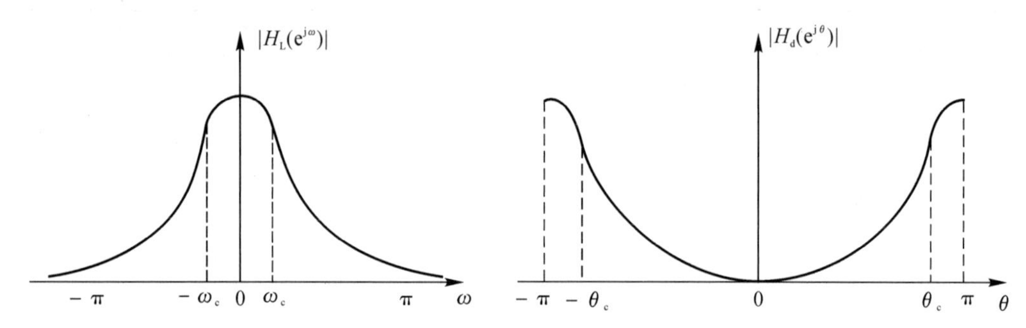

图 6.20　低通滤波器和高通滤波器频率响应变换关系示意图

6.5.5　IIR 数字滤波器的直接设计法

前面介绍的 IIR 数字滤波器的设计方法是通过先设计模拟滤波器，再进行 $s-z$ 平面转换来达到设计数字滤波器的目的，这种数字滤波器的设计方法实际是一种间接设计法，而且幅度特性受到所选模拟滤波器特性的限制。例如巴特沃斯低通模拟滤波器幅度特性是单调下降的，而切比雪夫低通特性带内外有上下波动等，对于任意幅度特性的滤波器则不适合采用这种设计方法。本节介绍在数字域直接设计 IIR 数字滤波器的设计方法，其特点是适合设计任意幅度特性的滤波器。

1. 在时域直接设计 IIR 数字滤波器

设希望设计的 IIR 数字滤波器的单位冲激响应为 $h_d(n)$，要求设计一个单位冲激响应 $h(n)$ 充分逼近 $h_d(n)$。下面介绍在时域直接设计 IIR 数字滤波器的方法。

设滤波器是因果滤波器，系统函数为

$$H(z)=\frac{\sum_{r=0}^{M}b_r z^{-r}}{\sum_{k=0}^{N}a_k z^{-k}}=\sum_{n=0}^{\infty}h(h)z^{-n} \tag{6.64}$$

式中 $a_0=1$，未知系数 a_k 和 b_r 共有 $M+N+1$ 个，取 $h(n)$ 的一段，$0\leqslant n\leqslant p-1$，使其充分逼近 $h_d(n)$，用此原则求解 $M+N+1$ 个系数。将式(6.64) 改写为

$$\sum_{k=0}^{p-1}h(k)z^{-k}\sum_{i=0}^{N}a_i z^{-i}=\sum_{i=0}^{N}b_i z^{-i}$$

令 $p=M+N+1$，则

$$\sum_{k=0}^{M+N}h(h)z^{-k}\sum_{k=0}^{N}a_k z^{-k}=\sum_{r=0}^{M}b_r z^{-r} \tag{6.65}$$

令上面等式两边 z 的同幂次项的系数相等，可得到 $M+N+1$ 个等式，即

$$h(0)=b_0$$

$$h(0)a_1+h(1)=b_1$$

$$h(0)a_2+h(1)a_1=b_2$$

……

上式表明 $h(n)$ 是系数 a_k 和 b_r 的非线性函数，考虑到 $r>M$ 时 $b_r=0$，一般表达式为

$$\sum_{j=0}^{k} a_j h(k-j)=b_k, \quad 0\leqslant k\leqslant M \tag{6.66}$$

$$\sum_{j=0}^{k} a_j h(k-j)=0, \quad M\leqslant k\leqslant M+N \tag{6.67}$$

由于希望 $h(k)$ 充分逼近 $h_d(k)$，因此式(6.66)、式(6.67) 中的 $h(k)$ 用 $h_d(k)$ 代替，这样求解式(6.66) 和式(6.67)，可得到 N 个 a_k 和 $M+1$ 个 b_r。

上面分析推导表明，对于无限长冲激响应 $h(n)$，这种方法只是提取 $M+N+1$ 项，令其等于所要求的 $h_d(n)$，而 $M+N+1$ 项以后的不考虑。这种时域逼近法限制 $h_d(n)$ 的长度等于 a_k 和 b_r 数目的总和，使得滤波器的选择性受到限制，如果滤波器阻带衰减要求很高，则不适合用这种方法。用这种方法得到的系数，可以作为其他更好的优化算法的初始估计值。

实际中，有时候要求给定一定的输入波形信号，滤波器的输出为希望的波形，这种滤波器称为波形形成滤波器，也属于这种时域的直接设计法。

设 $x(n)$ 为给定的输入信号，$y_d(n)$ 是相应希望的输出信号，$x(n)$ 和 $y_d(n)$ 的长度分别为 M 和 N，实际滤波器的输出用 $y(n)$ 表示，下面按照 $y(n)$ 和 $y_d(n)$ 的最小均方误差求解滤波器的最佳解。设均方误差用 E 表示

$$E=\sum_{n=0}^{N-1}[y(n)-y_d(n)]^2 \tag{6.68}$$

$$E=\sum_{n=0}^{N-1}\left[\sum_{m=0}^{n} h(m)x(n-m)-y_d(n)\right]^2 \tag{6.69}$$

式中，$x(n)0\leqslant n\leqslant M-1$；$y_d(n)0\leqslant n\leqslant N-1$。

为选择 $h(n)$，使 E 最小，令

$$\frac{\partial E}{\partial h(i)}=0, \quad i=0,1,2,\cdots,N-1$$

由式(6.70) 可得

$$\sum_{n=0}^{N-1} 2\left[\sum_{m=0}^{n} h(m)x(n-m)-y_d(n)\right]x(n-i)=0$$

$$\sum_{n=0}^{N-1}\sum_{m=0}^{n} h(m)x(n-m)x(n-i)=\sum_{m=0}^{n} y_d(n)x(n-i) \tag{6.70}$$

将式(6.71) 写成矩阵形式

$$\begin{bmatrix} \sum_{n=0}^{N-1} x^2(n) & \sum_{n=0}^{N-1} x(n-1)x(n) & \cdots & \sum_{n=0}^{N-1} x(n-N+1)x(n) \\ \sum_{n=0}^{N-1} x(n)x(n-1) & \sum_{n=0}^{N-1} x^2(n-1) & \cdots & \sum_{n=0}^{N-1} x(n-N+1)x(n-1) \\ \vdots & \vdots & & \vdots \\ \sum_{n=0}^{N-1} x(n)x(n-N+1) & \sum_{n=0}^{N-1} x(n-1)x(n-N+1) & \cdots & \sum_{n=0}^{N-1} x^2(n-N+1) \end{bmatrix}\times$$

$$
\begin{bmatrix} h(0) \\ h(1) \\ \vdots \\ h(N-1) \end{bmatrix} = \begin{bmatrix} \sum_{n=0}^{N-1} y_d(n)x(n) \\ \sum_{n=0}^{N-1} y_d(n)x(n-1) \\ \vdots \\ \sum_{n=0}^{N-1} y_d(n)x(n-N+1) \end{bmatrix} \tag{6.71}
$$

利用式(6.72)可以得到 N 个系数 $h(n)$，再用式(6.67)、式(6.68)求出 $H(z)$ 的 N 个 a_k 和 $M+1$ 个 b_r。

【例 6-7】 试设计一数字滤波器，要求在给定输入为 $x(n)=\{3,1\}$ 的情况下，输出 $y_d(n)=\{1,0.25,0.1,0.01,0\}$。

解 设 $h(n)$ 的长度为 $p=4$，按照式(6.71)可得

$$
\begin{bmatrix} 10 & 3 & 0 & 0 \\ 3 & 10 & 3 & 0 \\ 0 & 3 & 10 & 3 \\ 0 & 0 & 3 & 9 \end{bmatrix} \begin{bmatrix} h(0) \\ h(1) \\ h(2) \\ h(3) \end{bmatrix} = \begin{bmatrix} 3.25 \\ 0.85 \\ 0.31 \\ 0.03 \end{bmatrix}
$$

列出方程组为

$$
\begin{cases} 10h(0)+3h(1)=3.25 \\ 3h(0)+10h(1)+3h(2)=0.85 \\ 3h(1)+10h(2)+3h(3)=0.31 \\ 3h(2)+9h(3)=0.03 \end{cases}
$$

解方程组得

$$
\begin{cases} h(0)=0.333\,3 \\ h(1)=-0.027\,8 \\ h(2)=0.042\,6 \\ h(3)=-0.010\,9 \end{cases}
$$

将 $h(n)$ 及 $M=1, N=2$ 代入式(6.67)和式(6.68)中，得

$$
\begin{cases} a_1=0.182\,4 \\ a_2=-0.112\,6 \\ b_1=0.333\,3 \\ b_2=0.033\,0 \end{cases}
$$

滤波器的系统函数为

$$
H(z)=\frac{0.333\,3+0.033\,0z^{-1}}{1+0.182\,4z^{-1}-0.112\,6z^{-2}}
$$

相应的差分方程为

$$
y(n)=0.333\,3x(n)+0.033\,0x(n-1)-0.182\,4y(n-1)+0.112\,6y(n-2)
$$

在给定输入为 $x(n)=\{3,1\}$ 的情况下，输出 $y(n)$ 为

$$
y(n)=\{0.999\,9,0.249\,9,0.1,0.009\,9,0.009\,5,0.000\,6,0.001\,2,\cdots\}
$$

将 $y(n)$ 与 $y_d(n)$ 进行比较，前 5 项很接近，$y(n)$ 在 5 项以后幅度值很小。

2. 零极点累试法

前面分析过系统函数零极点分布对系统特性的影响，通过分析知道极点位置主要影响系统幅度特性峰值位置及尖锐程度，零点位置主要影响系统幅度特性谷值位置及下凹程度，且通过零极点分析的几何作图法可以定性地画出其幅度特性。这给我们提供了一种直接设计滤波器的方法：首先根据其幅度特性先确定零极点位置，再按照确定的零极点写出其系统函数，画出其幅度特性，并与希望的进行比较，如不满足要求，可通过移动零极点位置或增加、减少零极点进行修正。由于这种修正需要多次，因此称这种方法为零极点累试法。在确定零极点位置时要注意两点：

(1) 极点必须位于 z 平面的单位圆内，保证数字滤波器是稳定的；

(2) 复数零极点必须共轭成对，保证系统函数有理式的系数是实的。

【例 6-8】 试设计一个数字带通滤波器，通带中心频率为 $\omega_0=\pi/2$。$\omega=0,\pi$ 时，幅度衰减到 0。

解　确定极点 $z_{1,2}=re^{\pm j\frac{\pi}{2}}$，零点 $z_{3,4}=\pm 1$，零极点分布如图 6.19(a) 所示，则 $H(z)$ 为

$$H(z)=G\frac{(z-1)(z+1)}{(z-re^{j\frac{\pi}{2}})(z-re^{-j\frac{\pi}{2}})}=G\frac{z^2-1}{(z-jr)(z+jr)}=G\frac{1-z^{-2}}{1+r^2z^{-2}}$$

式中系数 G 用对某一固定频率幅度要求确定。如果要求 $\omega=\pi/2$ 处幅度为 1，则 $G=(1-r^2)/2$，设 $r=0.7,0.9$，分别画出其幅度特性如图 6.19(b) 所示。从图中可以看到，极点越靠近单位圆(r 越接近 1)，带通特性越尖锐。

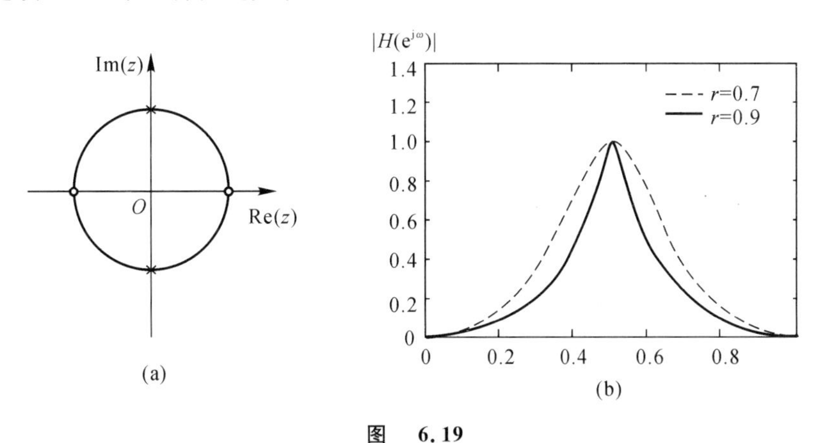

图　6.19

(a) 零极点分布；(b) 幅度特性

本章小结和知识要点

本章详细介绍了数字滤波器的基本概念，重点介绍了数字滤波器设计中技术指标的含义，正确理解滤波器技术指标是设计滤波器的基础和前提。根据滤波器类型，数字滤波器设计分为 IIR 滤波器设计和 FIR 滤波器设计，两种滤波器的设计方法有较大不同。IIR 滤波器最常

用的设计方法是基于模拟滤波器设计理论，因此，本章首先介绍了模拟滤波器的设计，重点介绍了巴特沃斯和切比雪夫Ⅰ型滤波器两种低通滤波器模型。在此基础上，详细介绍了模拟滤波器到数字滤波器映射方法，包括：冲激响应不变法和双线性变换法。分别介绍了两种设计方法设计低通滤波器的原理、步骤和特点，并对双线性变换法的优缺点进行了重点讨论。最后，介绍了高通、带通和带阻滤波器的频率变换设计法，分别讨论了两种频率变换转换方法的原理和步骤，最后简单介绍了IIR滤波器的直接设计法。

本章知识要点：

(1)数字滤波器的概念以及分类；

(2)数字滤波器设计的技术指标描述和容限图；

(3)模拟滤波器的设计原理；

(4)IIR数字滤波器设计的冲激响应不变法；

(5)IIR数字滤波器设计的双线性映射法；

(6)IIR数字滤波器的频率变换设计法和直接设计法。

思　考　题

(1)数字滤波器按大类可以分为哪两种类型?

(2)数字滤波器的通带指标(起伏)含义是什么? 阻带指标(衰减)含义是什么?

(3)数字滤波器3 dB截止频率的概念是什么?

(4)理想滤波器能实现吗? 为什么?

(5)巴特沃斯滤波器的特点是什么?

(6)切比雪夫Ⅰ型滤波器的特点是什么?

(7)通带最平坦的滤波器是哪一种滤波器?

(8)冲激响应不变设计法的缺点是什么?

(9)双线性变换设计法的优点是什么?

(10)为什么双线性变换设计法可以设计高通型滤波器?

(11)如果要改进冲激响应不变法存在的混叠，该如何做?

(12)IIR滤波器的频率变换法的原理是什么?

(13)IIR滤波器的直接设计法的原理是什么?

(14)IIR滤波器设计中，阶数越高的滤波器幅频特性越好吗? 高阶滤波器应用的问题是什么?

习　　题

6.1　设计一个巴特沃斯模拟低通滤波器，要求通带截止频率 $f_p=6$ kHz，通带容许最大衰减 $\alpha_p=3$ dB，阻带截止频率 $f_s=20$ kHz，阻带容许最小衰减 $\alpha_s=20$ dB。求该模拟滤波器的传递函数 $H_a(s)$。

6.2　设计一个切比雪夫Ⅰ型低通滤波器，要求通带截止频率 $f_p=3$ kHz，通带最大衰减 $\alpha_p=0.2$ dB，阻带截止频率 $f_s=12$ kHz，阻带最小衰减 $\alpha_s=50$ dB。求出滤波器的传递函数 $H_a(s)$。

6.3　已知模拟滤波器的传输函数 $H_a(s)$ 如下：

(1) $H_a(s)=\dfrac{s+a}{(s+a)^2+b^2}$；　(2) $H_a(s)=\dfrac{b}{(s+a)^2+b^2}$。

式中，a，b 为常数，设 $H_a(s)$ 因果稳定，试采用冲激响应不变法将其转换为数字滤波器 $H(z)$。

6.4　已知模拟滤波器的传输函数 $H_a(s)$ 如下：

(1) $H_a(s)=\dfrac{1}{s^2+s+1}$；

(2) $H_a(s)=\dfrac{1}{2s^2+3s+1}$。

试采用冲激响应不变法和双线性变换法分别将其转换为数字滤波器，设计参数 $T=2$。

6.5　设计一个 IIR 巴特沃斯数字低通滤波器，在频率 $\omega\leqslant 0.25\pi$ 的范围内，通带幅频响应不低于 2 dB；在频率 $0.8\pi\leqslant\omega\leqslant\pi$ 之间，阻带衰减至少为 20 dB。采用双线性设计法进行设计，设计参数 $T=1$，求满足上述指标的最低阶滤波器的系统函数 $H(z)$。

6.6　设计一个 IIR 巴特沃斯数字低通滤波器，要求通带内频率低于 0.2πrad 时，允许通带幅度衰减在 3 dB 之内；频率在 0.6π 到 π 之间的阻带衰减大于 20 dB。采用双线性变换法进行设计，设计参数 $T=1$，求满足上述指标的最低阶滤波器的系统函数 $H(z)$。

6.7　设计一个数字高通滤波器，要求带通截至频率 $\omega_p=0.8\pi$ rad，通带衰减不大于3 dB，阻带截至频率 $\omega_s=0.5\pi$ rad，阻带衰减不小于 18 dB，采用巴特沃斯型滤波器，采用双线性变换设计法，求出满足上述指标的最低阶滤波器的系统函数 $H(z)$。

6.8　设计一个 IIR 数字带通滤波器，通带范围为 0.25π rad 到 0.45π rad，通带内最大衰减为 3 dB，0.15π rad 以下和 0.55π rad 以上为阻带，阻带内最小衰减为 15 dB，采用巴特沃斯模拟低通滤波器，采用双线性变换设计法，求出满足上述指标的最低阶滤波器的系统函数 $H(z)$。

6.9　设一个模拟低通滤波器为 $H_a(s)$，且已知 $H(z)=H_a(s)\big|_{s=\frac{z+1}{z-1}}$，问数字滤波器 $H(z)$ 的通带中心频率 ω_0 位于下面哪一种情况？并说明原因。

(1) $\omega_0=0$(低通)；

(2) $\omega_0=\pi$(高通)；

(3) 除上述频点以外的某一频点(带通)。

6.10　设 $h_a(t)$ 表示一个模拟滤波器的冲激响应，为

$$h_a(t)=\begin{cases}e^{-0.9t}, & t\geqslant 0\\ 0, & t<0\end{cases}$$

采用冲激响应不变法将该模拟滤波器转换为数字滤波器，即数字滤波器单位冲激响应为 $h(n)=h_a(nT)$，求数字滤波器的系统函数 $H(z)$，并证明 T 为任何值时，数字滤波器都是稳定的，并说明数字滤波器近似为低通滤波器还是高通滤波器。

第7章　有限冲激响应(FIR)数字滤波器设计

一个数字滤波器的输出 $y(n)$ 如果仅取决于当前的输入 $x(n)$ 和有限个过去的输入 $x(n-1)$，$x(n-2)$，…，$x(n-k)$，这类滤波器的单位冲激响应序列 $h(n)$ 是有限长度的，因此，称这类数字滤波器为有限冲激响应数字滤波器，简记为 FIR 滤波器。由于无限冲激响应(IIR) 数字滤波器是利用模拟滤波器的设计理论进行设计的，因此保留了模拟滤波器优良的幅度特性。IIR 滤波器设计中一般只考虑了幅度特性，没有考虑相位特性，所以一般情况下 IIR 数字滤波器的相频响应是非线性的。FIR 数字滤波器很容易设计成严格的线性相位的相频响应特性，这对于很多信号处理的应用是非常重要的，相关内容在下面详细阐述。

FIR 滤波器的单位冲激响应为 N 点有限长序列 $h(n)(n=0,1,2,\cdots,N-1)$，系统函数一般可以表示为

$$H(z)=\sum_{n=0}^{N-1}h(n)z^{-n} \tag{7.1}$$

$H(z)$ 是 z^{-1} 的$(N-1)$次多项式，它在 z 平面上有 $N-1$ 个零点，同时 $z=0$ 是 $N-1$ 阶重极点。由于 FIR 单位冲激响应是有限长的，所以它永远是稳定的。稳定和线性相位是 FIR 数字滤波器最突出的两个优点。

FIR 数字滤波器的设计任务，就是要选择有限长度的 $h(n)$，使得频率响应函数 $H(e^{j\omega})$ 满足技术要求。这里所说的要求除了以前提到的通带截止频率 ω_p、阻带截止 ω_s，两个频带上的最大和最小衰减 α_p 和 α_s 外，很重要的一条就是保证 $H(e^{j\omega})$ 具有线性相位特性。FIR 数字滤波器的设计方法主要有三种：窗函数法(傅里叶级数法)、频率采样法和切比雪夫等波纹(最佳一致)逼近法。

7.1　FIR 数字滤波器的线性相位特性

首先讨论 FIR 数字滤波器的线性相位条件，对于长度为 N 的 $h(n)$ 所表示的 FIR 滤波器，频率响应函数为

$$H(e^{j\omega})=\sum_{n=0}^{N-1}h(n)e^{-j\omega n} \tag{7.2}$$

$$H(e^{j\omega})=H_g(\omega)e^{-j\theta(\omega)} \tag{7.3}$$

式中，$H_g(\omega)$ 称为幅度特性，$\theta(\omega)$ 称为相位特性。这里 $H_g(\omega)$ 是 ω 的实函数。$H(e^{j\omega})$ 线性相位是指 $\theta(\omega)$ 是 ω 的线性函数，即

$$\theta(\omega)=-\tau\omega,\quad \tau\text{ 为常数} \tag{7.4}$$

经常用群延时描述系统的相位特性，它定义为相频特性的微分，即

$$g(\omega)=-\frac{\mathrm{d}\theta(\omega)}{\mathrm{d}\omega} \tag{7.5}$$

显然，对于线性相位的系统，群延时等于常数，即

$$g(\omega)=\tau$$

如果 $\theta(\omega)$ 满足下式

$$\theta(\omega)=\theta_0-\tau\omega,\quad \theta_0\ \text{是初始相位} \tag{7.6}$$

也认为是线性相位特性，因为式(7.6)满足群时延是一个常数。一般称满足式(7.4)的FIR滤波器为第一类线性相位，满足式(7.6)的FIR滤波器为第二类线性相位。

设一个LTI系统的频率响应函数为

$$H(\mathrm{e}^{\mathrm{j}\omega})=\begin{cases}\mathrm{e}^{-\mathrm{j}\tau\omega}, & \text{通带}\\ 0, & \text{阻带}\end{cases}$$

设输入信号是 $x(n)$，其傅里叶变换为 $X(\mathrm{e}^{\mathrm{j}\omega})$，设 $x(n)$ 处于系统通带内，根据LTI系统频域关系，可得系统的输出 $y(n)$ 的傅里叶变换为

$$Y(\mathrm{e}^{\mathrm{j}\omega})=X(\mathrm{e}^{\mathrm{j}\omega})H(\mathrm{e}^{\mathrm{j}\omega})=X(\mathrm{e}^{\mathrm{j}\omega})\mathrm{e}^{-\mathrm{j}\tau\omega}$$

根据傅里叶变换的性质，可得输出为

$$y(n)=x(n-\tau)$$

上式表明，输入信号通过线性相位的LTI系统后，输出和输入的波形保持不变，或者说，具有线性相位特性的LTI系统在处理信号时，可以保持输出信号和输入信号波形不失真，如图7.1所示。

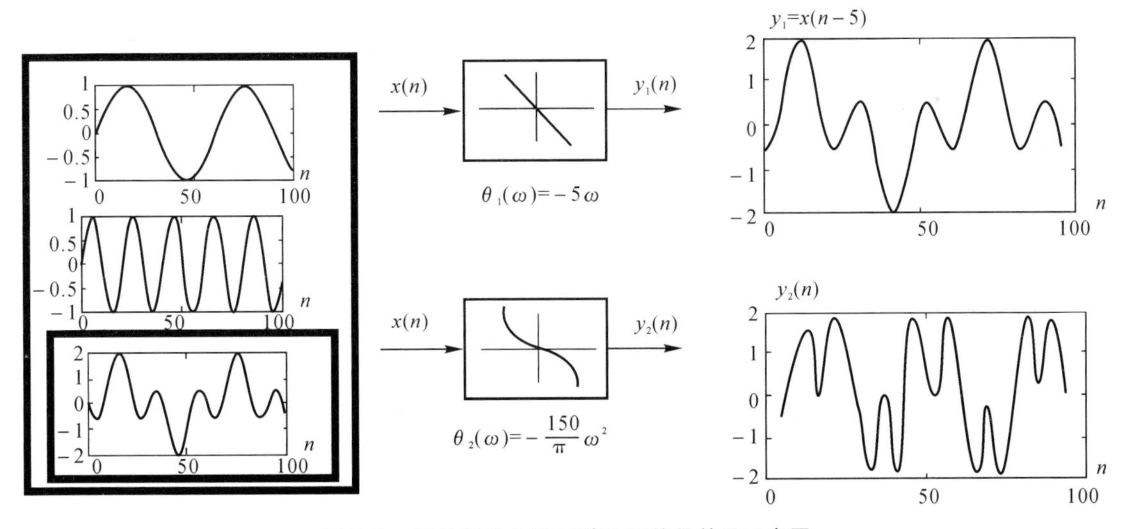

图 7.1　线性相位 LTI 系统处理信号效果示意图

FIR 滤波器具备线性相位特性的充分必要条件如下：

(1) 满足第一类线性相位的充要条件是

$$h(n)=h(N-1-n) \tag{7.7a}$$

(2) 满足第二类线性相位的充要条件是

$$h(n)=-h(N-1-n) \tag{7.7b}$$

若 $\theta(\omega)=0$，称为零相位特性，零相位特性和线性相位特性都是 LTI 系统的理想相位特性，但零相位特性无法实时实现，而线性相位特性是可以实现的，因此，本章只讨论线性相位特性的 FIR 滤波器设计，下面给予证明。

(1) 第一类线性相位的充要条件。已知 FIR 滤波器的系统函数为

$$H(z)=\sum_{n=0}^{N-1}h(n)z^{-n}$$

将 $h(n)=h(N-1-n)$ 代入上式可得

$$H(z)=\sum_{n=0}^{N-1}h(N-n-1)z^{-n}$$

令 $m=N-n-1$，则有

$$H(z)=\sum_{m=0}^{N-1}h(m)z^{-(N-m-1)}=z^{-(N-1)}\sum_{m=0}^{N-1}h(m)z^{m}$$

所以

$$H(z)=z^{-(N-1)}H(z^{-1}) \tag{7.8}$$

再将 $H(z)$ 的表达式写为

$$\begin{aligned}H(z)=&\frac{1}{2}[H(z)+H(z)]=\frac{1}{2}[H(z)+z^{-(N-1)}H(z^{-1})]=\\&\frac{1}{2}\sum_{n=0}^{N-1}h(n)[z^{-n}+z^{-(N-1)}z^{n}]=\\&z^{-\frac{N-1}{2}}\sum_{n=0}^{N-1}h(n)\left[\frac{1}{2}(z^{-n+\frac{N-1}{2}}+z^{n-\frac{N-1}{2}})\right]\end{aligned}$$

将 $z=\mathrm{e}^{\mathrm{j}\omega}$ 代入上式，得

$$H(\mathrm{e}^{\mathrm{j}\omega})=\mathrm{e}^{-\mathrm{j}(\frac{N-1}{2})\omega}\sum_{n=0}^{N-1}h(n)\cos\left[\left(n-\frac{N-1}{2}\right)\omega\right] \tag{7.9}$$

那么对照式(7.3)，幅度函数 $H_g(\omega)$ 和相位函数 $\theta(\omega)$ 分别为

$$H_g(\omega)=\sum_{n=0}^{N-1}h(n)\cos\left[\left(n-\frac{N-1}{2}\right)\omega\right] \tag{7.10a}$$

$$\theta(\omega)=-\frac{1}{2}(N-1)\omega \tag{7.10b}$$

显然，式(7.10b) 是标准的第一类线性相位特性，这里，$\tau=\frac{1}{2}(N-1)$。

(2) 第二类线性相位的充要条件。已知 FIR 滤波器的系统函数为

$$H(z)=\sum_{n=0}^{N-1}h(n)z^{-n}$$

将 $h(n)=-h(N-1-n)$ 代入可得

$$H(z)=-\sum_{n=0}^{N-1}h(N-n-1)z^{-n}$$

令 $m=N-n-1$，则有

$$H(z)=-\sum_{m=0}^{N-1}h(m)z^{-(N-m-1)}=-z^{-(N-1)}\sum_{m=0}^{N-1}h(m)z^{m}$$

所以

$$H(z)=-z^{-(N-1)}H(z^{-1}) \tag{7.11}$$

再将 $H(z)$ 的表达式写为

$$H(z)=\frac{1}{2}[H(z)+H(z)]=\frac{1}{2}[H(z)-z^{-(N-1)}H(z^{-1})]=$$

$$\frac{1}{2}\sum_{n=0}^{N-1}h(n)[z^{-n}-z^{-(N-1)}z^{n}]=$$

$$z^{-\left(\frac{N-1}{2}\right)}\sum_{n=0}^{N-1}h(n)\left[\frac{1}{2}\left(z^{-n+\frac{N-1}{2}}-z^{n-\frac{N-1}{2}}\right)\right]$$

将 $z=e^{j\omega}$ 代入上式，可得

$$H(e^{j\omega})=-je^{-j\left(\frac{N-1}{2}\right)\omega}\sum_{n=0}^{N-1}h(n)\sin\left[\left(n-\frac{N-1}{2}\right)\omega\right] \tag{7.12}$$

那么对照式(7.3)，幅度函数 $H_g(\omega)$ 和相位函数 $\theta(\omega)$ 分别为

$$H_g(\omega)=\sum_{n=0}^{N-1}h(n)\sin\left[\left(n-\frac{N-1}{2}\right)\omega\right] \tag{7.13a}$$

$$\theta(\omega)=-\frac{1}{2}(N-1)\omega-\frac{\pi}{2} \tag{7.13b}$$

显然，式(7.13b)是标准的第二类线性相位特性，这里，$\tau=\frac{1}{2}(N-1)$，$\theta_0=-\frac{\pi}{2}$。

证毕。

当 $h(n)$ 的长度 N 分别取奇数和偶数时，对 $H(e^{j\omega})$ 的频率特性有一定影响，因此，一般将 FIR 滤波器按两类线性相位和 N 是偶数和奇数分四种情况进行讨论。表 7.1 综合了线性相位 FIR 数字滤波器在四种情况下单位取样响应对称性和频率响应表达式，下面进行详细推导。

(1) 单位取样响应 $h(n)$ 是偶对称，N 为偶数。

这种情况下，由于 N 是偶数，N 点序列分为两个 $\frac{N}{2}$ 部分是偶对称的，对称点在 $\frac{N-1}{2}$ 处，它是一个非整数点，是一个虚拟对称点，即在 $n=0,1,2,\cdots,\frac{N}{2}-1$ 和 $n=\frac{N}{2},\frac{N}{2}+1,\cdots,N-1$ 点的 $h(n)$ 围绕 $\frac{N-1}{2}$ 偶对称，N 为偶数时 $h(n)$ 的对称性如图 7.2(a) 所示。

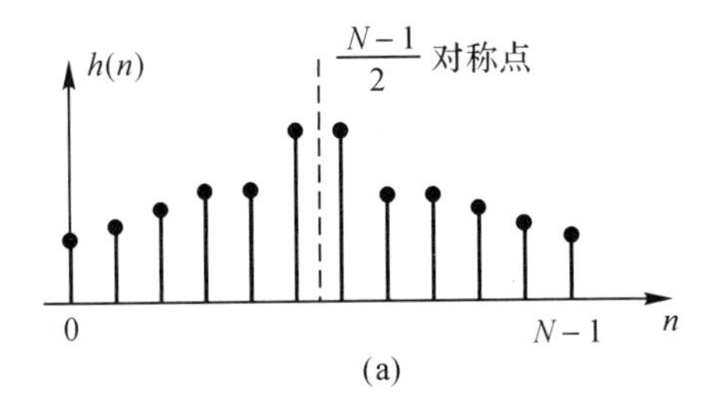

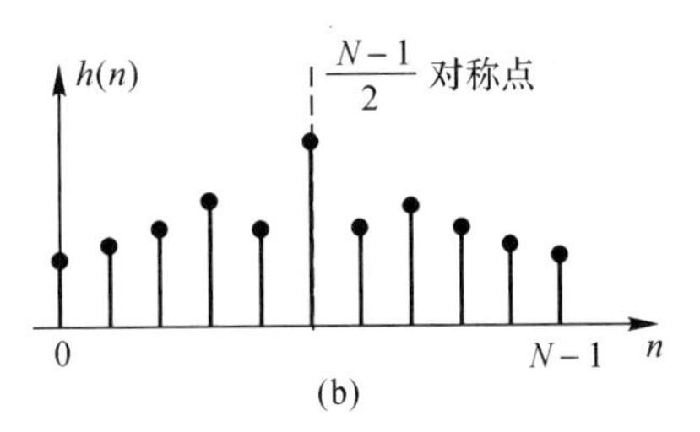

图 7.2　不同 N 情况下的 $h(n)$ 偶对称示意图

(a) N 为偶数($N=12$)；(b) N 为奇数($N=11$)

根据式(7.9)和式(7.10a)，偶对称情况下的频率响应为

$$H(e^{j\omega}) = e^{-j\left(\frac{N-1}{2}\right)\omega} \sum_{n=0}^{N-1} h(n)\cos\left[\left(n-\frac{N-1}{2}\right)\omega\right]$$

其中,幅度特性为

$$H_g(\omega) = \sum_{n=0}^{N-1} h(n)\cos\left[\left(n-\frac{N-1}{2}\right)\omega\right]$$

根据 $h(n)$ 的偶对称性,可对上式进一步推导,即

$$\begin{aligned}
H_g(\omega) = & \sum_{n=0}^{N-1} h(n)\cos\left[\left(n-\frac{N-1}{2}\right)\omega\right] = \\
& \sum_{n=0}^{N/2-1} h(n)\cos\left[\left(n-\frac{N-1}{2}\right)\omega\right] + \sum_{n=N/2}^{N-1} h(N-1-n)\cos\left[\left(n-\frac{N-1}{2}\right)\omega\right] = \\
& \sum_{n=0}^{N/2-1} h(n)\cos\left[\left(n-\frac{N-1}{2}\right)\omega\right] + \sum_{n=0}^{N/2-1} h(n)\cos\left[\left(n-\frac{N-1}{2}\right)\omega\right] = \\
& \sum_{n=0}^{N/2-1} 2h(n)\cos\left[\left(n-\frac{N-1}{2}\right)\omega\right]
\end{aligned}$$

通过分析频率等于 0 和 π 处的幅度响应值,可以得到幅度特性在此频率点的特殊值,为设计中选择 N 提供参考。例如,当取 $\omega=0$ 时,$H_g(\omega)$ 为

$$H_g(\omega) = \sum_{n=0}^{N/2-1} 2h(n)\cos(0) = \sum_{n=0}^{N/2-1} 2h(n)$$

上式表明,对 $\omega=0$,$H_g(\omega)$ 取决于 $h(n)$ 的值,没有特殊情况。

当取 $\omega=\pi$ 时,$H_g(\omega)$ 为

$$H_g(\omega) = \sum_{n=0}^{N/2-1} 2h(n)\cos\left[\left(n-\frac{N-1}{2}\right)\pi\right] = \sum_{n=0}^{N/2-1} 2h(n)\cos\left[(2n-N+1)\frac{\pi}{2}\right]$$

式中,因为 N 为偶数,所以 $2n-N+1$ 为奇数,因此余弦部分恒等于零,即

$$\cos\left[(2n-N+1)\frac{\pi}{2}\right] = \cos\left(奇数\frac{\pi}{2}\right) \equiv 0$$

因此,$H_g(\omega)$ 恒等于零,也就是说,在这种情况下,无论怎样设计 $h(n)$,它表示的 FIR 滤波器在 $\omega=\pi$ 频率点,幅度特性恒等于零。因为 $\omega=\pi$ 是高通滤波器和带阻滤波器的通带范围,所以,这种情况下可以设计低通和带通滤波器,最好不要用于设计高通和带阻滤波器。

(2) 单位取样响应 $h(n)$ 是偶对称,N 为奇数。

这种情况下,由于 N 是奇数,N 点序列以 $\left(\frac{N-1}{2}\right)$ 为对称点,分为两个 $(N-1)/2$ 部分偶对称,对称点在 $\frac{N-1}{2}$ 处,它是一个整数点,即在 $n=0,1,2,\cdots,\frac{N-1}{2}-1$ 和 $n=\frac{N+1}{2}$,$\frac{N+3}{2}$,…,$N-1$ 点的 $h(n)$ 围绕 $\frac{N-1}{2}$ 偶对称,N 为奇数时 $h(n)$ 的对称性如图 7.2(b) 所示。

根据 $h(n)$ 的偶对称性,可对上式进一步推导,即

$$\begin{aligned}
H_g(\omega) = & \sum_{n=0}^{N-1} h(n)\cos\left[\left(n-\frac{N-1}{2}\right)\omega\right] = \\
& \sum_{n=0}^{(N-3)/2} h(n)\cos\left[\left(n-\frac{N-1}{2}\right)\omega\right] + h\left(\frac{N-1}{2}\right) + \sum_{n=(N+1)/2}^{N-1} h(N-1-n)\cos\left[\left(n-\frac{N-1}{2}\right)\omega\right] =
\end{aligned}$$

$$\sum_{n=0}^{(N-3)/2} h(n)\cos\left[\left(n-\frac{N-1}{2}\right)\omega\right]+h\left(\frac{N-1}{2}\right)+\sum_{n=0}^{(N-3)/2} h(n)\cos\left[\left(n-\frac{N-1}{2}\right)\omega\right]=$$
$$\sum_{n=0}^{(N-3)/2} 2h(n)\cos\left[\left(n-\frac{N-1}{2}\right)\omega\right]+h\left(\frac{N-1}{2}\right)$$

当取 $\omega=0$ 时，$H_g(\omega)$ 为

$$H_g(\omega)=\sum_{n=0}^{(N-3)/2} 2h(n)\cos(0)+h\left(\frac{N-1}{2}\right)=\sum_{n=0}^{(N-3)/2} 2h(n)+h\left(\frac{N-1}{2}\right)$$

上式表明，对 $\omega=0$，$H_g(\omega)$ 取决于 $h(n)$ 的值，没有特殊情况。

当取 $\omega=\pi$ 时，$H_g(\omega)$ 为

$$H_g(\omega)=h\left(\frac{N-1}{2}\right)$$

式中，余弦部分恒等于零，即 $H_g(\omega)$ 等于 $h\left(\frac{N-1}{2}\right)$ 值，由设计来决定，无特殊情况，设计无限制。

上面分析说明，当 $h(n)$ 是偶对称时，N 取奇数比偶数好，设计滤波器范围更广泛。

(3) 单位取样响应 $h(n)$ 是奇对称，N 为偶数。

这种情况下，由于 N 是偶数，N 点序列分为两个$\frac{N}{2}$ 部分是奇对称的，对称点在$\frac{N-1}{2}$ 处，它是一个非整数点，是一个虚拟对称点，即在 $n=0,1,2,\cdots,\frac{N}{2}-1$ 和 $n=\frac{N}{2},\frac{N}{2}+1,\cdots,N-1$ 点的 $h(n)$ 围绕$\frac{N-1}{2}$ 奇对称，N 为偶数时 $h(n)$ 的对称性如图 7.3(a) 所示。

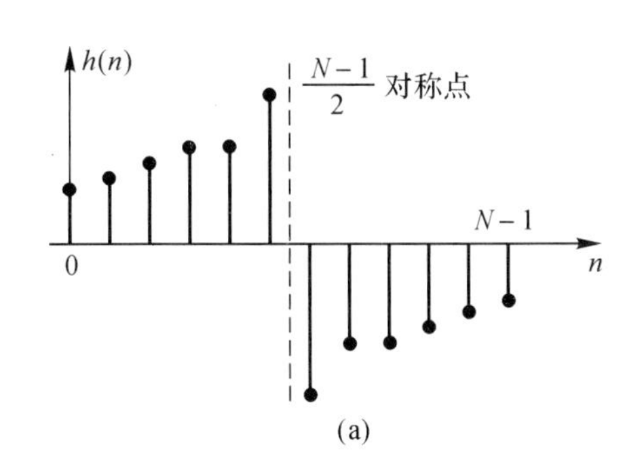

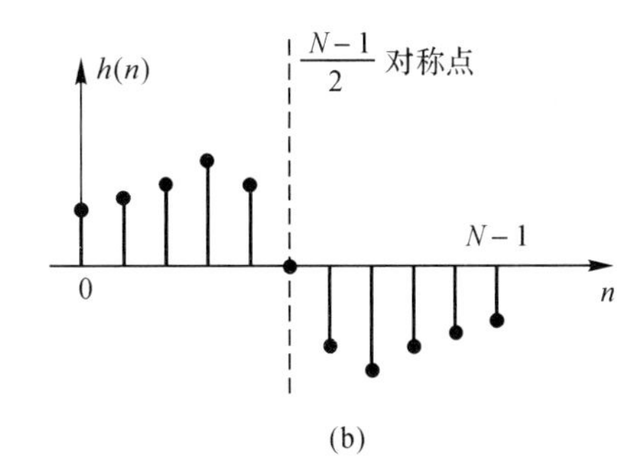

图 7.3　不同 N 情况下的 h(n) 奇对称示意图

(a) N 为偶数($N=12$)；　(b) N 为奇数($N=11$)

根据式(7.12) 和式(7.13a)，奇对称情况下的频率响应为

$$H(e^{j\omega})=-je^{-j\left(\frac{N-1}{2}\right)\omega}\sum_{n=0}^{N-1}h(n)\sin\left[\left(n-\frac{N-1}{2}\right)\omega\right]$$

幅度特性 $H_g(\omega)$ 为

$$H_g(\omega)=\sum_{n=0}^{N-1}h(n)\sin\left[\left(n-\frac{N-1}{2}\right)\omega\right]$$

根据 $h(n)$ 的奇对称性，可对上式进一步推导，即

$$
\begin{aligned}
H_g(\omega) &= \sum_{n=0}^{N-1} h(n)\sin\left[\left(n-\frac{N-1}{2}\right)\omega\right]= \\
&\sum_{n=0}^{N/2-1} h(n)\sin\left[\left(n-\frac{N-1}{2}\right)\omega\right]+\sum_{n=N/2}^{N-1} h(n)\sin\left[\left(n-\frac{N-1}{2}\right)\omega\right]= \\
&\sum_{n=0}^{N/2-1} h(n)\sin\left[\left(n-\frac{N-1}{2}\right)\omega\right]-\sum_{n=N/2}^{N-1} h(N-1-n)\sin\left[\left(n-\frac{N-1}{2}\right)\omega\right]= \\
&\sum_{n=0}^{N/2-1} h(n)\sin\left[\left(n-\frac{N-1}{2}\right)\omega\right]+\sum_{n=0}^{N/2-1} h(n)\sin\left[\left(n-\frac{N-1}{2}\right)\omega\right]= \\
&\sum_{n=0}^{N/2-1} 2h(n)\sin\left[\left(n-\frac{N-1}{2}\right)\omega\right]
\end{aligned}
$$

由上式可知，$H_g(\omega)$ 是正弦函数的线性组合，当取 $\omega=0$ 时，$H_g(\omega)$ 恒等于零，因此，这种情况不便于设计低通滤波器和带阻滤波器。

当取 $\omega=\pi$ 时，$H_g(\omega)$ 为

$$
H_g(\omega)=\sum_{n=0}^{N/2-1} 2h(n)\sin\left[(2n-N+1)\frac{\pi}{2}\right]=\sum_{n=0}^{N/2-1} 2h(n)
$$

上式由序列 $h(n)$ 决定，没有特殊情况。但由于在频率为零处 $H_g(\omega)$ 恒等于零，所以设计上受到一定限制。

(4) 单位取样响应 $h(n)$ 是奇对称，N 为奇数。

这种情况下，由于 N 是奇数，N 点序列以 $\frac{N-1}{2}$ 为对称点，分为两个 $\frac{N-1}{2}$ 部分奇对称，对称点在 $\frac{N-1}{2}$ 处，它是一个整数点，但由于是奇对称，所以 $h\left(\frac{N-1}{2}\right)\equiv 0$，即在 $n=0,1,2,\cdots,\frac{N-1}{2}-1$ 和 $n=\frac{N+1}{2},\frac{N+3}{2},\cdots,N-1$ 点的 $h(n)$ 围绕 $\frac{N-1}{2}$ 奇对称，N 为奇数时 $h(n)$ 的对称性如图 7.3(b) 所示。

根据 $h(n)$ 的奇对称性，可对上式进一步推导，即

$$
\begin{aligned}
H_g(\omega) &= \sum_{n=0}^{N-1} h(n)\sin\left[\left(n-\frac{N-1}{2}\right)\omega\right]= \\
&\sum_{n=0}^{(N-3)/2} h(n)\sin\left[\left(n-\frac{N-1}{2}\right)\omega\right]+\sum_{n=(N+1)/2}^{N-1} h(n)\sin\left[\left(n-\frac{N-1}{2}\right)\omega\right]= \\
&\sum_{n=0}^{(N-3)/2} h(n)\sin\left[\left(n-\frac{N-1}{2}\right)\omega\right]-\sum_{n=(N+1)/2}^{N-1} h(N-1-n)\sin\left[\left(n-\frac{N-1}{2}\right)\omega\right]= \\
&\sum_{n=0}^{(N-3)/2} h(n)\sin\left[\left(n-\frac{N-1}{2}\right)\omega\right]+\sum_{n=0}^{(N-3)/2} h(n)\sin\left[\left(n-\frac{N-1}{2}\right)\omega\right]= \\
&\sum_{n=0}^{(N-3)/2} 2h(n)\sin\left[\left(n-\frac{N-1}{2}\right)\omega\right]
\end{aligned}
$$

当取 $\omega=0$ 时，$H_g(\omega)$ 恒等于零，当取 $\omega=\pi$ 时，$H_g(\omega)$ 为

$$
H_g(\omega)=\sum_{n=0}^{(N-3)/2} 2h(n)\sin\left[(2n-N+1)\frac{\pi}{2}\right]=\sum_{n=0}^{(N-3)/2} 2h(n)\sin\left[(2m)\frac{\pi}{2}\right]=0
$$

因为 N 为奇数，上式中的正弦部分恒等于零，所以 $H_g(\omega)\equiv 0$。因此，N 为奇数时，幅度

响应在频率等于 0 和 π 点都恒等于零，这种情况不便设计低通、高通和带阻滤波器。综上四种 FIR 滤波器的对称条件和幅度特性表达式总结在表 7.1 中，设计时可进行参考。

表 7.1　线性相位 FIR 滤波器单位取样响应对称性和滤波器频率响应

四种情况	对称性	频率响应 $H(e^{j\omega})$
偶对称，N 为偶数	$h(n)=h(N-1-n)$	$e^{-j\omega\frac{N-1}{2}}\left\{\sum_{n=0}^{\frac{N}{2}-1}2h(n)\cos\left[\omega\left(n-\frac{N-1}{2}\right)\right]\right\}$
偶对称，N 为奇数	$h(n)=h(N-1-n)$	$e^{-j\omega\frac{N-1}{2}}\left\{\sum_{n=0}^{\frac{N-3}{2}}2h(n)\cos\left[\omega\left(\frac{N-1}{2}-n\right)\right]+h\left(\frac{N-1}{2}\right)\right\}$
奇对称，N 为偶数	$h(n)=-h(N-1-n)$	$-je^{-j\omega\frac{N-1}{2}}\left\{\sum_{n=0}^{\frac{N}{2}-1}2h(n)\sin\left[\omega\left(n-\frac{N-1}{2}\right)\right]\right\}$
奇对称，N 为奇数	$h(n)=-h(N-1-n)$	$-je^{-j\omega\frac{N-1}{2}}\left\{\sum_{n=0}^{(N-3)/2}2h(n)\cos\left[\omega\left(n-\frac{N-1}{2}\right)\right]\right\}$

7.2　线性相位 FIR 滤波器系统函数的零点特性

一个 N 点长度的 FIR 滤波器的系统函数为

$$H(z)=\sum_{n=0}^{N-1}h(n)z^{-n}$$

上式是一个关于 z 的负幂次多项式，多项式系数是 $h(n)$，多项式的根就是系统的零点，零点特性决定了系统的特性。由于线性相位 FIR 滤波器的 $h(n)$ 具有对称性，因此，系统函数的零点也具有规律性，下面对其特性进行分析。

将 $h(n)$ 对称性代入系统函数表达式，即

$$H(z)=\sum_{n=0}^{N-1}h(n)z^{-n}=\pm\sum_{n=0}^{N-1}h(N-1-n)z^{-n}=\pm\sum_{n=0}^{N-1}h(n)z^{-(N-1-n)}=$$

$$\pm z^{-(N-1)}\sum_{n=0}^{N-1}h(n)z^{n}=\pm z^{-(N-1)}H(z^{-1})$$

由上式可以看出，$H(z)$ 的零点也是 $H(z^{-1})$ 的零点，反之亦然。设 $z_k=r_k e^{j\varphi_k}$ 是 $H(z)$ 的 1 个零点，则 $z_k^{-1}=\frac{1}{r_k}e^{-j\varphi_k}$ 必然也是它的 1 个零点，称之为镜像对称。另外，若为复数零点，其必然是共轭对称零点，因此，线性相位 FIR 滤波器系统函数的零点一般都是 4 个一组，对于特殊情况，零点是两个一组，或单零点，具体如下：

(1) $\varphi_k\neq0,\pi,r_k\neq1$，零点是复数零点，4 个一组，共轭对称、镜像对称；

(2) $\varphi_k=0,\pi,r_k\neq1$，零点是实数零点，2 个一组，镜像对称；

(3) $\varphi_k\neq0,\pi,r_k=1$，零点是复数零点，在单位圆上，2 个一组，共轭对称；

(4) $\varphi_k=0,\pi,r_k=1$，零点是实数零点，在单位圆上，单零点。

以上就是线性相位 FIR 滤波器系统函数的零点特性，如图 7.4 所示。

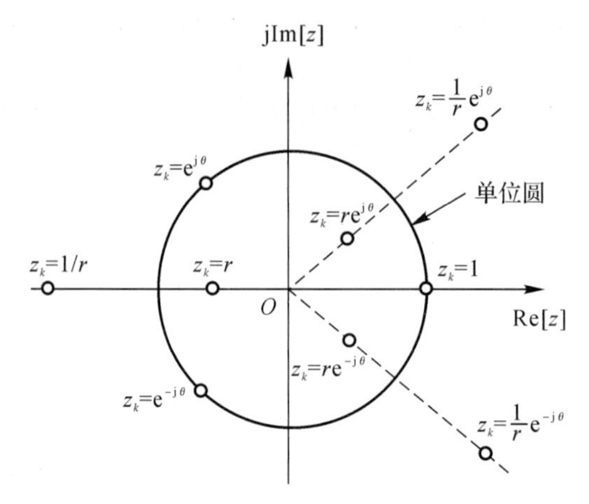

图 7.4　线性相位 FIR 滤波器系统函数的零点分布

图 7.4 是 4 种零点组合在 z 平面的分布示意图，它们呈现很强的规律性，有助于更全面的了解 FIR 滤波器的特性。

如果零点是 4 个一组，零点分别为 $z_k=r_k e^{j\varphi_k}$，$1/z_k$，$(z_k)^*$ 和 $1/(z_k)^*$，它们可以构成一个四阶多项式，即

$$\begin{aligned}H_4(z)=&(1-r_k e^{j\varphi_k}z^{-1})(1-r_k e^{-j\varphi_k}z^{-1})\left(1-\frac{1}{r_k}e^{j\varphi_k}z^{-1}\right)\left(1-\frac{1}{r_k}e^{-j\varphi_k}z^{-1}\right)=\\&1-2(r_k+1/r_k)z^{-1}\cos\varphi_k+(r_k^2+1/r_k^2+4\cos^2\varphi_k)z^{-2}-\\&2(r_k^2+1/r_k^2)\cos\varphi_k z^{-3}+z^{-4}\end{aligned}\tag{7.14}$$

对于其他三种情况，可以分别取 $z_k=1$ 或 $\varphi_k=0,\pi$ 代入式(7.13)得到二阶多项式和一阶多项式的形式，当 $r_k=1,\varphi_k\neq 0,\pi$ 时，有

$$H_2(z)=(1-e^{j\varphi_k}z^{-1})(1-e^{-j\varphi_k}z^{-1})=1-2\cos\varphi_k z^{-1}+z^{-2}$$

当 $r_k\neq 1,\varphi_k=0,\pi$ 时，有

$$H_2(z)=(1-r_k z^{-1})(1-r_k z^{-1})=1-2r_k z^{-1}+r_k^2 z^{-2}\quad(\varphi_k=0)$$

或

$$H_2(z)=(1-r_k z^{-1})(1-r_k z^{-1})=1+2r_k z^{-1}+r_k^2 z^{-2}\quad(\varphi_k=\pi)$$

当 $r_k=1,\varphi_k=0,\pi$ 时，有

$$H_1(z)=1-z^{-1},\quad \varphi_k=0$$

或

$$H_1(z)=1+z^{-1},\quad \varphi_k=\pi$$

因此，线性相位 FIR 滤波器系统函数的多项式可以分解为若干个实系数四阶多项式、二阶多项式和一阶多项式的乘积形式。

7.3　窗函数设计法

窗函数设计方法是 FIR 滤波器的一种基本设计方法，它的优点是设计思路简单，性能也能满足常用选频滤波器的要求。窗函数设计法的基本思路是直接从理想滤波器的频率特性入手，通过积分求出对应的单位取样响应的表达式，最后通过加窗，得到满足要求的 FIR 滤波器

的单位取样响应，加窗的窗函数在很大程度上决定了 FIR 滤波器的性能指标，因此称作“窗函数设计法”。

FIR 滤波器窗函数设计的思想是一种直接设计的方法，设计过程就是确定 FIR 滤波器的单位取样响应 $h(n)$，使 $h(n)$ 逼近理想的单位取样响应 $h_d(n)$，理想滤波器的单位取样响应 $h_d(n)$ 和频率响应 $H_d(e^{j\omega})$ 是一对离散时间傅里叶变换，即

$$H_d(e^{j\omega})=\sum_{n=-\infty}^{\infty}h_d(n)e^{-j\omega n}$$

$$h_d(n)=\frac{1}{2\pi}\int_{-\pi}^{\pi}H_d(e^{j\omega})e^{j\omega n}d\omega$$

下面通过对理想低通滤波器的分析过程来说明窗函数设计方法的思想。设一个理想低通滤波器的频率响应函数 $H_d(e^{j\omega})$ 为

$$H_d(e^{j\omega})=\begin{cases}e^{-j\omega\alpha}, & |\omega|\leqslant\omega_c\\0, & \omega_c<\omega\leqslant\pi\end{cases}\tag{7.15}$$

其中，ω_c 是理想滤波器的截止频率；α 是线性相位的斜率系数。$H_d(e^{j\omega})$ 的示意图如图 7.5 所示。

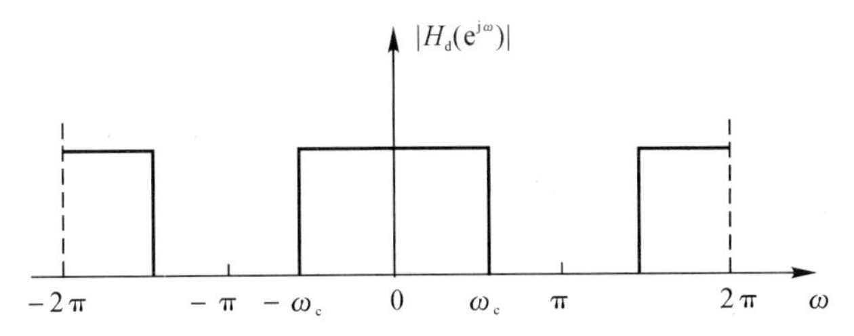

图 7.5　理想低通滤波器的频率响应示意图

对 $H_d(e^{j\omega})$ 求傅里叶反变换(积分)可得

$$h_d(n)=\frac{1}{2\pi}\int_{-\omega_c}^{\omega_c}H_d(e^{j\omega n})e^{j\omega n}d\omega=\frac{1}{2\pi}\int_{-\omega_c}^{\omega_c}e^{-j\omega\alpha}e^{j\omega n}d\omega=\frac{\sin[\omega_c(n-\alpha)]}{\pi(n-\alpha)}\tag{7.16}$$

式(7.16)的理想滤波器的频率特性 $H_d(e^{j\omega})$ 在通带和阻带的频带边界上定义为理想边界(突变不连续)，其对应的 $h_d(n)$ 是一个非因果的无限长序列，它代表了一个理想的无法实现的滤波器。图 7.6 是 $h_d(n)$ 的波形。

为了用一个因果的有限冲激响应 FIR 滤波器逼近上述理想滤波器，最简单的方法是将序列 $h_d(n)$ 截断成为有限长因果序列 $h(n)$，即需要进行下列的截断处理

$$h(n)=\begin{cases}h_d(n), & 0\leqslant n\leqslant N-1\\0, & \text{其他}\end{cases}\tag{7.17}$$

也可以理解为：$h(n)$ 是无限长序列 $h_d(n)$ 和一个有限长的窗函数 $R_N(n)$ 的乘积。因此，也可以写为

$$h(n)=h_d(n)R_N(n)\tag{7.18}$$

式中

$$R_N(n)=\begin{cases}1, & 0\leqslant n\leqslant N-1\\0, & \text{其他}\end{cases}\tag{7.19}$$

称为“矩形窗序列”。

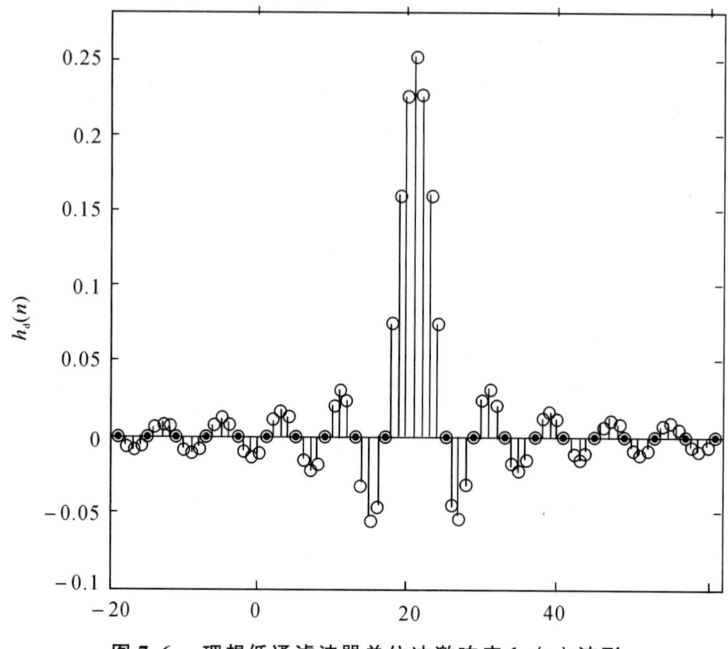

图 7.6 理想低通滤波器单位冲激响应 $h_d(n)$ 波形

因此，截断处理也称为加窗处理，得到序列 $h(n)$ 可以看成是所设计的 FIR 滤波器的单位冲激响应的表达式，这就是窗函数设计的基本思想。图 7.7 是 $h(n)$ 的波形示意图。

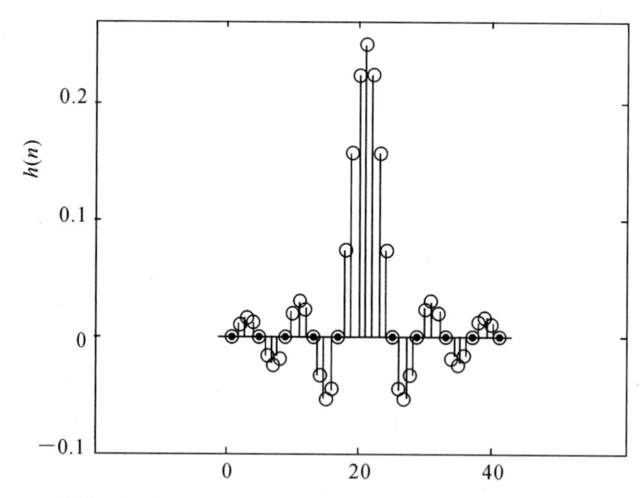

图 7.7 截断（加窗）处理 FIR 滤波器 $h(n)$ 的波形图（矩形窗，$N=41$）

用这样一个有限长序列 $h(n)$ 去代替无限长序列 $h_d(n)$，肯定会引起误差，但只要误差在可容许的范围以内，就可以这样去做。下来需要分析这样的截断处理究竟带来了哪些变化。一般来说，截断会导致滤波器通带内和阻带内出现波动性，可使通带的平坦性变差，可使阻带的衰减性变差，引入过渡带等等。由于这些变化是由于对 $h_d(n)$ 的截断（加窗）引起的，因此也称为截断效应，还有一个名字叫“吉布斯效应”。

另外，$H_d(e^{j\omega})$ 是一个以 2π 为周期的函数，可以展开为傅里叶级数，即

$$H_d(e^{j\omega})=\sum_{n=-\infty}^{\infty}h_d(n)e^{-j\omega n}$$

其中，傅里叶级数的系数 $h_d(n)$ 就是 $H_d(e^{j\omega})$ 对应的单位取样响应。

因此，可以从另外一个角度理解窗函数设计法，理想滤波器频率响应 $H_d(e^{j\omega})$ 可以采用无限多个傅里叶级数系数 $h_d(n)$ 进行表示，FIR 数字滤波器窗函数设计就是根据要求确定有限个傅里叶级数系数 $h(n)$，以有限项傅里叶级数去近似代替无限项傅里叶级数，这样在一些频率不连续点附近会引起较大误差。这种误差效果就是前面说的截断效应。因此，从这一角度来说，窗函数设计法也称为傅里叶级数法。

根据复卷积定理可知，有限长序列 $h(n)$ 是理想滤波器 $h_d(n)$ 和窗序列 $R_N(n)$ 的乘积，则其频率特性 $H(e^{j\omega})$ 等于 $H_d(e^{j\omega})$ 和矩形窗序列傅里叶变换 $W_R(e^{j\omega})$ 的卷积，即

$$H(e^{j\omega})=\frac{1}{2\pi}\int_{-\pi}^{\pi}H_d(e^{j\theta})W_R(e^{j(\omega-\theta)})d\theta \tag{7.20}$$

设滤波器为理想低通滤波器，其 $H_d(e^{j\omega})$ 如式(7.15)所示，矩形窗函数的频谱表达式为

$$W_R(e^{j\omega})=\frac{\sin\left(\frac{N\omega}{2}\right)}{\sin\left(\frac{\omega}{2}\right)}e^{-j\frac{N-1}{2}\omega} \tag{7.21}$$

$H_d(e^{j\omega})$ 和 $W_R(e^{j\omega})$ 的示意图分别如图 7.8(a)(b) 所示。式(7.20)表示两个连续函数的卷积积分过程，根据 $H_d(e^{j\omega})$ 和 $W_R(e^{j\omega})$ 的特点以及卷积过程可以定性画出理想低通滤波器和矩形窗的卷积过程如图 7.8 所示。

为了方便起见图 7.8 中的频谱统一写为频谱的幅度函数形式，即 $H_d(\theta)$ 和 $H(\omega)$，因为线性相位对卷积结果不产生影响，其中，θ 是卷积变量。

当 $\omega=0$ 时，$H(\omega)$ 等于图 7.8(a)(b) 两波形乘积的积分，即等于 $W_R(\theta)$ 在 $\theta=-\omega_c\sim\omega_c$ 一段的积分面积。当 $\omega_c\gg\frac{2\pi}{\theta}$ 时，$H(0)$ 近似等于 $W_R(\theta)$ 在 $\theta=-\infty\sim\infty$ 的积分面积，用此面积值进行归一化，即 $H(0)=1$。当 $\omega=\omega_c$ 时，情况如图 7.8(c) 所示，$W_R(\omega-\theta)$ 正好为 $H(0)$ 时的一半面积值，即 $H(\omega_c)=0.5$。当 $\omega=\omega_c-\frac{2\pi}{N}$ 时，$W_R(\omega-\theta)$ 的主瓣都在积分限内，因此，此时积分面积有最大值。可计算出，$H(\omega)=1.0895$。当 $\omega=\omega_c+\frac{2\pi}{N}$ 时，如图 7.8(e) 所示，$W_R(\omega-\theta)$ 的主瓣刚好在积分限外，积分限内的旁瓣面积大于主瓣，最大的一个负峰完全在区间$[-\omega_c,\omega_c]$中，因此 $H(\omega)$ 在该点形成最大的负峰，因此，积分值为负值，且为最小，可计算出 $H(\omega)=-0.0895$。当 ω 增加和减小时，$W_R(\omega-\theta)$ 处于积分限内的主瓣或旁瓣也随着变化，造成积分面积值随之起伏，就形成了实际的 $H(\omega)$ 在通带和阻带内出现起伏，如图 7.6(e) 所示。通带内的起伏造成了滤波器通带平坦特性变差，阻带起伏造成了滤波器阻带衰减性变差，在通带和阻带之间出现了过滞带。$H(\omega)$ 最大的正峰和最大的负峰对应的频率相距 $4\pi/N$。图 7.8(f) 所示为 $H_d(\omega)$ 和 $W_R(\omega)$ 卷积形成的 $H(\omega)$ 的波形。

从图 7.8 可以看出，理想低通滤波器进行截断(加窗)处理后的影响主要有两点：

(1) 理想幅频特性的陡峭边沿被加宽，形成一个过渡带，过渡带的宽度取决于窗函数频谱

特性的主瓣宽度。

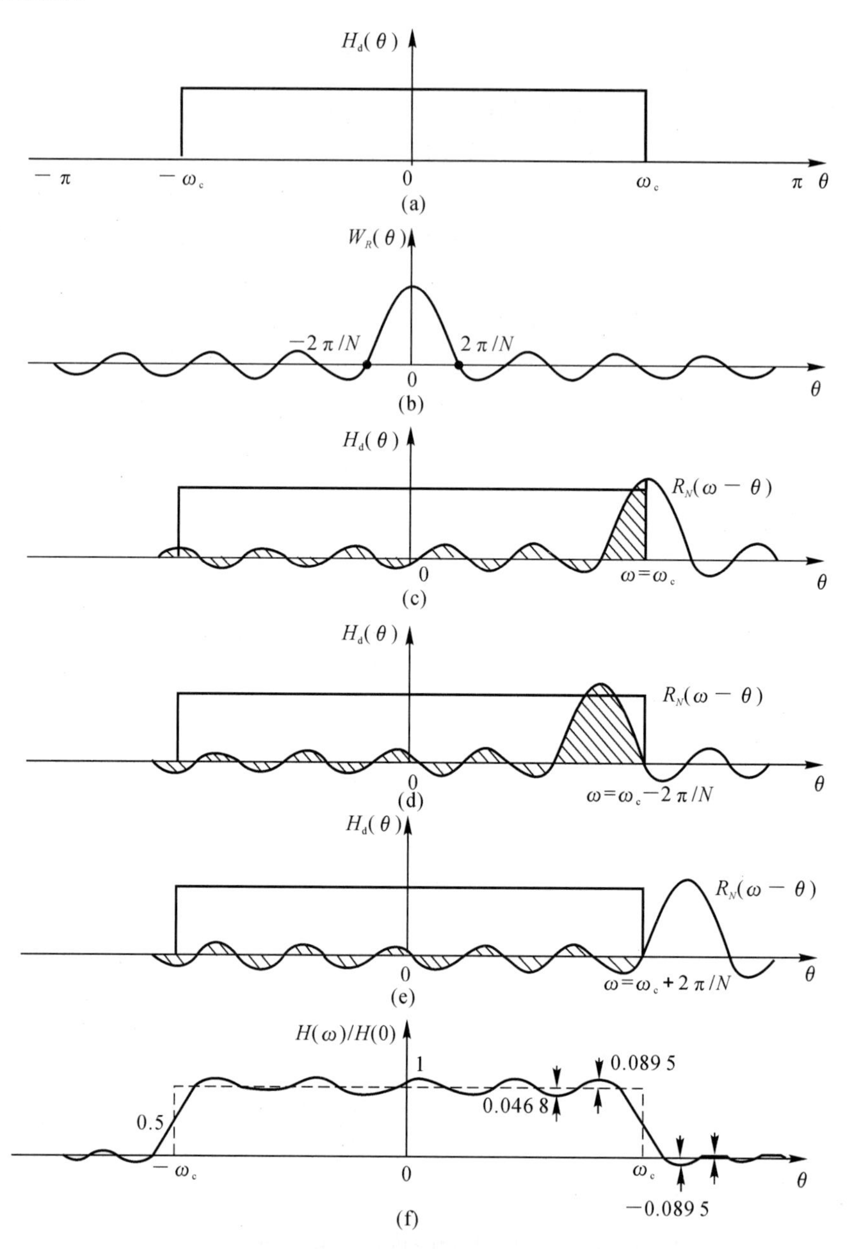

图 7.8　矩形窗的截断对理想低通滤波器幅频特性的影响

(2) 在过渡带两侧的通带和阻带都产生起伏的肩峰和波纹，它是由窗函数频谱特性的旁瓣相对电平值引起的，旁瓣相对值越大起伏就越强。

增加截取长度 N，只能减小过渡带宽度，而不能改善数字滤波器通带内的平坦性和阻带中的最小衰减，后者是由窗函数频谱的主瓣和旁瓣之比决定的。下面是一种近似的数学分析，用来说明增加 N 不能改变窗函数频谱的主瓣和旁瓣之比。

当 ω 较小时，有

$$W_R(\omega)=\frac{\sin\frac{\omega N}{2}}{\sin\frac{\omega}{2}}\approx\frac{\sin\frac{\omega N}{2}}{\frac{\omega}{2}}=N\frac{\sin\frac{N\omega}{2}}{N\frac{\omega}{2}}=N\frac{\sin x}{x}$$

式中，$x=N\frac{\omega}{2}$。

当增加 N 时，只能改变 ω 的坐标比例和 $W_R(\omega)$ 的绝对大小，而不能改变主瓣与旁瓣的相对比例关系。这个相对比值是由 $\frac{\sin x}{x}$ 决定的，与 N 无关。

增加截取长度 N，将缩小窗函数频谱的主瓣宽度，但不能减小旁瓣相对值。旁瓣和主瓣的相对值主要取决于窗函数的形状。因此要改善所设计滤波器的性能，必须减小由于加窗造成的通带和阻带的起伏，同时也要减小过滞带宽度。实际上，这两个要求是相互矛盾的，当窗宽度一定时，无法同时达到最佳，靠增加窗的宽度只能改进过渡带指标，而无法改进通带和阻带指标。例如，对矩形窗，通带和阻带最大起伏值为 8.95%，当 N 增加时，只能改变起伏的频率，而最大起伏值仍近似为 8.95%。这种加窗设计得到的 $H(\omega)$ 中通带和阻带起伏大小不随 N 增大而减小，并不能减弱吉布斯 (Gibbs) 效应。

矩形加窗形成的起伏最大约为 8.95%，致使阻带衰减最小值约为 −21 dB，这在工程上往往不够。为了改善滤波器的阻带衰减指标，必须选择其他类型的窗函数。选择其他窗函数时，可以从下面两点着重考虑：

(1) 从窗函数的频谱看，应尽量减小频谱的旁瓣相对值使频谱的能量尽量集中在主瓣，这样可减小滤波器通带和阻带起伏，以改善通带的平坦性和增大阻带的衰减值。

(2) 窗函数频谱的主瓣宽度尽量窄，以获得较陡的过渡带。

下面列出几种常用的窗函数及其频谱特性，为统一起见，窗函数一律用符号 $w(n)$ 表示，其频谱用 $W_*(\omega)$ 表示。

(1) 矩形窗：

$$w(n)=1,\quad 0\leqslant n\leqslant N-1$$

$$W_R(e^{j\omega})=\frac{\sin\frac{\omega N}{2}}{\sin\frac{\omega}{2}}e^{-j\omega\frac{N-1}{2}}=W_R(\omega)e^{-j\omega\frac{N-1}{2}}\tag{7.22a}$$

其中

$$W_R(\omega)=\frac{\sin\left(\frac{N}{2}\omega\right)}{\left(\sin\frac{\omega}{2}\right)}\tag{7.22b}$$

主瓣宽度 $\frac{4\pi}{N}$，旁瓣最大相对电平 −13 dB，旁瓣下降速率每倍频程衰减 −6 dB。

(2) 三角形窗 (Bartlett 窗)：

$$w(n)=\begin{cases}\dfrac{2n}{N-1}, & 0\leqslant n\leqslant \dfrac{1}{2}(N-1)\\ 2-\dfrac{2n}{N-1}, & \dfrac{1}{2}(N-1)< n\leqslant N-1\end{cases} \tag{7.23}$$

$$W_{\mathrm{Bar}}(e^{j\omega})=\frac{2}{N-1}\left[\frac{\sin\left(\dfrac{N-1}{4}\omega\right)}{\sin\left(\dfrac{\omega}{2}\right)}\right]^2 e^{-j\frac{N-1}{2}\omega} \tag{7.24}$$

主瓣宽度$\frac{8\pi}{N}$,旁瓣最大电平－27 dB,旁瓣下降速率每倍频程衰减－12 dB。

(3) 汉宁窗(Hanning 窗):

$$w(n)=\frac{1}{2}\left[1-\cos\left(\frac{2\pi n}{N-1}\right)\right],\quad 0\leqslant n\leqslant N-1$$

$$W_{\mathrm{Han}}(e^{j\omega})=W_{\mathrm{Han}}(\omega)e^{-j\omega\frac{N-1}{2}}$$

$$W_{\mathrm{Han}}(\omega)=0.5W_R(\omega)+0.25\left[W_R\left(\omega-\frac{2\pi}{N-1}\right)+W_R\left(\omega+\frac{2\pi}{N-1}\right)\right] \tag{7.25}$$

主瓣宽度为$\frac{8\pi}{N}$,旁瓣最大电平－32 dB,旁瓣下降速率每倍频程衰减－18 dB。

(4) 海明窗(Hamming 窗):

$$w(n)=0.54-0.46\cos\left(\frac{2\pi n}{N-1}\right),\quad 0\leqslant n\leqslant N-1$$

$$W_{\mathrm{Ham}}(e^{j\omega})=W_{\mathrm{Ham}}(\omega)e^{-j\omega\frac{N-1}{2}}$$

$$W_{\mathrm{Ham}}(\omega)=0.54W_R(\omega)+0.23\left[W_R\left(\omega-\frac{2\pi}{N-1}\right)+W_R\left(\omega+\frac{2\pi}{N-1}\right)\right] \tag{7.26}$$

海明窗与汉宁窗相比,仅仅更改了 2 个系数值,但使窗函数进一步优化,在同样的主瓣宽度内,99.96% 的能量集中在主瓣内,旁瓣电平更低。

(5) 布莱克曼窗(Blackman 窗):

$$w(n)=0.42-0.5\cos\left(\frac{2\pi n}{N-1}\right)+0.08\cos\left(\frac{4\pi n}{N-1}\right),\quad 0\leqslant n\leqslant N-1$$

$$W_{\mathrm{Bla}}(e^{j\omega})=W_{\mathrm{Bla}}(\omega)e^{-j\omega\frac{N-1}{2}}$$

$$W_{\mathrm{Bla}}(\omega)=0.42W_R(\omega)+0.25\left[W_R(\omega-\frac{2\pi}{N-1})+W_R(\omega+\frac{2\pi}{N-1})\right]+$$
$$0.04\left[W_R(\omega-\frac{4\pi}{N-1})+W_R(\omega+\frac{4\pi}{N-1})\right] \tag{7.27}$$

表 7.2 是五种常用窗函数的主要性能表。图 7.9 给出了以上五种窗函数的波形,图 7.10 给出了当 $N=51$ 时五种窗函数的幅度谱示意图。从表 7.2 和图 7.10 可以看出,随着旁瓣相对电平减小,主瓣宽度增加了。图 7.11 是利用这五种窗函数进行截断(加窗)的 FIR 低通数字滤

波器的幅度特性图,其中,$N=51$,截止频率 $\omega_c=0.5\pi$。

表 7.2　窗函数性能表

窗函数	主瓣过渡区宽度	旁瓣峰值幅度 /dB	旁瓣下降速率(dB/ 倍频程)	最小阻带衰减 /dB
矩形窗	$4\pi/N=1\times4\pi/N(P=1)$	−13	−6	−21
三角窗	$8\pi/N=2\times4\pi/N(P=2)$	−25	−12	−25
汉宁窗	$8\pi/N=2\times4\pi/N(P=2)$	−31	−18	−44
海明窗	$8\pi/N=2\times4\pi/N(P=2)$	−41	−6	−53
布莱克曼窗	$12\pi/N=3\times4\pi/N(P=3)$	−57	−18	−74

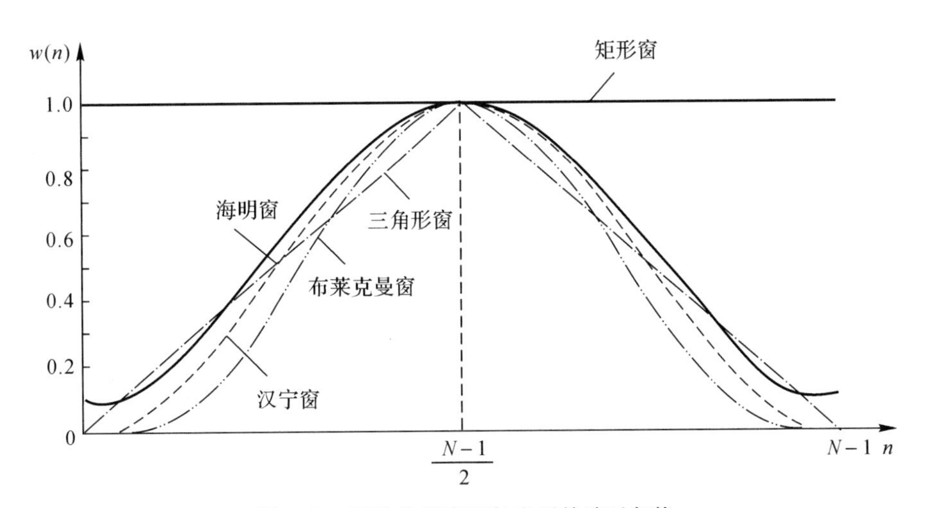

图 7.9　五种常用窗函数序列的波形包络

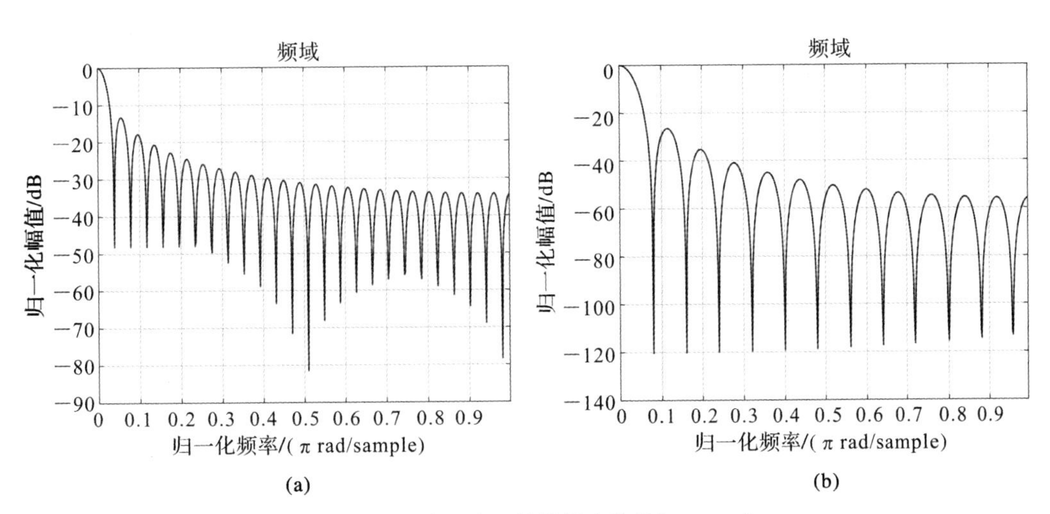

图 7.10　常用窗函数的幅度特性($N=51$)

(a) 矩形窗；(b) 三角形窗；

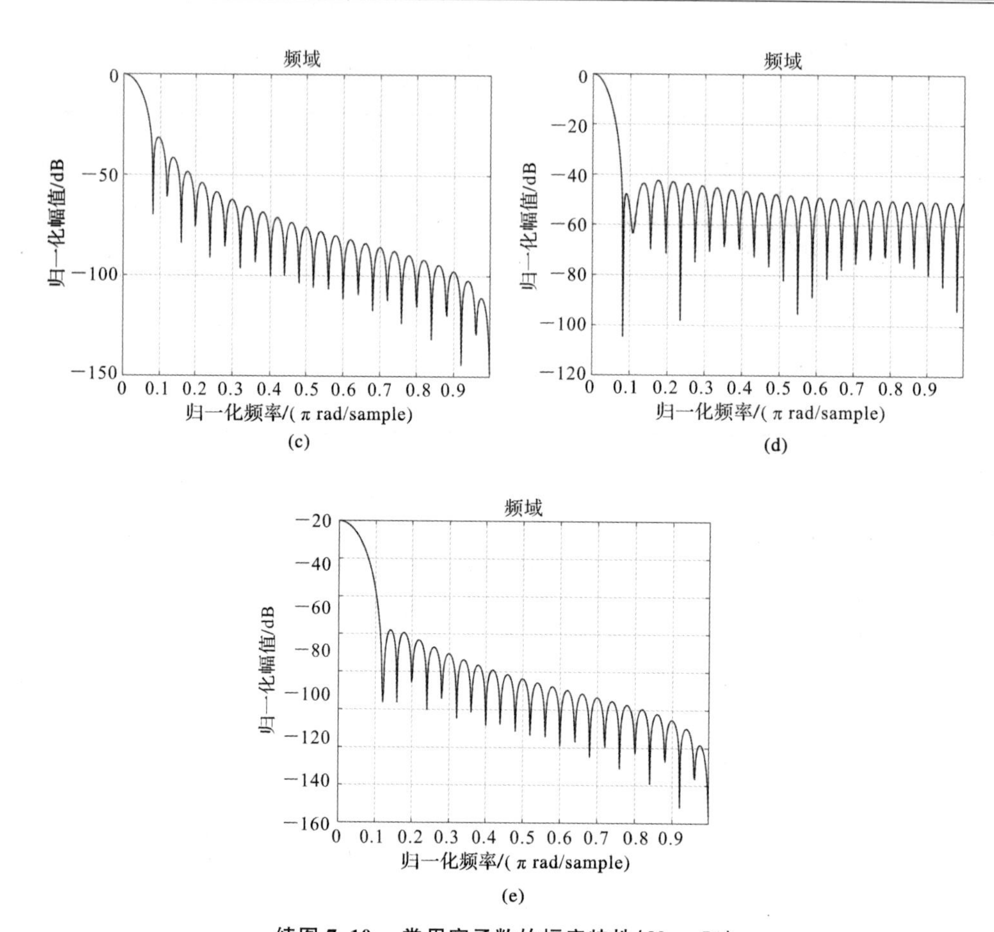

续图 7.10 常用窗函数的幅度特性($N = 51$)

(c) 汉宁窗；(d) 海明窗；(e) 布莱克曼窗

以上五种窗函数可以满足常用滤波器设计的要求，但也存在一定局限性，因为每种窗函数的主瓣宽度和旁瓣相对值是固定值，设计时不够灵活，下面介绍的凯泽窗的主瓣宽度和旁瓣相对值是可变的，设计更加灵活。

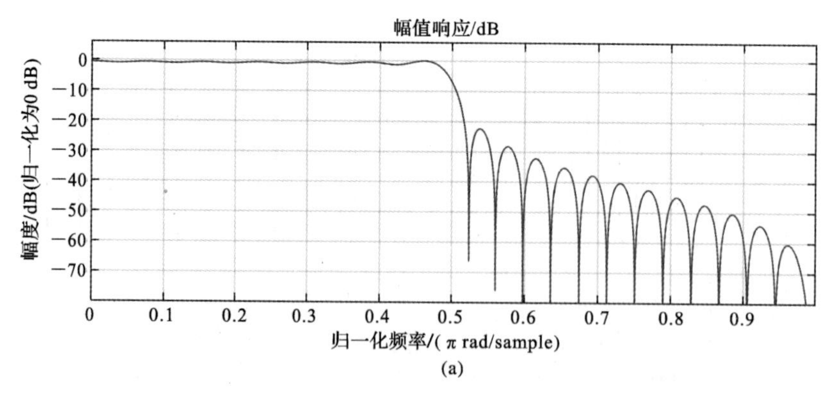

图 7.11 五种窗函数设计低通滤波器的幅度特性($N = 51, \omega_c = 0.5\pi$)

(a) 矩形窗；

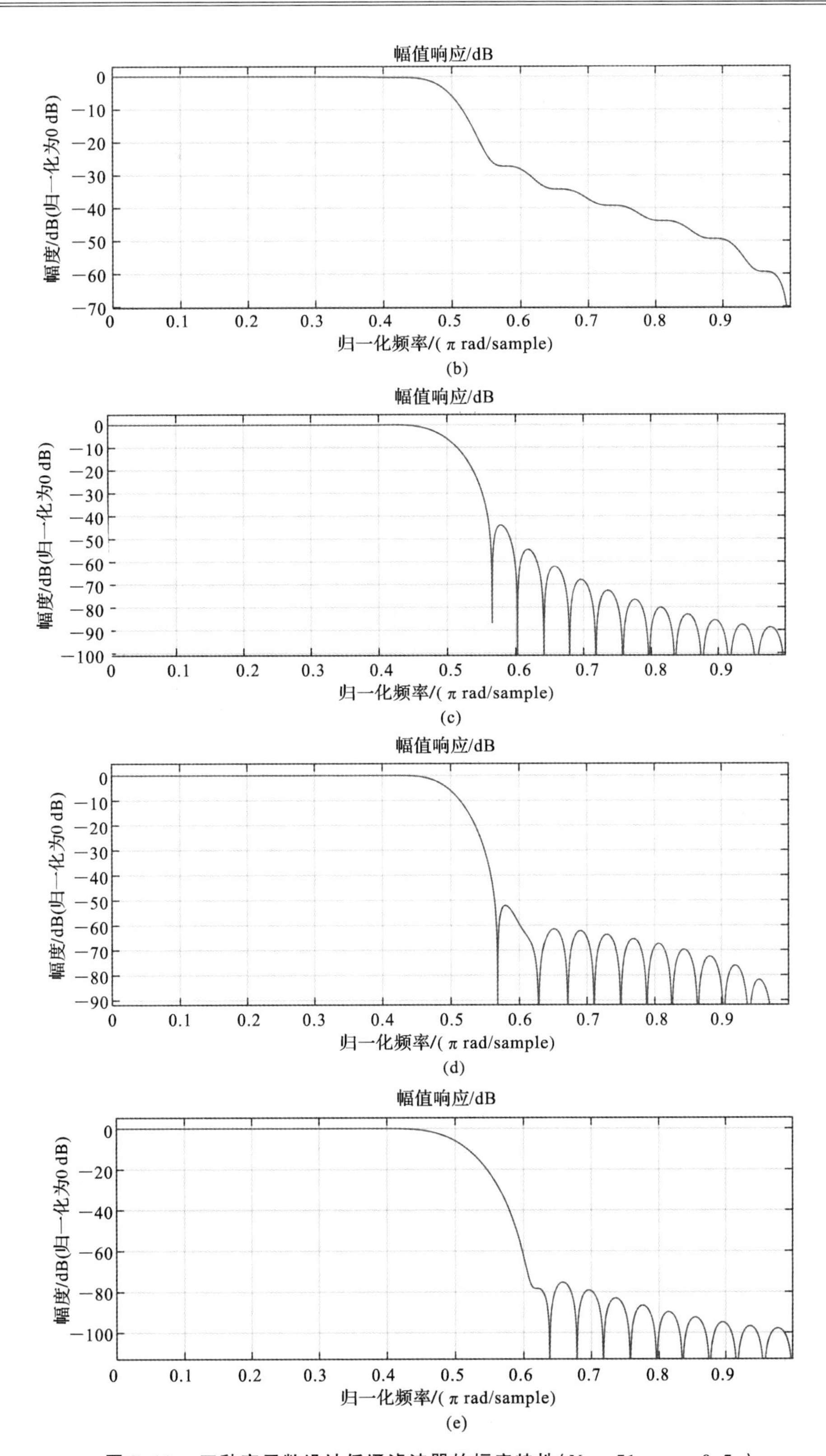

图 7.11　五种窗函数设计低通滤波器的幅度特性($N=51,\omega_c=0.5\pi$)

(b) 三角形窗；（c) 汉宁窗；（d) 海明窗；（e) 布莱克曼窗

(6) 凯泽窗(Kaiser 窗):

$$w(n)=\frac{I_0\left(\beta\sqrt{1-\left(\frac{2n}{2r-1}-1\right)^2}\right)}{I_0(\beta)} \tag{7.28}$$

式中,$I_0(\cdot)$ 是第一类修正零阶贝塞尔函数;β 为可调整参数,它可以同时调整窗的频谱主瓣宽度和旁瓣相对值,β 越大窗时域波形越窄,窗频谱的旁瓣越小,但谱的主瓣越宽。一般 $4<\beta<9$,相当于窗的频谱旁瓣相对幅度为 3.1% 变化到 0.047%。大约是 $-30\sim 67$ dB,当 $\beta=0$,等效于矩形窗;当 $\beta=5.44$ 时,等效于海明窗;当 $\beta=8.5$ 时,等效于布莱克曼窗。凯泽窗在不同 β 值的性能归纳在表 7.3 中。

除以上几种窗函数外,还有其他很多窗函数,比较有名的有切比雪夫窗(chebyshev) 和高斯窗(Gaussian) 等,限于篇幅,本书不再列出。

表 7.3　凯泽窗 β 参数对设计数字滤波器的性能影响

β	过渡带宽	通带波纹 /dB	阻带最小衰减 /dB
2.120	$3.00\pi/N$	± 0.27	-30
3.384	$4.46\pi/N$	± 0.0864	-40
4.538	$5.86\pi/N$	± 0.0274	-50
5.568	$7.24\pi/N$	± 0.00868	-60
6.764	$8.64\pi/N$	± 0.00275	-70
7.865	$10.0\pi/N$	± 0.000868	-80
8.960	$11.4\pi/N$	± 0.000275	-90
10.056	$12.8\pi/N$	± 0.000087	-100

FIR 数字滤波器窗函数设计法主要步骤归纳如下:

(1) 确定所要求设计滤波器的理想频率响应 $H_d(e^{j\omega})$ 的表达式。

第一类线性相位特性:

$$H_d(e^{j\omega})=\begin{cases}e^{-j\alpha\omega}, & \text{通带}\\ 0, & \text{阻带}\end{cases}$$

第二类线性相位特性:

$$H_d(e^{j\omega})=\begin{cases}\pm je^{-j\alpha\omega}, & \text{通带}\\ 0, & \text{阻带}\end{cases}$$

(2) 求 $H_d(e^{j\omega})$ 的离散时间傅里叶反变换:

$$h_d(n)=\frac{1}{2\pi}\int_{-\pi}^{\pi}H_d(e^{j\omega})e^{j\omega n}\,d\omega$$

(3) 一般根据阻带最小衰减技术指标值,确定窗函数类型 $w(n)$。

(4) 确定滤波器长度 N。滤波器长度可以根据 $H_d(e^{j\omega})$ 的相位特性来确定,或根据设计滤波器的过渡带宽度确定。

若给定线性相位特性,并且未指定过渡带宽度,则由下式确定 N

$$N=2\alpha+1$$

其中,α 是线性相位特性的斜率值。

若给定通带和阻带边缘频率 ω_p,ω_s,可确定过渡带宽度 $\Delta\omega=\omega_s-\omega_p$,则 N 为

$$N \geqslant P \cdot 4\pi/\Delta\omega$$

其中,系数 P 根据窗函数确定,见表 7.2。

(5) 确定所设计滤波器的单位取样响应 $h(n)$。

$$h(n)=h_d(n)\omega(n),\quad 0\leqslant n\leqslant N-1$$

(6) 可用计算机验证 $H(e^{j\omega})$ 的技术指标是否满足要求

$$H(e^{j\omega})=\sum_{n=0}^{N-1}h(n)e^{-j\omega n}$$

(7) 若不满足,可重新选取较大的 N 值,返回步骤(6);若满足,设计完成。下面通过举例详细说明窗函数法设计 FIR 滤波器的过程。

【例 7-1】 用窗函数法设计一线性相位FIR数字低通滤波器,并满足如下技术指标:$\Omega_p=30\pi$ rad/s,衰减不大于 3 dB;$\Omega_s=46\pi$ rad/s,衰减不小于 40 dB。

设对模拟信号进行采样的周期 $T=0.01$ s。

解 (1) 根据题给定的模拟截止频率指标,确定数学滤波器的技术指标。

$$\omega_p=\Omega_p T=30\pi\times0.01=0.3\pi\text{rad},\quad \alpha_p=3\text{ dB}$$

$$\omega_s=\Omega_s T=46\pi\times0.01=0.46\pi\text{rad},\quad \alpha_s=40\text{ dB}$$

过渡带宽度:$\Delta\omega=\omega_s-\omega_p=0.46\pi-0.3\pi=0.16\pi$

根据以上指标,写出理想数字滤波器频率响应为

$$H_d(e^{j\omega})=\begin{cases}e^{-j\omega\alpha}, & |\omega|\leqslant 0.3\pi\\ 0, & 0.3\pi<|\omega|\leqslant\pi\end{cases}$$

其中,α 为常数,与 N 有关。

(2) 求积分。

$$h_d(n)=\frac{1}{2\pi}\int_{-\pi}^{\pi}H_d(e^{j\omega})e^{j\omega n}d\omega=\frac{1}{2\pi}\int_{-0.3\pi}^{0.3\pi}e^{-j\omega\alpha}e^{j\omega n}d\omega=\frac{\sin[0.3\pi(n-\alpha)]}{\pi(n-\alpha)}$$

(3) 根据阻带指标选择窗函数。查表 7.2 可知,汉宁窗、海明窗和布莱克曼窗都满足阻带 40 dB 的衰减,选择汉宁窗,表达式设为 $w(n)$,则设计的滤波器单位取样响应为

$$h(n)=h_d(n)w(n),\quad n=0,1,2,\cdots,N-1$$

(4) 确定滤波器长度 N,一般由线性相位的斜率 α 决定,若 α 未给定,N 可由过渡带确定,N 确定后,α 就确定了,它们关系为 $\alpha=\dfrac{N-1}{2}$。

此题 N 由过渡带确定,过渡带宽度要求 $\Delta\omega=0.16\pi$。

汉宁窗设计的滤波器过渡带宽度为$\dfrac{8\pi}{N}$,则有

$$\frac{8\pi}{N}\leqslant 0.16\pi$$

$$N\geqslant\frac{8}{0.16}=50$$

选 $N=51$,N 确定后,可确定 $\alpha=\dfrac{N-1}{2}=25$。

(5) 确定最终的滤波器设计结果。

$$h(n)=h_d(n)w(n)=\frac{\sin[0.3\pi(n-25)]}{\pi(n-25)}\left[0.5-0.5\cos\left(\frac{2\pi n}{50}\right)\right],\quad 0\leqslant n\leqslant 50$$

设计完毕。

【例 7-2】 设计一个 FIR 线性相位高通数字滤波器，要求阻带衰减大于 50 dB，通带截止频率为 0.6π。

解 （1）根据题目，确定技术要求。此题未给阻带截止频率，只给了阻带衰减要求。

$$\omega_p=0.6\pi\ (\text{rad}),\quad \alpha_p=3\ \text{dB},\quad \alpha_s=50\ \text{dB}$$

（2）确定 $H_d(e^{j\omega})$ 为

$$H_d(e^{j\omega})=\begin{cases}e^{-j\omega\alpha}, & 0.6\pi<|\omega|\leqslant\pi\\ 0 & |\omega|\leqslant 0.6\pi\end{cases}$$

其中，α 为常数。此题 α 为已知常数，用来确定 N。

（3）求积分。

$$\begin{aligned}h_d(n)=&\frac{1}{2\pi}\int_{-\pi}^{\pi}H_d(e^{j\omega})e^{j\omega n}d\omega=\\&\frac{1}{2\pi}\int_{-\pi}^{-0.6\pi}e^{-j\omega\alpha}e^{j\omega n}d\omega+\frac{1}{2\pi}\int_{0.6\pi}^{\pi}e^{-j\omega\alpha}e^{j\omega n}d\omega=\\&\frac{1}{2\pi}\int_{-\pi}^{-0.6\pi}e^{j\omega(n-\alpha)}d\omega+\frac{1}{2\pi}\int_{0.6\pi}^{\pi}e^{j\omega(n-\alpha)}d\omega=\\&\frac{1}{2\pi j(n-\alpha)}(e^{-j0.6\pi(n-\alpha)}-e^{-j\pi(n-\alpha)})+\frac{1}{2\pi j(n-\alpha)}(e^{j\pi(n-\alpha)}-e^{j0.6\pi(n-\alpha)})=\\&\frac{1}{2\pi j(n-\alpha)}(e^{j\pi(n-\alpha)}-e^{-j\pi(n-\alpha)})-\frac{1}{2\pi j(n-\alpha)}(e^{j0.6\pi(n-\alpha)}-e^{-j0.6\pi(n-\alpha)})=\\&\frac{1}{\pi(n-\alpha)}\sin[\pi(n-\alpha)]-\frac{1}{\pi(n-\alpha)}\sin[0.6\pi(n-\alpha)]\end{aligned}$$

（4）根据阻带衰减 50 dB 的要求，查表 7.2 选择海明窗和布莱克曼窗，此题选海明窗，阻带衰减达到 54 dB，满足技术要求。

（5）确定滤波器长度。此题未给出过渡带要求，因此，滤波器长度 N 由 α 确定，即 $N=2\alpha+1$。

（6）确定最终的滤波器设计结果。

$$\begin{aligned}h(n)=&h_d(n)\cdot w(n)=\\&\frac{\sin[\pi(n-\alpha)]-\sin[0.6\pi(n-\alpha)]}{\pi(n-\alpha)}\left[0.54-0.46\cos\left(\frac{2\pi n}{N-1}\right)\right],\quad 0\leqslant n\leqslant N-1\end{aligned}$$

设计完毕。

【例 7-3】 分别用矩形窗、汉宁窗和布莱克曼窗设计线性相位 FIR 低通数字滤波器，设 $N=11,\omega_c=0.2\pi(\text{rad})$。

解 用理想低通作为逼近滤波器，按照【例 7-1】的设计结果，有

$$h(n)=\frac{\sin[\omega_c(n-a)]}{\pi(n-a)},\quad 0\leqslant n\leqslant 10$$

$$a=\frac{1}{2}(N-1)=5$$

因此，用矩形窗进行设计，有

$$h(n)=\frac{\sin(0.2\pi(n-5))}{\pi(n-5)},\quad 0\leqslant n\leqslant 10$$

用汉宁窗进行设计，有

$$h(n)=h_d(n)w_{\text{Han}}(n),\quad 0\leqslant n\leqslant 10$$

$$w_{\text{Han}}(n)=0.5\left(1-\cos\frac{2\pi n}{10}\right)$$

用布莱克曼窗进行设计，有

$$h(n)=h_d(n)w_{\text{Bla}}(n),\quad 0\leqslant n\leqslant 10$$

$$w_{\text{Bla}}(n)=\left(0.42-0.5\cos\frac{2\pi n}{10}+0.08\cos\frac{4\pi n}{10}\right)$$

求出三种加窗的 $h(n)$ 后，分别计算 $H(e^{j\omega})$，画它们的幅度特性如图 7.12 所示。

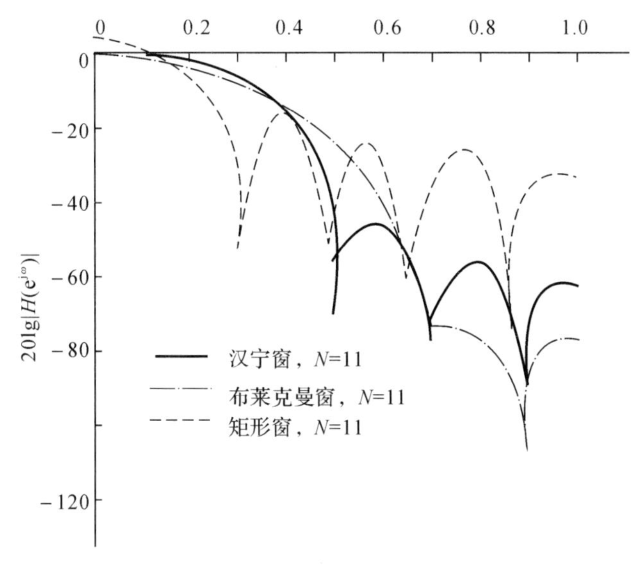

图 7.12　例 7-3 的低通幅度特性

上例表明 N 相同时，采用矩形窗时滤波器的过渡带最窄，而阻带衰减最小；布莱克曼窗时过渡带最宽，但换来的是阻带衰减增大，过渡带性能可以简单通过增加 N 来改善。

【例 7-4】　设计一个线性相位 FIR 数字差分器，逼近下列理想差分器的频率响应 $H_d(e^{j\omega})$：

$$H_d(e^{j\omega})=j\omega,\quad |\omega|\leqslant\pi$$

取 $N=25$。

解　根据题意，理想差分滤波器相位特性包含一个初始相位 90°，属于第二类线性相位特性，确定该差分器的理想线性相位特性为

$$H_d(e^{j\omega})=\begin{cases}je^{-j\omega\alpha}, & \omega\geqslant 0\\ -je^{-j\omega\alpha}, & \omega<0\end{cases}$$

其中 $\alpha=(N-1)/2=12$，可画出理想差分器的频率特性如图 7.13 所示。

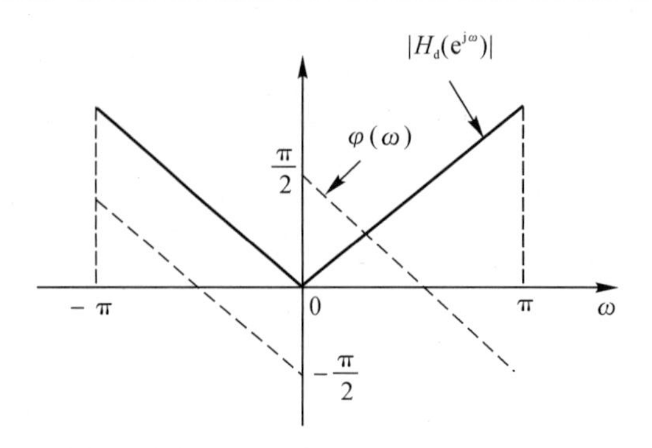

图 7.13　理想差分器频率响应示意图($\alpha=1$)

差分器不是普通的选频滤波器,无明显的通带阻带之分。注意:图 7.13 中的理想相位特性关于 $\omega=0$ 是奇对称的。

按步骤求积分:

$$h_d(n)=\frac{1}{2\pi}\int_{-\pi}^{\pi}H_d(e^{j\omega})e^{j\omega n}d\omega=$$

$$\frac{1}{2\pi}\int_{-\pi}^{0}-j\omega e^{-j\omega\alpha}e^{j\omega n}d\omega+\frac{1}{2\pi}\int_{0}^{\pi}j\omega e^{-j\omega\alpha}e^{j\omega n}d\omega=$$

$$\frac{-j}{2\pi}\int_{-\pi}^{0}\omega e^{j\omega(n-\alpha)}d\omega+\frac{j}{2\pi}\int_{0}^{\pi}\omega e^{j\omega(n-\alpha)}d\omega$$

此处要利用如下分部积分求解公式

$$\int uv'dx=uv-\int vu'dx$$

设

$$u=\omega,\quad v'=e^{j\omega(n-\alpha)}$$

则

$$v=\frac{1}{j(n-\alpha)}e^{j\omega(n-\alpha)}$$

可求得 $h_d(n)$ 为

$$h_d(n)=\frac{\cos\pi(n-\alpha)}{n-\alpha}\tag{7.29}$$

此题 $N=25$,$\alpha=12$ 为整数,$(n-\alpha)$ 也是整数,当$(n-\alpha)$ 为偶数时,上式分子项 $\cos\pi(n-\alpha)=1$,当$(n-\alpha)$ 为奇数时,$\cos\pi(n-\alpha)=-1$,即

$$h_d(n)=\frac{(-1)^{n-12}}{n-12}$$

注意,上式中 $h_d(n)$ 是以 $n=\alpha$ 为奇对称的,因此 $h_d(\alpha)=h_d(12)=0$,如图 7.14 所示。

如果 N 等于偶数,$\alpha=(N-1)/2$ 不是整数,$h_d(n)$ 的表达式需用式(7.29)取值。

注意,$h_d(n)$ 是以 $n=12$ 为奇对称的,因此 $h_d(12)=0$。

本题中的差分器不是普通的选频滤波器,并无明确的通带阻带之分,因此未提出明确的技术指标要求,分别选矩形窗(曲线①)和海明窗(曲线②)对 $h_d(n)$ 进行加窗来说明窗函数对滤波器性能的影响。图 7.15 是两种窗函数设计的差分器的频率响应。

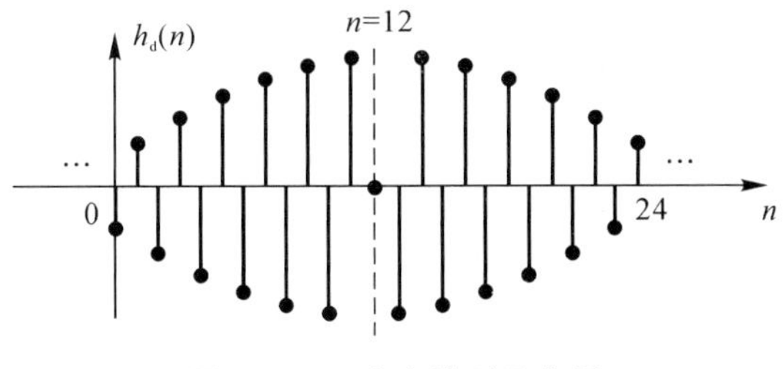

图 7.14　$h_d(n)$ 波形示意图

窗函数设计法的优点是概念简单,设计方便,比较适合一些简单的选频滤波器设计,前提是需要写出理想波器频率响应的解析表达式,然后进行积分求解。窗函数法的缺点是不能设计复杂特性的滤波器,通带和阻带的截止频率设计得不够精确,另外,它是一种时域设计方法,频域设计不够优化。尽管如此,窗函数法对多数选频滤波器还是普遍适用的,因此应用比较广泛。

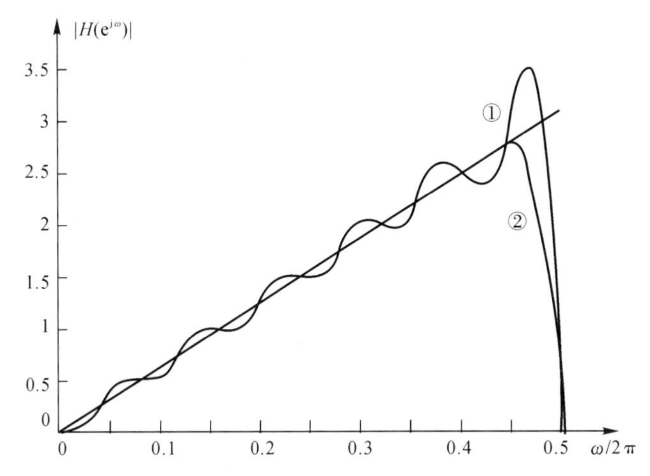

图 7.15　矩形窗和海明窗的 FIR 数字差分器频率响应($N=25$)

7.4　频率取样设计法

前面讨论的数字滤波器的几种设计方法是一种时域逼近的思想,例如,在设计 IIR 数字滤波器的时候,是根据技术指标,利用现有的公式和表格,先设计一个模拟原型低通滤波器(巴特沃斯、切比雪夫或椭圆滤波器等),然后再选用合适的变换公式来完成各种数字滤波器的设计。在设计 FIR 数字滤波器的时候,则采用对理想滤波器的冲激响应进行截断(加窗)的方法来设计,以达到给定的技术指标要求。一般来说,这样设计出来的滤波器不是最优的,而且很难设计出满足任意频率响应指标的数字滤波器。当难以用解析方法或表达式来描述滤波器特性时,就不得不采用直接逼近的方法。当采用直接逼近技术时,需要求解线性或非线性方程组。在求解这些方程组的参数时,一般需要计算机来完成大量的计算工作,这样就形成了一套数字滤波器的计算机辅助设计方法。目前已经有许多计算机辅助设计(Computer Aided Design,

CAD)技术逼近任意频率特性的方法,包括IIR数字滤波器的最小均方误差法、最小平方逆设计法;FIR数字滤波器的频率采样法、切比雪夫等波纹逼近法等。本节和下节将介绍频率采样法和切比雪夫等波纹逼近法设计FIR数字滤波器的思路和原理。

7.4.1 第一类线性相位FIR滤波器的频率采样设计

一个FIR滤波器的单位取样响应 $h(n)$ 是有限长序列,N 点有限长序列可以用它的 N 点离散傅里叶变换精确表示,利用第4章得到的结论,可以用 $h(n)$ 的DFT结果 $H(k)$ 来表示 $h(n)$ 和 $H(z)$ 及 $H(e^{j\omega})$,即

$$h(n)=\frac{1}{N}\sum_{k=0}^{N-1}H(k)e^{j\frac{2\pi}{N}nk},\quad 0\leqslant n\leqslant N-1 \tag{7.30}$$

$$H(z)=\frac{1-z^{-N}}{N}\sum_{k=0}^{N-1}\frac{H(k)}{1-e^{j(\frac{2\pi}{N})^{k}}z^{-1}} \tag{7.31}$$

$$H(e^{j\omega})=H(z)\big|_{z=e^{j\omega}}=\frac{e^{-j\omega\frac{N-1}{2}}}{N}\sum_{k=0}^{N-1}H(k)e^{j\pi k(1-\frac{1}{N})}\frac{\sin\left[\frac{N\left(\omega-\frac{2\pi}{N}k\right)}{2}\right]}{\sin\left[\frac{\left(\omega-\frac{2\pi}{N}k\right)}{2}\right]} \tag{7.32}$$

上面这组公式来源于第4章离散傅里叶变换的4.3节的频域采样理论,这组公式启发了设计FIR滤波器的另一种思路,即从频域直接设计FIR滤波器,可得到有限个频域离散函数 $H(k)$,它对应于时域的一个有限长序列 $h(n)$,因此,可确定一个FIR滤波器 $H(z)$ 及 $H(e^{j\omega})$。也就是说,直接从频域入手,使得 $H(k)$ 逼近理想滤波器的频率响应 $H_d(e^{j\omega})$,这就是频域设计的思路。对 $H_d(e^{j\omega})$ 进行逼近的一种最直接的方法就是在 $H_d(e^{j\omega})$ 的一个周期内进行均匀采样得到 N 个采样值 $H_d(k)$,再以 $H_d(k)$ 构成FIR滤波器,这就是FIR滤波器频率采样设计法的基本原理。

首先对 $H_d(e^{j\omega})$ 频域的在一个周期内进行均匀采样,记为 $H_d(k)$,即

$$H_d(k)=H_d(e^{j\omega})\Big|_{\omega=\frac{2\pi}{N}k}=H_d(e^{j\frac{2\pi}{N}k}),\quad 0\leqslant k\leqslant N-1 \tag{7.33}$$

在 $H_d(k)$ 确定后,就可以确定 $h(n)$ 和 $H(z)$ 及 $H(e^{j\omega})$,这样就可以得到一个逼近理想滤波器 $H_d(z)$ 或 $H_d(e^{j\omega})$ 的FIR滤波器,至少在频率采样点上,$H_d(e^{j\omega})$ 和 $H(e^{j\omega})$ 具有相同的频率响应,即

$$H_d(e^{j\frac{2\pi}{N}k})=H_d(e^{j\frac{2\pi}{N}k}),\quad k=0,1,2,\cdots,N-1 \tag{7.34}$$

但在离散频率点之间,两者的频率响应是不相同的,$H(e^{j\omega})$ 是由 N 点 $H_d(k)$ 离散值通过内插式(7.32)重构而成的。

频率采样设计法的原理比较简单,但在确定FIR滤波器的线性相位时,要注意采样时 $H_d(k)$ 的幅度和相位必须遵循线性相位的约束条件。

$H(e^{j\omega})$ 可写成幅度特性和相位特性两部分,即

$$H(e^{j\omega})=e^{-j\frac{N-1}{2}\omega}H(\omega) \tag{7.35}$$

其中

$$H(\omega)=\sum_{k=0}^{N-1}H_{\mathrm{d}}(k)\mathrm{e}^{\mathrm{j}(N-1)\frac{k\pi}{N}}\frac{\sin\left[\frac{N\left(\omega-\frac{2\pi}{N}k\right)}{2}\right]}{N\sin\left[\frac{\left(\omega-\frac{2\pi}{N}k\right)}{2}\right]}$$

其中，$H_{\mathrm{d}}(k)$ 是 $H_{\mathrm{d}}(\mathrm{e}^{\mathrm{j}\omega})$ 的离散采样值。

要保证 $H(\mathrm{e}^{\mathrm{j}\omega})$ 为第一类线性相位，$H(\omega)$ 必须为实数，即

$$H_{\mathrm{d}}(k)\mathrm{e}^{\mathrm{j}(N-1)\frac{k\pi}{N}}=\text{实数} \tag{7.36}$$

考虑 $|H_{\mathrm{d}}(k)|=1$，式(7.36)等效为

$$H_{\mathrm{d}}(k)=\mathrm{e}^{-\mathrm{j}(N-1)\frac{k\pi}{N}},\quad \text{通带内} \tag{7.37}$$

根据DFT性质，要保证 $h(n)$ 为实数，$H_{\mathrm{d}}(k)$ 必须为共轭偶对称，即

$$H_{\mathrm{d}}^{*}(k)=H_{\mathrm{d}}(-k)=H_{\mathrm{d}}(N-k) \tag{7.38}$$

或

$$H_{\mathrm{d}}(k)=H_{\mathrm{d}}^{*}(N-k) \tag{7.39}$$

根据式(7.37)有

$$H_{\mathrm{d}}(N-k)=\mathrm{e}^{-\mathrm{j}(N-1)\frac{(N-k)}{N}\pi}=\mathrm{e}^{-\mathrm{j}(N-1)\pi}\mathrm{e}^{\mathrm{j}\frac{(N-1)k\pi}{N}}=\mathrm{e}^{-\mathrm{j}(N-1)\pi}H_{\mathrm{d}}^{*}(k) \tag{7.40}$$

当 N 为偶数时，$\mathrm{e}^{-\mathrm{j}(N-1)\pi}=-1$，此时

$$H_{\mathrm{d}}(N-k)=-H_{\mathrm{d}}^{*}(k) \tag{7.41}$$

当 N 为奇数时，$\mathrm{e}^{-\mathrm{j}(N-1)\pi}=1$，此时

$$H_{\mathrm{d}}(N-k)=H_{\mathrm{d}}^{*}(k) \tag{7.42}$$

显然，当 N 为偶数时，式(7.41)不满足共轭偶对称关系，得到的 $h(n)$ 不是一个实数，因此，可修改为：

N 为偶数时，有

$$H_{\mathrm{d}}(k)=\begin{cases}\mathrm{e}^{-\mathrm{j}(N-1)\frac{k\pi}{N}}, & k=0,1,2,\cdots N/2-1\\ 0, & k=\dfrac{N}{2}\\ -\mathrm{e}^{-\mathrm{j}(N-1)\frac{k\pi}{N}}, & k=N/2+1,\cdots,N-1\end{cases} \tag{7.43}$$

或

$$H_{\mathrm{d}}(k)=\begin{cases}\mathrm{e}^{-\mathrm{j}(N-1)\frac{k\pi}{N}}, & k=0,1,2,\cdots,N/2-1\\ H_{\mathrm{d}}^{*}(N-k), & k=\dfrac{N}{2}+1,\cdots,N-1\\ H_{\mathrm{d}}(k)=0, & k=\dfrac{N}{2}\end{cases} \tag{7.44}$$

N 为奇数时，式(7.42)满足共轭偶对称关系，不用作修改，即

$$H_{\mathrm{d}}(k)=\mathrm{e}^{-\mathrm{j}(N-1)\frac{k\pi}{N}},\quad k=0,1,2,\cdots,(N-1)/2 \tag{7.45}$$

或

$$\left.\begin{aligned} H_d(k) &= e^{-j(N-1)\frac{k\pi}{N}}, & k &= (N+1)/2, \cdots, N-1 \\ H_d(N-k) &= H_d^*(k), & k &= (N+1)/2, \cdots, N-1 \end{aligned}\right\} \tag{7.46}$$

当 N 为偶数时，由于 $H_d\left(\frac{N}{2}\right)=0$，当 $k=\frac{N}{2}$，对应的频率是 $\omega_0=\pi$，因此，N 为偶数的情况不适合用来设计高通和带阻滤波器。

下面归纳出 FIR 滤波器的频率采样设计法的步骤：

(1) 根据所要求的滤波器类型，根据 N 是偶数还是奇数，在通带内设定指定 $H_d(k)$ 值如式(7.43) ～ 式(7.46) 所示，在阻带内，设定 $H_d(k)=0$。

(2) 根据 $H_d(k)$ 构成滤波器的 $H(z)$ 和 $H(e^{j\omega})$，并考察 $H(e^{j\omega})$ 的指标是否满足要求。

【例 7-5】 采用频率采样法设计一个低通 FIR 滤波器，通带截止频率为 0.2π，$N=20$。

解 此题 $N=20$ 为偶数，$H_d(e^{j\omega})$ 在一个周期内采样间隔为 $\frac{2\pi}{20}=0.1\pi$。所以，在$(0 \sim 0.2\pi)$ 通带内可采样 2 ～ 3 个点，设采样 2 个点，则 $H_d(k)$ 按如下式取样：

$$H_d(0)=1(\text{通带内})$$

$$H_d(1)=e^{-j\frac{19\pi}{20}}(\text{通带内}),\quad H(2)=0(\text{通带阻带边界点})$$

$$H_d(3)=\cdots=H_d(17)=0(\text{阻带内}),\quad H_d(18)=0(\text{通带阻带边界点})$$

N 为偶数，按照式(7.43) 或式(7.44) 可得

$$H_d(19)=-e^{-j\frac{19(20-1)\pi}{20}}=e^{j\frac{19\pi}{20}}=H_d^*(1)$$

到此，20 点 $H_d(k)$ 已确定，对 $H_d(k)$ 求 IDFT，可得 $h(n)$ 为

$$h(0)=h(19)=-0.048\,77,\quad h(1)=h(18)=-0.039\,1$$

$$h(2)=h(17)=-0.020\,7,\quad h(3)=h(16)=0.004\,6$$

$$h(4)=h(15)=0.034\,36,\quad h(5)=h(14)=0.065\,6$$

$$h(6)=h(13)=0.095\,4,\quad h(7)=h(12)=0.120\,71$$

$$h(8)=h(11)=0.139\,1,\quad h(9)=h(10)=0.148\,77$$

从以上结果可以看到，$h(n)$ 是关于 $\frac{N-1}{2}=\frac{19}{2}=9.5$ 偶对称的。满足 $H(e^{j\omega})$ 为第一类线性相位的条件。

由 $h(n)$ 可以求出滤波器的频率响应 $H(e^{j\omega})$，幅频响应如图 7.16 中曲线 ① 所示。从图 7.16 中看出，与理想滤波器相比，所设计的滤波器在通带和阻带内出现了较大的波纹起伏，使滤波器的通带平坦性和阻带衰减性变差，要改善通带平坦性和阻带衰减性，仅仅增加取样点数 N 是不行的，N 增加，只能改变频域采样的点数和密度，导致设计的滤波器通带和阻带的起伏频率加大，而对起伏的电平大小影响较小，但 N 的增加可以改善滤波器的过渡带。减小波纹起伏的一个有效措施是在频域采样时，在通带和阻带边界处人为增加若干过渡点，这样可以带来通带和阻带特性的改善，例如在例 7-5 中，在通带和阻带边界点($k=2,k=18$) 的频域采样值可设为

$$H_d(2)=0.5e^{-j\frac{19\times 2\pi}{20}}$$

$$H_d(18)=0.5e^{j\frac{19\times 2\pi}{20}}$$

然后重新求解 $h(n)$ 和 $H(e^{j\omega})$，幅频响应如图 7.16 中的曲线②，从图 7.16 中看出，增加了过渡点 $H_d(2)$ 和 $H_d(18)$ 后，波纹起伏减小了，通带平坦性和阻带衰减性得到了改善。

上面对 $H_d(2)$ 的幅值指定为 0.5，对 $H(e^{j\omega})$ 的性能改善不一定是最优的，也可以指定为 0.4，0.3 或是其他值。一般来说，可以是 0 ～ 1 之间的任意值。增加一个过渡点对滤波器的性能改善是有限的，若希望得到更大的改进，可以采用增加多个过渡点的办法，例如，将 $H_d(2)$ 和 $H_d(18)$ 指定为 $0.7e^{-j19\times\frac{2\pi}{20}}$ 和 $0.7e^{j19\times2\pi/20}$，将 $H(3)$ 和 $H_d(17)$ 指定为 $0.35e^{-j19\times\frac{3\pi}{20}}$ 和 $0.35e^{j19\times3\pi/20}$，得到的滤波器的通带平坦性和阻带衰减性要更好一些，这种方法称为"加过渡点法"。

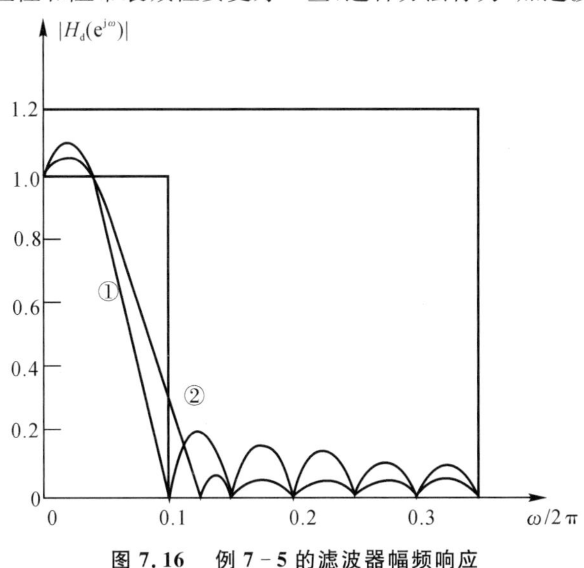

图 7.16　例 7-5 的滤波器幅频响应

7.4.2　第二类线性相位 FIR 滤波器的频率采样设计

第二类线性相位 FIR 滤波器的 $h(n)$ 满足奇对称性，即

$$h(n) = -h(N-1-n)$$

频率响应函数 $H(e^{j\omega})$ 为

$$H(e^{j\omega}) = e^{-j\left(\frac{N-1}{2}\omega+\frac{\pi}{2}\right)} H(\omega)$$

其中，$H(e^{j\omega})$ 是幅度特性函数，与第一类线性相位特性的式(7.35)相比，只在相位特性多加了一项 $-\pi/2$，将此相位项合并到 $H(\omega)$ 中，即

$$H(\omega) = \sum_{k=0}^{N-1} H_d(k) e^{j\left[(N-1)\frac{k\pi}{N}-\frac{\pi}{2}\right]} \frac{\sin\left[\frac{N}{2}\left(\omega-\frac{2\pi}{N}k\right)\right]}{N\sin\left[\frac{1}{2}\left(\omega-\frac{2\pi}{N}k\right)\right]}$$

要保证 $H(e^{j\omega})$ 为第二类线性相位，$H(\omega)$ 必须为实数，即

$$H_d(k) e^{j\left[(N-1)\frac{k\pi}{N}+\frac{\pi}{2}\right]} = \text{实数} \tag{7.47}$$

$|H_d(k)|=1$，上式等效为

$$H_d(k) = e^{-j\left[(N-1)\frac{k\pi}{N}-\frac{\pi}{2}\right]} \quad \text{通带内} \tag{7.48}$$

余下推导思路与式(7.38)至式(7.42)完全相同,主要区别是多出了一项相位 $\mathrm{e}^{-\mathrm{j}\frac{\pi}{2}}$,因此,修改后的相关表达式如下

N 为偶数时,有

$$H_{\mathrm{d}}(k)=\begin{cases}\mathrm{e}^{-\mathrm{j}\left[(N-1)\frac{k\pi}{N}+\frac{\pi}{2}\right]}, & k=0,1,2,\cdots,N/2-1\\ 0, & k=N/2\\ -\mathrm{e}^{-\mathrm{j}\left[(N-1)\frac{k\pi}{N}+\frac{\pi}{2}\right]}, & k=N/2+1,\cdots,N-1\end{cases} \tag{7.49}$$

或

$$H_{\mathrm{d}}(k)=\begin{cases}\mathrm{e}^{-\mathrm{j}\left[(N-1)\frac{k\pi}{N}+\frac{\pi}{2}\right]}, & k=0,1,2,\cdots,N/2-1\\ 0, & k=N/2\\ H_{\mathrm{d}}^{*}(N-k), & k=N/2+1,\cdots,N-1\end{cases} \tag{7.50}$$

N 为奇数时

$$H_{\mathrm{d}}(k)=\mathrm{e}^{-\mathrm{j}\left[(N-1)\frac{k\pi}{N}+\frac{\pi}{2}\right]} \tag{7.51}$$

或

$$\left.\begin{aligned}H_{\mathrm{d}}(k)&=\mathrm{e}^{-\mathrm{j}\left[(N-1)\frac{k\pi}{N}+\frac{\pi}{2}\right]}, & k&=0,1,2,\cdots,(N-1)/2\\ H_{\mathrm{d}}(N-k)&=H_{\mathrm{d}}^{*}(k), & k&=(N+1)/2,\cdots,N-1\end{aligned}\right\} \tag{7.52}$$

第二类线性相位 FIR 滤波器的频率采样设计法的步骤与前一小节所述设计步骤完全相同,只是选择计算公式要注意选择本小节的式(7.49)至式(7.52),此处不再赘述。

频率采样设计法在原理上并不复杂,还可以借用 FFT 来快速求解 $h(n)$,通过改变 N 和设置若干过渡点一般都能得到满意的结果。频率采样设计法的缺点和窗函数设计法类似,就是不易精确确定通带和阻带的边界频率。频率采样法设计数字滤波器最大的优点是直接从频率域进行设计,比较直观,也适用于设计具有任意幅度特性的滤波器,边界频率不容易控制,如果增加采样点数 N,对确定边界频率有好处,N 加大会增加滤波器的实现成本和处理延时。

7.5 切比雪夫逼近设计法

切比雪夫逼近法是一种等波纹逼近法,它使误差在整个频带均匀分布。对相同的技术指标,这种滤波器所需要的阶数低,而对相同的滤波器阶数,这种切比雪夫逼近法的最大误差最小。

切比雪夫最佳一致逼近的基本思想是:对于给定区间$[a,b]$上连续函数 $f(x)$,在所有 M 次多项式的集合 P_M 中,寻找一多项式 $\hat{p}(x)$,使它在$[a,b]$上对 $f(x)$ 的偏差和其他一切属于 P_M 的多项式 $p(x)$ 对 $f(x)$ 的偏差相比最小,即

$$\max_{a\leqslant x\leqslant b}|\hat{p}(x)-f(x)|=\min\{\max_{a\leqslant x\leqslant b}|p(x)-f(x)|\} \tag{7.53}$$

切比雪夫逼近理论指出,这样的多项式是存在的,且是唯一的,并指出了构造这种最佳一致逼近多项式的方法,就是有名的“交错点组定理”。

【交错点组定理】设 $f(x)$ 是定义在区间$[a,b]$上的连续函数,$p(x)$ 为 P_M 中一个阶次不

超过 M 的多项式,并令

$$E_M = \max_{a \leqslant x \leqslant b} | p(x) - f(x) |$$

和

$$E(x) = p(x) - f(x)$$

$p(x)$ 是 $f(x)$ 最佳一致逼近多项式的充要条件是:$p(x)$ 在$[a,b]$上至少存在 $M+2$ 个交错点,即

$$a \leqslant x_1 \leqslant x_2 \leqslant \cdots \leqslant x_{M+2} \leqslant b$$

使得

$$E(x_i) = \pm E_M, \quad i = 1,2,\cdots,M+2$$

及

$$E(x_i) = -E(x_{i+1}), \quad i = 1,2,\cdots,M+2$$

这 $M+2$ 个点即是“交错点组”,显然 $x_1,x_2,\cdots,x_{M+2}$ 是 $E(x)$ 的极值点。

下面讨论如何利用最佳一致逼近准则设计线性相位 FIR 数字滤波器。

设希望设计的滤波器是线性相位低通滤波器,其幅度特性为

$$H_d(\omega) = \begin{cases} 1, & 0 \leqslant \omega \leqslant \omega_p \\ 0, & \omega_s \leqslant \omega \leqslant \pi \end{cases} \tag{7.54}$$

其中,ω_p 为通带截止频率;ω_s 为阻带截止频率。如图 7.17 所示,δ_1 为通带波纹峰值,δ_2 为阻带波纹峰值。单位脉冲响应长度为 N。根据交错点组定理可知,$H_g(\omega)$ 对 $H_d(\omega)$ 唯一最佳一致逼近的充要条件是误差函数 $E(\omega)$ 在频带 F 内有 $M+2$ 个交错点频率:$\omega_0,\omega_1,\cdots,\omega_{M+1}$,从而使得

$$| E(\omega_i) | = | -E(\omega_{i+1}) = E_n$$

$$E_n = \max_{\omega \in F} | E(\omega) |$$

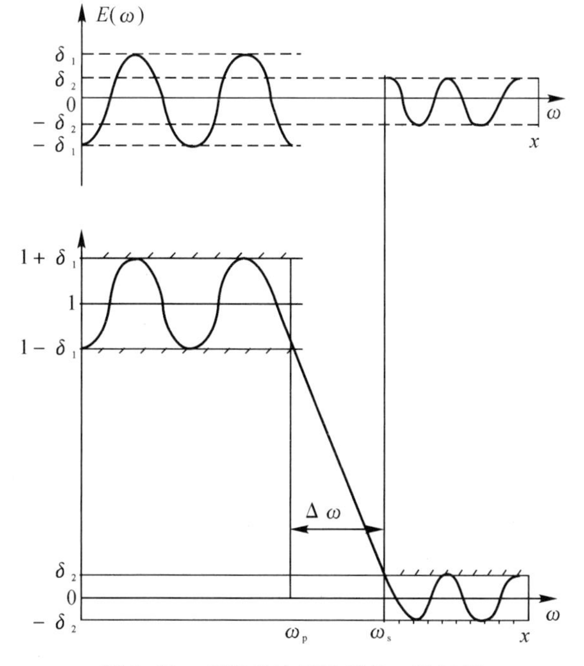

图 7.17　低通数字滤波器的一致逼近

且

$$\omega_0 < \omega_1 < \cdots < \omega_{M+1}$$

设 FIR 滤波器设计为第一类线性相位,即 $h(n)=h(n-N-1)$,$N=$奇数,则有

$$H(e^{j\omega})=e^{-j\frac{N-1}{2}\omega}H_g(\omega) \tag{7.55}$$

$$H_g(\omega)=\sum_{n=0}^{\frac{1}{2}(N-1)}a(n)\cos n\omega \tag{7.56}$$

$$E(\omega)=W(\omega)\left[H_d(\omega)-\sum_{n=0}^{M}a(n)\cos n\omega\right] \tag{7.57}$$

由此可写出

$$\left.\begin{aligned}&W(\omega_k)\left[H_d(\omega_k)-\sum_{n=0}^{M}a(n)\cos n\omega_k\right]=(-1)^k\rho\\&\rho=\max_{\omega\in F}x\mid E(\omega)\mid,\quad k=0,1,2,\cdots,M+1\end{aligned}\right\} \tag{7.58}$$

其中,$W(\omega_k)$是为通带或阻带要求不同的逼近精度而设计的误差加权函数,将式(7.58)写成矩阵形式,即

$$\begin{bmatrix}1 & \cos\omega_0 & \cos 2\omega_0 & \cdots & \cos M\omega_0 & \dfrac{1}{W(\omega_0)}\\ 1 & \cos\omega_1 & \cos 2\omega_1 & \cdots & \cos M\omega_1 & \dfrac{-1}{W(\omega_1)}\\ 1 & \cos\omega_2 & \cos 2\omega_2 & \cdots & \cos M\omega_2 & \dfrac{1}{W(\omega_2)}\\ \vdots & \vdots & \vdots & & \vdots & \vdots\\ 1 & \cos\omega_{M+1} & \cos 2\omega_{M+1} & \cdots & \cos M\omega_{M+1} & \dfrac{(-1)^{M+1}}{W(\omega_{M+1})}\end{bmatrix}\begin{bmatrix}a(0)\\a(1)\\a(2)\\\vdots\\a(M)\\\rho\end{bmatrix}=\begin{bmatrix}H_d(\omega_0)\\H_d(\omega_1)\\H_d(\omega_2)\\\vdots\\H_d(\omega_M)\\H_d(\omega_{M+1})\end{bmatrix} \tag{7.59}$$

求解式(7.59),可以唯一求出 $a(n)$,$n=0,1,2,\cdots,M$,以及加权误差最大绝对值 ρ。由 $a(n)$ 可以求出滤波器的 $h(n)$。但实际上这些 $\omega_0,\omega_1,\cdots,\omega_{M+1}$ 是不知道的,且求解式(7.59)是比较困难的。在这里经常用的是数值分析中的雷米兹(Remez)算法,它依靠一次次迭代求得一组交错点组频率,而且每一次迭代过程都避免直接求解式(7.59)。下面是这种算法的步骤。图 7.18 是这种算法的流程图。

第一步:首先在频域内等间隔地取 $M+2$ 个频率 $\omega_0,\omega_1,\cdots,\omega_{M+1}$ 作为交错点组的初始猜测值,然后按照下式计算 ρ

$$\rho=\frac{\sum_{k=0}^{M+1}a_kH_d(\omega_k)}{\sum_{k=0}^{M+1}(-1)^ka_k/W(\omega_k)} \tag{7.60}$$

式中

$$a_k=(-1)^k\prod_{i=0,j\neq k}^{M+1}\frac{1}{\cos\omega_i-\cos\omega_k} \tag{7.61}$$

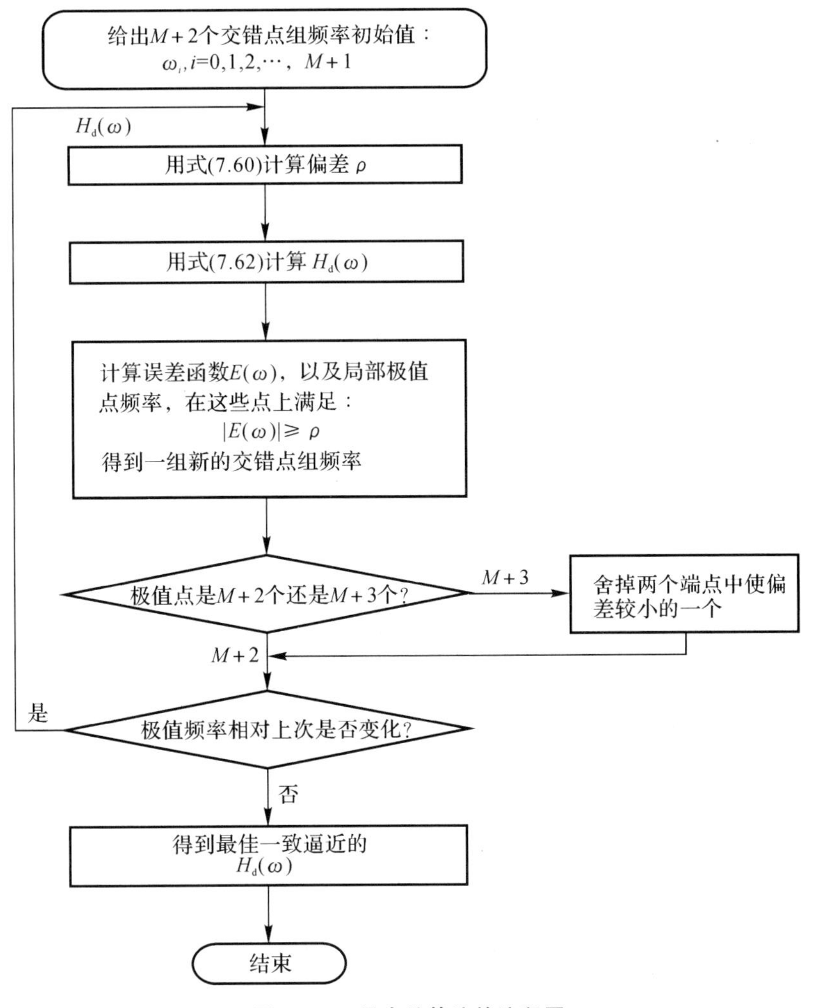

图 7.18　雷米兹算法的流程图

把 $\omega_0,\omega_1,\cdots,\omega_{M+1}$ 代入上式，可以求出 ρ，它是相对第一次指定的交错点组所产生的偏差，实际上就是 δ_2。这时的 ρ 当然不是最佳偏差，现在利用重心形式的拉格朗日插值公式，在不求出 $a(0),a(1),\cdots,a(M)$ 的情况下，得到一个 $H_g(\omega)$，即

$$H_g(\omega)=\frac{\sum_{k=0}^{M}\left(\frac{\beta_0}{\cos\omega-\cos\omega_k}\right)C_k}{\sum_{k=0}^{M}\frac{\beta_k}{\cos\omega-\cos\omega_k}} \tag{7.62}$$

式中

$$C_k=H_d(\omega_k)-(-1)^k\frac{\rho}{W(\omega_k)},\quad k=0,1,2,\cdots,M \tag{7.63}$$

$$\beta_k=(-1)^k\prod_{i=0,j\neq k}^{M+1}\frac{1}{\cos\omega_i-\cos\omega_j} \tag{7.64}$$

把 $H_g(\omega)$ 代入式(7.57)，求出误差函数 $E(\omega)$。如果对所有 $\omega_0,\omega_1,\cdots,\omega_{M+1}$ 都有

$|E(\omega)| \leqslant |\rho|$，那么说明 ρ 是波纹的极值，$\omega_0, \omega_1, \cdots, \omega_{M+1}$ 是交错点组。但第一次估计一般不会恰好如此，总有 $|E(\omega)| > |\rho|$，所以需要交换上次交错点组中的一些点，得到一组新的交错点组。

第二步：对上次确定的 $\omega_0, \omega_1, \cdots, \omega_{M+1}$ 的每一点进行检查，看其附近是否存在某一频率 $|E(\omega)| > |\rho|$，如有，在该点附近找出局部极值点，并且用该点代替原来的点。待 $M+2$ 个点都检查过以后，便得到新的交错点组 $\omega_0, \omega_1, \cdots, \omega_{M+1}$，再利用式(7.60)、式(7.62) 和式(7.57) 求出 ρ，$H_g(\omega)$ 和 $E(\omega)$，于是完成一次迭代，同时完成一次交错点组的交换。

第三步：利用和第二步相同的方法，把所有 $|E(\omega)| > |\rho|$ 的点作为新的局部极值点，得到一组新的交错点组。

重复上述步骤。因为新的交错点组的选择都是作为每一次求出的 $E(\omega)$ 的局部极值点，所以，在迭代中，每次的 $|\rho|$ 都是递增的。ρ 最后收敛到自己的上限，此时，$H_g(\omega)$ 最佳一致逼近 $H_d(\omega)$。然后再按式(7.54) 求出 $H_g(\omega)$，再由 $H_g(\omega)$ 求出 $h(n)$。这里要说明的是在雷米兹算法中，已知条件是 N，ω_p 和 ω_s，而 δ_1 和 δ_2 是可变的，在迭代过程中可最佳确定。另外，指定 ω_p 和 ω_s 作为极值频率，最多会出现 $M+3$ 个极值频率，因为采用交错点组准则，只需要 $M+2$ 个，这里去掉频率在 $0 \sim \pi$ 之间呈现较小误差的频率点，仍选 $M+2$ 个交错点组频率。

前面讨论过当 N 分别为奇数和偶数以及 $h(n)$ 分别为奇对称和偶对称时，线性相位 FIR 数字滤波器有四种不同形式。上面关于最佳一致逼近的讨论是基于 N 为奇数且 $h(n)$ 为偶对称条件，这时 $H_g(\omega)$ 为一余弦函数的组合式(7.56)。为了对其他三种情况也能使用上述公式设计最佳滤波器，需要对它们的表达式做些改动，使得它们具有式(7.56) 相同的表达形式。它们的幅度特性 $H_g(\omega)$ 分别如下：

(1)N 为奇数，$h(n)$ 偶对称时：

$$H_g(\omega) = \sum_{n=0}^{\frac{1}{2}(N-1)} a(n)\cos n\omega \tag{7.65}$$

(2)N 为偶数，$h(n)$ 偶对称时：

$$H_g(\omega) = \sum_{n=1}^{\frac{1}{2}N} b(n)\cos\left[\left(n - \frac{1}{2}\right)\omega\right] \tag{7.66}$$

(3)N 为奇数，$h(n)$ 奇对称时：

$$H_g(\omega) = \sum_{n=0}^{\frac{1}{2}(N-1)} c(n)\sin n\omega \tag{7.67}$$

(4)N 为偶数，$h(n)$ 奇对称时：

$$H_g(\omega) = \sum_{n=1}^{\frac{1}{2}N} d(n)\sin\left[\left(n - \frac{1}{2}\right)\omega\right] \tag{7.68}$$

对这四种形式分别做以下推导：

由式(7.65) 可得

$$H_g(\omega) = \sum_{n=0}^{M} a(n)\cos(n\omega), \quad M = \frac{N-1}{2} \tag{7.69}$$

由式(7.66) 可得

$$H_g(\omega)=\cos\left(\frac{\omega}{2}\right)\sum_{n=1}^{M}\tilde{b}(n)\cos n\omega,\quad M=\frac{N}{2} \tag{7.70}$$

由式(7.67)可得

$$H_g(\omega)=\sin(\omega)\sum_{n=0}^{M}\tilde{c}(n)\cos n\omega,\quad M=\frac{N-1}{2} \tag{7.71}$$

由式(7.68)可得

$$H_g(\omega)=\sin\left(\frac{\omega}{2}\right)\sum_{n=1}^{M}\tilde{d}(n)\cos n\omega,\quad M=\frac{N}{2} \tag{7.72}$$

这样经过推导可以把 $H_g(\omega)$ 统一表示为

$$H_g(\omega)=Q(\omega)P(\omega) \tag{7.73}$$

其中 $P(\omega)$ 是系数不同的余弦函数的组合式，$Q(\omega)$ 是不同的常数，将上述情况总结在表 7.4。

表 7.4　线性相位 FIR 数字滤波器四种情况表

表达式		$H_g(\omega)$	$P(\omega)$	$Q(\omega)$	M
$h(n)$ 偶对称	N 奇数	$\sum_{n=0}^{M}a(n)\cos n\omega$	$\sum_{n=0}^{M}a(n)\cos n\omega$	1	$(N-1)/2$
	N 偶数	$\sum_{n=1}^{M}b(n)\cos\left[\left(n-\frac{1}{2}\right)\omega\right]$	$\sum_{n=1}^{M}\tilde{b}(n)\cos(n\omega)$	$\cos(\omega/2)$	$N/2$
$h(n)$ 奇对称	N 奇数	$\sum_{n=0}^{M}c(n)\sin n\omega$	$\sum_{n=0}^{M}\tilde{c}(n)\cos(n\omega)$	$\sin\omega$	$(N-1)/2$
	N 偶数	$\sum_{n=1}^{M}d(n)\sin\left[\left(n-\frac{1}{2}\right)\omega\right]$	$\sum_{n=1}^{M}\tilde{d}(n)\cos(n\omega)$	$\sin(\omega/2)$	$N/2$

表 7.4 中 $b(n)$，$c(n)$ 及 $d(n)$ 与原系数 $\tilde{b}(n)$，$\tilde{c}(n)$ 及 $\tilde{d}(n)$ 之间的关系为

$$\left.\begin{aligned}
&b(1)=\tilde{b}(0)+\frac{1}{2}\tilde{b}(1)\\
&b(n)=\frac{1}{2}[\tilde{b}(n-1)+\tilde{b}(n)],\quad n=2,3,\cdots,M-1\\
&b(M)=\frac{1}{2}\tilde{b}(M-1)
\end{aligned}\right\} \tag{7.74}$$

$$\left.\begin{aligned}
&c(1)=\tilde{c}(0)-\frac{1}{2}\tilde{c}(1)\\
&c(n)=\frac{1}{2}[\tilde{c}(n-1)-\tilde{c}(n)]\\
&c(M-1)=\frac{1}{2}\tilde{c}(M-2)\\
&c(M)=\frac{1}{2}\tilde{c}(M-1)
\end{aligned}\right\},\quad n=2,3,\cdots,M-2 \tag{7.75}$$

$$\left.\begin{aligned}
&d(1)=\tilde{d}(0)-\frac{1}{2}\tilde{d}(1)\\
&d(n)=\frac{1}{2}[\tilde{d}(n-1)-\tilde{d}(n)],\quad n=2,3,\cdots,M-1\\
&d(M)=\frac{1}{2}\tilde{d}(M-1)
\end{aligned}\right\}\tag{7.76}$$

将切比雪夫最佳一致逼近法设计 FIR 数字滤波器的步骤归纳如下：

(1) 确定滤波器技术要求：N，$H_{\mathrm{d}}(\omega)$，$W(\omega)$；

(2) 按照要求的滤波器类型求出 $\hat{H}_{\mathrm{d}}(\omega)$，$\hat{W}(\omega)$，$P(\omega)$；

(3) 给出 $M+2$ 个交错点组频率初始值 $\omega_0,\omega_1,\cdots,\omega_{M+1}$；

(4) 调用雷米兹算法程序求解最佳极值频率和 $P(\omega)$ 系数；

(5) 计算单位脉冲响应 $h(n)$；

(6) 输出最佳误差和 $h(n)$。

7.6 IIR 数字滤波器与 FIR 数字滤波器比较

第 6 章和本章分别详细讨论了 IIR 数字滤波器和 FIR 数字滤波器的设计方法，下面对这两种数字滤波器的设计方法和滤波器特点进行总结。

IIR 数字滤波器的主要优点是：

(1)可以利用一些现有的公式和系数表设计选频滤波器。通常只要将技术指标代入设计方程组就可以设计出原型滤波器，然后在利用相应的频率变换公式求得所需要的滤波器系统函数的系数，设计方法简单。

(2)在满足一定技术要求和幅频响应的情况下，IIR 数字滤波器设计成为具有递归运算的环节。因此它的阶次一般比 FIR 数字滤波器低，所用的存储单元少，滤波器处理延时小。

IIR 数字滤波器的主要缺点是：

(1)一般只能设计有限频段的低通、高通、带通和带阻等普通的选频滤波器，除幅频特性可以满足技术要求外，它们的相频特性往往是非线性的，不适合对相位特性有严格要求的应用场合。

(2)由于 IIR 数字滤波器采用了递归型结构，系统存在极点，因此设计系统函数时，必须把所有的极点放在单位圆内，否则系统不稳定。

FIR 数字滤波器的主要优点是：

(1)可以设计出具有严格线性相位的 FIR 数字滤波器，应用范围更大。

(2)由于 FIR 数字滤波器没有递归运算，因此不论在理论还是实际应用中，都不存在系统的稳定性问题。

(3)FIR 数字滤波器可以采用快速傅里叶变换实现快速卷积运算，在相同阶数的条件下运算速度快。

FIR 数字滤波器的主要缺点是：

(1)虽然可以采用加窗方法或频率采样等简单方法设计 FIR 数字滤波器，但往往在过渡带和通带平坦性及阻带衰减性上难以兼顾,因此,需要提高滤波器阶数使得 FIR 滤波器阶数较高。

(2)在相同频率特性情况下,FIR 数字滤波器阶次比较高,存储单元多,处理延时大,成本较高。

从上面的简单比较可以看出,IIR 数字滤波器和 FIR 数字滤波器各有所长,所以在实际应用时候应该从多方面考虑加以选择。例如,在对于相位要求不敏感的场合,如一些检测信号、语音通信等应用,可以选用 IIR 数字滤波器,这样可以充分发挥其经济高效的特点,而对于图像处理、数据传输等以波形携带信息的应用场合,对线性相位要求高,这时应该采用 FIR 数字滤波器。

7.7　滤波器分析设计工具 FDATool

本章和第 6 章较为系统地介绍了数字滤波器设计方法以及相关的理论,从理论的角度看,讲述滤波器的设计过程一般包含较多的数学推演和计算公式,过程较为冗长、烦琐和复杂。实际上,滤波器设计更像是一种计算流程,按照设计步骤,完成流程计算,获得设计结果。这种计算过程更适用于计算机完成,因此,学习完滤波器设计的理论知识和计算过程后,很有必要学习和了解滤波器的设计工具,这些设计工具可以帮助科研人员在实际中完成所需要的滤波器设计任务,使用方便,设计效率高,可以反复修改设计,得到了广大科研人员的欢迎。

FDATool(Filter Design and Analysis Tool)是一套实用的、功能强大而丰富的滤波器设计与分析工具,它是学习和应用数字滤波器以及设计滤波器一个很好的应用平台。它不但能完成很多类型滤波器的设计,而且可以对设计好的滤波器进行特性分析,获得很多滤波器的特性描述,例如,零极点图、单位冲激响应、频率响应函数等,滤波器设计结果可以转化到多种硬件和软件调试环境,提高设计效率。

本节简要介绍汉化版 FDATool 使用,首先启动软件进入主界面,如图 7.19 所示。

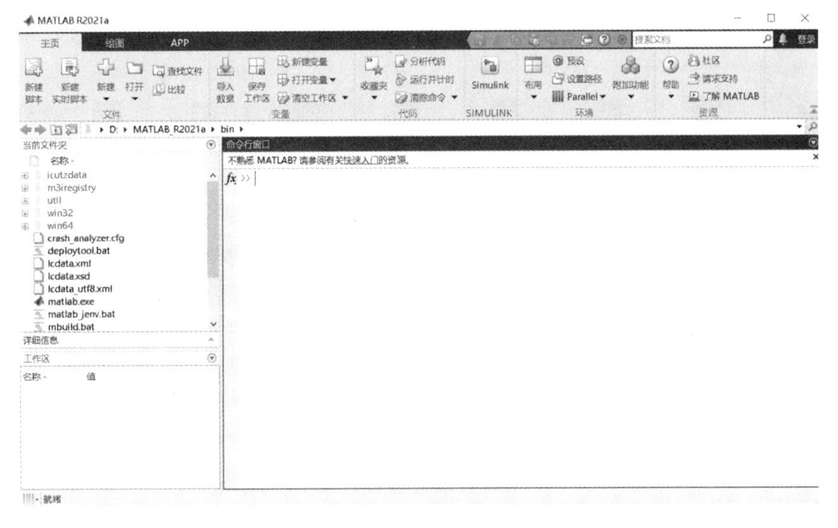

图 7.19　软件启动主界面

在主界面选择 APP 菜单，点开后如图 7.20 所示，显示了 APP 模块下多种应用程序工具，下拉右滑条，找到“滤波器设计工具”(非汉化版为“Filter Design & Analysis Tool”，如图 7.21 虚线框所示。

单击“滤波器设计工具”图标，系统进入滤波器设计应用，界面如图 7.22 所示。

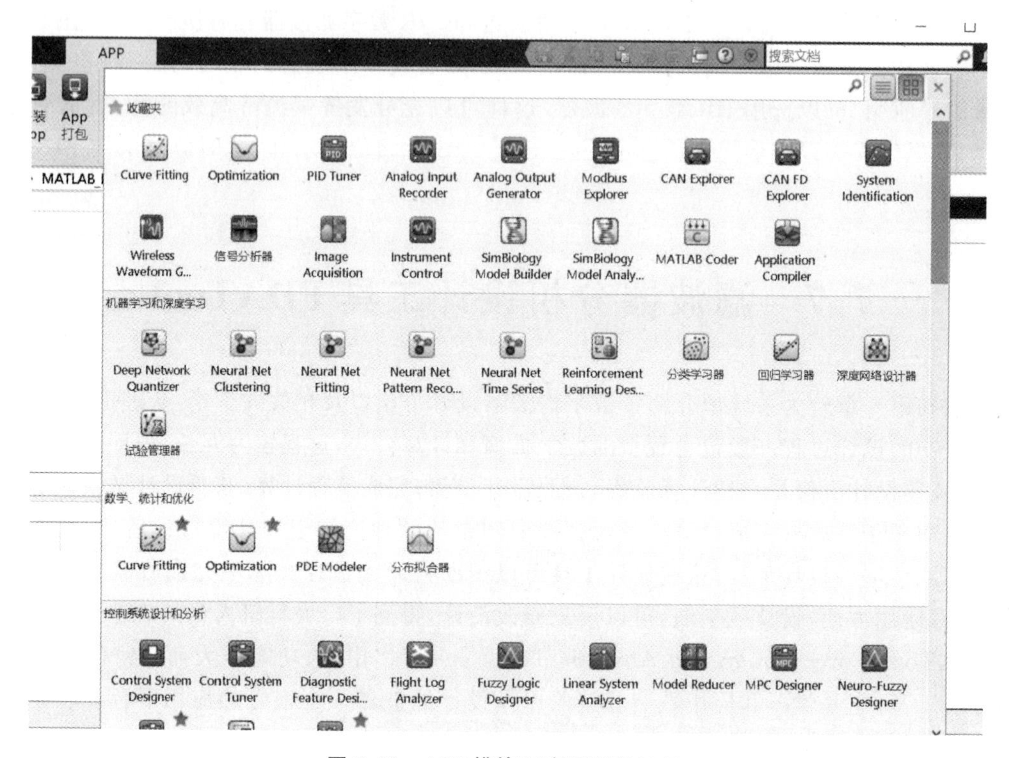

图 7.20　APP 模块下应用程序工具

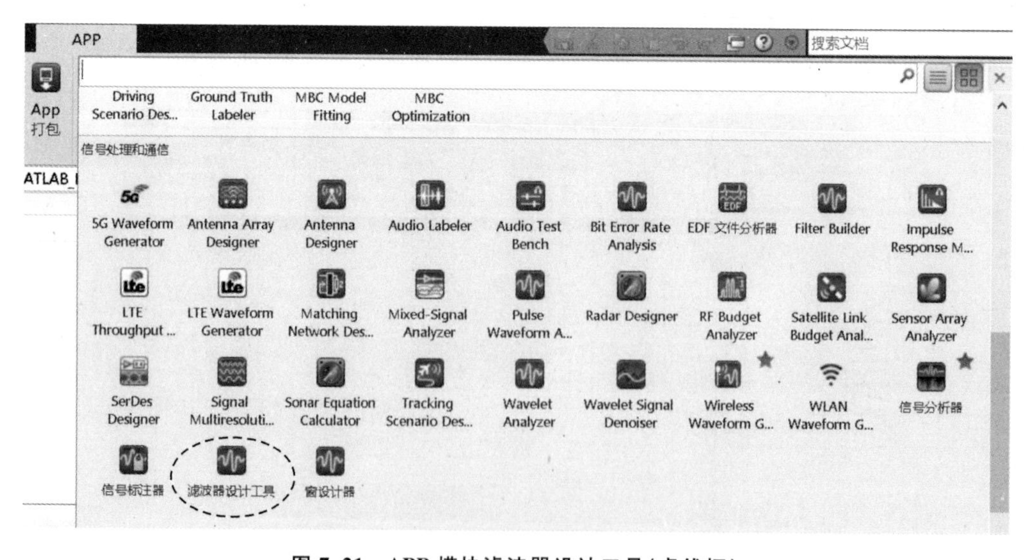

图 7.21　APP 模块滤波器设计工具(虚线框)

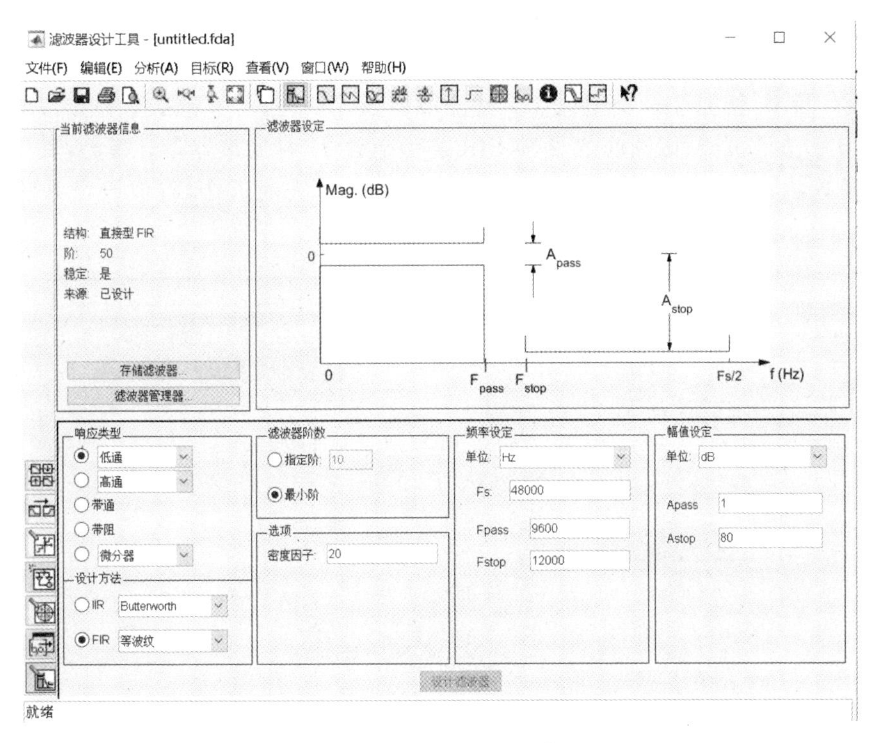

图 7.22　滤波器设计工具主界面

如果学习了本章和第 6 章的数字滤波器设计和相关理论后，就会对图 7.22 中显示的各部分功能非常熟悉。其中，主界面右上部区域是主显示区域，默认为滤波器技术指标容限图显示，此外，还有 12 个设计滤波器参数和特性显示功能：幅频响应，相频响应，幅频和相频混合显示，群延迟，相位延迟，单位冲激响应，单位阶跃响应，零极点图，滤波器系数，滤波器信息，幅值响应估计值，量化误差，最后两个功能是显示实现滤波器的量化效应。这些显示可在主界面顶部的功能块进行切换显示。

主界面右下部是滤波器的指标设定区域，例如，频率可设定数字频率(0～1)π 和模拟频率(Hz、kHz、MHz、GHz)，通带和阻带衰减值可设置为分贝和线性值，如图 7.23 所示。

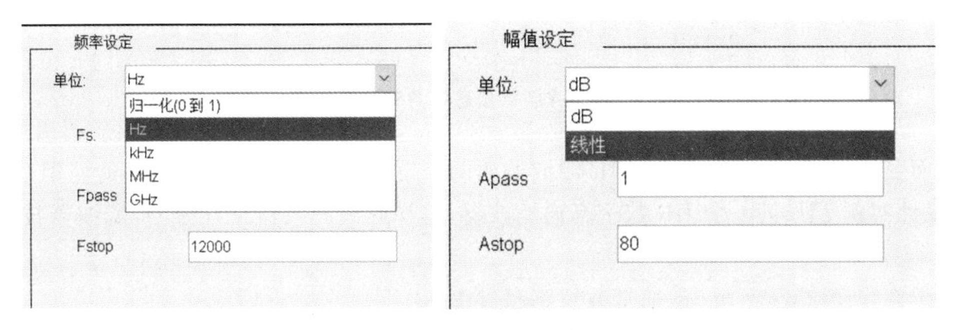

图 7.23　滤波器指标设定区界面

主界面左下部是滤波器类型选择，可选择 IIR 或 FIR 滤波器，选定 IIR 或 FIR 滤波器后，可以选择选频滤波器类型：低通、高通、带通、带阻和微分器等，每一种滤波器下拉菜单下有多种滤波器设计模型，例如，IIR 类型包含 7 种滤波器设计模型，其中包括本书介绍的巴特沃斯滤波器、切比雪夫滤波器、椭圆滤波器等，FIR 类型包含 11 种滤波器设计模型，其中包括本书介绍的窗函数法、频率取样设计法（插值 FIR）和切比雪夫逼近法（等波纹设计法）等，如图 7.24 所示。

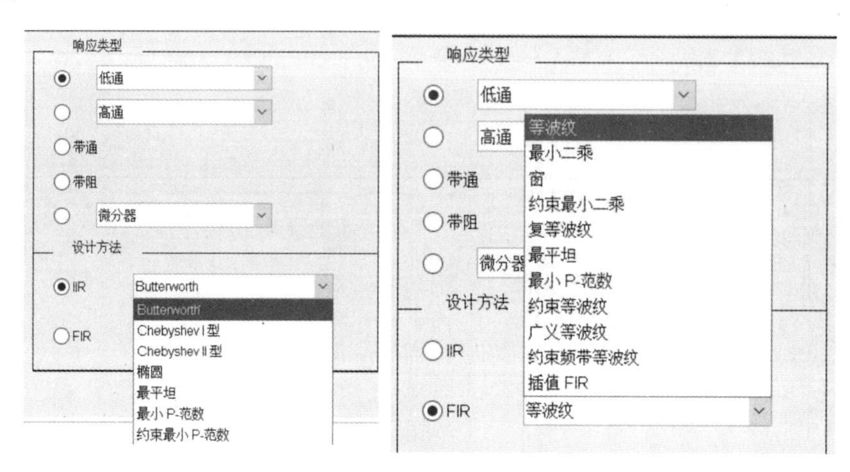

图 7.24　滤波器类型和设计模型界面

主界面左上部是当前设计滤波器信息显示区域，主要显示设计完成的滤波器阶数、结构类型、稳定性等信息，设计滤波器的阶数有两种选择：指定阶数和最低阶数，如图 7.25 所示。

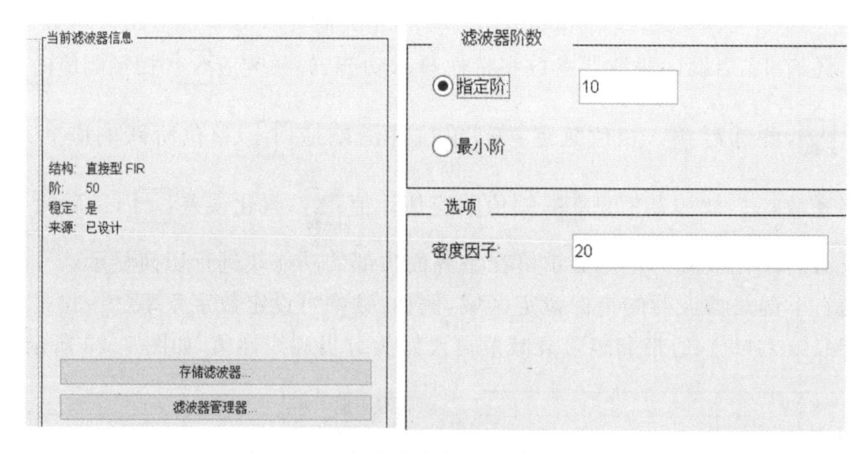

图 7.25　滤波器信息和阶数选择界面

下面分别通过 IIR 滤波器和 FIR 滤波器的两个设计实例，说明 FDATool 的使用过程。

【设计实例 1】设计一个 IIR 数字高通滤波器，选择椭圆滤波器设计模型，滤波器技术指标如下：

通带截止频率：$\omega_p=0.6\pi$，通带波纹不超过 1 dB；

阻带截止频率：$\omega_p=0.5\pi$，阻带最小衰减不低于 60 dB。

设计过程：在主界面滤波器类型区域，分别选择 IIR 滤波器、高通滤波器、椭圆滤波器模型,在阶数和技术指标区域设定最低阶数、阻带匹配、通带阻带截止频率和衰减等,如图 7.26 所示。

所有设置参数正确输入后,按回车键,再按界面最下端的“设计滤波器”按钮(见图 7.26 中虚线框所示),系统进入滤波器设计过程。设计完成后在主界面上部显示设计结果,如图 7.27 所示。图中左边是滤波器设计阶数和结构信息,阶数 6,按直接Ⅱ型结构分为三个 2 阶子系统级联,图中主显示区显示的是设计滤波器的幅频响应曲线,可看出阻带最小衰减等于 60 dB,通带响应值可借助放大工具进行显示,如图 7.28 所示,可以看到通带衰减不超过 1 dB,约为 0.5 dB。通带和阻带截止频率处的幅度响应值也可以用放大工具确认,这里不再赘述。

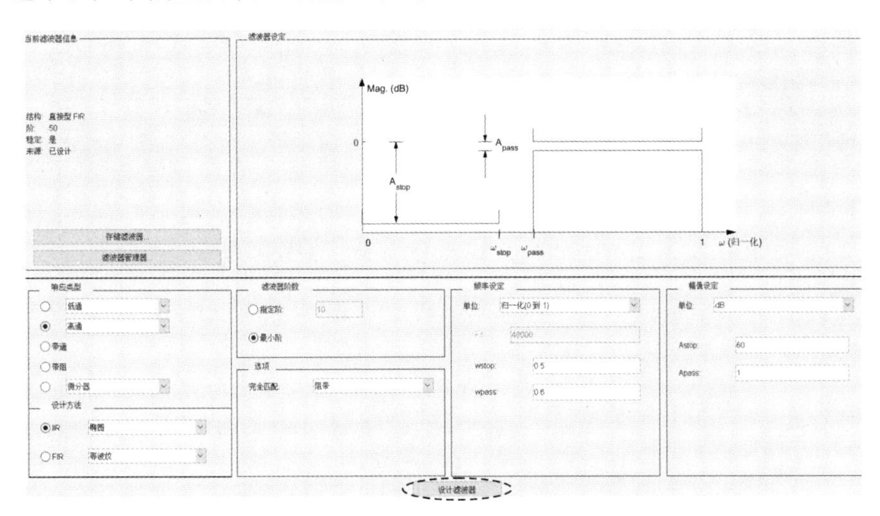

图 7.26　IIR 滤波器设计参数输入界面

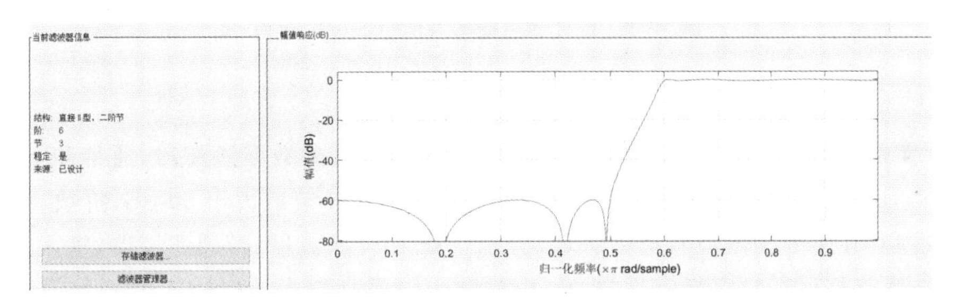

图 7.27　滤波器设计结果

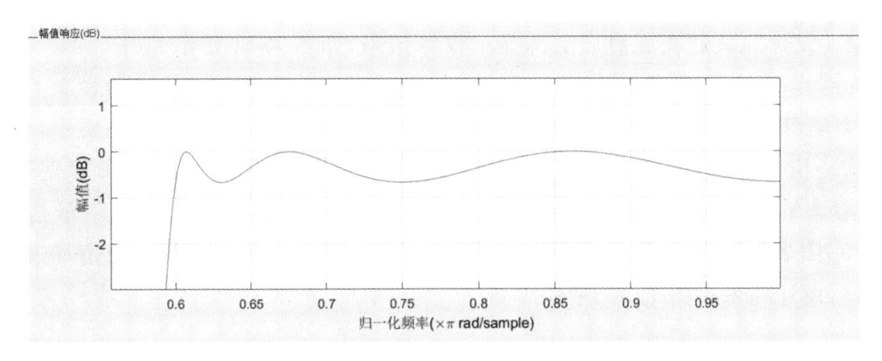

图 7.28　设计滤波器幅频响应的通带设计结果

主显示区除了显示幅频响应曲线，还可以显示滤波器的单位冲激响应、零极点图、滤波器系数等，显示画面如图 7.29 所示。滤波器系统函数零极点图中有 6 个极点处于 z 平面单位圆内，满足稳定性要求，6 个零点处于单位圆上，形成了阻带的凹陷特性。

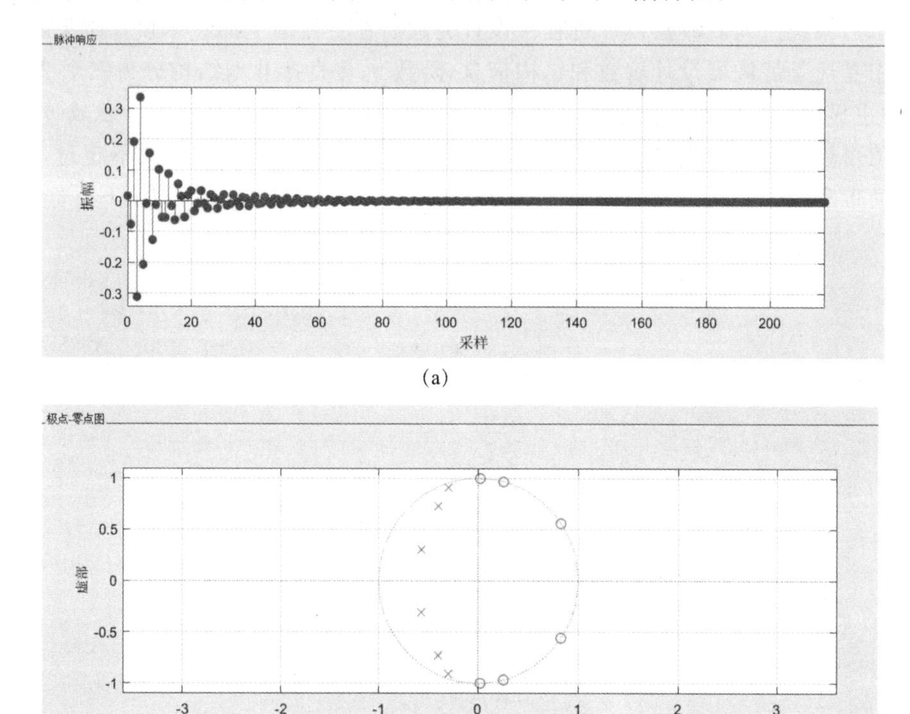

(a)

(b)

图 7.29　设计滤波器的其他特性设计结果

(a)单位冲激响应；(b)系统函数零极点图

【设计实例 2】采用窗函数法设计一个线性相位 FIR 带通数字滤波器，通带和下阻带边界频率等于 0.3π，通带和下阻带边界频率等于 0.6π，阻带最小衰减大于 50 dB，阶数 N 为 33。

设计过程：在主界面滤波器类型区域，分别选择 FIR 滤波器、带通滤波器、窗函数设计法，在阶数和技术指标区域设定指定阶数 $N=33$，由于阻带衰减指标取决于窗函数类型，根据要求，选择海明窗，如图 7.30 所示。

设置参数正确输入后，按回车键，再按主界面最下端的“设计滤波器”按钮，系统进入滤波器设计过程。设计完成后在主界面上部显示设计结果，如图 7.31 所示。

从滤波器设计结果检查是否满足要求，如图 7.32 所示，可发现下阻带最小衰减约为 48.36 dB，上阻带最小衰减约为 56.55 dB，因此，下阻带不满足 50 dB 的指标要求，窗函数设计法的缺陷就是精确性不好，通过选择更好衰减指标的窗函数。例如，选用布莱克曼窗进行设计，结果就能满足要求，图 7.33 是设计结果，可发现布莱克曼窗设计的结果阻带指标更好，分别达到 71.3 dB 和 73.3 dB，但过渡带加宽，这时可以采用增大 N 值，兼顾阻带和过渡带，例如选择 $N=53$，设计结果如图 7.34 所示。

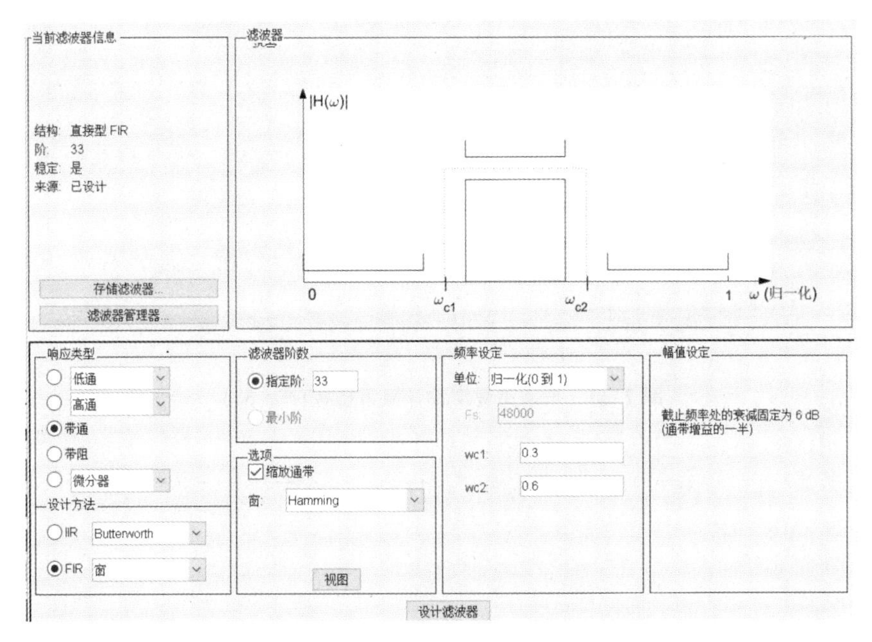

图 7.30　FIR 滤波器设计参数输入界面

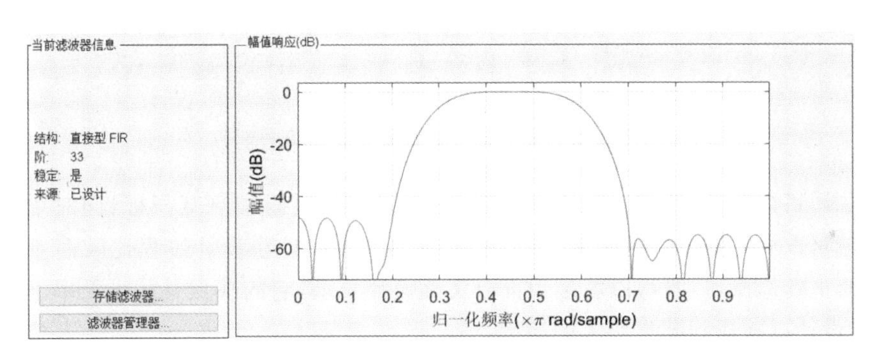

图 7.31　FIR 滤波器设计结果

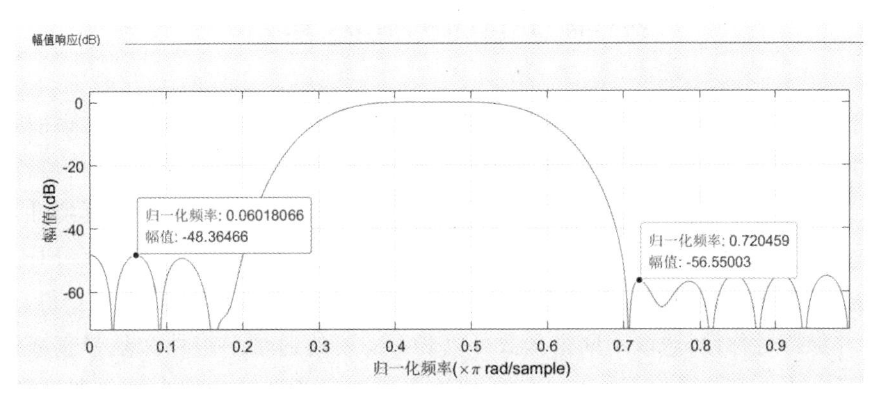

图 7.32　海明窗设计阻带指标

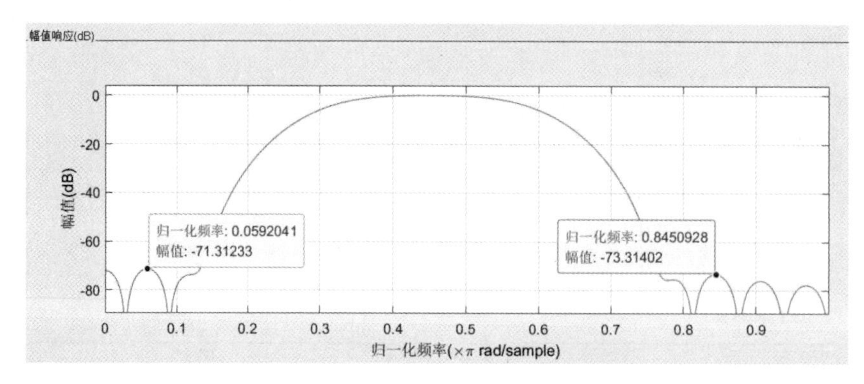

图 7.33　布莱克曼窗设计阻带指标(*N*=33)

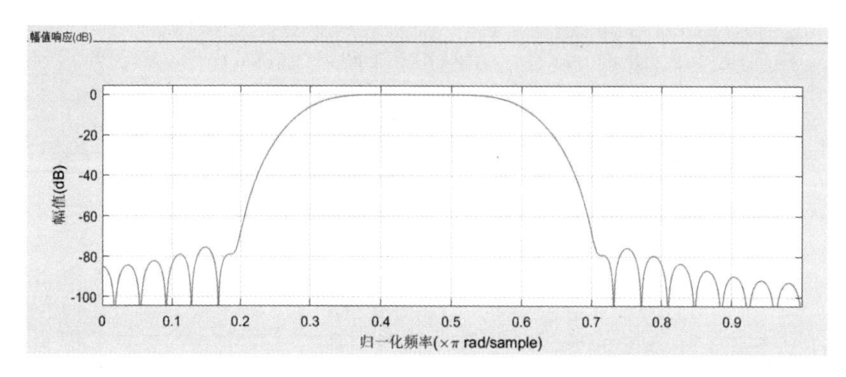

图 7.34　布莱克曼窗设计阻带指标(*N*=53)

由图 7.34 可以看出,选择布莱克曼窗函数,可显著提高阻带衰减指标,同时增大 N 值减小过渡带,就可以满足技术指标要求。一般来说,窗函数设计法设计过程比较简单,通过窗函数和 N 值的正确选择,一般可以满足大部分实际设计要求,它的缺点是截止频率不够精确,可以通过多次设计试验找到满足要求的参数。

本章小结和知识要点

本章详细讨论了 FIR 滤波器的设计方法,首先介绍了 FIR 滤波器的两类线性相位特性以及满足线性相位的条件,详细推导了满足线性相位条件下 FIR 滤波器的线性相位特性的表达式,说明了具备线性相位特性的 FIR 滤波器可以保持输入信号包络的不失真特性,FIR 滤波器的线性相位使得其系统函数的零点具有镜像对称的特点。窗函数法是设计 FIR 滤波器最基本的方法之一,通过采用窗函数对理想滤波器单位冲激响应进行截断,可以获得有限长单位冲激响应,并保持对称性,选取不同窗函数可以获得需要的通带平坦性和阻带衰减性,增大截取长度 N 可以减小过渡带宽度。4 种 FIR 滤波器特性注意区分它们在零频和最高频点处的响应值。频率采样设计法是一种特殊的 FIR 滤波器设计方法,它的优点是直接在频域进行设计,因此,可以设计频域任意特性的滤波器。切比雪夫一致逼近设计法是一种优化设计方法,在同等阶数条件下,可以获得最优的滤波器性能,因而在工程实际中具有较大应用价值,需要借助计算机和滤波器设计软件工具完成。本章最后比较了 IIR 和 FIR 两类滤波器的特点和优缺点,并通过设计实例介绍了滤波器设计工具 FDATool 的使用。

本章知识要点:

(1)线性相位 FIR 数字滤波器的特性;

(2)两种线性相位的充要条件;

(3)线性相位 FIR 滤波器处理信号的好处;

(4)线性相位 FIR 滤波器系统函数的零点特性;

(5)FIR 数字滤波器的窗函数设计方法的原理、步骤和特点;

(6)FIR 数字滤波器频率取样设计法;

(7)FIR 数字滤波器切比雪夫逼近设计法。

(8)FIR 和 IIR 数字滤波器的性能比较。

思　考　题

(1)FIR 滤波器实现线性相位特性的条件是什么?它能实现吗?

(2)系统具有线性相位特性处理信号的优点是什么?

(3)线性相位 FIR 滤波器的系统函数零点特性是什么?

(4)FIR 滤波器窗函数设计法的阻带指标由什么因素决定?

(5)吉布斯效应是什么?

(6)FIR 滤波器窗函数设计法中,增加长度 N 可以改进滤波器哪些指标?

(7)N 点长度的线性相位 FIR 滤波器的处理时延等于多少?

(8)FIR 滤波器设计为线性相位特性时,N 取偶数或奇数对滤波器性能有影响吗?

(9)FIR 滤波器的频率采样设计法的优点是什么?

(10)频率采样设计法中加过渡点的目的是什么?

(11)设计 FIR 滤波器的切比雪夫一致逼近法的优点是什么?

(12)FIR 滤波器永远是稳定的吗?为什么?

(13)IIR 滤波器的优点和缺点是什么?

(14)FIR 滤波器的优点和缺点是什么?

习　　题

7.1　已知 FIR 数字滤波器的单位冲激响应分别为

$$\begin{cases} h_1(n)=\{1,5,2,3,2,5,1\} \\ h_2(n)=\{3,-2,1,0,-1,2,-3\} \end{cases}$$

说明上述两个 FIR 滤波器是否为线性相位特性，为什么？并分别画出它们相位特性示意图。

7.2　设 FIR 滤波器的系统函数 $H(z)$ 为

$$H(z)=\frac{1+0.9z^{-1}+2.1z^{-2}+0.9z^{-3}+z^{-4}}{10}$$

根据上式直接写出滤波器的单位冲激响应 $h(n)$，并判断滤波器是否为线性相位特性。写出相频特性表达式。

7.3　采用窗函数法设计一个低通 FIR 滤波器，设通带截止频率为 0.25π，要求：过渡带不超过 0.125π，阻带衰减不小于 40 dB，理想滤波器频率响应函数表达式为

$$H_{\mathrm{d}}(\mathrm{e}^{\mathrm{j}\omega})=\begin{cases}\mathrm{e}^{-\mathrm{j}\omega\alpha}, & |\omega|\leqslant 0.25\pi(\text{通带})\\ 0, & 0.25\pi<|\omega|\leqslant\pi(\text{阻带})\end{cases}$$

（1）求出理想滤波器单位冲激响应 $h_{\mathrm{d}}(n)$ 表达式；

（2）确定满足要求的窗函数 $w(n)$，写出表达式；

（3）确定滤波器的长度 N，及斜率系数 α；

（4）写出设计 FIR 滤波器的 $h(n)$ 的表达式。

7.4　采用窗函数法设计一个高通 FIR 滤波器，设通带截止频率为 ω_{c}，要求：过渡带不超过 0.1π，阻带衰减不小于 50 dB，理想滤波器频率响应函数的表达式为

$$H_{\mathrm{d}}(\mathrm{e}^{\mathrm{j}\omega})=\begin{cases}\mathrm{e}^{-\mathrm{j}\omega\alpha} & \omega_{\mathrm{c}}\leqslant|\omega|\leqslant\pi(\text{通带})\\ 0 & |\omega|\leqslant\omega_{\mathrm{c}}(\text{阻带})\end{cases}$$

（1）求出理想滤波器的单位冲激响应 $h_{\mathrm{d}}(n)$ 表达式；

（2）确定满足要求的窗函数 $w(n)$，写出其表达式；

（3）确定滤波器的长度 N、斜率系数 α，问 N 取偶数还是奇数更好？

（4）写出设计 FIR 滤波器的 $h(n)$ 的表达式。

（5）证明 $h(n)$ 满足第一类线性相位条件。

7.5　采用窗函数法设计一个带通 FIR 滤波器，阻带衰减不小于 60 dB，理想滤波器表达式为

$$H_{\mathrm{d}}(\mathrm{e}^{\mathrm{j}\omega})=\begin{cases}\mathrm{e}^{-\mathrm{j}\omega\alpha} & \omega_{\mathrm{c}}\leqslant|\omega|\leqslant\omega_{\mathrm{c}}+B(\text{通带})\\ 0 & 0\leqslant|\omega|<\omega_{\mathrm{c}},\omega_{\mathrm{c}}+B<|\omega|\leqslant\pi(\text{阻带})\end{cases}$$

其中，B 和 α 均为已知常数，解答下列问题：

（1）求出理想滤波器单位冲激响应 $h_{\mathrm{d}}(n)$ 表达式；

（2）确定满足要求的窗函数 $w(n)$，写出其表达式；

（3）求滤波器长度 N；

（4）写出设计 FIR 滤波器的 $h(n)$ 的表达式。

7.6　设一个 FIR 低通滤波器的单位冲激响应和频率响应函数分别为 $h(n)$ 和 $H(\mathrm{e}^{\mathrm{j}\omega})$，另一个 FIR 滤波器单位冲激响应为 $h_1(n)$，$h_1(n)=(-1)^n h(n)$，证明滤波器 $h_1(n)$ 是一个高通滤波器。

7.7　采用窗函数法设计一个 FIR 数字差分器，选择海明窗，逼近题 7.7 图所示理想微分器特性。

(1) 求出理想滤波器的单位冲激响应 $h_d(n)$ 表达式；

(2) 写出设计 FIR 滤波器的 $h(n)$ 的表达式；

(3) 绘制幅频响应示意图。

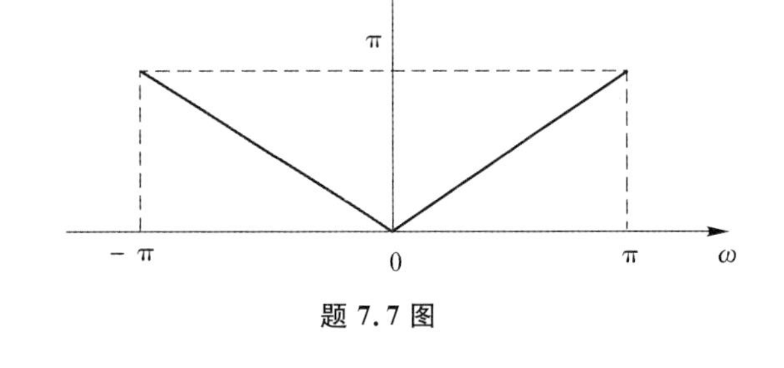

题 7.7 图

7.8　设两个 8 点有限长序列分别为：

$$h_1(n)=\{1,2,3,4,4,3,2,1\},\quad n=0,1,2,\cdots,7$$

$$h_2(n)=\{4,3,2,1,1,2,3,4\},\quad n=0,1,2,\cdots,7$$

设它们的 8 点 DFT 分别为 $H_1(k)$ 和 $H_2(k)$，解答下列问题：

(1) 确定 $H_1(k)$ 和 $H_2(k)$ 的关系式，问 $|H_1(k)|=|H_2(k)|$ 是否成立？为什么？

(2) 用 $h_1(n)$ 和 $h_2(n)$ 分别构成的低通滤波器是否具有线性相位特性？为什么？

(3) 滤波器的群延时为多少？

7.9　采用频率取样法设计一个线性相位 FIR 低通滤波器，$N=16$，给定理想滤波器的前 8 个采样幅度值为

$$|H_d(k)|=\begin{cases}1, & k=0,1,2,3\\ 0.389, & k=4\\ 0, & k=5,6,7\end{cases}$$

按第一类线性相位特性，确定所有 N 个频域采样值 $H_d(k)$，$k=0,1,2,\cdots,15$。

7.10　采用 FDATool 设计工具设计一个 IIR 数字高通滤波器，采用切比雪夫Ⅰ设计模型，要求滤波器的通带截止频率等于 0.6π，通带衰减不大于 0.5 dB，阻带截止频率等于 0.3π，阻带最小衰减不小于 50 dB，选择阻带完全匹配，完成设计，并给出设计结果：幅频响应特性曲线截图，系统函数零极点截图，系统函数系数值，给出实际设计滤波器的通带指标和阻带指标值。

7.11　采用 FDATool 设计工具设计一个 IIR 数字带阻滤波器，采用椭圆滤波器设计模型，要求滤波器的下通带截止频率等于 0.2π，上通带截止频率等于 0.8π，通带衰减不大于 1 dB，下阻带截止频率等于 0.35π，上阻带截止频率等于 0.65π，阻带最小衰减不小于 60 dB，选择阻带完全匹配，完成设计，并给出设计结果：幅频响应特性曲线截图，系统函数零极点截图，系统函数系数值，给出实际设计滤波器的通带指标和阻带指标值。

7.12　采用 FDATool 设计工具设计一个线性相位 FIR 数字带阻滤波器，采用窗函数法设计，要求滤波器的下通带截止频率等于 0.2π，上通带截止频率等于 0.8π，通带衰减不大于 1 dB，下阻带截止频率等于 0.35π，上阻带截止频率等于 0.65π，阻带最小衰减不小于 50 dB，选择合适的窗函数和 N 值完成设计，并给出设计结果：幅频响应特性曲线截图，系统函数零极点截图，系统函数系数值，给出实际设计滤波器的通带指标和阻带指标值。

第 8 章　数字信号处理技术的应用

如第 1 章所述，数字信号处理技术在众多领域的成功应用极大地促进了这门学科的发展，它已经成为应用最快、成效最为显著的学科之一。数字信号处理广泛用于通信、雷达、声呐、语言和图像处理、生物医学工程、仪器仪表、机械振动和控制等众多领域。近年来，随着 DSP 芯片技术的发展，DSP 在通信，特别是个人通信、网络、家电和外设控制等方面显示了强劲的应用势头。

数字信号处理最基础的应用是基于傅里叶变换的数字频谱技术和数字滤波器应用，因为这两种技术可以在很多工程实际领域中被采用，例如，移动通信和数字仪器，以及无处不在的滤波器应用。DSP 的应用离不开半导体技术和算法的支撑，数字信号处理器(DSP 器件)快速的普及有力地推动了 DSP 技术的应用，高效率的信号处理算法与硬件的结合让成本、功耗、便携性等得到了大大改善。本章不可能完全展开讨论 DSP 的应用内容，它本身就是一门丰富的技术专业课程知识。本章结合音频处理、通信信号处理和雷达信号处理的应用，力图使读者能更好地了解前序章节理论知识的物理背景，了解 DSP 的应用方向。

8.1　数字信号处理器

数字信号处理器(Digital Signal Processor，DSP)是一种特别适用于进行实时数字信号处理的微处理器。DSP 器件分为两大类：一类是专门用于 FFT、FIR 滤波、卷积等运算的芯片，称为专用 DSP 器件；另一类是可以通过编程完成各种用户要求的信息处理任务的芯片，称为通用数字信号处理器件。本节内容主要指的是通用 DSP。DSP 芯片已被广泛应用于数字通信、雷达、遥感、声呐、语音合成、图像处理、测量与控制、高清晰度电视、数字音响、多媒体技术、地球物理学、生物医学工程、振动工程以及机器人等各个领域。本节主要以美国德州仪器(TI)公司的 TMS320C54x 系列为例介绍通用数字信号处理器的结构和特点。

8.1.1　DSP 芯片的特点

DSP 芯片具有体积小、成本低、易于产品化、可靠性高、易扩展以及方便实现多机分布式并行处理等性能。它的这些特点主要由它的内部结构决定，大致有以下 6 个方面。

1. 哈佛结构

早期的微处理器内部大多采用冯·诺依曼(Von. Neumann)结构，其片内程序空间和数据空间是共享的，取指令和取操作数都是通过一条总线分时进行的。当高速运算时，不但不能同时取指令和取操作数，而且还会造成传输通道上的瓶颈现象。而 DSP 内部采用的是程序空间和数据空间分开的哈佛(Havard)结构，允许同时取指令(来自程序存储器)和取操作数(来自数据存储器)，而且还允许在程序空间和数据空间之间相互传送数据，即改进的哈佛结构。

2. 多总线结构

许多 DSP 芯片内部都采用多总线结构，这样可以保证在一个机器周期内可以多次访问程序空间和数据空间。对 DSP 来说，内部总线是十分重要的资源，总线越多，可以完成的功能越复杂。

3. 流水线结构

DSP 执行一条指令，需要通过取指、译码、取操作数和执行等几个阶段。在 DSP 中，采用流水线结构，在程序运行过程中这几个阶段是重叠的。这样在执行本条指令的同时，还一次完成后三条指令的取操作数、译码和取指，将指令周期降到最小值。四级流水线操作如图 8.1 所示。

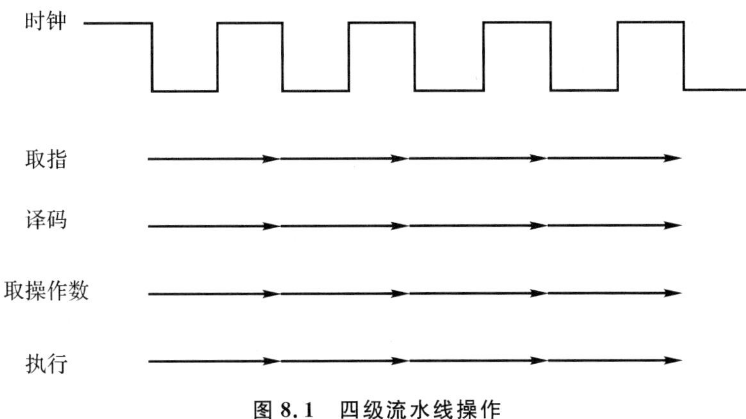

图 8.1　四级流水线操作

4. 多处理单元

DSP 内部一般都包括有多个处理单元，如算术逻辑运算单元、辅助寄存器运算单元、累加器以及硬件乘法器等。

5. 特殊 DSP 指令

为了更好地满足数字信号处理应用的需要，在 DSP 的指令系统中，设计了一些特殊的 DSP 指令，例如，FFT 的位倒置指令、乘累加指令等。

6. 指令周期短

早期的 DSP 指令周期约 400 ns，其运算速度约为 5MIPS(每秒执行五百万条指令)。随着集成电路工艺的发展，DSP 广泛采用亚微米 CMOS 制造工艺，如 TMS320C54x 系列，其运行速度可达 100MIPS。

8.1.2　TMS320C54x 数字信号处理器的硬件结构

TMS320C54x(以下简称 C54)是 TI 公司较早推出的一种 16 位定点 DSP 芯片，C54 内部结构围绕 8 条总线由 10 大部分组成，包括中央处理器 CPU、内部总线控制、特殊功能寄存器、数据存储器 RAM、程序存储器 ROM、I/O 口扩展功能、串口 HPI、并口 HPI、定时器、终端系统等。

C54x DSP 的主要特点在于它围绕 8 条总线构成的增强型哈佛结构；高度并行和带有专用硬件逻辑的 CPU 设计；高度专业化的指令系统；模块化结构设计；先进的 IC 工艺并且能够降低功耗和提高抗辐射能力的新的静电设计方法。图 8.2 所示是 C54x 的内部结构图。

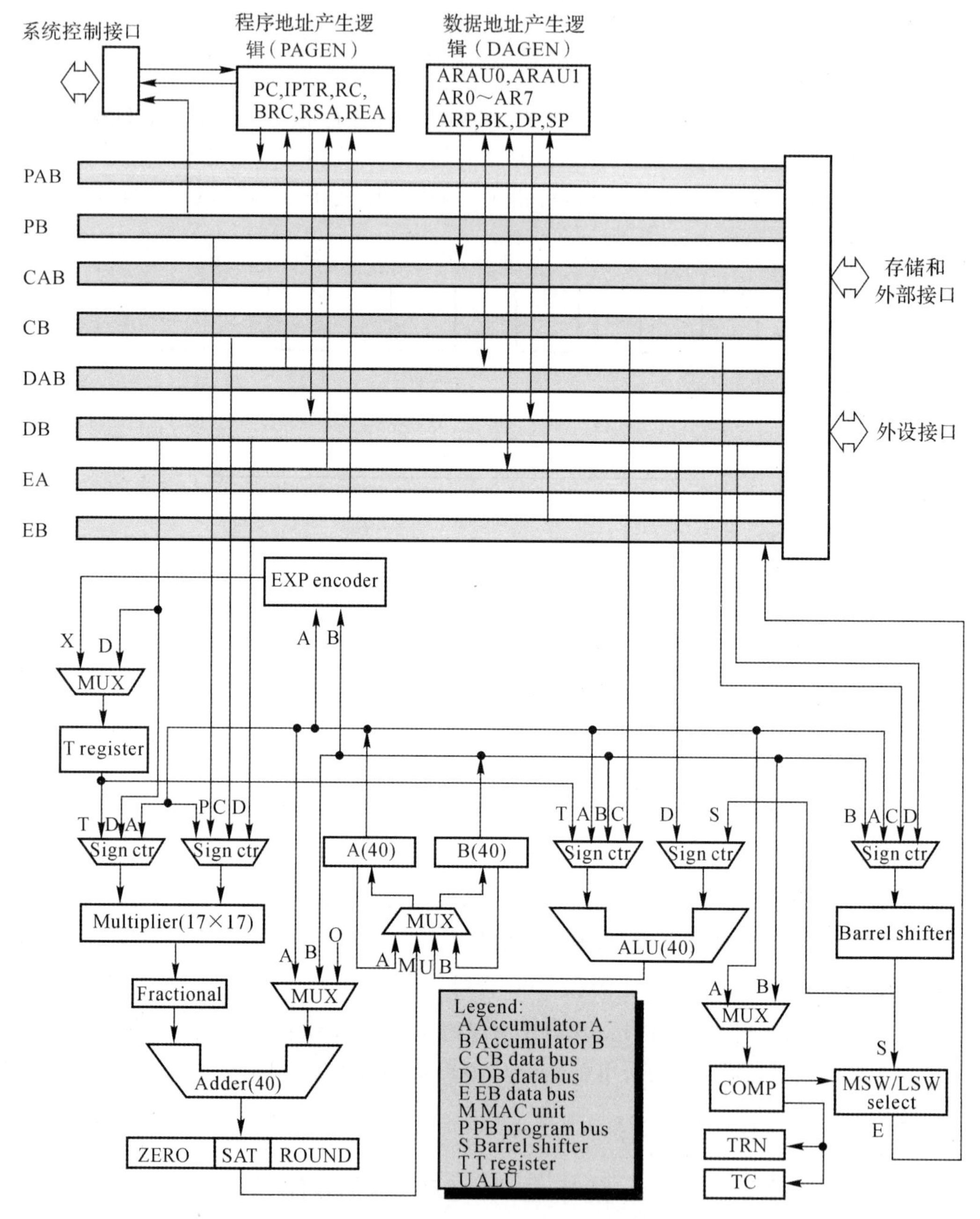

图 8.2　TMS320VC54x 的内部硬件结构图

各部分功能及主要特性如下：

中央处理器(CPU)：C54x 系列的所有芯片 CPU 完全相同，可以进行高速并行算术和逻辑信息处理。CPU 采用先进的多总线结构(1 条程序总线、3 条数据总线和 4 条地址总线)。

包括:40 位算术逻辑运算单元(1 个 40 位桶形移位寄存器和 2 个独立的 40 位累加器);17 位×17 位并行乘法器;比较、选择、存储单元(CSSU);指数编码器;双地址生成器;192K 字可寻址存储空间(64KB 程序存储器,64KB 数据存储器以及 64KBI/O 空间);片内 ROM;片内双寻址 RAM(DARAM);片内单寻址 RAM(SARAM)(仅 C548 和 C549)。

特殊功能寄存器:C54x 共有特殊功能寄存器 26 个,用于对片内各功能模块进行管理,控制、控制、监视。这些寄存器连续分布在数据存储区的 0H～1FH 地址范围内。

存储器:包括数据存储器 RAM 和程序存储器 ROM。C54x 片上数据存储空间 RAM 分为两类:一类是每个指令周期内可以进行两次存取操作的 DARAM;另一类是每个指令周期只能进行一次存取操作的 SARAM。C54x 的程序存储器可以在 ROM 或 RAM 上,即程序空间不仅定义在 ROM 上,还可以定义在片上 RAM 中。尤其是当需要高速运行的程序时,可以应用自动装载的方法,将程序调入片内 RAM,提高运行效率,降低对外部 ROM 的速度要求。

I/O 口:I/O 口主要是为了实现扩展功能。所有 C54x 只有两个通用 I/O($\overline{\text{BIO}}$ 和 XF)。

串口:C54x 中不同的型号器件配置的串口功能不同。分成四种:即单通道同步串口 SP,带缓冲器单通道同步串口 BSP,并行带缓冲器多通道同步串口 McBSP 以及时分多通道带缓冲器串口 TMD。

主机通信接口 HPI:提供与主机通信的并口,信息统过 C54x 的片上内存与主机进行数据交换。

定时器:软件可编程定时器,产生中断。

中断系统:C54x 具有硬件和软件中断最多 17 个,不同型号具有不同配置。

在对硬件结构有了大致了解之后,以下将对 C54x 系列 DSP 器件的总线结构、存储器结构、复位电路以及时钟电路进行进一步的说明。

1. 总线结构

C54x 片内有 8 条 16 位主总线,分别是 4 条程序/数据总线和 4 条地址总线。

程序总线(PB)传送区子程序存储器的指令代码和立即操作数;PB 能够将存放在程序空间中的操作数传送到乘法器和加法器,以便执行乘法/累加操作,或通过数据传送指令传送到数据空间的目的地。

3 条数据总线(CB,DB 和 EB)将内部各单元连接在一起。CB 和 DB 传送从数据存储器读来的操作数,EB 传送要写到存储器的数据。

C54x 还有一条在片双向总线,用于寻址外围电路。这条总线通过 CPU 接口中的总线交换器连到 DB 和 EB。利用这个总线读/写,需要 2 个或 2 个以上周期,具体时间取决于外围电路的结构。

2. 存储器

C54x 的片内存储空间分为三个可选择部分,共 192KB。三个存储空间分别为 64KB 的程序存储空间、64KB 的数据存储空间和 64KB 的 I/O 空间。这里的 RAM 包括两种类型:一种是只可一次寻址的 SARAM,另一种是可以两次寻址的 DARAM。同时,还有数据存储器的 26 个特殊功能寄存器。在任何一个存储空间内,RAM,ROM,EPROM,EEPROM 或存储器映像外围设备都可以驻留在片内或者片外。图 8.3 所示为 TMS320C5402 的存储器分配映射图。

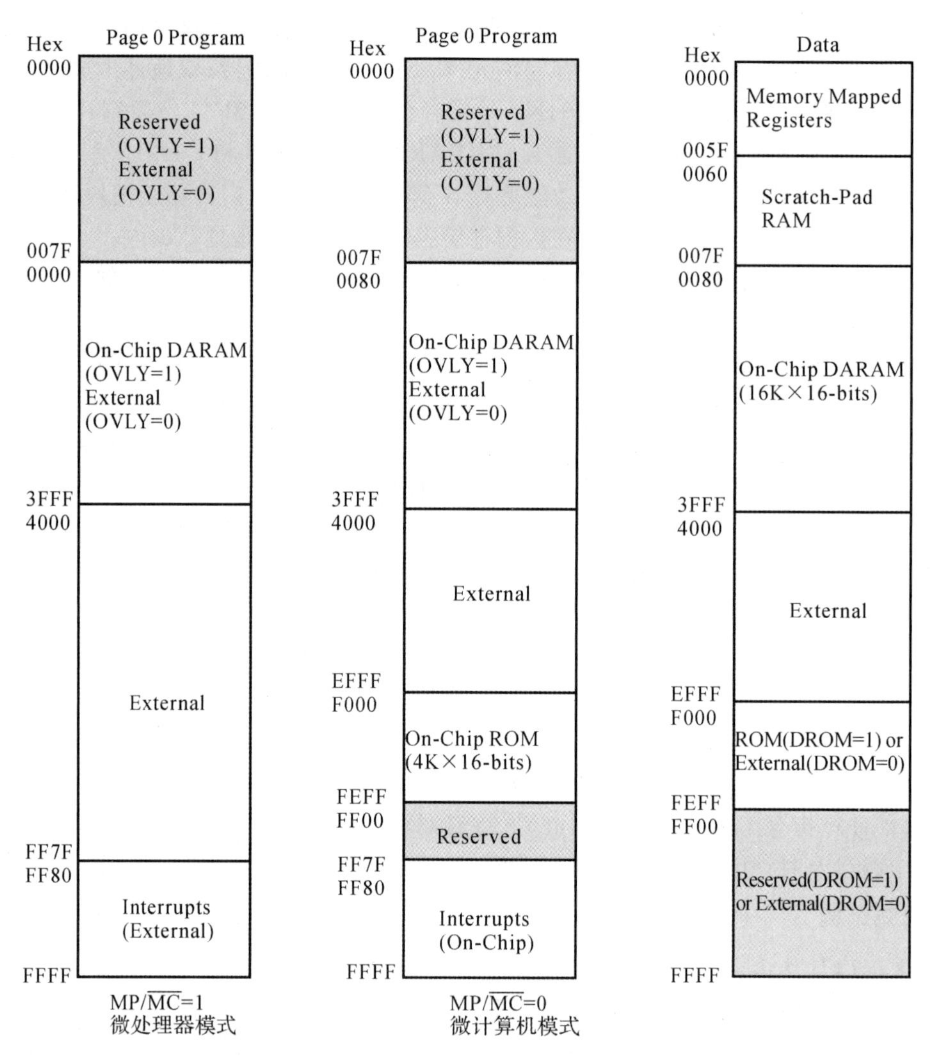

图 8.3 TMS320C5402 存储器分配映射图

(1)存储器地址空间分配。由图 8.3 可见,在 C54x 中,通过三个状态位,可以方便地"使能"和"禁止"程序和数据空间中的片内存储器。

三个状态位是:MP/$\overline{\text{MC}}$ 位,OVLY 位,DROM 位。由图可见,程序存储空间定义在片内还是片外由 MP/$\overline{\text{MC}}$ 和 OVLY 决定。CPU 工作方式控制位 MP/$\overline{\text{MC}}$ 决定 4000H～FFFFH 程序存储空间的片内、片外空间分配。F000H～FFFFH 由 DROM 位控制数据存储空间的片内和片外分配。

1)MP/$\overline{\text{MC}}$=1,4000H～FFFFH 程序存储空间全部定义为片外存储器。

2)MP/$\overline{\text{MC}}$=0,4000H～EFFFH 程序存储空间全部定义为片外存储器,FF00H～FFFFH 程序存储空间定义为片上存储器。

3)OVLY=1,0000H～007FH 保留,程序无法占用。0080H～3FFFH 定义为片内 DARAM。

OVLY=0,0000H～3FFFH 全部定义为片外程序空间。

数据存储空间片内、片外存储器统一编址，0000H～007FH 为特殊功能寄存器空间，0080H～3FFFH 为片内 DARAM 数据存储空间，4000H～EFFFH 为片外数据存储空间。

4)DROM＝1，F000H～FEFFH 定义只读存储空间，FF00H～FFFFH 保留。

DROM＝0，F000H～FEFFH 定义片外数据存储空间。

DROM 的用法与 MP/$\overline{MC}$ 的用法无关。

以 C54x 系列中的 C5402 为例，它有 32 条外部程序地址线，其程序空间可扩展至 1MB。为此，C5402 增加了一个额外的存储映像程序技术扩展寄存器 XPC，以及六条扩展程序空间寻址指令。

(2)程序存储器。C54x(除 C548 和 C549 外)的外部程序存储器可寻址 64KB 的存储空间。它们的片内 ROM，双寻址 RAM(DARAM)以及单寻址 RAM(SARAM)，都可以通过软件映像到程序空间。当存储单元映像到程序空间时，处理器就能自动地对它们所处的地址范围寻址。如果程序地址生成器(PAGEN)发出的地址处在片内存储器地址范围以外，处理器就能自动对外部寻址。

当处理器复位时，复位和中断向量都已映像到程序空间的 FF80H。复位后，这些向量可以被重新映像到程序看中任何一个 128 字的开头。这就很容易将中断向量表从引导 ROM 中移出来，然后再根据存储器结构安排。

(3)数据存储器。C54x 的数据存储器的容量最多可达 64KB。除了单寻址和双寻址 RAM(RARAM 和 DARAM)外，C54x 还可以通过软件将片内 ROM 映射到数据存储空间。

当处理器发出的地址处在片内存储器的范围内时，就对片内的 RAM 或数据 ROM(当 ROM 设为数据存储器时)寻址。当数据存储器地址产生器发出的地址不在片内存储器的范围内时，处理器就会自动对外部数据存储器寻址。

数据存储器可以驻留在片内或者片外。片内 DARAM 都是数据存储空间。对于某些 C54x，用户可以通过设置 PMST 寄存器的 DROM 位，将部分片内 ROM 映像到数据存储空间。这一部分内 ROM 既可以在数据空间能(DROM 位＝1)，也可以在程序空间使能(MP/$\overline{MC}$)。复位时，处理器将 DROM 位清零。

(4)特殊功能寄存器。特殊功能寄存器是非常重要的，对于 DSP 的使用者来说，掌握了这些寄存器的用法，就基本掌握了 DSP 应用的要点。C54x 的第一类特殊功能寄存器为 26 个，连续分布在数据存储区的 0H～1FH 地址范围内，这些寄存器的描述可以在厂家提供数据手册中找到，此处不再赘述。

8.2　数字频谱分析方法

8.2.1　数字频谱分析原理

数字频谱分析方法的数学基础是离散傅里叶变换 DFT(或 FFT)，由于数字频谱技术优越的性能，已经逐渐取代模拟频谱分析技术。由傅里叶变换知，时域信号可以分解为一个、多个甚至是连续的不同频率、不同幅度和不同相位的正弦波。因此，用适当的方法可以把时域波形分解为相应的正弦波分量，然后对它们分别进行分析与测量。每个正弦波的性质由幅度和相位决定，换句话说，可以把时域信号等效到频域中去进行分析和测量，这就是频谱分析。工程技术人员需要了解信号的谐波失真、交调失真、噪声背景、调制等各种频谱情况，因为这些对通信质量都有重要的影响。与时域分析相比，频域分析有时更清楚，通过频谱测试还可以了解信号的频谱占用情况。图 8.4 所示是信号时域和频域分解的示意图。

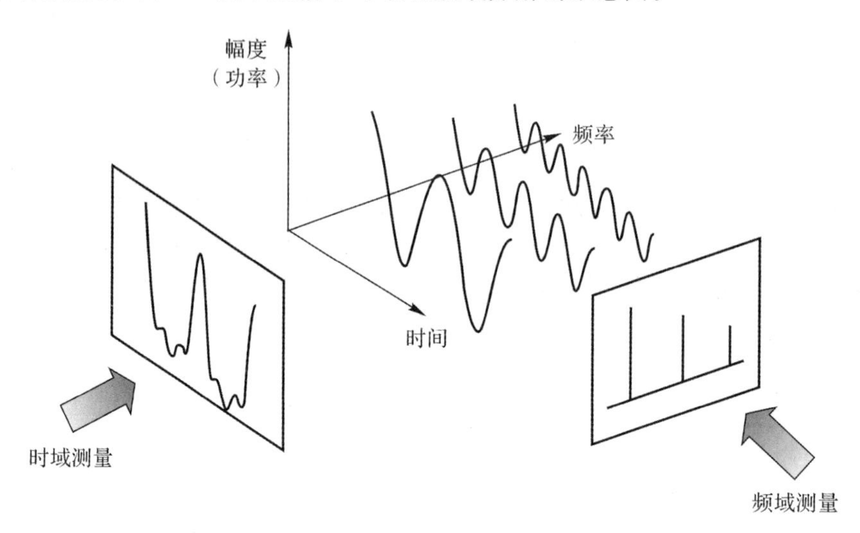

图 8.4　信号时域和频域分解示意图

一个数字频谱分析 DFT(FFT)的过程如图 8.5 所示。

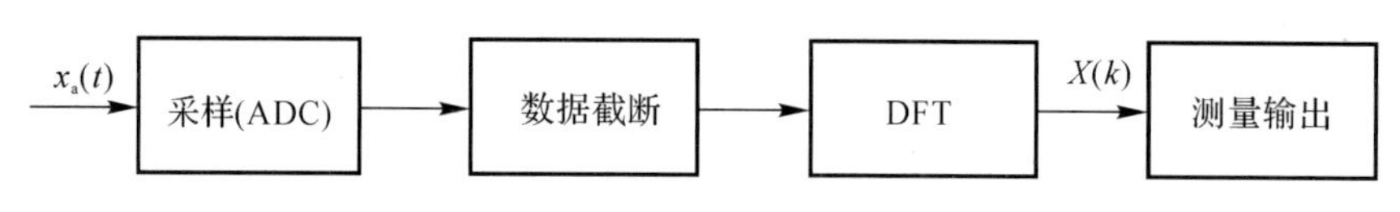

图 8.5　模拟信号进行数字频谱分析的过程框图

图 8.5 中每一个过程都需要满足一定的条件，才能保证数字频谱分析的质量，一般需要遵守以下原则：

(1) 若信号最高频率为 f_c，采样频率 F_s 的选择为

$$F_s \geqslant 2f_c (\text{Hz}) \tag{8.1}$$

(2) 根据谱分析精度需要，选定频率分辨率 $\Delta f \leqslant F_s/N$，确定信号的 DFT 分析点数为

$$N \geqslant F_s/\Delta f \ (\text{number}) \tag{8.2}$$

实际中，DFT 用 FFT 实现，点数为 2 的整数次幂，所以，可以取 N 为大于以上值的 2 的幂次整数值，即 $N=2^M$。

N 确定后即可以确定模拟信号的记录时间长度：$T > N/F_s$(s)。

由于DFT输出的频谱函数下标为 k，$k=0,1,2,\cdots,N-1$，并没有直接表示频率的意义，需要换算真实的物理频率 f(Hz)，而且分析的频率范围没有直接对应频率量纲，很不直观。下面给出一个 N 点序列 DFT 获得的频谱分析指标和参数。

(1) 频率分辨率：$\Delta f=\dfrac{F_s}{N}$。

(2) 频谱分析范围：$\left[0\sim\frac{F_s}{2}\right]\left[-\frac{F_s}{2}\sim 0\right)$ 对应 $k=0,1,2,\cdots,\left[\frac{N}{2}\right],\left[\frac{N+1}{2}\right],\cdots,N-1$。

(3) 下标 k 的频率值：$k\Delta f=k\frac{F_s}{N}(\mathrm{Hz})$ $k=0,1,2,\cdots,N-1$。

8.2.2 DFT 等效窄带滤波器

一个 N 点 DFT 可以等效为一组 N 个窄带滤波器的处理过程，从这一角度分析，DFT 是一种并行处理的频谱分析方法。N 点 DFT 的定义式为

$$X(k)=\sum_{n=0}^{N-1}x(n)\mathrm{e}^{-\mathrm{j}\frac{2\pi}{N}kn} \tag{8.3}$$

进一步分析可以写成

$$X(k)=\sum_{n=0}^{N-1}x(n)\mathrm{e}^{\mathrm{j}\frac{2\pi}{N}k(N-n)} \tag{8.4}$$

观察式(8.4)，形式与卷积很像，于是，DFT 可以写成如下的卷积形式：

$$X(k)=X_k(N)=y_k(m)\mid_{m=N}=\sum_{n=0}^{N-1}x(n)\mathrm{e}^{\mathrm{j}\frac{2\pi}{N}k(m-n)}\Bigg|_{m=N}$$

$$X(k)=y_k(m)\mid_{m=N} \tag{8.5}$$

其中

$$y_k(m)=\sum_{n=0}^{N-1}x(m)\mathrm{e}^{\mathrm{j}\frac{2\pi}{N}k(m-n)}=x(n)*h_k(m)$$

$$h_k(n)=\mathrm{e}^{\mathrm{j}\frac{2\pi}{N}kn} \tag{8.6}$$

式(8.6)的物理意义非常明显：对于给定的 k，DFT 的输出等效为输入信号 $x(n)$ 通过一个单位冲激响应为 $h_k(n)$ 的滤波器在 N 时刻的取值，如图 8.6 所示。

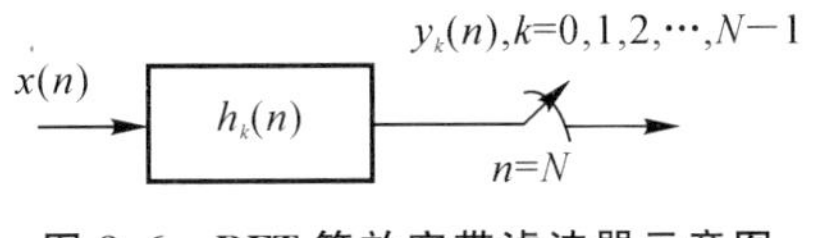

图 8.6　DFT 等效窄带滤波器示意图

窄带滤波器组 $h_k(n)$ 的频率特性为

$$H_k(\mathrm{e}^{\mathrm{j}\omega})=\sum_{n=0}^{N-1}h_k(n)\mathrm{e}^{-\mathrm{j}\omega n}=\sum_{n=0}^{N-1}\mathrm{e}^{\mathrm{j}\frac{2\pi}{N}kn}\mathrm{e}^{-\mathrm{j}\omega n}=\sum_{n=0}^{N-1}\mathrm{e}^{-\mathrm{j}\left(\omega-\frac{2\pi}{N}k\right)n}=$$

$$\frac{\sin\left[N\left(\omega-\frac{2\pi}{N}k\right)/2\right]}{\sin\left[\left(\omega-\frac{2\pi}{N}k\right)/2\right]}\mathrm{e}^{-\mathrm{j}\left(\omega-\frac{2\pi}{N}k\right)(N-1)/2} \tag{8.7}$$

$$k=0,\quad H_0(\mathrm{e}^{\mathrm{j}\omega})=\frac{\sin(N\omega/2)}{\sin(\omega/2)}\mathrm{e}^{-\mathrm{j}\omega(N-1)/2}$$

窄带滤波器的频率特性示意图如图 8.7 所示。

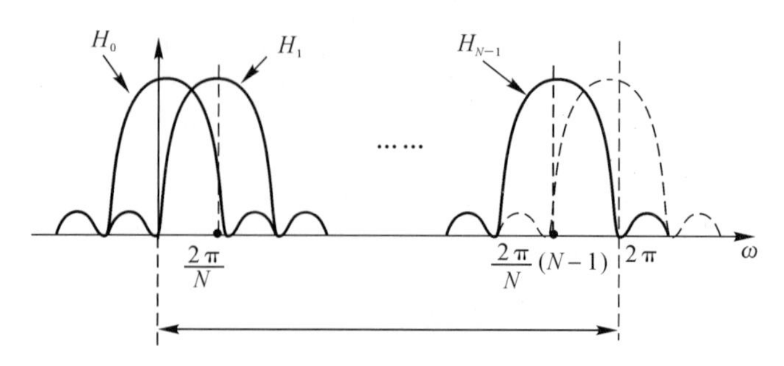

图 8.7　DFT 等效的窄带滤波器频率响应示意图

图 8.8 更形象地说明了 DFT 所等效的 N 个窄带滤波器输出的等效关系。每一个滤波器如同一个频率选择器，N 个滤波器把频谱分析的最大范围覆盖，彼此相隔 $2\pi/N$，滤波器输出在第 N 时刻的取值等效于 N 点 DFT 的频谱值，所以，DFT 的计算过程实际上就是一个滤波的过程，整个过程很像传统的扫频过程，但是 DFT 是同时进行的，因此，基于 DFT 的数字频谱分析方法可以被广泛用于信号的频谱分析应用领域中。

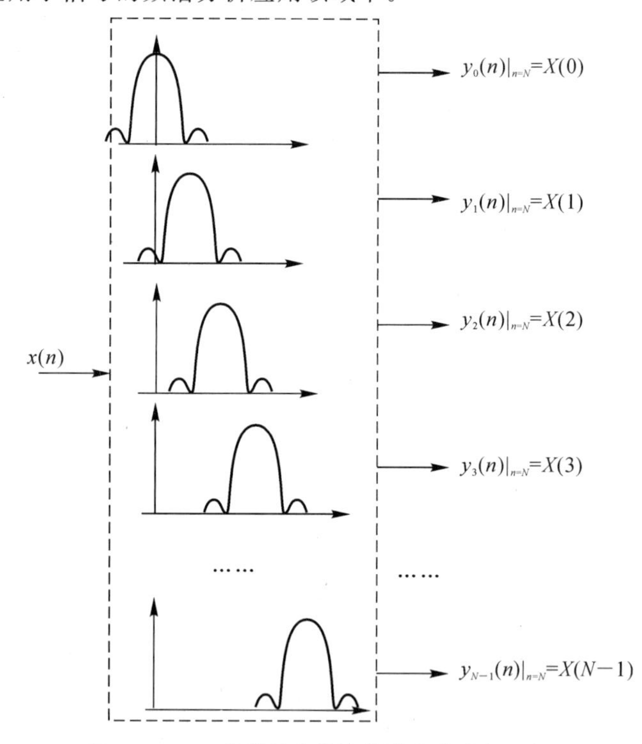

图 8.8　DFT 等效的窄带滤波器滤波过程示意图

8.3　音频信号处理

一般人的耳朵可以听到的声音的频率范围为 20 Hz～20 kHz，除极端的情况之外，人耳听觉对频率的灵敏度是近似对数的，即人耳对频率从 100～110 Hz 变化的感知程度与频率从 200～220 Hz 的变化相类似，也与频率从 1 000～1 100 Hz 的变化相类似。音乐家利用对数音节来表示音调,八度音节(octave)在频率上就是 2 的倍数因子。

人耳对音频信号频率分量的灵敏度不如对音频信号幅度分量的灵敏度高。人耳对幅度的灵敏度也是近似对数关系,即无论原始信号的音量大小,只要在给定的频率上使信号的幅度增加一倍,听起来就像信号的音量发生了等量的变化,因此,人耳对于幅度的灵敏度随频率的变化非常显著。人耳对于 500 Hz～5 kHz 频段内的声音的灵敏度最高。

8.3.1　音频信号的采样

普通的音频 CD(Compact Disc)以 44.1 kHz 的速率存储数据样本,每个样本直接存储为 16 bit 整数的形式。样本速率决定的最高音频信号的频率为 22.05 kHz,这个频率超过一般人群的听觉范围。因此,普通 CD 所使用的数据格式超出了正常的需求。

假定设计一个 CD 播放器,其将样本序列直接输出到一个音频数模转换器(DAC),则这个 DAC 的输出会包含混叠,尽管这个混叠造成的失真不能被听到,但仍然要进行一定的滤波处理,因为对于高品质音响系统,这种混叠会在后续的放大器电路中产生可以听到的干扰声。

以 44.1 kHz 采样 20 kHz 的正弦波,其混叠发生在(44.1－20) kHz＝24.1 kHz,因此,需要设计一个抗混叠滤波器应该能使最高 20 kHz 的信号通过,并能阻止超过 24.1 kHz 的频率成分,如图 8.9 所示。

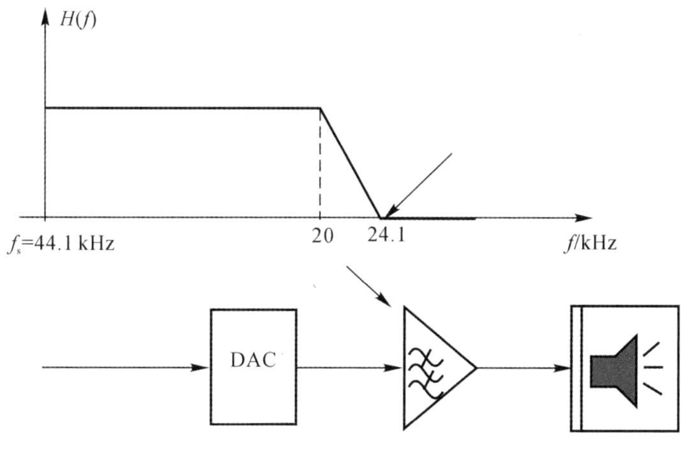

图 8.9　CD 播放器的滤波器

这样的滤波器特性要求是比较高的,常规的模拟器件很难实现一个这样的滤波器,而且比较昂贵,性能也不稳定。但是这样技术指标的滤波器可以比较容易采用 FIR 滤波器来实现,根据滤波器技术指标要求的精确程度,FIR 滤波器的长度不会超过几十阶,是一个复杂度适中的 FIR 滤波器。

许多 CD 播放器采用另一种处理方案——过采样(oversampling)策略,其实现方案如图 8.10 所示。对以 44.1 kHz 采样的信号样本进行 4×44.1 kHz＝176.4 kHz 的过采样处理,然后将这些样本送入数模转换器。这样,20 kHz 正弦波的混叠为(176.4－20) kHz＝156.4 kHz。在转换器输出端,抗混叠滤波器的技术指标是比较宽松的,因为滤波器的过渡带和阻带可以在 20～156.4 kHz 的范围内缓慢衰减,如图 8.11 所示。

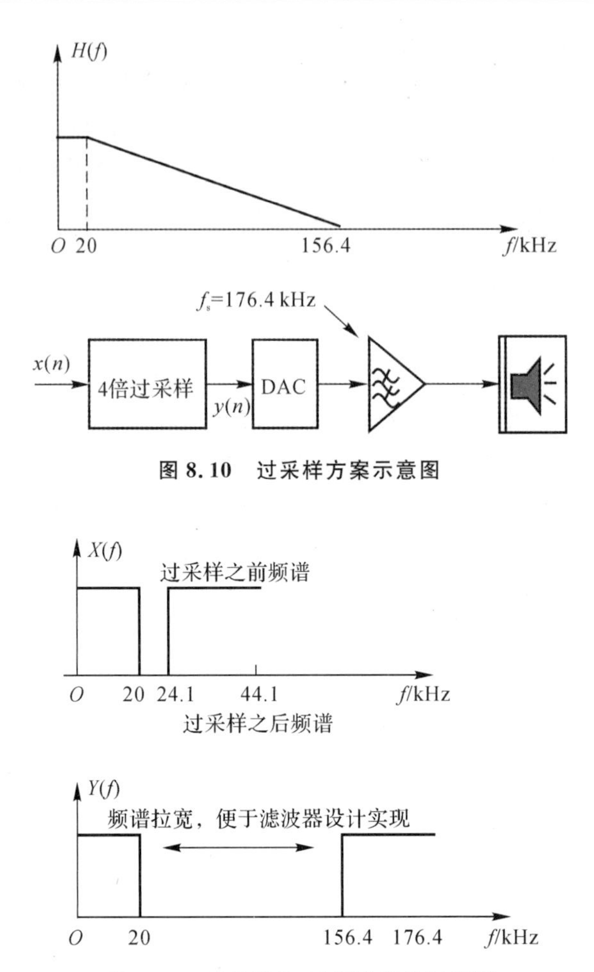

图 8.10 过采样方案示意图

图 8.11 过采样前、后频谱变化示意图

过采样信号处理的益处是可以容易地对每个样本用较少的比特来表示，可以获得相同的信号质量，这允许人们采用较低精度(价格低廉)的数模转换器，这种思路可以推广到极端情况，就是一比特(1bit)数模转换器技术。

除了 CD 中的 44.1 kHz 频率，实际还有 48 kHz 等采样频率，它的好处是和现有电话系统的频率关系比例比较合适，电话系统一般采用 8 kHz，被认为是智能语音系统的最低速率。CD 一般采用 16 bit 存储，实际音频数据还有一种 A 率或 μ 率的压缩方式编码，可以节省存储空间。音频信号应用中，16 bit 是最大 bit 数，再增加已无必要性。

人耳能够听到的最大和最小的声音相差 120 dB，振幅相差 100 万倍。听者能够察觉到信号改变 1 dB(振幅 12%变化)时的声音响度的变化，换句话说，人耳感知最微弱的私语到最响亮的雷声有 120 个响度级别，耳朵的灵敏度令人惊异！当听到非常微弱的声音时，耳鼓震动的幅度小于分子的直径。人耳对响度的感知大概是实际声音功率的 1/3 次方的关系，例如，如果增加 10 倍的声音功率，听者感觉到大概是增加了 2 倍(10 的 1/3 次方近似等于 2)。

人类听觉范围为 20 Hz～20 kHz，在 1～4 kHz 是最敏感的。人类可以较好地区分声音的方向，却不能很好地区分声源的远近，人类听觉系统大体判断高频声音离得近一些，低频声音远一些，因为高频信息在长距离传输中会耗散掉。回声可以用来测量声源的距离，动物和人可以训练这一功能，如蝙蝠、海豚、盲人等(动物可以达到 1 cm 精度)。

8.3.2　音频信号的音质

对声音的感知，可以分为响度、音调和音色。响度表示声波强度的度量；音调表示声音中基波成分的频率；音色则由声音信号的谐波决定。一般来说，音色的感知来源于耳朵对泛音的探测，特定的波形对应一个音色，而一个特定音色可能对应有多种波形(相位不同)。图 8.12 所示是锯齿波信号及频谱，从频谱上可以明显确定其基波成分和谐波成分。

不同乐器可以有相同的基音，但泛音不同(谐波幅度)，所以音色不同。人耳对基音和泛音(频率为倍数关系)的感觉很奇特，若听 1kHz+3kHz 的混合音，声音很悦耳；但若听 1kHz + 3.1 kHz 的混合音，声音就会令人生厌。

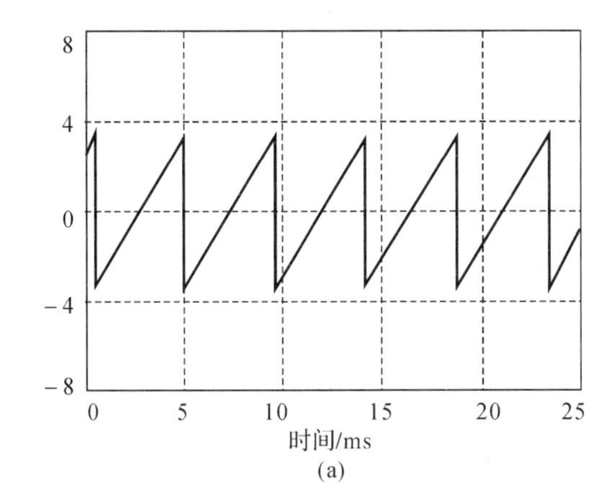

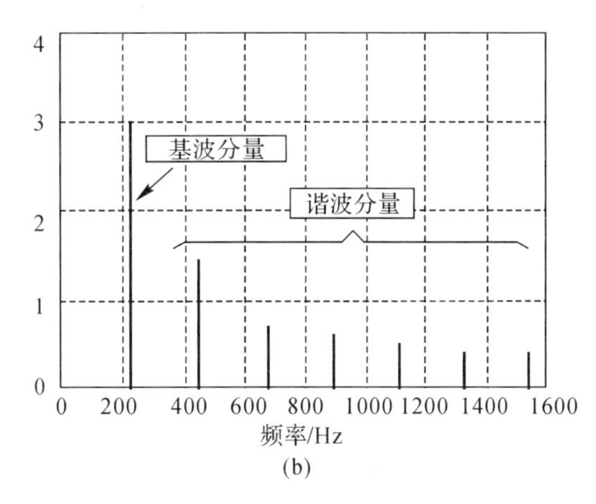

图 8.12　锯齿波信号及频谱

(a)时域波形；(b)频谱幅度

音乐中的八度音节(octave)表示频率差 2 倍的音节。图 8.13 所示是钢琴键盘布局示意图，在钢琴上，每 7 个白键后频率是加倍的，是一种频率的对数表示方法。全部琴键跨越了 7 个八度音节稍多一点。国际标准音为 440 Hz，是高音 A。那么根据十二平均律的计算原理，相差一个半音的两个音，频率比应为

$$f_{+}=f(2^{1/12})\approx 1.059f \tag{8.8}$$

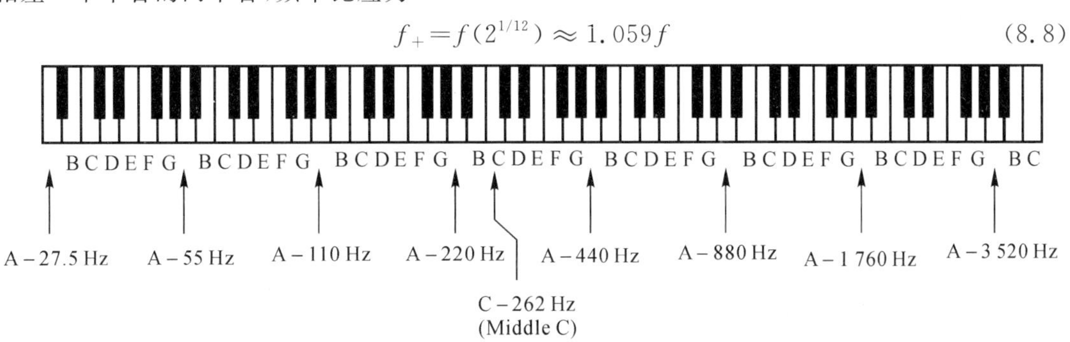

图 8.13　钢琴键盘音节排列示意图

虽然钢琴只覆盖了人类听觉的 20%(4 kHz),但可以产生 70%声音信息(10 个八度中的 7 个)。在人的一生中,所感知的最高频率会从 20 kHz 下降到 10 kHz,但仅丧失了听觉的 10%。音乐需要 20 kHz 的带宽,自然语音只需要大约 3.2 kHz。即使音频范围减少到 16%(3.2 kHz),信号仍然包括 80%(8 个八度)。

当设计一个数字音频系统时,需要考虑音质和速率。可以简单分为三种情况:

(1)高保真音乐:音质最重要,速率几乎不受限制;

(2)电话通信:音质自然,较低速率;

(3)压缩语音:速率最重要,音质容许失真,用于军事通信、手机、语音邮件、多媒体语音存储等。

表 8.1 是几种音频信号音质与速率的关系。

表 8.1 几种音频信号音质与速率的关系

所需音质	带宽	采样率	比特	数据率/kbps	备注
高品质音乐(CD)	5 Hz~20 kHz	44.1 kHz	16bit	706	可满足音乐发烧友,好于人类听觉
电话语音质量 (带压缩解压)	200 Hz~3.2 kHz 200 Hz~3.2 kHz	8 kHz 8 kHz	12 bit 8 bit	96 64	良好语音音质,不能用于音乐
LPC 语音编码	200 Hz~3.2 kHz	8 kHz	12 bit	4	DSP 语音压缩,极低速率,话音质量低

8.3.3 电话拨号的应用

电话拨号音产生和检测是音频处理的一个典型应用,在所有具有 TOUCH - TONE 功能的电话机中,每一个按键都对应一组唯一的双音(two - tone)信号,称为“双音多频(DTMF)”,用来表示电话拨号键盘的按键信息。设置 7 个频率编码 10 个数字和两个特殊键“ * ”“ # ”,图 8.14 所示为双音频率的多频组合图。

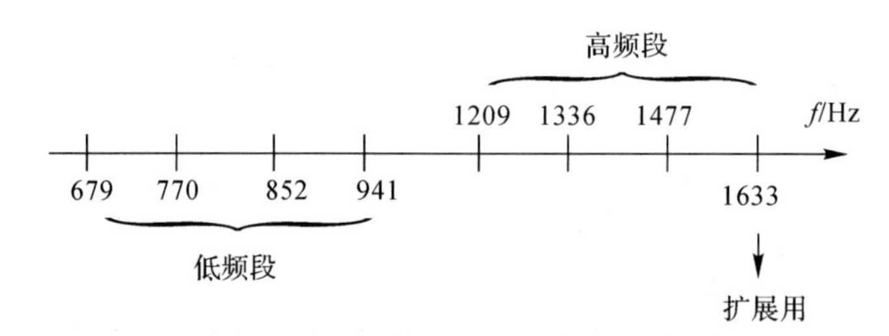

图 8.14 双音频率的多频组合图

图 8.15 所示是电话拨号键盘和双音频的对应关系,每按下一个按键,就会产生两个音频信号的组合信号,作为该按键的双音信号进行语音编码等后续处理。

双音多频信号处理的典型算法可以采用离散傅里叶变换或者数字滤波器进行处理,提取双音信号,根据频率的组合值确定按键值。

图 8.16 所示是采用窄带滤波器处理的方案图。根据低频组信号和高频组信号的频率不同,分别采用 1 000 Hz 的低通滤波器和 1 200 Hz 的高通滤波器进行滤波,分出两组信号,再经过限幅器减小幅度起伏的影响。下一步对两组信号分别采用 8 个带通滤波器进行单频信号的分离,8 个带通滤波器的中心频率分别对应双音多频信号的频率值,低频 4 个:679 Hz,

770 Hz,852 Hz,941 Hz;高频 4 个:1 209 Hz,1 336 Hz,1 477 Hz,1 633 Hz。根据检波器的输出幅度值可以分别在每一组频率中选择一个频率值,最后根据这 2 个双音频率确定拨号按键的值,检测完成。

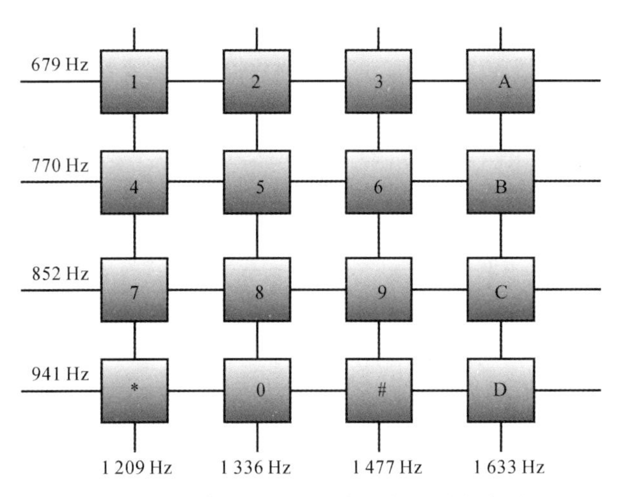

图 8.15　电话按键和双音频率的对应关系

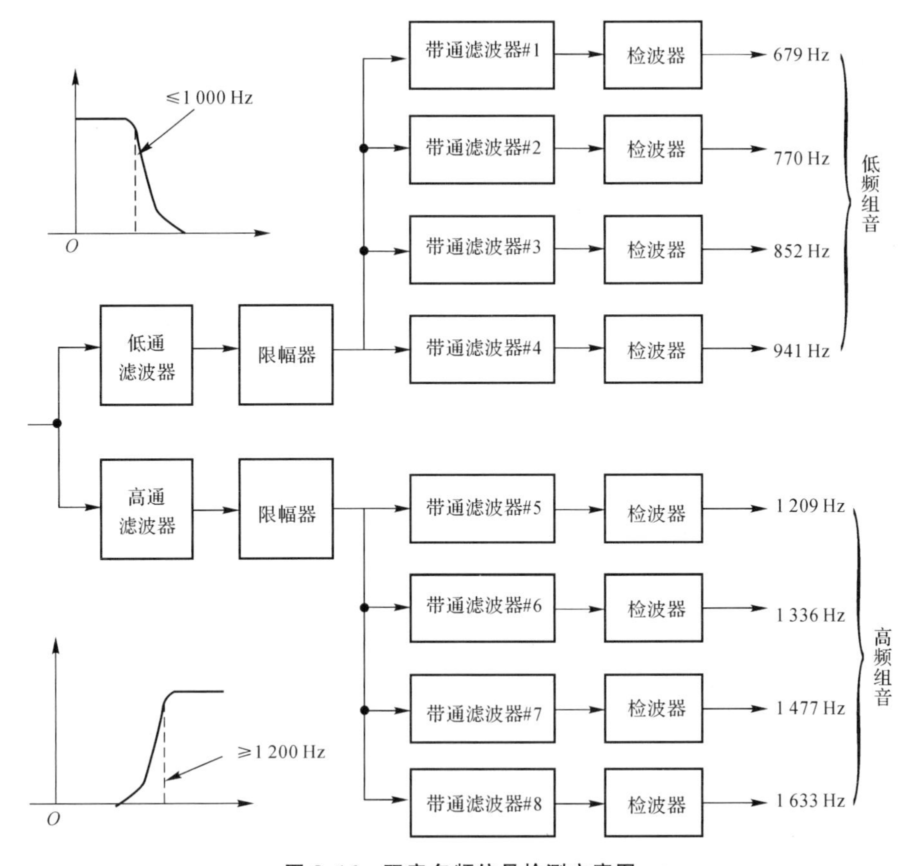

图 8.16　双音多频信号检测方案图

8.3.4 调频(FM)立体声的应用

低频率的音频信号经过调制后进行传送，在接收端进行解调和滤波，常用的调制解调方式是调幅(AM)和调频(FM)。FM 立体声广播接收机的一个重要特性是在接收端，声音可以通过具有单喇叭的单声道 FM 收音机收听，也可以通过双声道 FM 接收机收听。FM 立体声系统是典型的频分复用(FDM)例子。图 8.17 所示是 FM 立体声发射机原理框图。

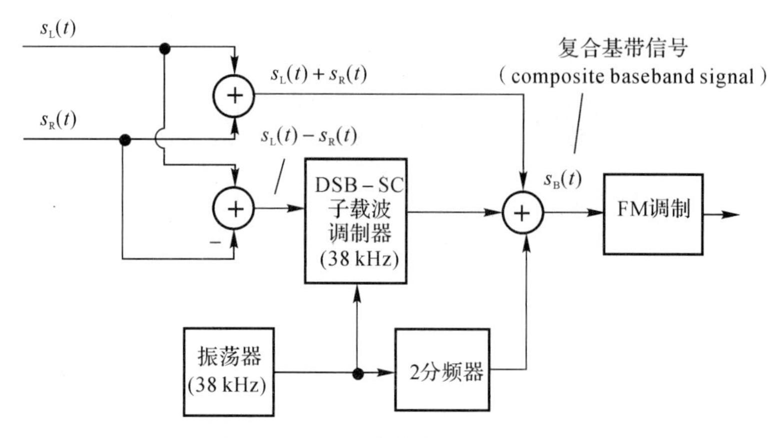

图 8.17 FM 立体声发射机原理框图

图 8.17 中，$s_L(t)$，$s_R(t)$ 分别表示左、右声道的音频信号，分别组合成和信号 $s_L(t)+s_R(t)$ 和差信号 $s_L(t)-s_R(t)$，差信号经过 38 kHz 双边带抑制载波调制再与和信号及 19 kHz 导频信号组成复合基带信号 (composite baseband signal) $s_B(t)$，有

$$s_B(t)=s_a(t)+s_p(t)\sin(2\pi\times 38\,000t)+\sin(2\pi\times 19\,000t) \tag{8.9}$$

其中，$s_a(t)$ 和 $s_p(t)$ 分别表示双声道和信号 $s_L(t)+s_R(t)$ 和差信号 $s_L(t)-s_R(t)$。19 kHz 的导频信号用于接收处理时同步 38 kHz 的子载波。图 8.18 所示是 FM 立体声复合基带信号的频谱构成。

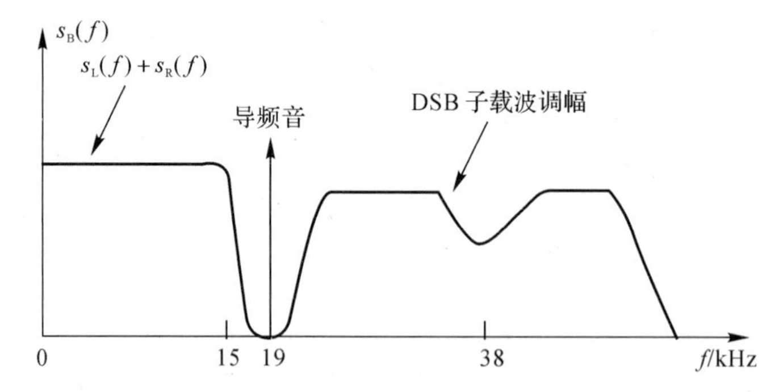

图 8.18 FM 立体声复合基带信号的频谱

复合基带信号接收处理时可以应用滤波器技术进行处理，图 8.19 所示是 FM 立体声基带信号处理框图。

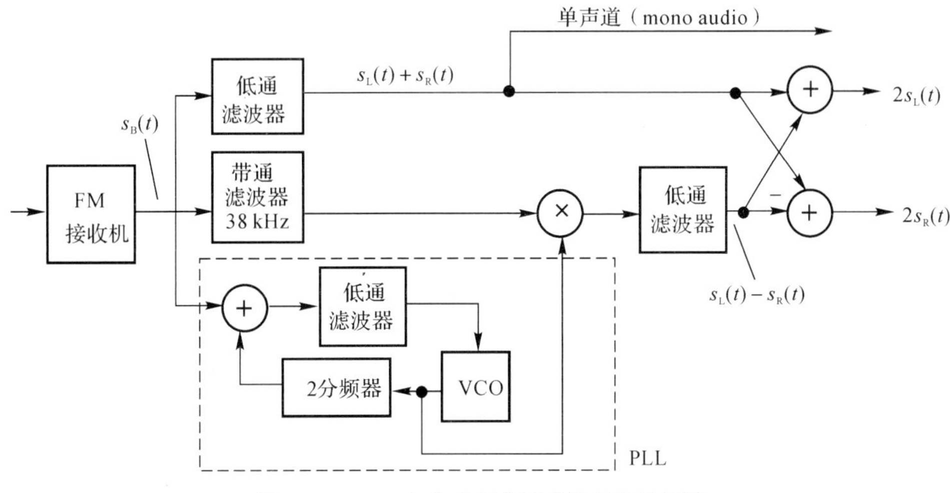

图 8.19　FM 立体声复合基带信号处理框图

FM 立体声信号经 FM 接收机处理得到复合基带信号 $s_B(t)$，分成三路进行处理，第一路经过 15 kHz 的低通滤波器，输出为双声道和信号 $s_L(t)+s_R(t)$；第二路经过 38 kHz 带通滤波器，输出双声道差信号的子载波调制信号；第三路输入到锁相环(PLL) 电路提取 38 kHz 子载波，PLL 的输出锁定在 38 kHz 频点，其输出作为第二路子载波调制信号解调的参考信号，第二路解调输出为双通道差信号 $s_L(t)-s_R(t)$。第一路处理得到的和信号和第二路处理得到的差信号经过简单的加减运算可以得到二倍左声道信号 $2s_L(t)$ 和二倍右声道信号 $2s_R(t)$，从而获得 FM 立体声信号。第一路输出的双声道和信号可以直接输出到单声道音频系统。

8.4　通信信号处理

通信是数字信号处理应用最广泛的领域之一，无论是调制解调还是编码解码等通信技术都能找到 DSP 技术的应用。通信技术的基本任务是把信息从一个位置通过无线或有线的链路传送到另一个位置，调制解调是必要的手段。调制(modulation)，是将模拟信号或数字信号转化为合适信道传输的窄带信号的过程；解调(demodulation)则在接收端进行反过程处理。

一个较宽的频率范围，通常称为“频带”(band)。频段又被划分为更窄的频率范围，称为“信道”(channels)。每个信道的频率范围称为“信道带宽(channel width)”。例如，电视广播频带：470～862 MHz，信道带宽：8MHz，信道数量：(862－470)/8＝49。图 8.20 所示为频带和信道的示意图。

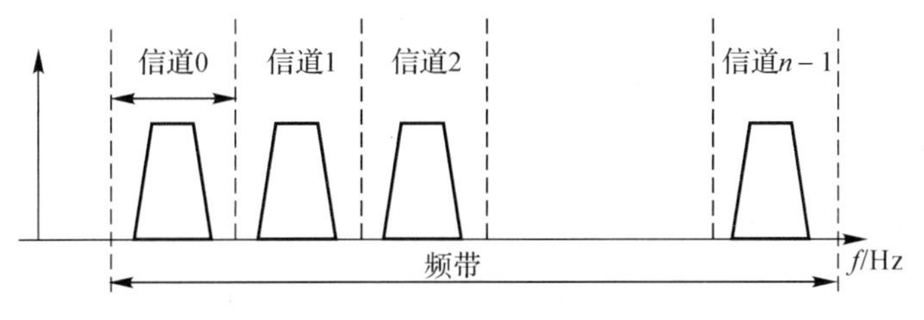

图 8.20　频带划分信道图

8.4.1 摩尔斯码解调的信号处理

摩尔斯(Morse)码是一种简单表示字符信息的开关信号,是美国人摩尔斯于1844年发明的。摩尔斯码由点“ · ”和划“ — ”两种符号组成,常用摩尔斯码与ASCII码对照表见表8.2。

表8.2 摩尔斯码和ASCII码对照表

字符	Morse码	字符	Morse码	字符	Morse码
A	· —	M	— —	Y	— · — —
B	— · · ·	N	— ·	Z	— — · ·
C	— · — ·	O	— — —	1	· — — — —
D	— · ·	P	· — — ·	2	· · — — —
E	·	Q	— — · —	3	· · · — —
F	· · — ·	R	· — ·	4	· · · · —
G	— — ·	S	· · ·	5	· · · · ·
H	· · · ·	T	—	6	— · · · ·
I	· ·	U	· · —	7	— — · · ·
J	· — — —	V	· · · —	8	— — — · ·
K	— · —	W	· ——	9	— — — — ·
L	· — · ·	X	— · · —	0	— — — — —

在实际中,一般规定摩尔斯码的格式为:点的长度为100 ms,划的长度为300 ms,字符(数字)内点与点、点与划、划与划的间隔为一个点的长度,字符的间隔为四个点的长度。图8.21所示是字符串“ADF”的摩尔斯码的编码波形图。

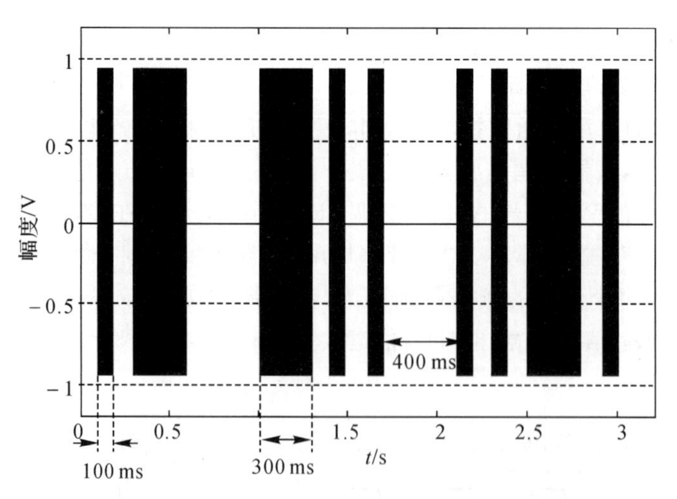

图8.21 字符串“ADF”的摩尔斯码的编码波形图

下面介绍摩尔斯码的检测方法。摩尔斯码识别的目的是解调出点划序列,用作导航台的识别码。摩尔斯码一般用音频(1 000 Hz)调制在载波上,检测的原理是解调,下面分别介绍几种方案。

1. 希尔伯特(Hilbert)变换检波法

设音频滤波器滤出的信号为

$$x(n)=a(n)\cos(\omega_0 n+\varphi_0) \tag{8.10}$$

其中，$a(n)$ 为摩尔斯码序列；ω_0 为调制音频信号的数字角频率；φ_0 为初相。

对式(8.10)求希尔伯特变换，得

$$H[x(n)]=a(n)\sin(\omega_0 n+\varphi_0) \tag{8.11}$$

通过对式(8.10)和式(8.11)求平方和并开平方，可求出摩尔斯电码序列为

$$a(n)=\sqrt{x^2(n)+H^2[x(n)]} \tag{8.12}$$

该方法的优点是检波效率高，但是该方法中的希尔伯特变换以及开平方运算都须占用大量的时间，DSP 实时实现要求较高。

2. 软件包络检波算法

该方法用软件算法来实现二极管包络检波过程，与硬件包络检波电路相比，软件包络检波算法的优点是灵活性好，而且不会由于二极管产生非线性失真。但是算法中的参数选择很重要，否则，检波的性能会受到影响。图 8.22 所示是软件包络检波算法流程。

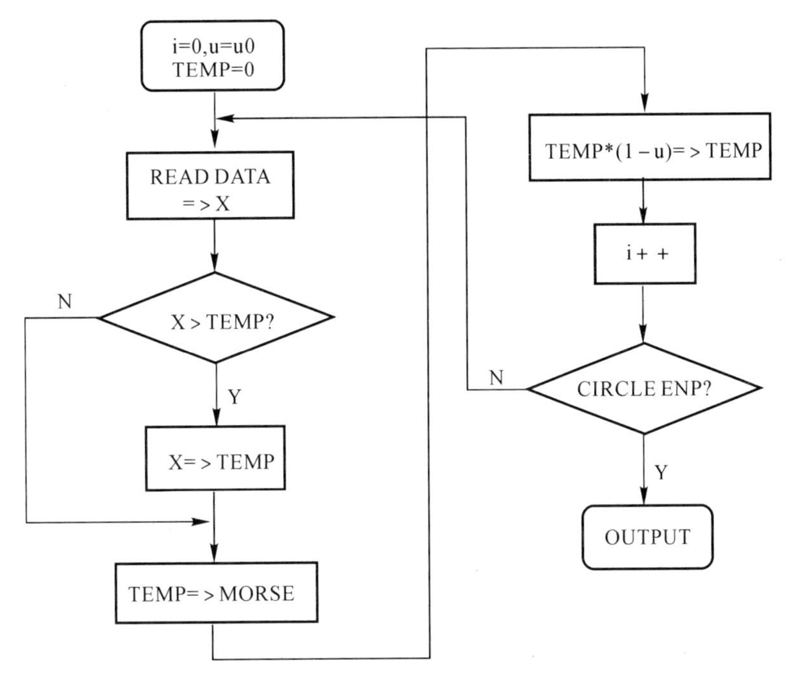

图 8.22　软件包络检波算法流程图

图 8.22 所示流图中的参数 u 很重要，不同的 u 值对检波性能有影响，图 8.23、图 8.24 和图 8.25 是三种 u 值的包络检波仿真结果。不同 u 值主要影响输出包络的平坦性和上升下降沿，小的 u 值，包络的边沿特性好，平坦性差；u 值大，平坦性好，但边沿不够陡峭。实际中可以根据脉冲包络的宽度适当选取合适的 u 值。

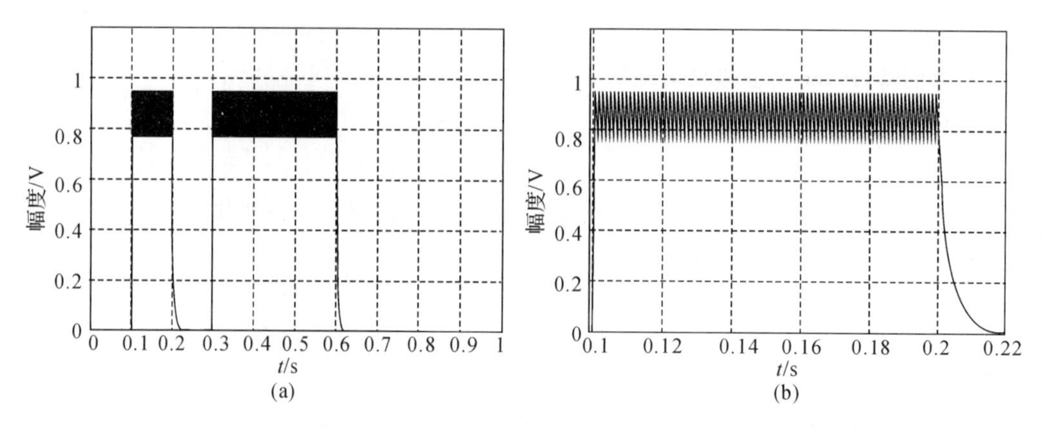

图 8.23　$u=0.005$ 的包络检波仿真结果

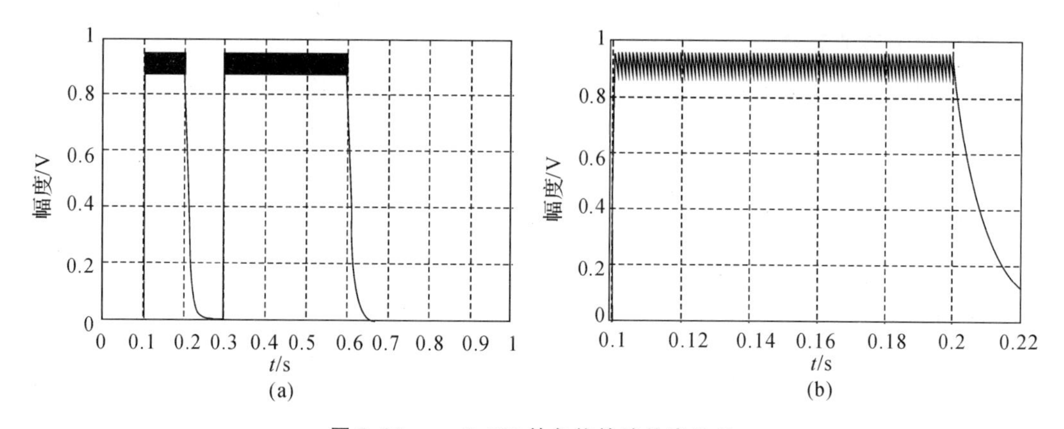

图 8.24　$u=0.002$ 的包络检波仿真结果

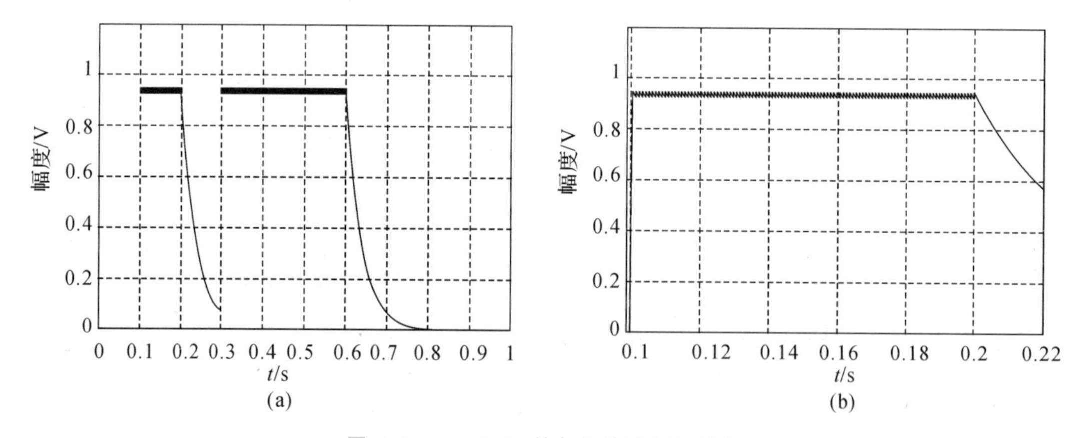

图 8.25　$u=0.05$ 的包络检波仿真结果

包络检波后通过抽样判决，可以得到理想的方波信号，摩尔斯码识别是通过对抽样判决后的逻辑和计数实现的。

设音频数据采样率为 5 kHz，因此摩尔斯码每个“点”占用 500 个连续的逻辑电平。由于上升沿与下降沿失真的影响，“点”所占的连续逻辑电平的个数变多，字符间或字符内间隔所占的连续逻辑电平个数变少。当连续的个数小于 1 个“点”时，则判为字母之内的间隔；当连续的个数大于一个“点”而小于 3 个“点”时，则判为上一字母的结束；当连续的个数多于 4 个“点”时，则判为摩尔斯码的结束。图 8.26 所示是摩尔斯码解调的方案框图，其中，参数 V_T 是检测门限。

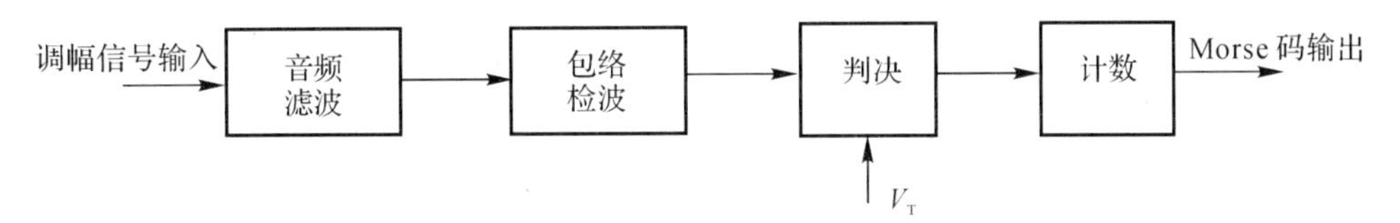

图 8.26　摩尔斯码解调方案框图

按照图 8.26 所示的解调方案，最终解调了“ADF”三个字符的脉冲信号，如图 8.27 所示。

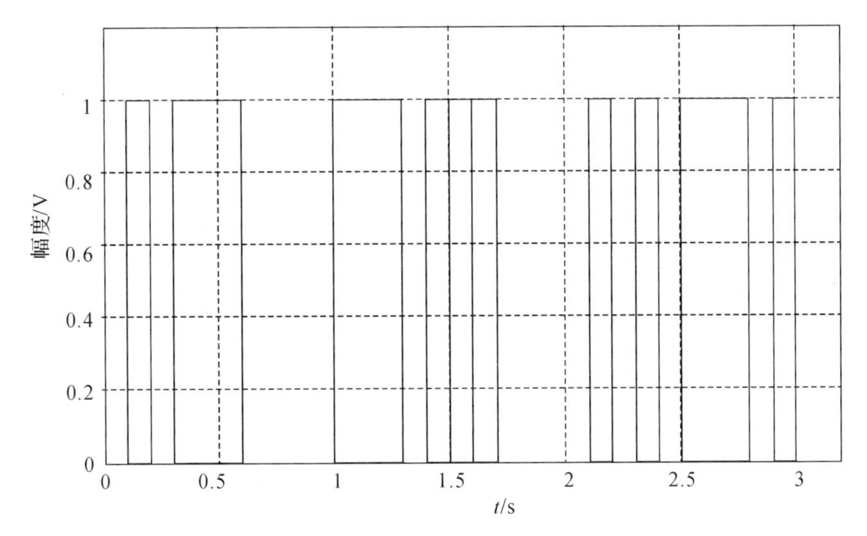

图 8.27　“ADF”字符摩尔斯码的解调脉冲码

8.4.2　无线电罗盘的信号处理

无线电罗盘(ADF)主要用于飞机近程导航，可以为飞行员提供飞行航线相对于地面导航台的方位角，并提供台标识别音。无线电罗盘的工作频段为 150～1 750 kHz(中长波段)，可接收民用广播电台的信号，并用于定向，还可接收 500 kHz 的遇险信号，并确定遇险方位。到目前为止，中波导航无线电罗盘系统仍是世界上军、民航使用最为广泛的导航装置，几乎所有的军、民航机场都装有中波导航台，无线电罗盘也几乎是所有军、民航飞机不可或缺的机载设备。但无线电罗盘由于工作在中波波段，所以噪声干扰很大，测量精度较低。图 8.28 所示是无线电罗盘定向示意图。

无线电罗盘的信号模型是一种调幅信号模型，调制信息是天线定向信号和信标音，中频信号模型表达式为

$$x_I(t)=A\{1+M\sin[\Omega_L t+U_c(n)\theta+\varphi]+V_a\}\cos(\Omega_I t+\theta_0) \tag{8.13}$$

式中，Ω_I，θ_0 分别是中频信号的频率和初相；Ω_L 是天线低频调制频率，一般为 90 Hz；θ 是飞机

和导航台的偏差方向角；V_a 是信标摩尔斯码调制的音频(1 000 Hz)；M 是调幅指数。图 8.29 所示分别是包含摩尔斯码和不包含摩尔斯码的信号波形图。

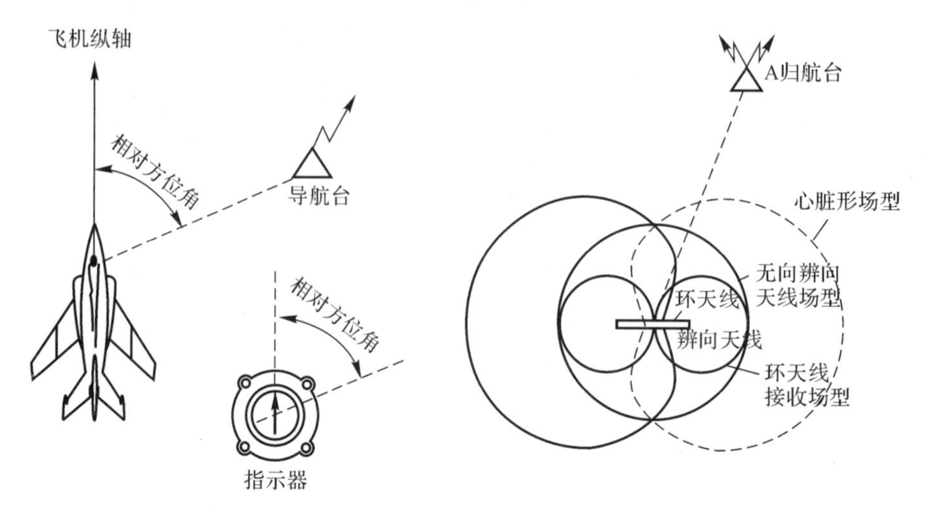

图 8.28　无线电罗盘定向示意图

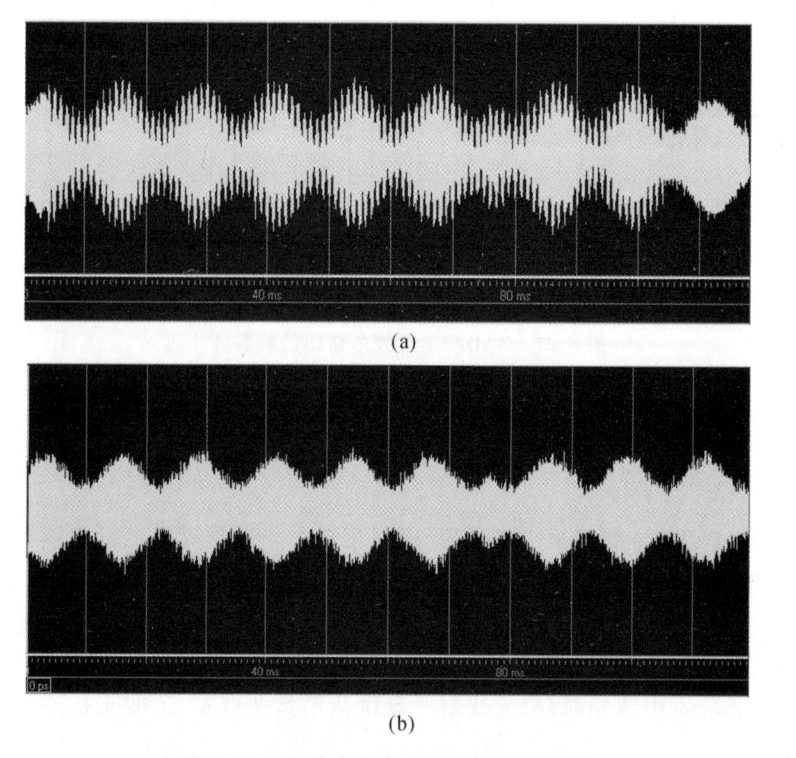

(a)

(b)

图 8.29　无线电罗盘中频调幅信号波形

(a) 包含摩尔斯码；(b) 不包含摩尔斯码

下面介绍无线电罗盘数字解调的信号处理方法。假定采用 FPGA + DSP 的硬件平台，设系统的采样频率为 25 MHz，采样后的中频数字信号为

$$x_I(n) = A\{1 + M\sin[\omega_L n + U_c(n)\theta + \varphi] + V_a\}\cos(\omega_I n + \theta_0) \tag{8.14}$$

式中，ω_I 和 Ω_L 分别是中频数字信号频率和天线低频调制的数字频率。

对 $x_I(n)$ 进行中频数字信号处理的方案分为FPGA硬件处理和DSP软件处理，图8.30所示是正交信号处理的方案框图。

中频信号的数字解调采取正交解调方案，中频数据进入FPGA后先经FIFO缓冲以确保接收数据的稳定，然后完成信号混频、滤波、抽取等处理，最后将变频后的数据通过三态门送入DSP的数据总线。

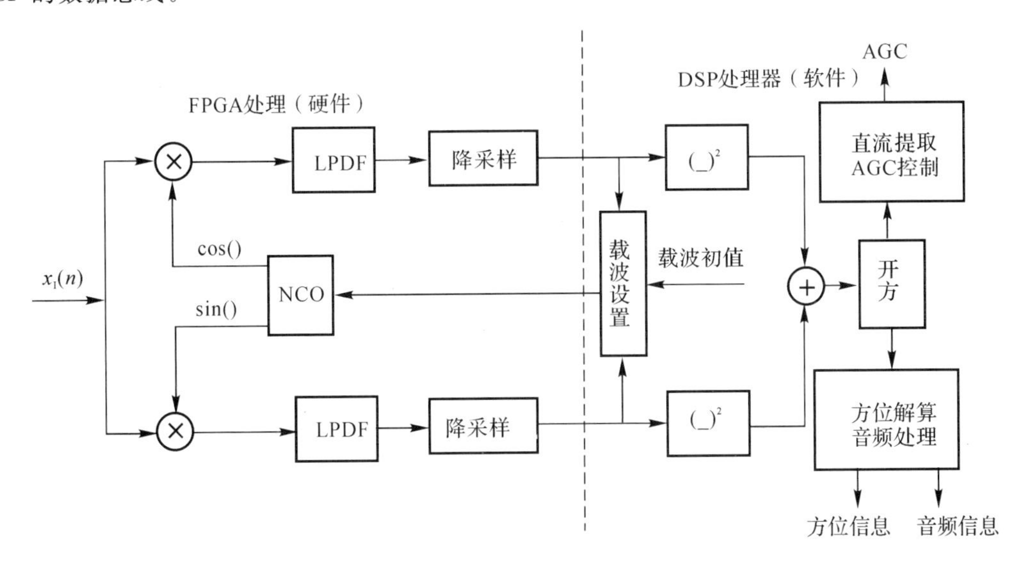

图8.30 中频数字信号处理正交解调方案图

中频信号的采样频率为25 MHz，为了降低DSP的工作量，在信号解调过程中需要降低信号采样速率，由于基带信号带宽只有1 kHz(摩尔斯码的载波频率为1 kHz)，因此对于基带信号只需5 kHz的采样速率即能够满足要求，因而需要5 000倍的抽取率。图8.31所示是FPGA信号处理组成框图。

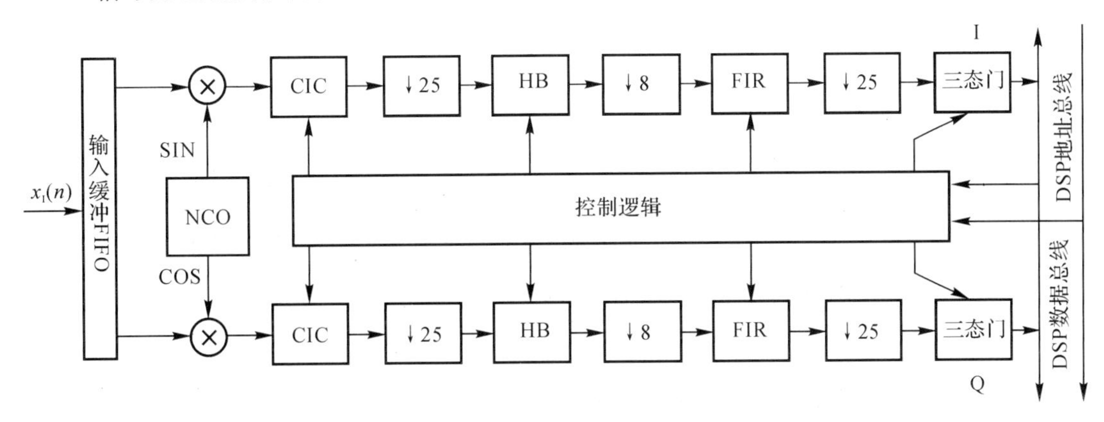

图8.31 FPGA信号处理框图

在图8.31的方案中，CIC(Cascaded Integrator Comb)称为级联积分梳状滤波器，是一种整系数高效滤波器，滤波器的单位采样响应和系统函数分别为

$$h(n)=\begin{cases}1, & 0\leqslant n\leqslant D-1\\ 0, & 其他\end{cases} \tag{8.15}$$

$$H(z)=\frac{1-z^{-D}}{1-z^{-1}}=H_1(z)H_2(z) \tag{8.16}$$

图 8.32 所示是 CIC 滤波器的实现方框图。

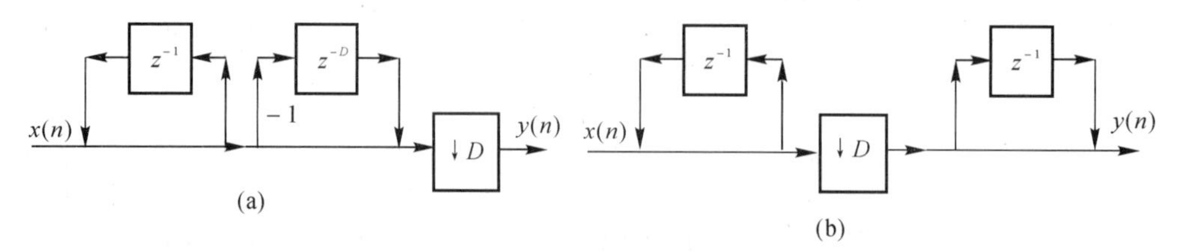

图 8.32　CIC 滤波器的实现方框图

半带滤波器(Half - Band filter,HB),特别适用于实现抽取或内插,而且计算效率高,实时性好,其频率响应如图 8.33 所示。

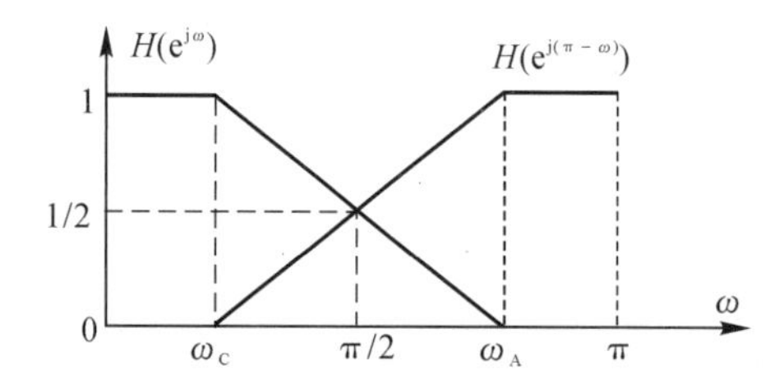

图 8.33　半带滤波器的频率特性

半带滤波器的阻带宽度与通带宽度是相等的,并满足关系式 $\omega_A=\pi-\omega_c$。半带滤波器的冲激响应 $h(n)$ 在偶数点全为零,所以采用半带滤波器实现采样率变换时,只需一半的计算量。

图 8.34～图 8.37 分别是不含摩尔斯码的中频信号的数字混频器输出、CIC 滤波器输出信号、HB 滤波器输出信号和 FIR 滤波器输出信号的仿真波形图。

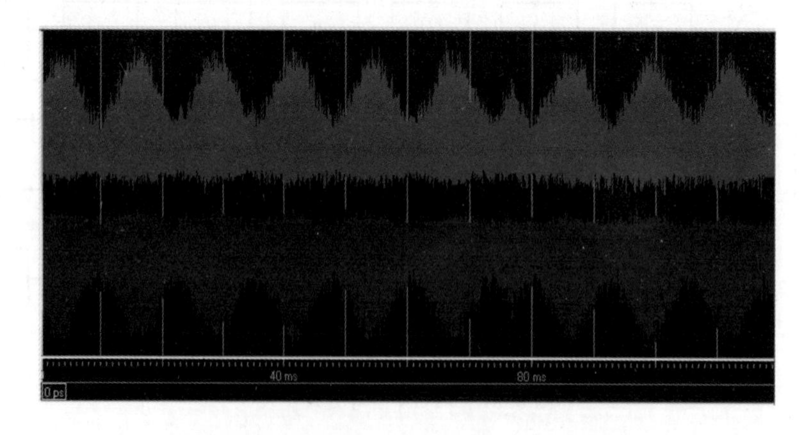

图 8.34　混频器输出信号波形(不含摩尔斯码)

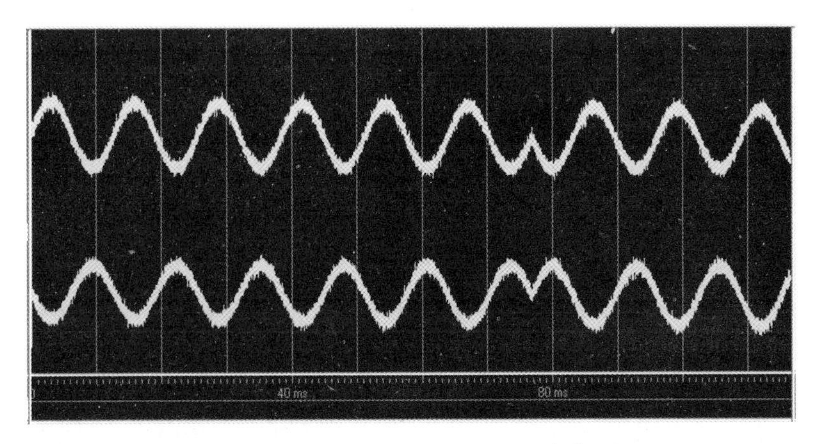

图 8.35　CIC 滤波器输出信号波形(不含摩尔斯码)

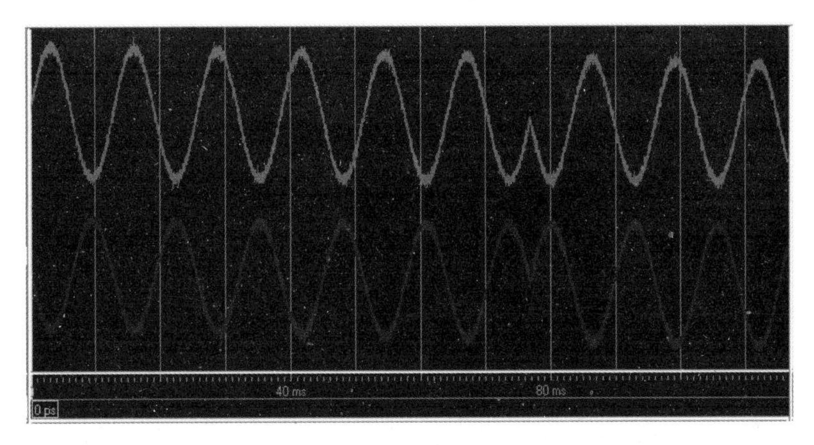

图 8.36　HB 滤波器输出信号波形(不含摩尔斯码)

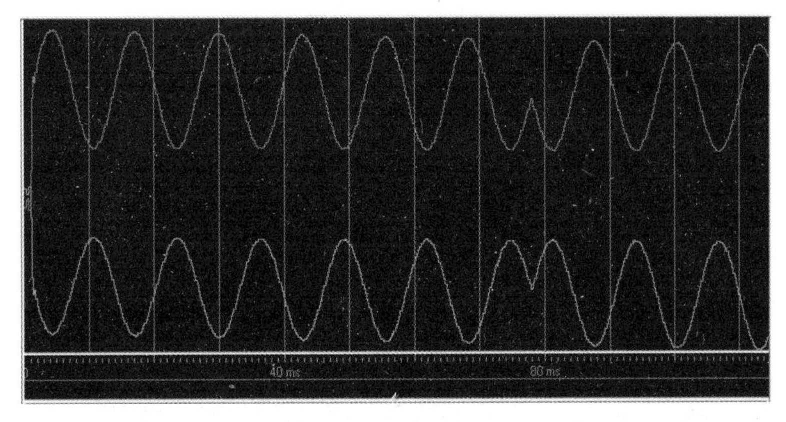

图 8.37　FIR 滤波器输出信号波形(不含摩尔斯码)

图 8.38～图 8.41 分别是包含摩尔斯码的中频信号的数字混频器输出、CIC 滤波器输出信号、HB 滤波器输出信号和 FIR 滤波器输出信号的仿真波形图。

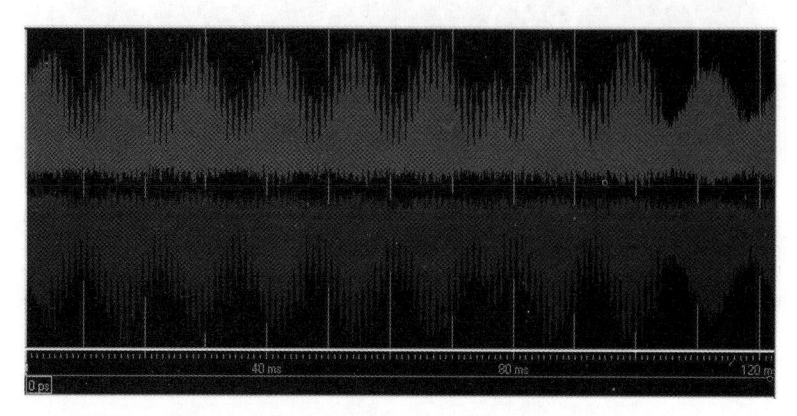

图 8.38　混频器输出信号波形(包含摩尔斯码)

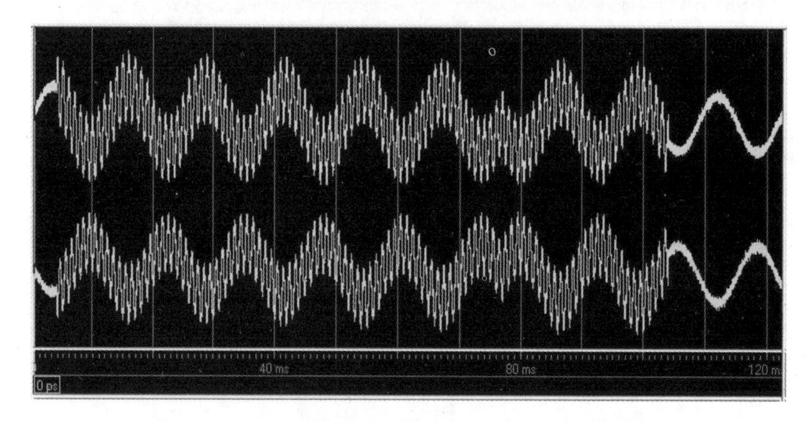

图 8.39　CIC 滤波器输出信号波形(包含摩尔斯码)

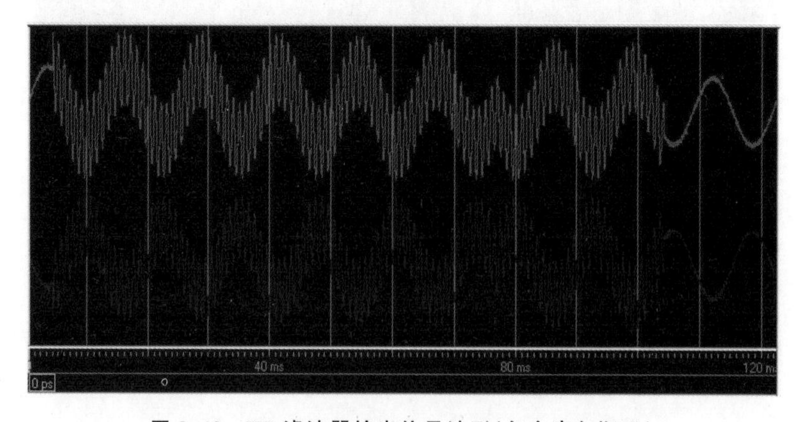

图 8.40　HB 滤波器输出信号波形(包含摩尔斯码)

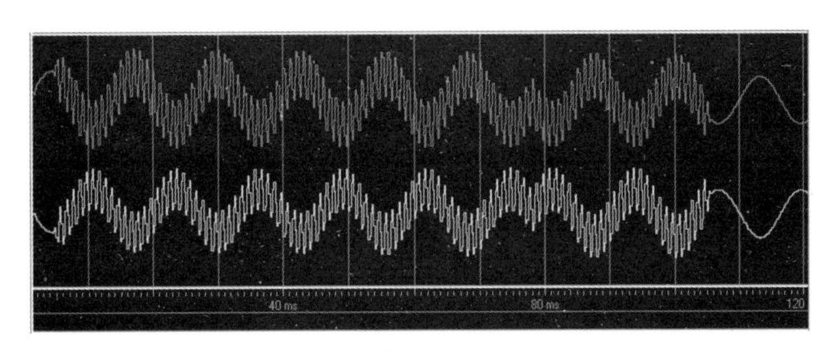

图 8.41　FIR 滤波器输出信号波形(包含摩尔斯码)

从以上仿真结果可以看出,采用数字信号的解调方案可以较好地提取无线电罗盘中调幅信息,图 8.41 中包含摩尔斯码的音频信号可以用一个数字带通滤波器提取出来,并采用数字解调方法进行检波处理。

8.5　雷达信号处理

雷达信号处理(Radar Signal Processing,RSP)的目的是与雷达的功能和要求相关的。一般来讲,RSP 的目的是为了提高雷达测量的指标。例如,通过脉冲积累可以提高雷达信号的 SIR,通过脉冲压缩或其他波形设计技术可以改善雷达分辨率和 SIR,加窗技术可以改善天线旁瓣特性。雷达信号处理吸收了其他技术领域相似的技术和概念,最为接近的是通信和声呐。线性滤波和统计检测理论是雷达目标检测的核心。RSP 包括匹配滤波器、多普勒谱估计、雷达成像、波束形成、目标识别和跟踪等技术。

RSP 与其他技术的主要区别:

(1)很多现代雷达是相干的:接收信号解调到基带后是复数值。

(2)雷达信号动态范围很大,有时达到 100 dB 以上。因此,雷达接收机的增益控制是很常见的。

(3)雷达的工作环境很差,信号干扰往往比 SIR 不高。例如,检测一个点目标需要 10～20 dB,但在信号处理之前一个单一接收脉冲的 SIR 往往小于 0 dB。

(4)雷达信号往往是宽带的,单个脉冲可达几兆赫兹或几百兆赫兹,甚至 1 GHz。

8.5.1　雷达信号处理的基本原理

作为最复杂的电子系统之一,雷达一般可以分为三大部分:天线和收发单元、信号处理单元、数据处理单元。图 8.42 所示是雷达的基本组成框图,当然,一个雷达系统图中还应该包括显示单元、伺服系统和电源等部分。

随着雷达的工作任务越来越复杂和繁重,雷达信号处理的任务越来越先进和复杂,数字技术也越来越体现在雷达信号处理的算法中。本节主要讨论雷达信号处理的基本方法,并着重说明其原理和思想。图 8.43 所示是现代雷达信号处理的一个流程示意图,其中,根据雷达的用途和设计要求,有些环节是可以省去的。

从图 8.43 中可以看出，现代雷达信号处理方法是很丰富和复杂的，由于篇幅所限，本节仅对其中的脉冲压缩处理算法做一介绍。

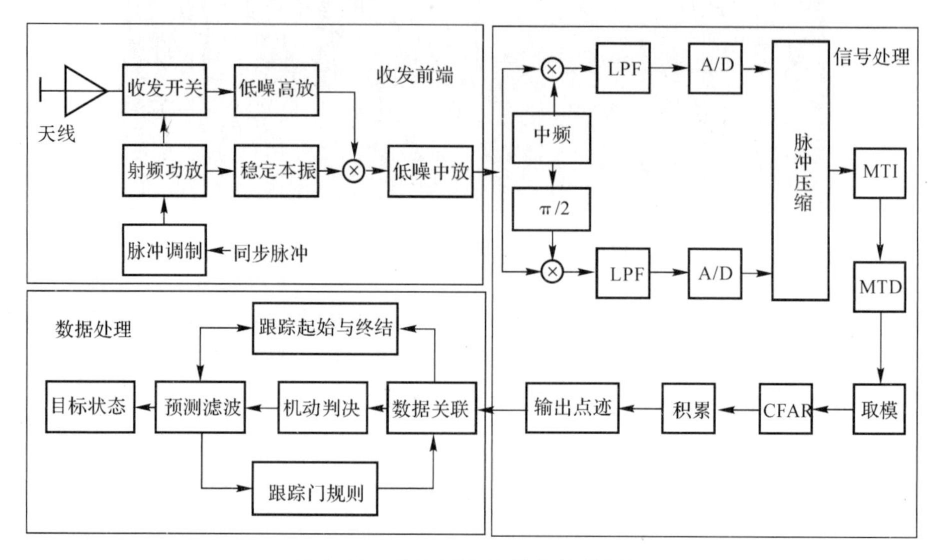

图 8.42 雷达系统的基本组成框图

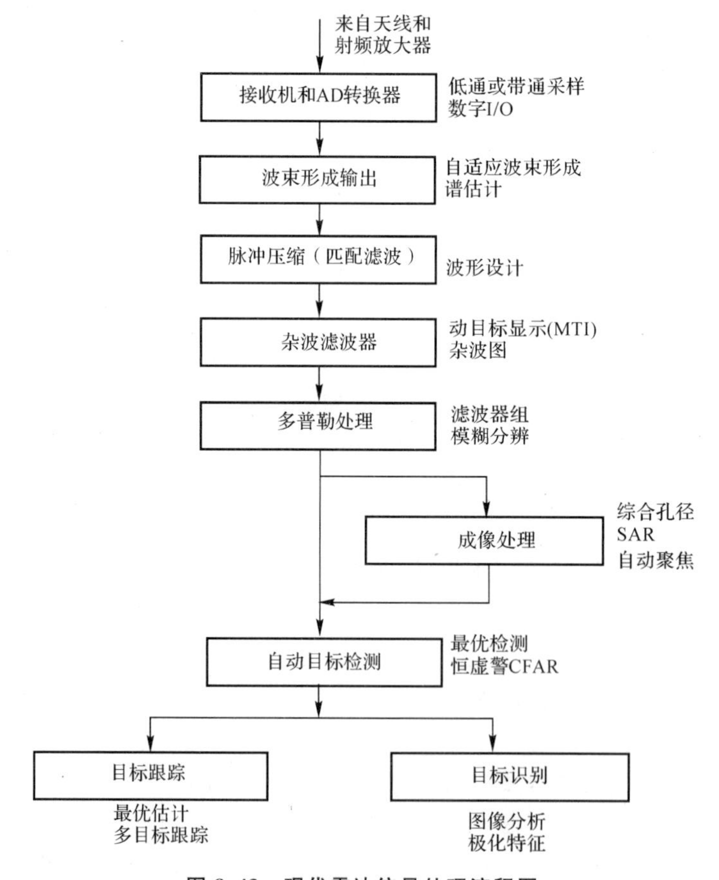

图 8.43 现代雷达信号处理流程图

8.5.2　脉冲压缩与匹配滤波器

脉冲压缩处理是现代雷达必不可少的信号处理手段，在模型上可以看成是一种特殊的滤波器——匹配滤波器。雷达检测需要高的灵敏度和高的分辨率（距离和角度），脉冲压缩可以获得高的距离分辨率。这一指标与发射信号的瞬时带宽有关。简单的固定频率正弦调制的脉冲在峰值功率固定时采用增加脉冲宽度来提高发射能量进而提高灵敏度，但脉冲宽度增大会减小带宽，从而降低距离分辨率性能，因此看起来这两者是矛盾的。脉冲压缩提供了解决这一矛盾的一种有效方法，它可以使设计波形的带宽和时宽独立开来，基本的思路就是在脉冲内进行调制，从而在大时宽条件下（能量增大）增加带宽（提高距离分辨率）。

增加脉冲信号的瞬时带宽常用的方法是在脉冲内部进行频率的线性调频或载波相位的编码调制，等效增加雷达脉冲信号的带宽，经过匹配滤波器处理，可以获得脉冲时宽得到压缩、幅度得到增大的输出信号。图8.44所示是线性调频脉冲和匹配滤波器输出波形示意图。

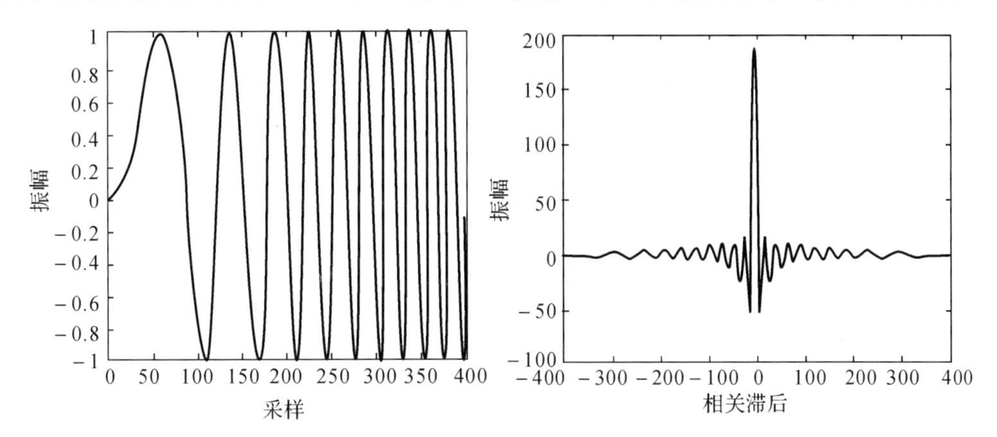

图8.44　线性调频脉冲通过匹配滤波器的输出波形图

匹配滤波器输出的主瓣宽度比原来的波形宽度小得多，主瓣宽度近似等于带宽的倒数，即 $\Delta\tau \approx \dfrac{1}{\beta}(s)$。

设匹配滤波器的输入和输出分别是 $x(t)$，$y(t)$，滤波器的频域函数是 $H(\mathrm{j}\Omega)$，如图8.45所示。下面推导它们之间的数学关系式。

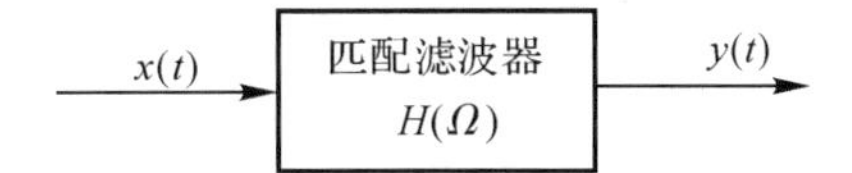

图8.45　匹配滤波器示意图

根据线性时不变系统的描述定理，可知

$$\left.\begin{aligned} y(t) &= \int_{-\infty}^{\infty} x(\tau)h(t-\tau)\mathrm{d}\tau \\ Y(\mathrm{j}\Omega) &= H(\mathrm{j}\Omega)X(\mathrm{j}\Omega) \end{aligned}\right\} \tag{8.17}$$

$$|y(T_M)|^2=\left|\frac{1}{2\pi}\int_{-\infty}^{\infty}X(\mathrm{j}\Omega)H(\mathrm{j}\Omega)\mathrm{e}^{\mathrm{j}\Omega T_M}\mathrm{d}\Omega\right|^2$$

假设 $x(t)=s(t)+n(t)$，其中 $n(t)$ 为白噪声干扰，其功率密度为 $N_0/2$，总噪声功率为

$$n_p=\frac{1}{2\pi}\frac{N_0}{2}\int_{-\infty}^{\infty}|H(\mathrm{j}\Omega)|^2\mathrm{d}\Omega \tag{8.18}$$

在 $t=T_M$ 时刻信噪比 SNR 定义为

$$\chi=\frac{|y(T_M)|^2}{n_p}=\frac{\left|\frac{1}{2\pi}\int_{-\infty}^{\infty}X(\mathrm{j}\Omega)H(\mathrm{j}\Omega)\mathrm{e}^{\mathrm{j}\Omega T_M}\mathrm{d}\Omega\right|^2}{\frac{N_0}{4\pi}\int_{-\infty}^{\infty}|H(\mathrm{j}\Omega)|^2} \tag{8.19}$$

根据施瓦兹不等式可以确定使其最大的频率响应为

$$\left|\int_{-\infty}^{\infty}A(\Omega)B(\Omega)\mathrm{d}\Omega\right|^2\leqslant\left(\int_{-\infty}^{\infty}|A(\Omega)|^2\mathrm{d}\Omega\right)\left(\int_{-\infty}^{\infty}|B(\Omega)|^2\mathrm{d}\Omega\right)$$

上式当且仅当 $B(\Omega)=\alpha A^*(\Omega)$ 时等号成立，可得

$$\chi\leqslant\frac{\left(\frac{1}{2\pi}\right)^2\int_{-\infty}^{\infty}|X(\mathrm{j}\Omega)\mathrm{e}^{\mathrm{j}\Omega T_M}|^2\mathrm{d}\Omega\int_{-\infty}^{\infty}|H(\mathrm{j}\Omega)|^2\mathrm{d}\Omega}{\frac{N_0}{4\pi}\int_{-\infty}^{\infty}|H(\mathrm{j}\Omega)|^2} \tag{8.20}$$

当滤波器频率响应满足下式时，式(8.19) 取得最大值：

$$H(\Omega)=\alpha X^*(\Omega)\mathrm{e}^{-\mathrm{j}\Omega T_M} \tag{8.21a}$$

$$h(t)=\alpha x^*(T_M-t) \tag{8.21b}$$

式(8.21a) 和式(8.21b) 中 T_M 是一个常数，使得滤波器为因果滤波器，该滤波器称为“匹配滤波器”，该滤波器在 $t=T_M$ 时刻获得最大的输出信噪比功率值。

如果雷达改变波形，接收机滤波器的冲激响应也要随之变化，以维持匹配关系。使输出信噪比最大化的时间点 T_M 是任意常数，但要满足系统的因果性，应该满足 $T_M\geqslant\tau$，τ 为脉冲宽度。

设输入 $x(t)=s(t)+n(t)$，包含目标和噪声，则匹配滤波器输出为

$$y(t)=\alpha\int_{-\infty}^{\infty}x(t')s^*(t'+T_M-t)\mathrm{d}t'=\alpha\int_{-\infty}^{\infty}[s(t')+n(t')]s^*(t'+T_M-t)\mathrm{d}t'=$$

$$\alpha\int_{-\infty}^{\infty}s(t')s^*(t'+T_M-t)\mathrm{d}t'+\alpha\int_{-\infty}^{\infty}n(t')s^*(t'+T_M-t)\mathrm{d}t'$$

假定信号和噪声的相关性很小，上式可以简化为

$$y(t)\approx\alpha\int_{-\infty}^{\infty}s(t')s^*(t'+T_M-t)\mathrm{d}t'=\alpha R_s(T_M-t) \tag{8.22}$$

式(8.22) 可以看作是信号的自相关函数，即匹配滤波器的输出等于输入信号的自相关函数反转延迟一个 T_M 的表达式。因此，匹配滤波器也称为相关器。

设一个雷达的发射信号的包络为矩形脉冲，即

$$x(t)=\begin{cases}1, & 0\leqslant t\leqslant\tau\\ 0, & \text{其他}\end{cases} \tag{8.23}$$

则匹配滤波器的冲激响应为

$$h(t)=\alpha x^*(T_M-t)=\begin{cases}\alpha, & T_M-\tau\leqslant t\leqslant T_M\\ 0, & \text{其他}\end{cases}$$

信号波形和匹配滤波器的冲激响应如图 8.46 所示。

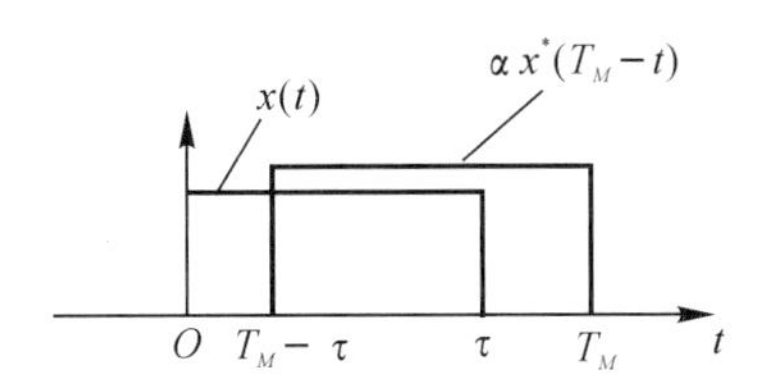

图 8.46　信号波形和冲激响应示意图

根据匹配滤波器原理，输出为

$$y(t)=x(t)*h(t)$$

$$y(t)=\begin{cases}\alpha t-\alpha(T_M-\tau), & T_M-\tau\leqslant t\leqslant T_M\\ \alpha[(T_M+\tau)-t], & T_M<t\leqslant T_M+\tau\\ 0, & \text{其他}\end{cases}$$

输出 $y(t)$ 的波形如图 8.47 所示。可以看到，对于简单脉冲输入，匹配滤波器输出是时宽为 2 倍 τ 宽度的三角波，在 $t=T_M$ 时输出值达到最大。这个结果简单明了地说明了匹配滤波器的原理。

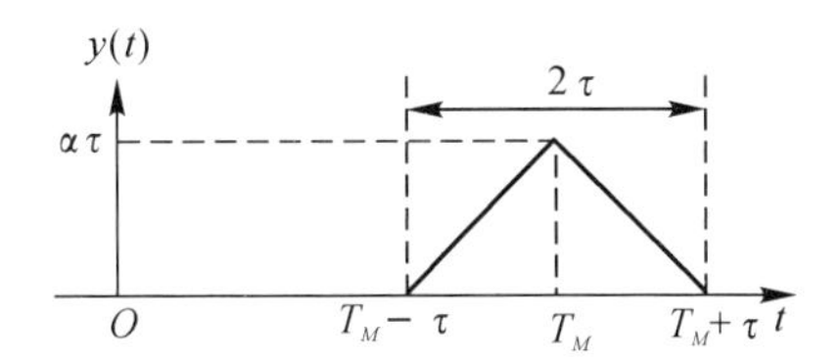

图 8.47　匹配滤波器的输出波形

现代雷达波形设计中，发射脉冲一般不是简单的单载频脉冲，而是对载波进行调制，最常见的是线性调频脉冲或编码调相脉冲，下面推导线性调频脉冲的匹配滤波器输出表达式。

设脉冲雷达的发射信号为

$$x_1(t)=\begin{cases}A_1\cos(2\pi f_0 t+k\pi t^2), & 0\leqslant t\leqslant\tau\\ 0, & \text{其他}\end{cases}\tag{8.24}$$

式中，f_0 是信号的载频；A_1 是脉冲包络的幅度；k 是线性调频的斜率，它决定了在脉冲宽度 τ 内信号频率的变化范围。

雷达天线按照某一周期重复发射式(8.24) 形式的高功率脉冲，形成雷达发射周期性脉冲信号，周期设为 T，如图 8.48 所示。

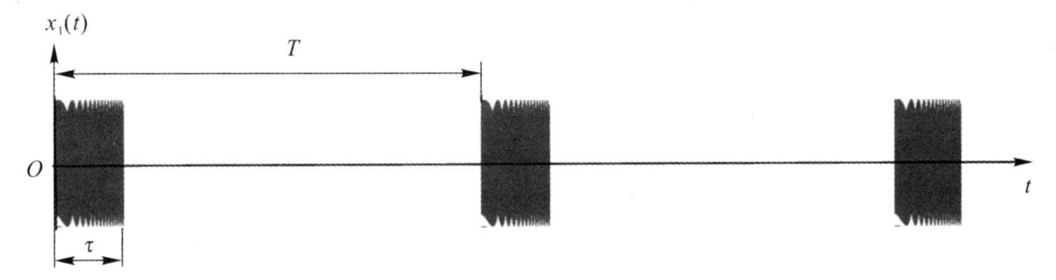

图 8.48　雷达发射线性调频高频脉冲波形示意图

图 8.48 中的发射信号经过目标反射后被雷达天线接收，由于传播路径的衰减和目标后向散射信号只是发射信号的一部分能量，而且接收信号的幅度一般远小于发射信号的幅度，设接收信号为

$$x_2(t)=\begin{cases}A_2\cos[2\pi f_0(t-t_r)+k\pi(t-t_r)^2+\theta_0], & t_r\leqslant t\leqslant t_r+\tau\\ 0, & \text{其他}\end{cases} \tag{8.25}$$

式中，A_2 是接收信号脉冲幅度，表示接收信号的衰减；t_r 表示接收信号的延迟时间，它代表了目标的距离；θ_0 是其他因素造成的相位值，后续讨论中可暂时忽略。如图 8.49 所示，图中假定接收信号忽略了噪声和杂波及其他衰减因素的影响，并暂不考虑目标运动引起的多普勒频移。

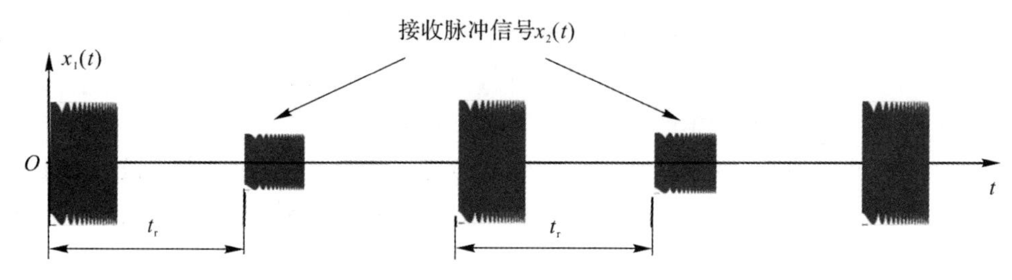

图 8.49　接收脉冲相对于发射脉冲位置示意图

式(8.25) 的接收信号经过射频处理后转换为零中频的基带脉冲信号，频率分量仅有线性调频的频率成分，设基带信号为 $x_B(t)$ 为

$$x_B(t)=\begin{cases}A_B\cos k\pi(t-t_r)^2, & t_r\leqslant t\leqslant t_r+\tau\\ 0, & \text{其他}\end{cases} \tag{8.26}$$

式(8.25) 中假定零中频信号为理想脉冲，A_B 为脉冲幅度，脉冲内为线性调频波形，如图 8.50 所示。

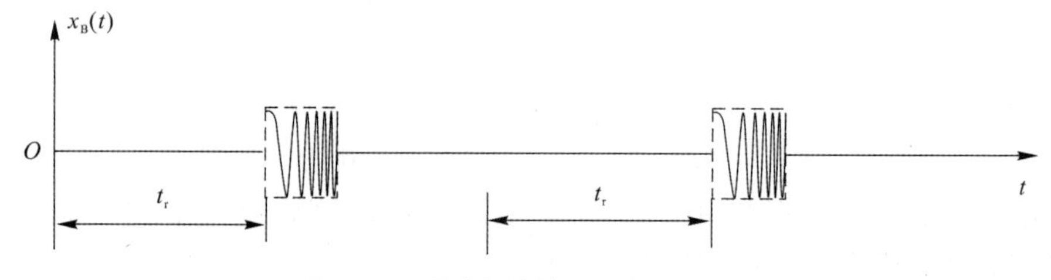

图 8.50　零中频线性调频脉冲示意图

雷达信号处理的任务之一是对上述线性调频基带信号进行匹配滤波处理，以获取最大的输出信噪比，并得到高分辨率脉冲压缩输出。

下面推导匹配滤波器的输出，不失一般性，将式(8.25) 中 t_r 设为零，脉冲区间设为 $-\frac{\tau}{2}\sim\frac{\tau}{2}$，脉冲幅度进行归一化，并将信号写成复指数形式，即 $x_B(t)$ 为

$$x_B(t)=\begin{cases}\frac{1}{\tau}e^{jk\pi t^2}, & -\tau/2\leqslant t\leqslant\tau/2\\ 0, & \text{其他}\end{cases} \tag{8.27}$$

$x_B(t)$ 的实部波形如图 8.51 所示，其中参数为：$\tau=200$ ms，$k=5\ 000$。

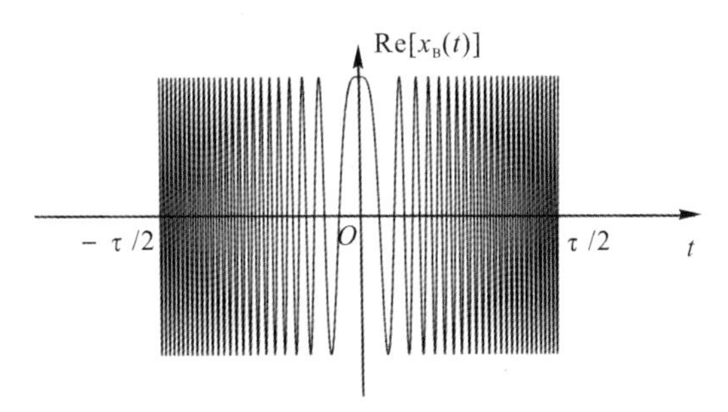

图 8.51　线性调频脉冲 $x_B(t)$ 的实部波形

根据匹配滤波器的定义，匹配滤波器的单位冲激响应为

$$h(t)=x_B^*(T_M-t)=\begin{cases}\dfrac{1}{\tau}e^{-jk\pi(T_M-t)^2}, & T_M-\tau/2\leqslant t\leqslant\tau/2+T_M\\0, & 其他\end{cases}$$

其中，T_M 的选择使得滤波器具有因果性，不失一般性，可设 $T_M=0$，即

$$h(t)=x_B^*(T_M-t)=x_B^*(-t)$$

即两者简化为共轭关系，实部相同，虚部相反。

匹配滤波器输出 $y(t)$ 等于 $x_B(t)$ 和冲激响应 $h(t)$ 卷积，即

$$y(t)=x_B(t)*h(t)=\int_{-\infty}^{\infty}x_B(\tau_1)h(t-\tau_1)d\tau_1=\frac{1}{\tau^2}\int_{-\tau/2}^{\tau/2}e^{jk\pi\tau_1^2}e^{-jk\pi(t-\tau_1)^2}d\tau_1$$

式中，τ 是脉冲宽度；τ_1 是积分变量。

对上式进行积分求解，由于两个信号都是关于原点对称的，所以输出信号也是对称的，求解时可只求 $t\geqslant0$ 的卷积部分，即

当 $t\geqslant0$ 时，有

$$y(t)=\frac{1}{\tau^2}\int_{t-\tau/2}^{\tau/2}e^{jk\pi\tau_1^2}e^{-jk\pi(t-\tau_1)^2}d\tau_1=\frac{1}{\tau^2}\int_{t-\tau/2}^{\tau/2}e^{-jk\pi t^2}e^{j2k\pi\tau_1 t}d\tau_1=\frac{1}{\tau^2}\frac{\sin\pi kt(\tau-t)}{\pi kt}$$

当 $t\leqslant0$ 时，有

$$y(t)=\frac{1}{\tau^2}\frac{\sin\pi k(-t)(\tau+t)}{\pi k(-t)}=\frac{1}{\tau^2}\frac{\sin\pi kt(\tau+t)}{\pi kt}$$

最终可得

$$y(t)=\frac{1}{\tau^2}\frac{\sin\pi kt(\tau-|t|)}{\pi kt},\quad |t|\leqslant\tau \tag{8.28}$$

式(8.28)中，当 $t=0$ 时，$y(t)$ 取得最大值，实际中，$t=T_M$，匹配滤波器输出达到最大值。图 8.52 是匹配滤波器归一化输出幅度对数值(分贝)示意图，图 8.52 是局部放大图。

从图 8.52 可以得到，匹配滤波器对输入线性调频脉冲进行了脉宽压缩，图 8.53 中的主瓣宽度近似等于带宽 B 的倒数的 2 倍，即输出脉冲宽度等于 $2/B$，B 是脉宽内频率的变化范围，即 $B=k\tau$。例如，设 $\tau=200$ ms，$k=5\ 000$，则脉冲内频率变化等于 $5\ 000\times0.2=1\ 000$ Hz，则匹配滤波器输出主瓣宽度等于 $2/1\ 000=2$ ms，与原脉冲宽度 200 ms 相比，压缩了 100 倍，它正是时宽带宽的乘积($0.2\times1\ 000$)的一半，时宽带宽积越大，脉冲压缩倍数越高，因此，提高脉冲

压缩比值的途径是增加时宽和带宽。

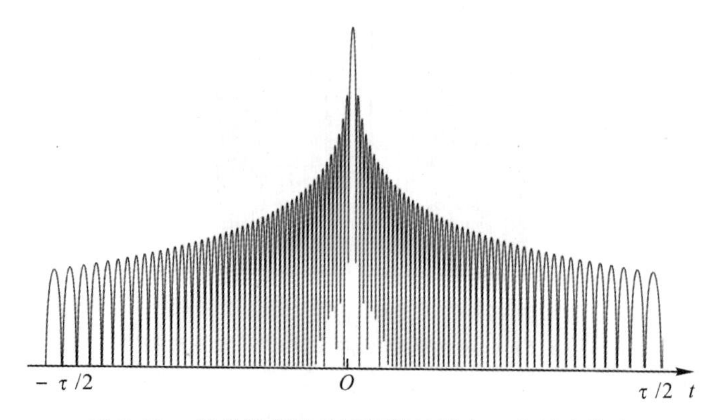

图 8.52　线性调频脉冲匹配滤波器归一化输出幅度

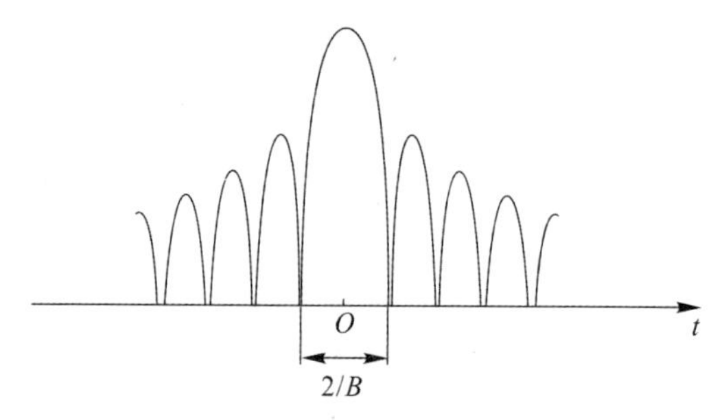

图 8.53　匹配滤波器归一化输出幅度主瓣宽度与带宽的关系

上述关于匹配滤波器输出推导中假定输入线性调频是基带脉冲，如果脉冲含有中频分量，输入信号表达式如式(8.25)所示，为简单起见，设 t_r 和 θ_0 均为零，并写成复指数形式，即

$$x_2(t)=\begin{cases}\dfrac{1}{\tau}e^{j(2\pi f_0 t+k\pi t^2)}, & -\tau/2\leqslant t\leqslant \tau/2\\ 0, & \text{其他}\end{cases}$$

可以证明，匹配滤波器的输出等于式(8.28)乘上载波项，即

$$y(t)=\frac{1}{\tau^2}\frac{\sin\pi kt(\tau-|t|)}{\pi kt}e^{j2\pi f_0 t},\quad |t|\leqslant\tau \tag{8.29}$$

8.6　DVOR 的数字解调算法

8.6.1　基于中频数字化的 DVOR 接收机设计

甚高频全向信标(Very High Frequency Omnidirectional Range, VOR)系统主要包括甚高频全向信标地面发射台和监控台，VOR 信标台设立在航线或机场附近，其发射 VOR 信号用来确定飞机位置，监控台用来监测 VOR 信号是否异常，机载接收机接收 VOR 信号，引导飞机按照航线飞行和安全着陆。甚高频全向信标系统主要包括常规的全向信标(CVOR)和多普勒全向信标(DVOR)。DVOR 是在 CVOR 系统基础上，利用多普勒效应克服了环境中的多径干扰对 VOR

信号的影响。

DVOR 接收机通过天线接收到 DVOR 信号，信号首先经过射频处理，将不同频道(108～119.75 MHz)的 DVOR 信号下变频到中频 21.4 MHz，对模拟信号进行 AD 采样得到数字信号并进行解调，从而实现对方位角、30 Hz 基准信号调制度、30 Hz 可变信号调制度、9 960 Hz 副载波调制度和 1 020 摩尔斯识别码等参数的提取，再将解调参数组帧利用数据总线传递给上位机实现数据的传输和监测功能，整体设计方案如图 8.54 所示。

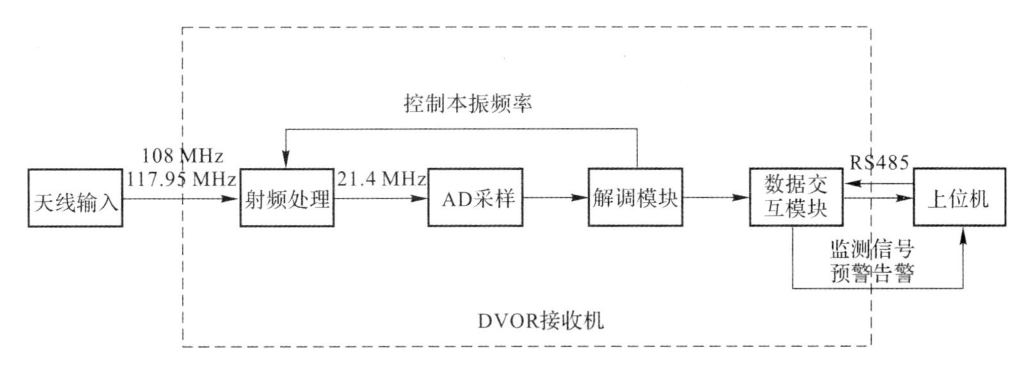

图 8.54　DVOR 接收机整体设计框图

DVOR 信号主要是由 30 Hz 基准信号、9 960 Hz 调频副载波信号、30 Hz 可变信号和 1 020 Hz 摩尔斯码信号组成。在信号解调模块中首先通过滤波器将各信号分离，再通过 DDS 混频、I/Q 调制、离散傅里叶变换、FM 正交解调算法、FIR 数字滤波和解卷绕等信号处理方法对基带信号进行解调从而实现对方位角 θ、30 Hz 基准信号调制度 m_a、30 Hz 可变信号调制度 k_f、9 960 Hz 副载波调制度 m_f、1 020 Hz 摩尔斯识别码调制度 m_c 和 1 020 Hz 摩尔斯识别码等参数的提取。

DVOR 天线接收到的信号模型为

$$\begin{aligned} E(t) = E_m(\mathrm{DC} + m_c\sin(2\pi f_1 t) + m_a\sin(2\pi f_2 t + \theta_1) + \\ m_f\cos[2\pi f_3 t + k_f\sin(2\pi f_1 t + \theta_2)]\cos(2\pi f_0 t) \end{aligned} \tag{8.30}$$

式中，E_m 为辐射功率；DC 为直流信号；f_0 为载波频率(108～117.95 MHz)；f_2 为 1 020 Hz 摩尔斯码频率；m_c 为 1 020 Hz 摩尔斯码调制度；f_1 为 30 Hz 信号频率；m_a 为 30 Hz 基准信号调制度；f_3 为 9 960 Hz 调频副载波信号频率；m_f 为 9 960 Hz 调频副载波调制度；k_f 为 30 Hz FM 调频指数(调制度)；θ_1 为 30 Hz 基准信号方位角；θ_2 为 30 Hz 可变信号方位角。

接收机接收到的信号首先要经过射频前端，该射频前端将 DVOR 信号搬移到中频 21.4 MHz 附近，使用带通采样定理有效降低采样率。DVOR 信号属于带限信号，带限信号的频谱具有对称性，DVOR 信号在时域采样，频域就会将信号频谱进行周期延拓，为了保证采样后的 DVOR 信号不发生混叠，需要使得负频域部分的频率分量经过 $m-1$ 次和 m 次平移后得到的频谱分量不与正频域的信号频谱发生混叠，那么信号的采样率 f_s 就需要满足

$$\left.\begin{aligned} -f_L + (m-1)f_s \leqslant f_L \\ f_H \leqslant -f_H + mf_s \end{aligned}\right\} \tag{8.31}$$

信号进行带通采样的频谱可以看作是由信号本身的频谱和原始信号与频率为 mf_s 的信号混频后的频谱叠加而成的，其频谱图如图 8.55 所示。

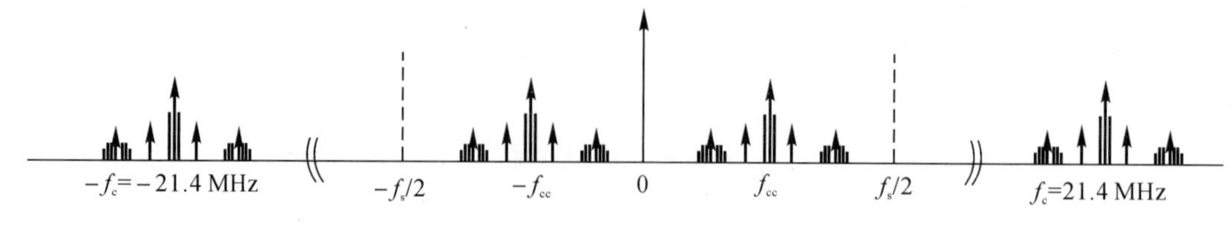

图 8.55　采样后 DVOR 信号理论频谱图

从图 8.54 中可以看出，若信号采样后的频谱刚好落在$(-f_s/2, f_s/2)$内，则该频谱正是基带信号频谱，经过带通采样后的 DVOR 信号表达式为

$$E(n)=\cos(2\pi f_0 n)(DC+m_a\sin(2\pi f_1 n+\theta_1)+m_c\cos(2\pi f_2 n)+$$
$$m_f\cos[2\pi f_3 n+k_f\sum_{n=1}^{\infty}\sin(2\pi f_1 n+\theta_2)] \tag{8.32}$$

选取频谱搬移次数 $m=92$，采样频率 $f_s=460\ 800$ Hz，在 MATLAB 中仿真得到带通采样后的 DVOR 信号，如图 8.56 所示。可以发现，DVOR 信号频谱被搬移到了 203 200 Hz 处，与理论信号频谱图一致，即当 DVOR 信号处在整数倍频带位时，经过带通采样后信号会被搬移到$(-f_s/2, f_s/2)$内。

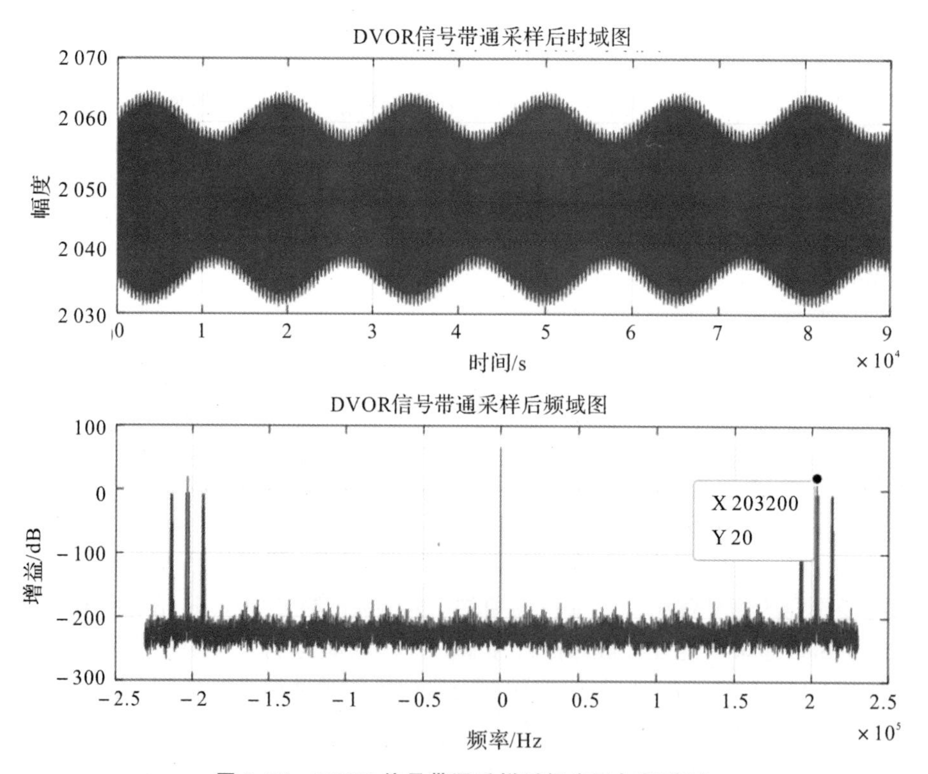

图 8.56　DVOR 信号带通采样后幅度图与频谱图

从图 8.56 可知信号虽然被搬移到了基带附近，但载频 203 200 Hz 仍然相对较高，不易设计滤波器，所以需要通过再次混频将 DVOR 信号搬移到零频。对信号 $x(n)$ 进行混频得到基带信号，混频频率 f_{cc} 计算公式为

$$f_{cc}=f_c-m/2\cdot f_s \tag{8.33}$$

将 $f_c=21.4$ MHz，$f_s=460\ 800$ Hz，$m=92$ 代入式(8.33)得混频频率 $f_{cc}=203\ 200$ Hz，这与图 8.56 中带通采样后 DVOR 信号被搬移到的基带载频一致，即经过带通采样后 DVOR 中频信号需要与203 200 Hz的本振信号混频才能得到基带信号。通过使用I/Q两路正交混频的方式对 DVOR 中频信号下变频。信号带通采样及下变频处理框图如 8.57 所示。

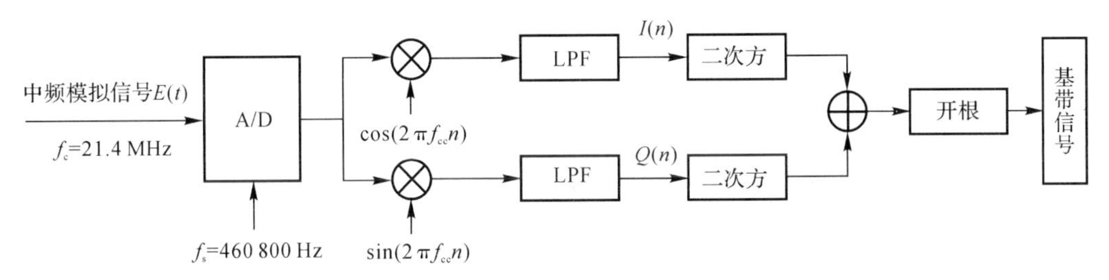

图 8.57　信号带通采样及下变频处理

DVOR 信号经过带通采样后与频率为 203 200 Hz 的本振混频的 I 路信号表达式为

$$E\_I(n)=[1+m_a\sin(2\pi f_1 n+\theta_1)+m_c\cos(2\pi f_2 n)+m_f\cos(2\pi f_3 n+k_f\sin(2\pi f_1 n+\theta_2)]\cos(2\pi f_0 n)\cos(2\pi f_{cc} n) \tag{8.34}$$

在式(8.34)中，可将基带信号看作一个常量 A，DVOR 信号的下变频可以看作是载频和本振信号进行混频处理，由图 8.57 可知，将 I/Q 两路信号求平方后增大一倍幅度，再经过求和开根后的表达式为

$$E'(n)=\sqrt{2A^2\cos^2(2\pi f_0 n)\cos^2(2\pi f_{cc} n)+2A^2\sin^2(2\pi f_0 n)\sin^2(2\pi f_{cc} n)}=A \tag{8.35}$$

仿真得到 DVOR 基带信号频谱如图 8.58 所示。

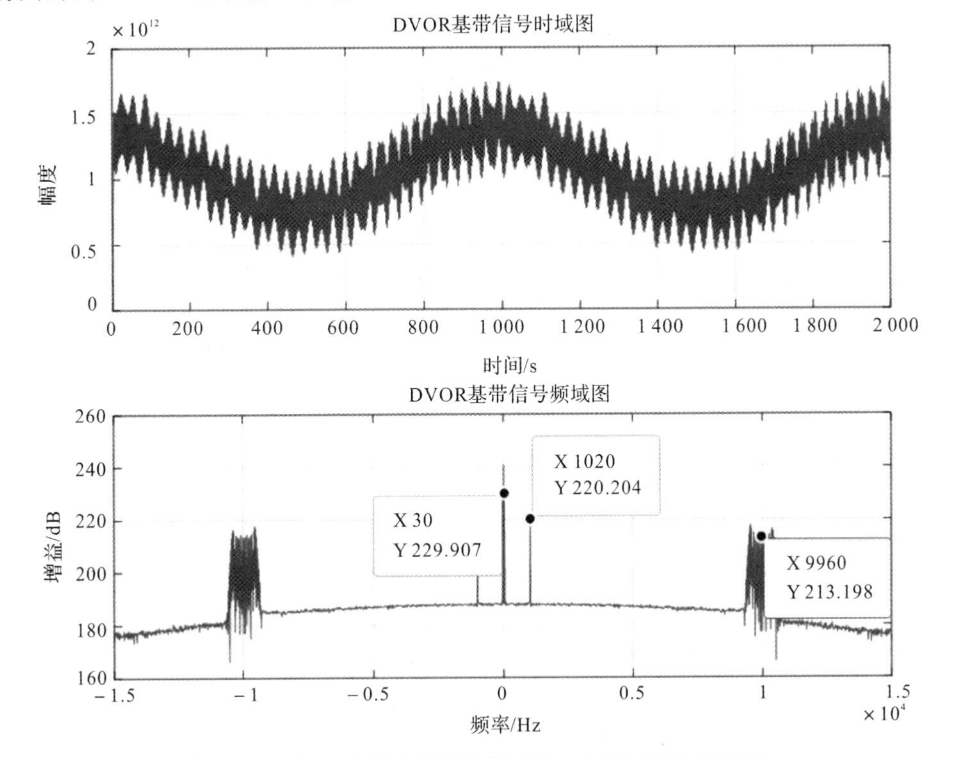

图 8.58　经过中频处理得到的 DVOR 信号时域和频域图

8.6.2 DVOR接收机基带解调模块设计

经过射频处理及AD采样后得到DVOR基带信号，此时DVOR信号的成分分为四部分，对这些信号进行模块化处理得到DVOR接收机所需的各个参数。主要运用到的数字信号处理算法有正交调制、离散傅里叶变换、FM正交解调算法、FIR数字滤波和解卷绕等。基带信号具体处理流程如图8.59所示。

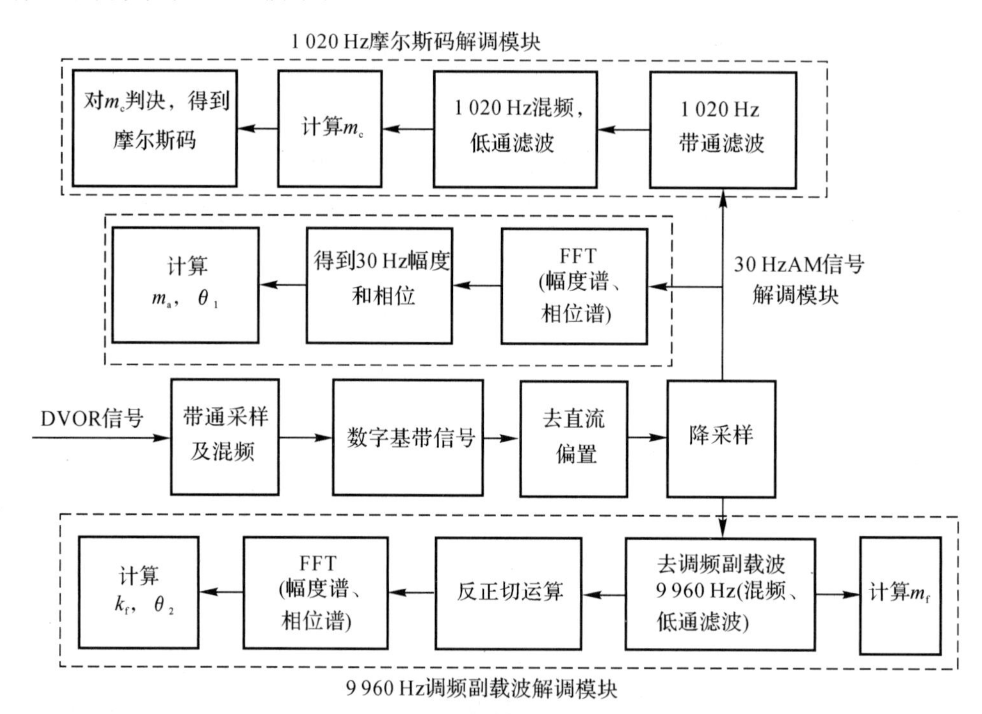

图8.59 信号解调模块处理框图

DVOR信号当前的采样频率为460 800 Hz，相较于解调30 Hz、1 020 Hz和9 960 Hz的信号而言，采样频率过大，所以需要先将采样频率降到合适的范围，采样频率要大于DVOR基带信号的最高频率的2倍以上，为了方便后续再次降采样，选取基带信号的采样频率为$f_{s1}=30\ 720$ Hz，采样点数选择2 048个点，则经过降采样后的DVOR基带信号表达式$S(n)$为

$$S(n)=DC+m_c\cos\left(\frac{2\pi\times 1\ 020n}{30\ 720}\right)+m_a\sin\left(\frac{2\pi\times 30n}{30\ 720}+\theta_1\right)+$$
$$m_f\cos\left[\frac{2\pi\times 9\ 960n}{30\ 720}+k_f\sin\left(\frac{2\pi\times 30n}{30\ 720}+\theta_2\right)\right],\quad n\in[0,2\ 048] \tag{8.36}$$

在得到DVOR基带信号后，对各模块进行具体的解调处理：

(1) DVOR信号通过FFT变换和低通滤波器，提取30 Hz AM基准信号幅度m_a和相位θ_1。

(2)DVOR信号通过滤波、混频提取出9 960 Hz调频副载波信号幅度m_f，再通过反正切和FFT等处理得到30 Hz可变信号的幅度k_f和相位θ_2。

(3)DVOR信号通过摩尔斯码解调模块，实现对1 020 Hz信号幅度m_c和摩尔斯码的提取。

通过滤波器提取 30 Hz 基准信号，由于提取的信息包含 30 Hz 信号的幅度和相位，所以设计的滤波器必须要具有良好的线性相位，而且在有效频率范围内所有信号的相位都不失真。

使用 MATLAB 中 filterDesigner 工具箱设计 FIR 低通滤波器，窗函数选取海明窗，设置输入采样频率 f_s 为 30 720 Hz，信号截止频率 f_c 为 300 Hz，滤波器阶数为 35 阶。设计出 FIR 低通滤波器，其幅频响应如图 8.60 所示。

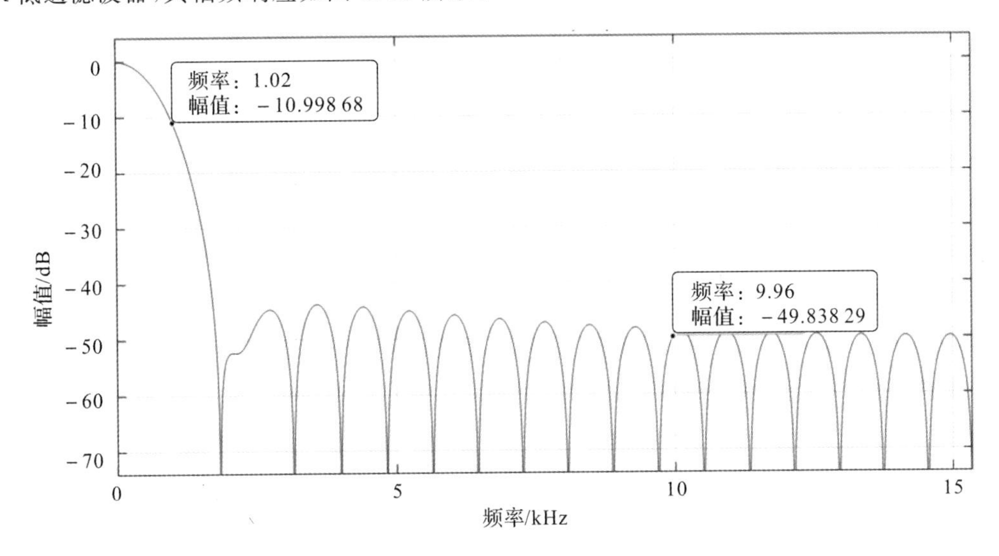

图 8.60　设计 FIR 低通滤波器的幅频响应

从图 8.60 中可以看出，该 FIR 滤波器对 1 020 Hz 信号的滤除效果可以达到－11 dB，对 9 960 Hz 信号的衰减可以达到－50 dB。

经过 FIR 低通滤波后得到 30 Hz 基准信号，此时采样频率 30 720 Hz 相对 30 Hz 仍然较大，再次降采样到 960 Hz，对 30 Hz AM 信号进行 64 点 FFT，即可得到 30 Hz 基准信号的幅度 m_a 和相位 θ_1，图 8.61 为采样后 30 Hz 基准信号时域和频域图。

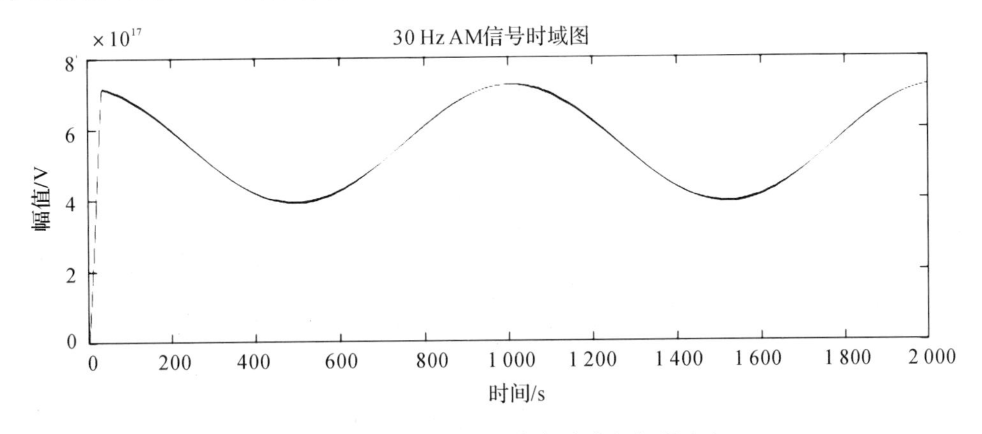

图 8.61　30 Hz AM 信号幅频响应与相频响应

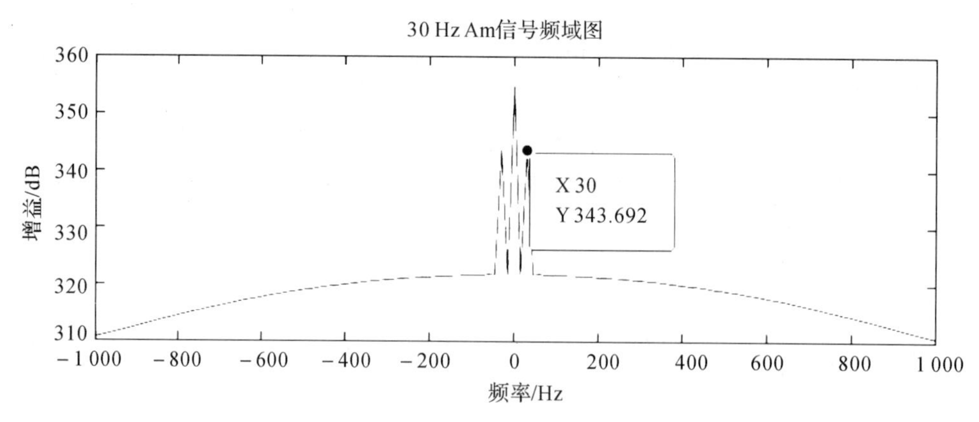

续图 8.60　30 Hz AM 信号幅频响应与相频响应

DVOR 基带信号信号通过 FIR 低通滤波器和 FFT 变换，提取到了 30 Hz AM 基准信号幅度 m_a 和方位角 θ_1。

对 DVOR 基带信号依然采用正交解调算法，DVOR 基带信号首先经过混频，将 9 960 Hz 信号搬移到零频，再通过低通滤波实现对 9 960 Hz 信号的提取，具体的处理流程如图 8.62 所示。

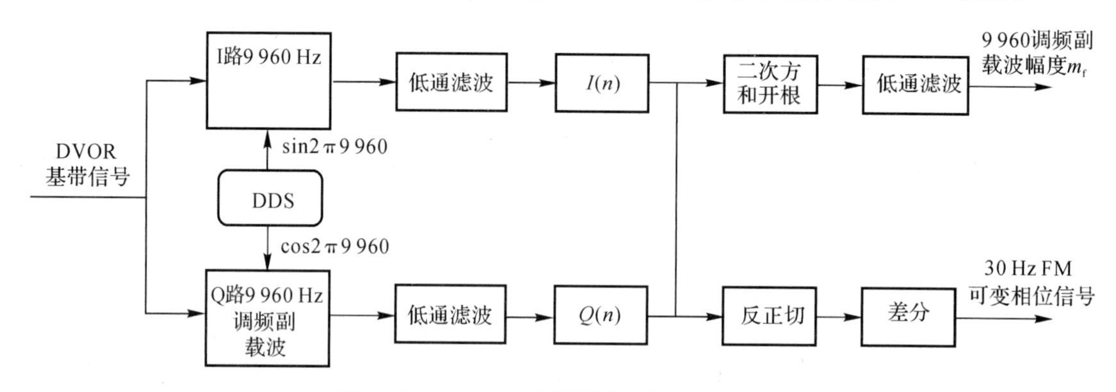

图 8.62　9 960 Hz 调频副载波信号解调模块

信号 $S(n)$ 与 DDS 混频器产生的本振信号信号相乘，DDS 输出频率为 9 960 Hz，得到两路正交的输出信号，图 8.63 为 MATLAB 中 I 路信号的幅频响应与相频响应。

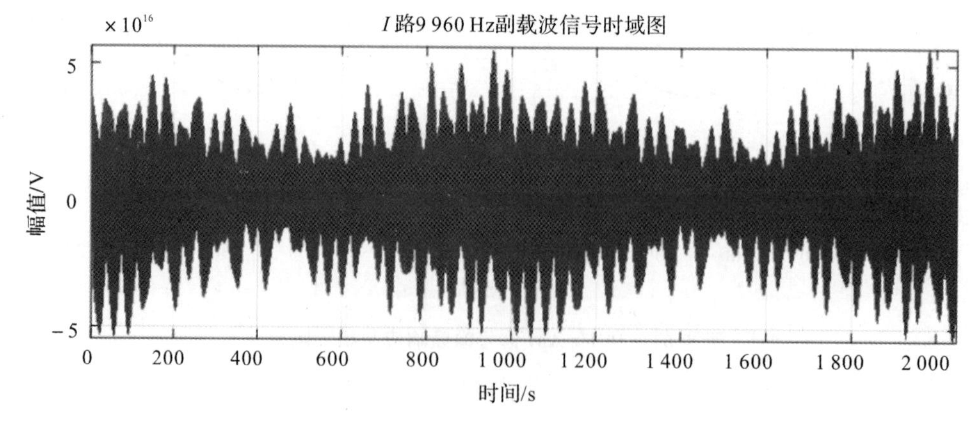

图 8.63　*I* 路信号的幅频响应与相频响应

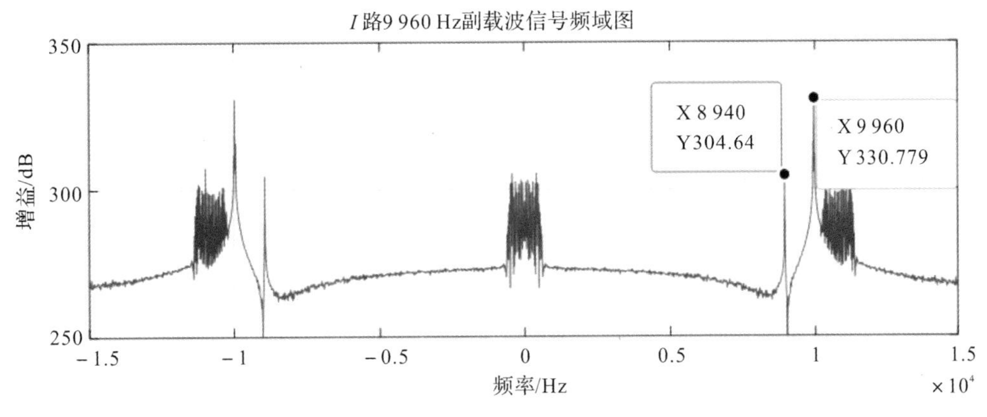

续图 8.63　*I* 路信号的时域和频域图

从图 8.62 中可以看出 9 960 Hz 信号的频谱搬移到零频附近，而原来的信号分类被搬移到 9 960 Hz 附近。因此，只需要对 *I* 路和 *Q* 路信号进行低通滤波处理，即可将干扰信号滤除。图 8.63 为低通滤波后的 9 960 Hz 调频副载波信号。

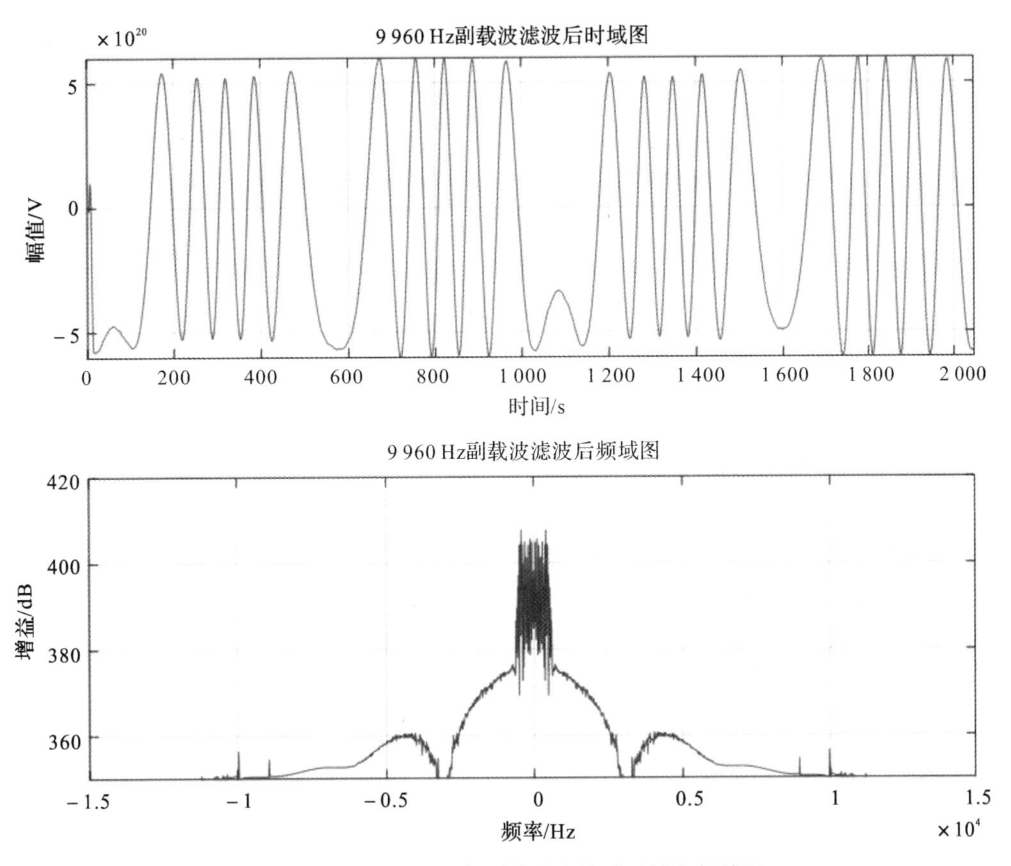

图 8.64　9 960 Hz 调频副载波滤波后时域和频域图

DVOR 基带信号经过正交混频和 FIR 低通滤波器后，此时的 *I* 路信号表达式为

$$I(n)=m_{\mathrm{f}}\cos\left(\frac{2\pi\times 9\ 960\times n}{30\ 720}\right)+k_{\mathrm{f}}\sin\left(\frac{2\pi\times 30\times n}{30\ 720}+\theta_2\right) \tag{8.37}$$

DVOR 基带信号经过正交混频和 FIR 低通滤波器后，此时的 Q 路信号表达式为

$$Q(n)=m_{\mathrm{f}}\sin\left(\frac{2\pi\times 9960\times n}{30\ 720}\right)+k_{\mathrm{f}}\sin\left(\frac{2\pi\times 30\times n}{30\ 720}+\theta_2\right) \tag{8.38}$$

将 I 路信号与 Q 路信号进行平方和开根可得到 9 960 Hz 副载波的调制指数 m_{f}，表达式为

$$m_{\mathrm{f}}=\sqrt{I^2(n)+Q^2(n)} \tag{8.39}$$

接下来要提取 30 Hz 可变信号，对 $I(k)$ 和 $Q(k)$ 信号进行反正切运算可得

$$D_k=\arctan\left(\frac{Q(n)}{I(n)}\right)=k_f\sin\left(\frac{2\pi\times 30\times n}{30\ 720}+\theta_2\right)+\frac{2\pi\times 9\ 960\times n}{30\ 720} \tag{8.40}$$

可以直接对信号 D_k 直接进行 FFT 即可得到 DVOR 信号 30 Hz 可变信号的方位角 θ_2。数字解调中的 1 020 Hz 摩尔斯码解调和其他信号处理由于篇幅所限，这里不再赘述。

本章小结和知识要点

本章主要介绍了数字信号处理器(DSP)和数字信号处理技术在频谱分析、音频信号处理、无线电罗盘信号处理、雷达信号处理和 DVOR 接收机数字解调算法中的应用。数字信号处理的应用极为广泛，本章仅仅是为读者做一个基本入门介绍。DSP 芯片的发展和应用越来越广泛，数字频谱分析在仪器分析领域和音频增强中应用很多，双音多频信号可以采用数字滤波器或频谱分析的方法进行识别，已被应用在无线通信和互联网领域。通信和雷达是信号处理应用最广泛的两大领域，本章简要介绍了雷达中典型的脉冲压缩技术，推导了输入为线性调频脉冲信号匹配滤波器的冲激响应表达式，给出了匹配滤波器的输出表达式和波形。本章最后给出了 DVOR 接收机数字解调的信号处理方法，这部分是笔者在实际科研中的素材。

本章知识要点：

(1)DSP 芯片的特点；

(2)数字频谱分析的原理和过程；

(3)音频信号分析的方法；

(4)FFT 算法的实现；

(5)摩尔斯码解调和双音多频信号处理；

(6)雷达信号处理模块的基本组成；

(7)匹配滤波器的基本概念和脉冲压缩；

(8)DVOR 导航信号的数字解调。

思　考　题

(1)DSP 芯片与微处理器芯片的区别是什么？

(2)DSP 芯片的流水线结构有哪些优点？

(3)数字频谱分析需要哪几个步骤?

(4)数字频谱分析的性能主要取决于哪些因素?

(5)双音多频信号是由哪两组频率构成的?

(6)双音多频信号的频域检测方法原理是什么?

(7)摩尔斯码有哪些特点?

(8)摩尔斯码的“点”和“划”各多少毫秒?

(9)无线电罗盘测向的原理是什么?

(10)无线电罗盘的信号组成有什么特点?

(11)脉冲雷达的测距原理是什么?

(12)脉冲雷达信号处理的目的是什么?

(13)雷达信号的时宽带宽积的定义是什么?

(14)脉冲压缩的原理是什么?

(15)匹配滤波器的优点是什么?

(16)匹配滤波器的单位冲激响应如何定义?

(17)DVOR 的定向原理是什么?

(18)DVOR 测向精度和哪些因素有关?

习　　题

8.1　对模拟信号应用 FFT 进行数字频谱分析,已知模拟信号的最高频率等于 10 kHz,要求频谱分析的分辨率达到 10 Hz,设计一个数字频谱分析系统,设采样频率等于 4 倍信号的最高频率,画出系统的主要组成部分,并确定 FFT 的计算点数 N 等于多少?

8.2　在 MATLAB 平台完成一个语音信号的数字频谱分析,采集一段语音信号,用 FFT 计算语音信号的频谱,分别画出语音信号的时域波形和频域波形,分析该段语音信号的频谱分量组成,分别用一个低通滤波器(通带 0～4 kHz)和高通滤波器(通带 4 kHz～采样频率/2)对语音信号进行处理,比较原来语音信号和滤波后语音信号的效果。

8.3　在 MATLAB 平台编写一个产生双音多频(DTMF)信号的程序,分别产生数字 0～9 的 DTMF 的信号,在此基础上,采用频域检测方法,编写一个 DTMF 信号识别程序,仿真识别一个手机号 DTFT 信号,设置一定的信噪比,分析识别算法性能。

8.4　产生一个摩尔斯码信号,码字自设,分别给出摩尔斯码时域信号和频域计算的波形示意图,设计一个摩尔斯码识别算法方案,并验证识别效果。

8.5　设计一个脉冲线性调频信号的匹配滤波器处理方案,脉宽、调频带宽等参数自行设定,编写仿真程序,完成匹配滤波器处理仿真,分别给出脉冲线性调频时域和频域波形示意图,给出匹配滤波器幅频响应和输出波形示意图,确定归一化输出的主瓣宽度和最大旁瓣值。

附　　录

附录 1　模拟滤波器设计参数表

附表 1.1　各阶巴特沃斯分解多项式 $B_n(s)$

N	a_0	a_1	a_2	a_3	a_4	a_5	a_6	a_7	a_8
1	1	1							
2	1	1.414							
3	1	2	2	1					
4	1	2.612	3.414	2.613	1				
5	1	3.236	5.236	5.236	3.236	1			
6	1	3.864	7.464	9.141	7.464	3.864	1		
7	1	4.949	10.103	14.606	14.606	10.103	4.949	1	
8	1	5.126	13.138	21.848	25.691	21.848	13.138	5.126	1
9	1	5.759	16.582	31.163	41.986	41.986	31.163	16.582	5.759

注:$B_n(s)=a_0+a_1s+a_2s^2+\cdots+a_{N-1}s^{N-1}+a_Ns^N,a_N=1$。

附表 1.2　各阶巴特沃斯因式分解多项式

N	$B_n(s)$
1	$1+s$
2	$1+\sqrt{2}s+s^2$
3	$(1+s)(1+s+s^2)$
4	$(1+0.765s+s^2)(1+1.848s+s^2)$
5	$(1+s)(1+0.618s+s^2)(1+1.618s+s^2)$
6	$(1+0.517s+s^2)(1+\sqrt{2}s+s^2)(1+1.932s+s^2)$
7	$(1+s)(1+0.445s+s^2)(1+1.246s+s^2)(1+1.802s+s^2)$
8	$(1+0.39s+s^2)(1+1.111s+s^2)(1+1.663s+s^2)(1+1.962s+s^2)$
9	$(1+s)(1+0.347s+s^2)(1+s+s^2)(1+1.532s+s^2)(1+1.897s+s^2)$

附表 1.3　前 8 阶切比雪夫多项式

N	$T_N(x)$
0	$T_0(x)=1$
1	$T_1(x)=x$
2	$T_2(x)=2x^2-1$
3	$T_3(x)=4x^3-3x^2$
4	$T_4(x)=8x^4-8x^2+1$
5	$T_5(x)=16x^5-20x^3+5x$
6	$T_6(x)=32x^6-48x^4+18x^2-1$
7	$T_7(x)=64x^7-112x^5+56x^3-7x$
8	$T_8(x)=128x^8-256x^5+160x^4-32x^2+1$

注：$T_N(x)=2xT_{N-1}(x)-T_{N-2}(x)$，$N>2$。

附录 2　切比雪夫滤波器设计参数表

1. 当波纹起伏为 $\frac{1}{2}$ dB，1 dB，2 dB，3 dB 时，低通滤波器的切比雪夫多项式 $V_N(s)$

设切比雪夫滤波器传递函数 $H_N(s)=\dfrac{K}{V_N(s)}$，其中

$$V_N(s)=b_0+b_1s+b_2s^2+\cdots+b_{N-1}s^{N-1}+b_Ns^N$$

$$K=\begin{cases}\dfrac{b_0}{(1+\varepsilon^2)^{\frac{1}{2}}}, & N\text{ 为偶数}\\ b_0, & N\text{ 为奇数}\end{cases}$$

附表 2.1　当波纹起伏为 $\frac{1}{2}$ dB，1 dB，2 dB，3 dB 时，低通滤波器的切比雪夫多项式 $V_N(s)$

N	b_0	b_1	b_2	b_3	b_4	b_5	b_6	b_7	b_8	b_9
a. $\frac{1}{2}$ dB 波纹系数 $\varepsilon=0.349$，$\varepsilon^2=0.122$										
1	2.862									
2	1.156	1.425								
3	0.715	1.534	1.252							
4	0.379	1.025	1.716	1.197						
5	0.178	0.752	1.309	1.937	1.172					
6	0.094	0.432	1.171	1.589	2.171	1.159				
7	0.044	0.282	0.755	1.647	1.869	2.412	1.151			
8	0.023	0.152	0.583	1.148	2.184	2.149	2.656	1.146		
9	0.011	0.094	0.340	0.983	1.611	2.781	2.429	2.092	1.142	
10	0.005	0.049	0.237	0.626	1.527	2.144	3.440	2.790	3.149	1.140

N	b_0	b_1	b_2	b_3	b_4	b_5	b_6	b_7	b_8	b_9
b. 1 dB 波纹系数 $\varepsilon = 0.508, \varepsilon^2 = 0.258$										
1	1.965									
2	0.102	1.097								
3	0.491	1.238	0.655							
4	0.275	0.742	1.453	0.952						
5	0.122	0.580	0.974	1.688	0.936					
6	0.068	0.307	0.939	1.202	1.930	0.928				
7	0.030	0.213	0.548	1.357	1.428	2.176	0.923			
8	0.017	0.107	0.447	0.846	1.836	1.655	2.423	0.919		
9	0.007	0.070	0.244	0.786	1.201	2.378	1.881	2.670	0.917	
10	0.004	0.034	0.182	0.455	1.244	1.612	2.981	2.107	2.919	0.915

N	b_0	b_1	b_2	b_3	b_4	b_5	b_6	b_7	b_8	b_9
c. 2 dB 波纹系数 $\varepsilon = 0.764, \varepsilon^2 = 0.584$										
1	1.307									
2	0.636	0.803								
3	0.326	1.022	0.737							
4	0.205	0.516	1.256	0.716						
5	0.081	0.459	0.693	1.499	0.706					
6	0.051	0.210	0.771	0.867	1.745	0.701				
7	0.020	0.166	0.382	1.144	1.039	1.993	0.697			
8	0.012	0.072	0.358	0.598	1.579	1.211	2.242	0.696		
9	0.005	0.054	0.168	0.644	0.856	2.076	1.383	2.491	0.694	
10	0.003	0.023	0.144	0.317	1.038	1.158	2.636	1.555	2.740	0.693

N	b_0	b_1	b_2	b_3	b_4	b_5	b_6	b_7	b_8	b_9
d. 3 dB 波纹系数 $\varepsilon = 0.997, \varepsilon^2 = 0.995$										
1	1.002									
2	0.707	0.644								
3	0.250	0.928	0.597							
4	0.176	0.404	1.169	0.581						
5	0.062	0.407	0.548	1.414	0.574					
6	0.044	0.163	0.699	0.690	1.662	0.570				
7	0.015	0.146	0.300	1.051	0.831	1.911	0.568			
8	0.011	0.056	0.320	0.471	1.466	0.971	2.160	0.567		
9	0.003	0.047	0.131	0.583	0.678	1.943	1.112	2.410	0.565	
10	0.002	0.018	0.127	0.249	0.949	0.921	2.483	1.252	2.569	0.565

注：$V_N(s) = b_0 + b_1 s + b_2 s^2 + \cdots + b_{N-1} s^{N-1} + b_N s^N, b_N = 1$。

2. 当波纹起伏为$\frac{1}{2}$ dB,1 dB,2 dB,3 dB 时,低通滤波器的切比雪夫多项式 $V_N(s)$ 的零点位置

设切比雪夫滤波器传递函数 $H_N(s)=\dfrac{K}{V_N(s)}$,其中

$$V_N(s)=b_0+b_1s+b_2s^2+\cdots+b_{N-1}s^{N-1}+b_Ns^N$$

$$K=\begin{cases}\dfrac{b_0}{(1+\varepsilon^2)^{\frac{1}{2}}}, & N\text{ 为偶数}\\ b_0, & N\text{ 为奇数}\end{cases}$$

附表 2.2　当波纹起伏为$\frac{1}{2}$ dB,1 dB,2 dB,3 dB 时,低通滤波器的切比雪夫多项式 $V_N(s)$ 的零点位置

$N=1$	$N=2$	$N=3$	$N=4$	$N=5$	$N=6$	$N=7$	$N=8$	$N=9$	$N=10$
a. $\frac{1}{2}$dB 波纹系数 $\varepsilon=0.349,\varepsilon^2=0.122$									
−2.86	−0.71	−0.17	−0.36	−0.62	−0.07	−0.25	−0.03	−0.19	−0.02
	±j1.00		±j1.01		±j1.00		±j1.00		±j1.00
		−0.31	−0.42	−0.11	−0.21	−0.05	−0.12	−0.03	−0.08
		±j1.02	±j0.42	±j1.01	±j0.73	±j1.00	±j0..85	±j1.00	±j0..90
				−0.29	−0.28	−0.15	−0.18	−0.09	−0.12
				±j0.62	±j0.27	±j0.80	±j0.56	±j0.88	±j0.71
						−0.23	−0.29	−0.15	−0.15
						±j0.44	±j0.19	±j0.65	±j0.46
								−0.18	−0.17
								±j0.34	±j0.15

$N=1$	$N=2$	$N=3$	$N=4$	$N=5$	$N=6$	$N=7$	$N=8$	$N=9$	$N=10$
b. 1 dB 波纹系数 $\varepsilon=0.508,\varepsilon^2=0.258$									
−1.96	−0.54	−0.49	−0.13	−0.28	−0.06	−0.20	−0.03	−0.15	−0.02
	±j0.89		±j0.98		±j0.99		±j0.99		±j0.99
		−0.24	−0.33	−0.08	−0.16	−0.04	−0.09	−0.02	−0.10
		±j0.96	±j0.40	±j0.99	±j0.72	±j0.99	±j0..84	±j0.99	±j0..71
				−0.23	−0.23	−0.13	−0.14	−0.07	−0.04
				±j0.61	±j0.26	±j0.79	±j0.56	±j0.87	±j0.89
						−0.18	−0.17	−0.12	−0.09
						±j0.44	±j0.19	±j0.65	±j0.45
								−0.14	−0.10
								±j0.34	±j0.15

$N=1$	$N=2$	$N=3$	$N=4$	$N=5$	$N=6$	$N=7$	$N=8$	$N=9$	$N=10$
c. 2 dB波纹系数 $\varepsilon=0.764,\varepsilon^2=0.584$									
−1.30	−0.40	−0.36	−0.10	−0.21	−0.04	−0.15	−0.02	−0.12	−0.01
	±j0.68		±j0.95		±j0.98		±j0.98		±j0.99
		−0.18	−0.25	−0.06	−0.12	−0.03	−0.07	−0.02	−0.07
		±j0.92	±j0.39	±j0.97	±j0.71	±j0.98	±j0..83	±j0.99	±j0..71
				−0.17	−0.17	−0.09	−0.11	−0.06	−0.04
				±j0.60	±j0.26	±j0.79	±j0.56	±j0.87	±j0.89
						−0.13	−0.13	−0.09	−0.09
						±j0.43	±j0.19	±j0.64	±j0.45
								−0.11	−0.10
								±j0.34	±j0.15

$N=1$	$N=2$	$N=3$	$N=4$	$N=5$	$N=6$	$N=7$	$N=8$	$N=9$	$N=10$
d. 3 dB波纹系数 $\varepsilon=0.997,\varepsilon^2=0.995$									
−1.00	−0.32	−0.29	−0.08	−0.17	−0.03	−0.12	−0.02	−0.09	−0.01
	±j0.77		±j0.94		±j0.97		±j0.98		±j0.99
		−0.14	−0.20	−0.05	−0.10	−0.02	−0.06	−0.01	−0.04
		±j0.90	±j0.39	±j0.96	±j0.71	±j0.98	±j0..83	±j0.98	±j0..89
				−0.14	−0.14	−0.07	−0.09	−0.04	−0.06
				±j0.59	±j0.26	±j0.78	±j0.55	±j0.87	±j0.70
						−0.11	−0.10	−0.07	−0.07
						±j0.43	±j0.19	±j0.64	±j0.45
								−0.09	−0.08
								±j0.34	±j0.15

参考文献

[1] SMITH S W. 实用数字信号处理:从原理到应用[M]. 北京:人民邮电出版社,2010.

[2] 胡广书. 数字信号处理:理论、算法与实现[M]. 3 版. 北京:清华大学出版社,2010.

[3] MITRA S K. 数字信号处理:基于计算机的方法[M]. 3 版. 北京:清华大学出版社,2006.

[4] SOPHOCLES J O. Introduction to Signal Processing[M]. 北京:清华大学出版社,1999.

[5] OWEN M. 实用信号处理[M]. 北京:电子工业出版社,2009.

[6] 高西全,丁玉美. 数字信号处理[M]. 3 版. 西安:西安电子科技大学出版社,2008.

[7] RICHARDS M A. 雷达信号处理基础[M]. 北京:电子工业出版社,2008.

[8] 赵健,李勇. 数字信号处理[M]. 北京:清华大学出版社,2006.

[9] MCCLELLAN J H, SCHAFER R W, YODER M A. 数字信号处理引论:基于频谱和滤波器的分析方法[M]. 李勇,程伟,译. 北京:机械工业出版社,2018.

[10] 王艳芬,王刚,张晓光,等. 数字信号处理原理及实现[M]. 2 版. 北京:清华大学出版社,2013.

[11] 赵树杰. 雷达信号处理技术[M]. 北京:清华大学出版社,2010.

[12] 彭启琮. TMS320C54X 实用教程[M]. 成都:电子科技大学出版社,2000.

[13] 程乾生. 数字信号处理[M]. 2 版. 北京:北京大学出版社,2010.

[14] MCCLELLAN J H, SCHAFER R W, YODER M A. DSP First: A Multimedia Approach[M]. NJ:Prentice Hall,1998.

[15] 奥本海姆,谢弗. 离散时间信号处理[M]. 2 版. 西安:西安交通大学出版社,2003.

[16] CHEN C T. 数字信号处理:频谱计算与滤波器设计:英文版[M]. 北京:电子工业出版社,2002.

[17] 唐向宏,孙闽红. 数字信号处理[M]. 北京:高等教育出版社,2012.

[18] 刘纪红,孙宇舸,叶柠. 数字信号处理原理与实践[M]. 北京:清华大学出版社,2014.